Gelson Iezzi

Engenharia metalúrgica pela Escola Politécnica da USP
Licenciatura pelo Instituto de Matemática e Estatística da USP

Osvaldo Dolce

Engenharia civil pela Escola Politécnica da USP
Professor efetivo da rede pública estadual de São Paulo

Antonio Machado

Licenciatura em Matemática e Mestrado em Estatística
pelo Instituto de Matemática e Estatística da USP
Professor da rede particular de ensino em São Paulo

GEOMETRIA PLANA

conceitos básicos

Ensino Médio

Atual Editora

Rua Henrique Schaumann, 270 — Pinheiros

SAC | 0800-0117875
De 2ª a 6ª, das 8h30 às 19h30
www.editorasaraiva.com.br/contato

Dados Internacionais de Catalogação na Publicação (CIP)
(Câmara Brasileira do Livro, SP, Brasil)

Iezzi, Gelson
Geometria plana : conceitos básicos / Gelson Iezzi, Osvaldo Dolce, Antonio Machado. — 2. ed. — São Paulo: Atual, 2010.

ISBN 978-85-357-1321-3 (aluno)
ISBN 978-85-357-1322-0 (professor)

1. Geometria plana (ensino médio) I. Dolce, Osvaldo. II. Machado, Antonio. III. Título.

10-05738 CDD-516.05

Índice para catálogo sistemático:

1. Geometria plana : Matemática : Ensino médio 516.05

Geometria Plana — Ensino médio

Gerente editorial: Lauri Cericato
Editora: Teresa Christina W. P. de Mello Dias
Assistente editorial: Edilene Martins dos Santos
Revisão: Pedro Cunha Jr. (coord.) / Elza Gasparotto / Talita Lo Ré
Pesquisa iconográfica: Cristina Akisino (coord.) / Adriana Abrão
Gerente de arte: Nair de Medeiros Barbosa
Assistente de produção: Grace Alves
Coordenação eletrônica: Silvia Regina E. Almeida

Colaboradores

Diagramação: Tavares Produção Gráfica Ltda
Projeto gráfico: Carlos José Takachi
Capa: Aero Estúdio

Impressão e acabamento EGB- Editora Gráfica Bernardi Ltda

726.011.002.003

Apresentação

Com esta publicação, queremos atender a uma demanda de alunos e de professores de Matemática do ensino médio.

O conteúdo de Geometria desse nível de ensino — Geometria Espacial e Analítica — depende em grande parte de conhecimentos prévios de Geometria Plana do ensino fundamental II. Ou seja, um bom curso desses conceitos básicos facilita a continuidade dos estudos mais adiante, o que nem sempre acontece.

Como os livros didáticos de Matemática para ensino médio estão muito sobrecarregados de conteúdos, não seria possível aumentar-lhes ainda mais. Foi então que nós, autores da coleção *Matemática e Realidade*, decidimos arregaçar as mangas e disponibilizar este material, que revisa os assuntos essenciais de Geometria Plana do 8º e 9º anos.

Por se tratar de um material de apoio e, portanto, não dever tomar tempo exagerado do curso regular, **Geometria plana: conceitos básicos** preza a objetividade pela abordagem incisiva tanto de teoria como de exercícios.

Reiteramos aos colegas que são bem-vindas suas críticas e sugestões, as quais pedimos que sejam enviadas à Editora.

A alunos e professores desejamos um ótimo curso.

Os autores

Sumário

capítulo 1

Segmentos

Segmento de reta

A régua é o instrumento que se utiliza no traçado de retas e suas partes.

Vamos marcar dois pontos, *A* e *B*, sobre a reta *r*.

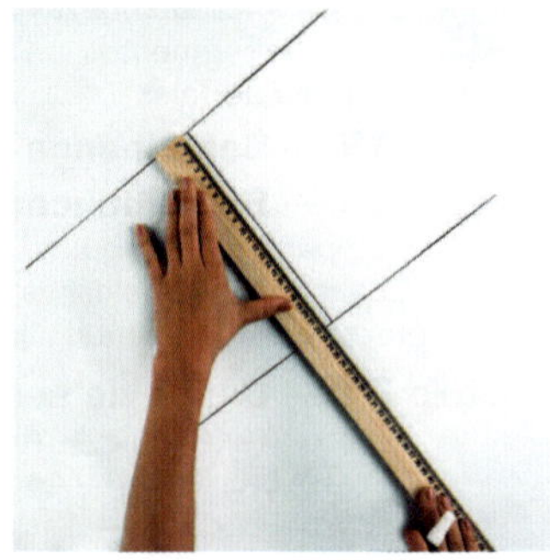

Fábio R. Martins

O *segmento de reta* $\overline{AB}$ é o conjunto de pontos da reta *r* compreendidos entre os pontos *A* e *B*, mais estes dois pontos. Os pontos *A* e *B* são chamados *extremidades* do segmento $\overline{AB}$.

Congruência de segmentos

Dois segmentos são congruentes quando têm o mesmo "tamanho".

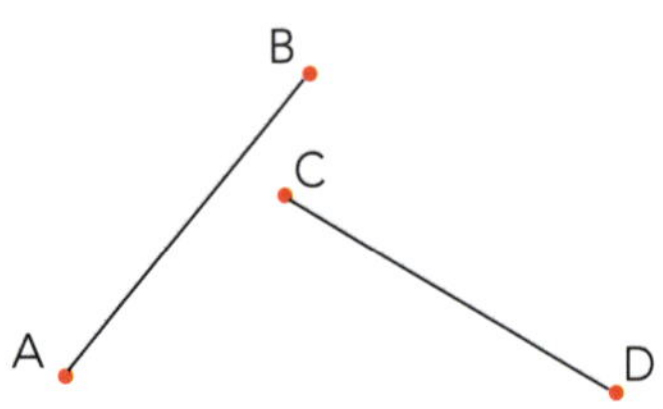

$\overline{AB}$ e $\overline{CD}$ têm o mesmo "tamanho".
$\overline{AB}$ e $\overline{CD}$ são *congruentes.*
Indicamos: $\overline{AB} \equiv \overline{CD}$.
Lemos: o segmento $\overline{AB}$ é congruente ao segmento $\overline{CD}$.

Medida de um segmento

Medir um segmento de reta $\overline{AB}$ significa determinar quantas vezes um segmento unitário padrão (metro, centímetro, milímetro, etc.) cabe no segmento $\overline{AB}$.

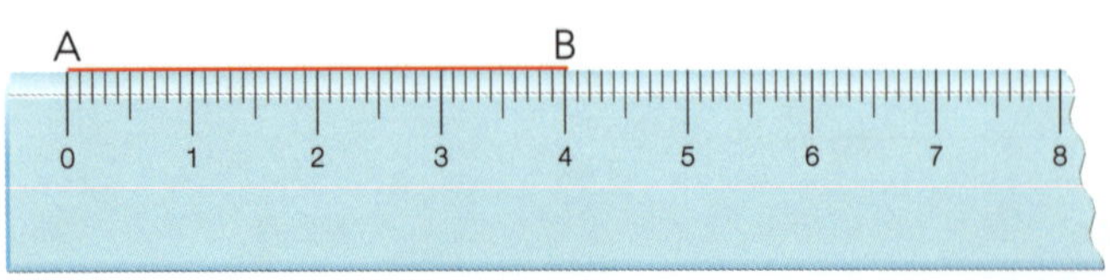

$\overline{AB}$ mede 4 cm.

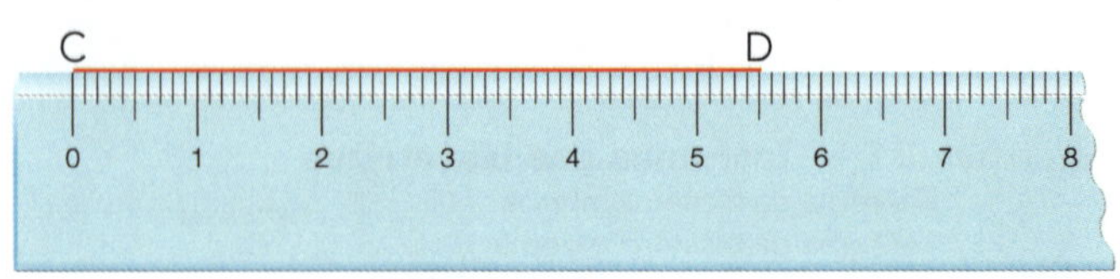

$\overline{CD}$ mede 55 mm.

A medida AB de um segmento $\overline{AB}$ é, portanto, um número que indica quantas vezes a unidade de comprimento cabe no segmento.

Quando dois segmentos são congruentes, eles têm medidas iguais.

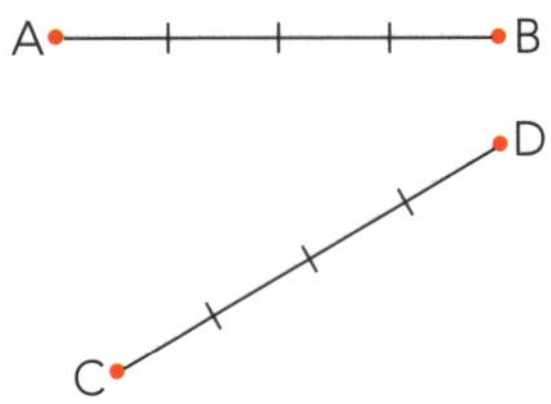

$\overline{AB} \equiv \overline{CD}$

($\overline{AB}$ é congruente a $\overline{CD}$)

↓

AB = CD

(a medida de $\overline{AB}$ é igual à medida de $\overline{CD}$)

Ponto médio de um segmento

Observe a figura:

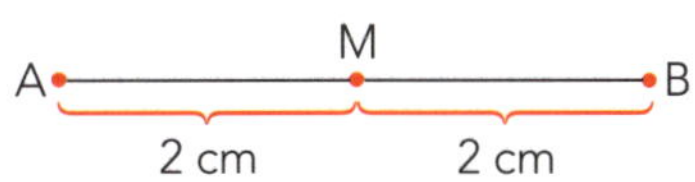

O segmento $\overline{AB}$ mede 4 cm.

O ponto *M* pertence ao segmento $\overline{AB}$ e divide $\overline{AB}$ em duas partes, $\overline{AM}$ e $\overline{MB}$, que medem 2 cm cada uma. Os segmentos $\overline{AM}$ e $\overline{MB}$ são congruentes.

Nesse exemplo, *M* é chamado *ponto médio* do segmento $\overline{AB}$.

Ponto médio de um segmento é um ponto que pertence ao segmento e o divide em dois segmentos congruentes.

Exercícios

1. Se forem marcados três pontos distintos, *A*, *B* e *C*, sobre uma reta *r*, quantos segmentos de reta com extremidades em dois desses pontos ficam determinados? Quais são eles?

2. Considere os segmentos traçados a seguir e indique os que são congruentes:

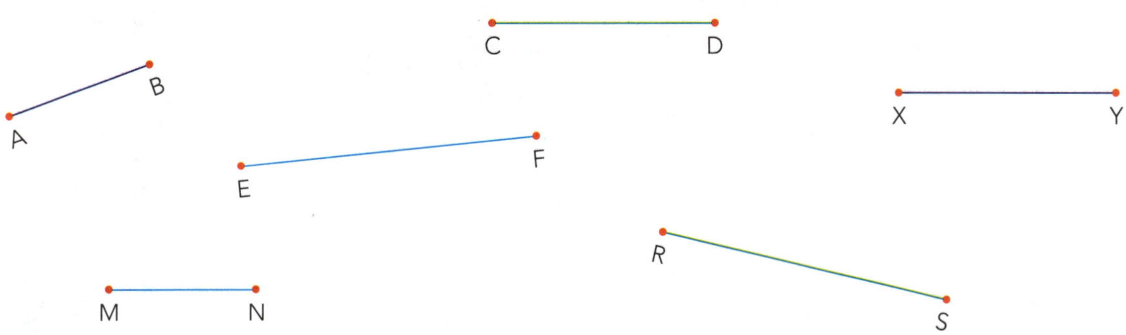

3. Sobre uma reta *r*, marque os pontos *A*, *B* e *C*, nessa ordem, tais que AB = 6 cm e BC = 10 cm. Depois responda:

a) Quanto mede o segmento $\overline{AC}$?

b) Se *M* é o ponto médio de $\overline{AB}$ e *N* é o ponto médio de $\overline{BC}$, quanto mede $\overline{MN}$?

4. Se AB = 20 cm, determine *x* em cada item:

a) AP = x + 6 cm

PB = x

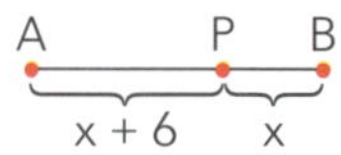

b) AC = 3x

BC = x + 2 cm

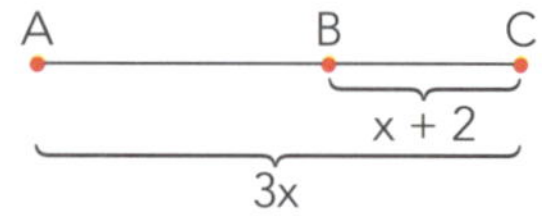

5. Sendo *M* o ponto médio de $\overline{AB}$, determine $\overline{AB}$.

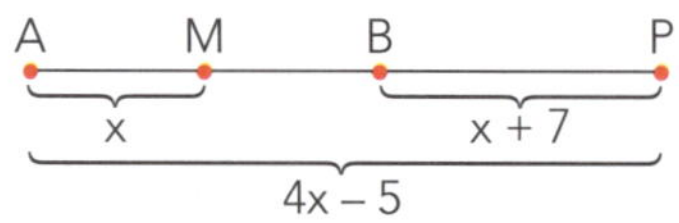

6. Trace uma reta *r*. Marque os pontos *R*, *S* e *T*, nessa ordem. *M* é o ponto médio de $\overline{RS}$ e *N* é o ponto médio de $\overline{ST}$. $\overline{RS}$ mede 4 cm e $\overline{SN}$ mede 3 cm. Agora, diga quanto medem:

a) $\overline{RT}$

b) $\overline{MN}$

c) $\overline{MT}$

Fototeca

capítulo 2

Ângulos

Semirreta

Vamos considerar uma reta *r* e sobre ela vamos marcar um ponto *O*.

O ponto *O* divide a reta *r* em duas partes: Or' e Or''.

Cada uma das partes, Or' e Or'', é chamada *semirreta*. O ponto *O* é chamado *origem* das semirretas opostas Or' e Or''.

O que é ângulo?

Observemos duas semirretas, Oa e Ob, com origem no ponto *O*. Juntas, essas semirretas formam um *ângulo*. É o ângulo aÔb.

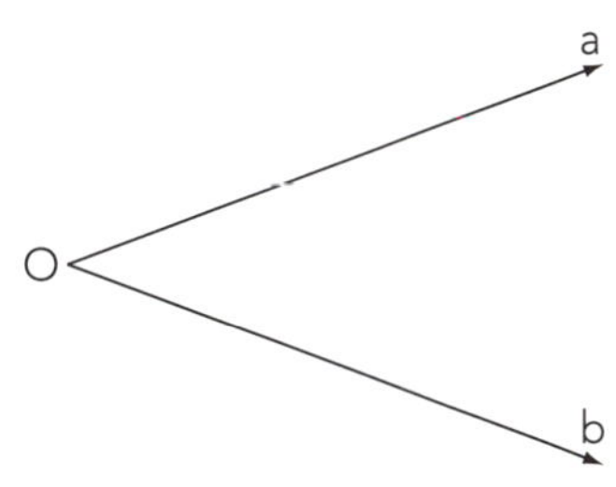

Ângulo é a reunião de duas semirretas de mesma origem.

Num ângulo aÔb (ou AÔB), o ponto *O* é chamado *vértice* e as semirretas Oa (ou $\overrightarrow{OA}$) e Ob (ou $\overrightarrow{OB}$) são chamadas *lados* do ângulo.

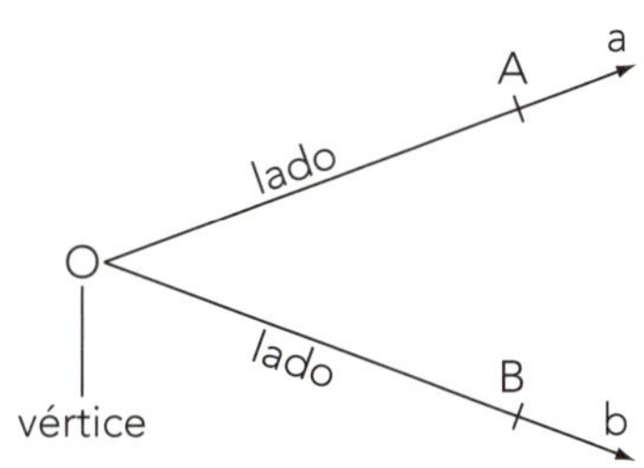

Congruência de ângulos

Dois ângulos são congruentes quando têm a mesma "abertura".

Observe os ângulos $a\hat{O}b$ e $r\hat{V}s$. Com a mesma abertura do compasso, traçamos os arcos AB (compasso em *O*) e RS (compasso em *V*) e encontramos $\overline{AB} \equiv \overline{SR}$. Por isso, os ângulos $a\hat{O}b$ e $r\hat{V}s$ têm a mesma "abertura" e são congruentes.

Indicamos: $a\hat{O}b \equiv r\hat{V}s$.

Lemos: o ângulo $a\hat{O}b$ é congruente ao ângulo $r\hat{V}s$.

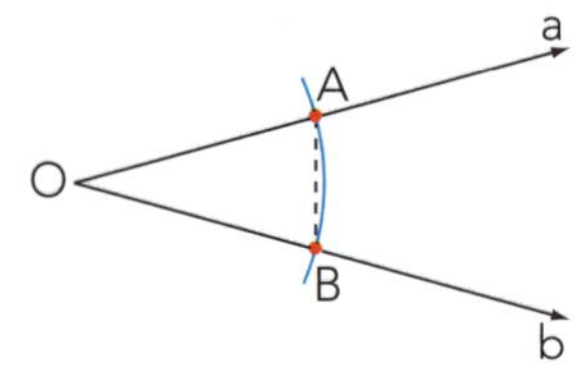

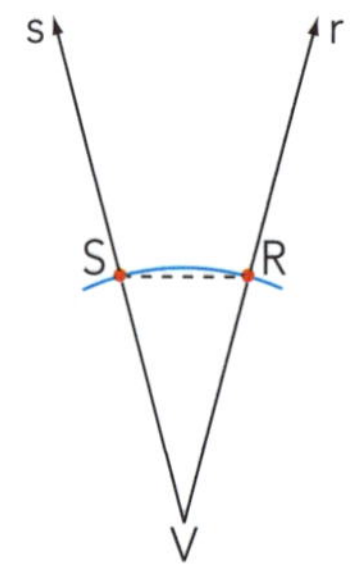

Medida e congruência de ângulos

Medir um ângulo $a\hat{O}b$ significa determinar quantas vezes um ângulo unitário (grau) cabe no ângulo $a\hat{O}b$. O instrumento utilizado para medir ângulos é o *transferidor*.

O transferidor é dividido em graus (o símbolo do grau é °). Observe:

$A\hat{O}B = 30^\circ$

$A\hat{O}C = 45^\circ$

$A\hat{O}D = 60^\circ$

$A\hat{O}E = 90^\circ$ (ângulo reto)

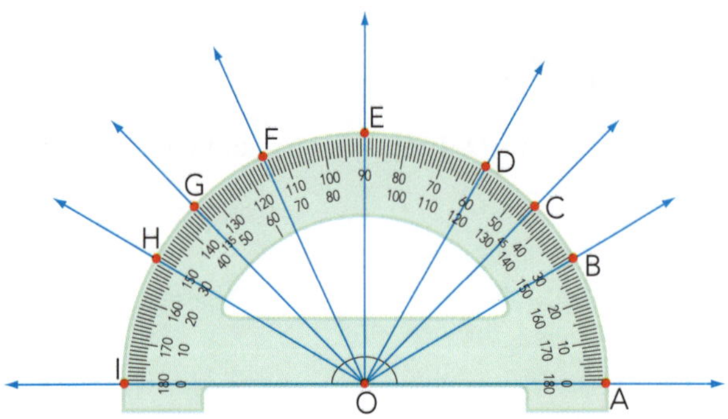

$A\hat{O}F = 115^\circ$

$A\hat{O}G = 135^\circ$

$A\hat{O}H = 150^\circ$

$A\hat{O}I = 180^\circ$ (ângulo raso)

A medida de um ângulo é, portanto, um número que indica quantas vezes a unidade de ângulos (o grau) cabe no ângulo.

Quando dois ângulos são *congruentes*, eles têm medidas iguais.

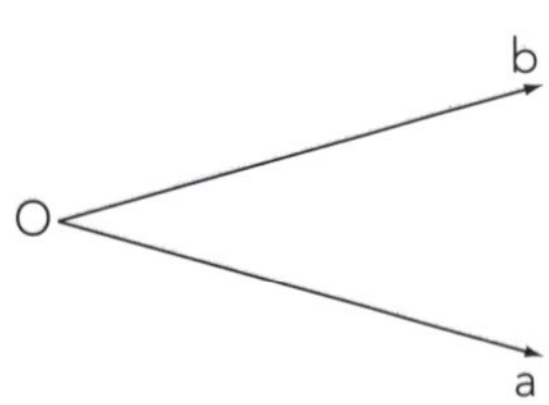

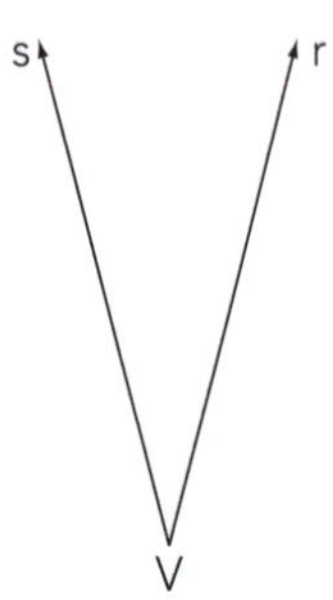

$a\hat{O}b \equiv r\hat{V}s$

O ângulo $a\hat{O}b$ é congruente a $r\hat{V}s$.

med $(a\hat{O}b)$ = med $(r\hat{V}s)$

A medida de $a\hat{O}b$ é igual à medida de $r\hat{V}s$.

Nomes dados aos ângulos

Dependendo de sua medida, os ângulos recebem nomes especiais:

- *Ângulo reto*
  É o ângulo cuja medida é 90°.

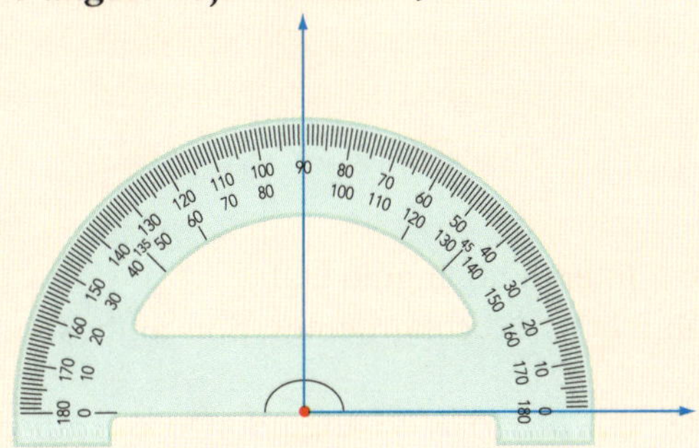

- *Ângulo agudo*
  É qualquer ângulo cuja medida é menor que 90°.

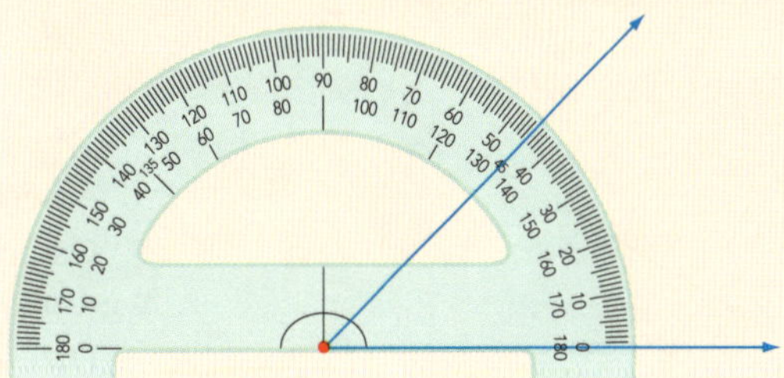

- *Ângulo obtuso*
  É qualquer ângulo cuja medida é maior que 90° e menor que 180°.

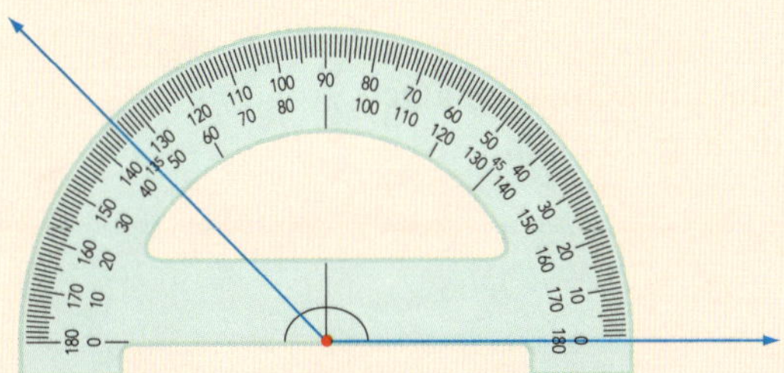

- *Ângulo raso*
  É o ângulo cuja medida é 180°.

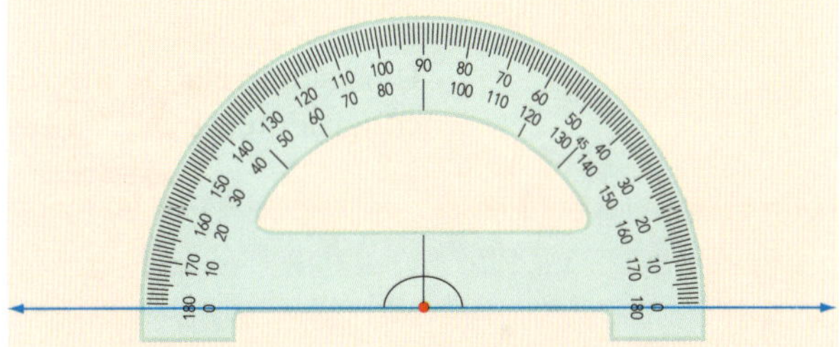

Além desses também existem:

- *Ângulos complementares*
  São dois ângulos cujas medidas têm soma igual a 90°.

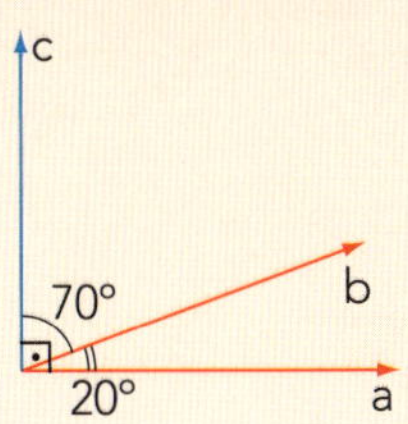

- *Ângulos suplementares*
  São dois ângulos cujas medidas têm soma igual a 180°.

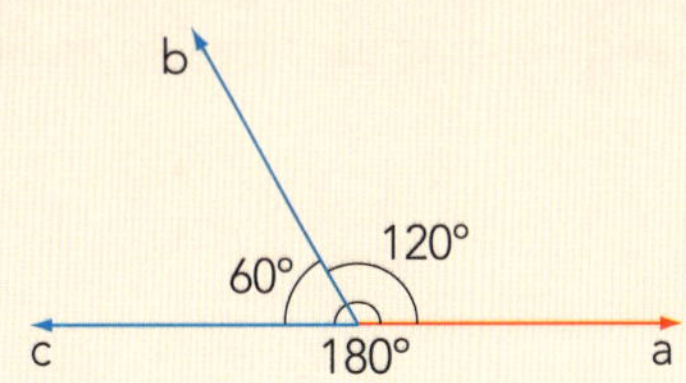

Bisetriz de um ângulo

Semirreta interna a um ângulo

Observe as figuras:

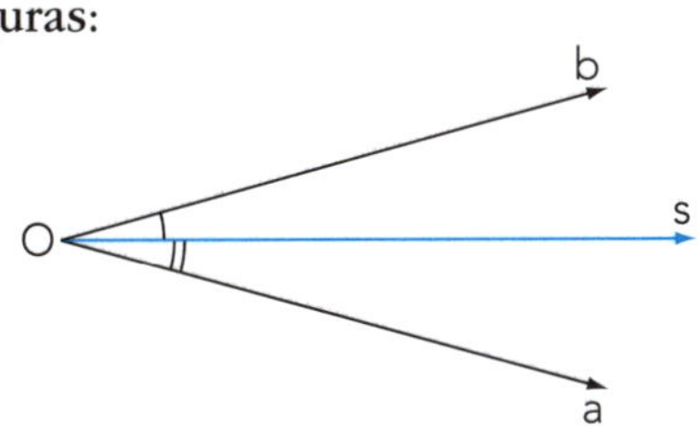

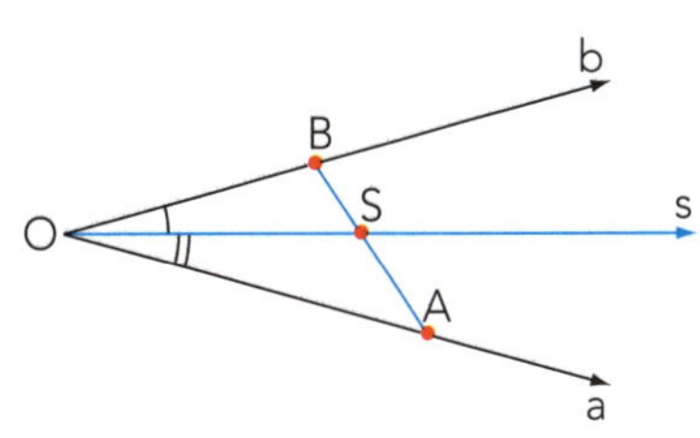

As três semirretas, Oa, Ob e Os, têm a mesma origem.

Tomando um ponto *A* em Oa e um ponto *B* em Ob, o segmento $\overline{AB}$ encontra a semirreta Os num ponto *S*, que é ponto interno do segmento $\overline{AB}$.

Dizemos que a semirreta Os é interna ao ângulo $a\hat{O}b$.

Bissetriz

Observe a figura a seguir:

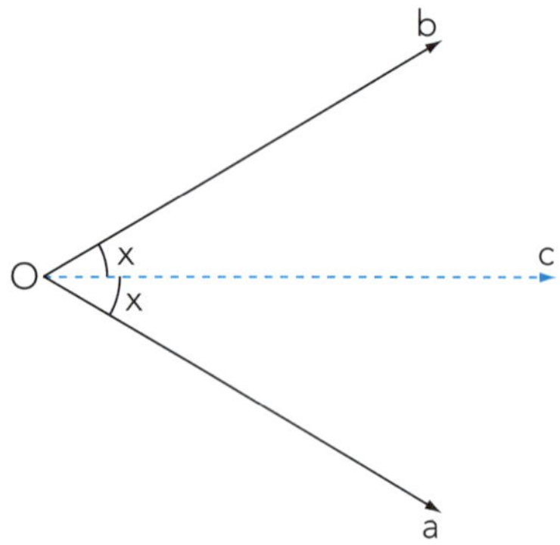

A semirreta Oc é interna ao ângulo $a\hat{O}b$.

Os ângulos $a\hat{O}b$ e $b\hat{O}c$ são congruentes, pois ambos medem *x* graus.

Dizemos que Oc é a *bissetriz* do ângulo $a\hat{O}b$ ou, ainda, Oc divide o ângulo $a\hat{O}b$ ao meio.

> Uma semirreta Oc interna a um ângulo $a\hat{O}b$, com $a\hat{O}c$ congruente a $b\hat{O}c$, é a bissetriz do ângulo $a\hat{O}b$.

Exercícios

7. Se forem desenhadas três semirretas, Oa, Ob e Oc, com origem no mesmo ponto *O*, quantos ângulos (com lados em duas dessas semirretas) ficam determinados? Quais?

8. Dos ângulos traçados abaixo, indique os que são congruentes.

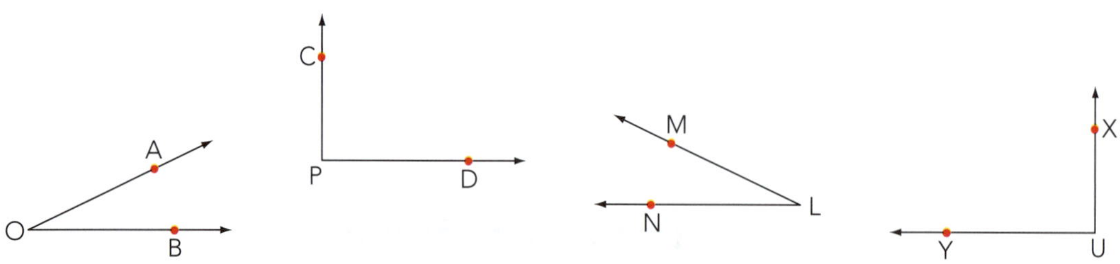

9. Observe a figura ao lado e responda:

a) A semirreta Oc é interna ao ângulo $a\hat{O}b$?

b) Quanto mede o ângulo $a\hat{O}c$?

c) Quanto mede o ângulo $b\hat{O}c$?

d) Qual a relação existente entre os ângulos $a\hat{O}c$ e $b\hat{O}c$?

e) Complete: a semirreta Oc é __?__ do ângulo $a\hat{O}b$.

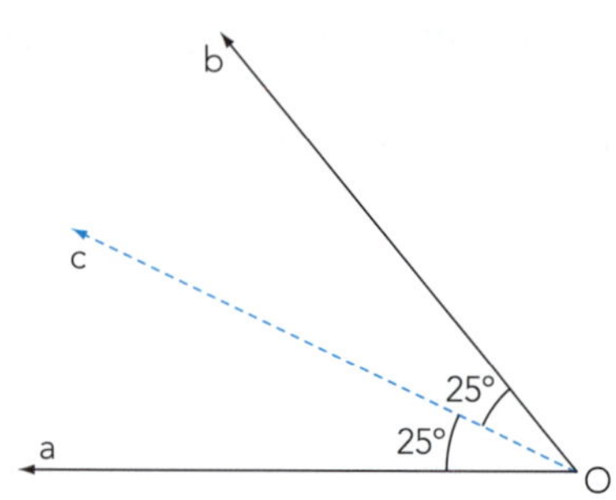

10. Determine *x* e *y*:

$\overrightarrow{OP}$ é bissetriz de $A\hat{O}B$.

$A\hat{O}P = x + 10°$

$B\hat{O}P = y - 10°$

$B\hat{O}C = 2y$

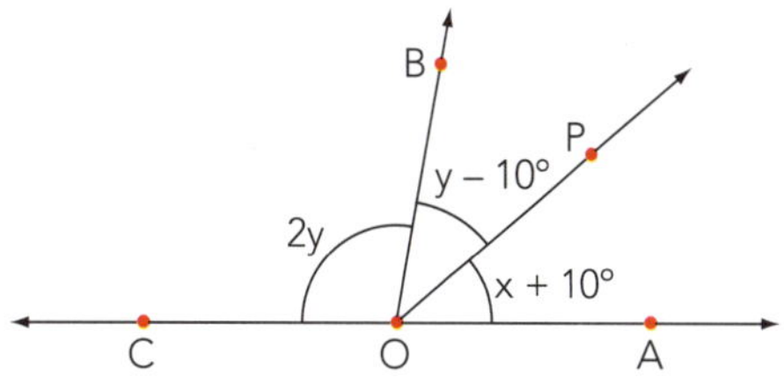

11. Na figura, traçamos as semirretas $\overrightarrow{VR}$, $\overrightarrow{VS}$ e $\overrightarrow{VT}$, nessa ordem, tais que $R\hat{V}S = 40°$ e $S\hat{V}T = 70°$.

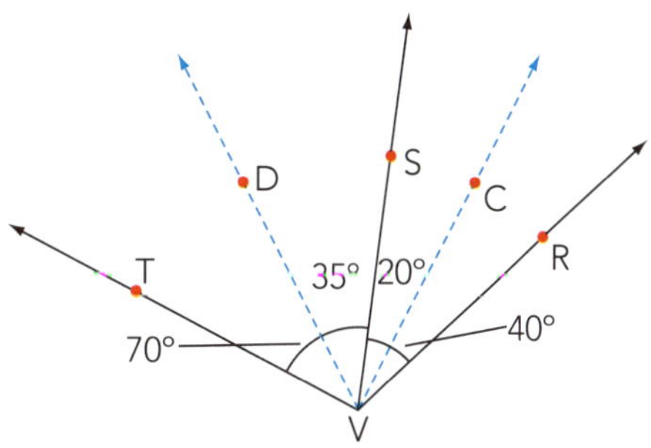

a) Quanto mede o ângulo $R\hat{V}T$?

b) Se $\overrightarrow{VC}$ é a bissetriz de $R\hat{V}S$ e $\overrightarrow{VD}$ é a bissetriz de $S\hat{V}T$, quanto mede $C\hat{V}D$?

12. Dois ângulos são adjacentes e suplementares. Um deles mede 40°. Quanto mede o ângulo formado por um dos lados desse ângulo com a bissetriz do suplementar?

13. Trace as semirretas $\overrightarrow{OR}$, $\overrightarrow{OS}$ e $\overrightarrow{OT}$, sendo:

- $\overrightarrow{OS}$ interna ao ângulo $R\hat{O}T$
- $\overrightarrow{OX}$ bissetriz de $R\hat{O}S$
- $\overrightarrow{OY}$ bissetriz de $S\hat{O}T$
- $R\hat{O}S = 60°$
- $S\hat{O}Y = 20°$

Determine quanto medem:

a) $R\hat{O}T$ b) $X\hat{O}Y$ c) $X\hat{O}T$

14. Determine a medida do ângulo formado pelas bissetrizes de dois ângulos:

a) adjacentes e complementares.

b) adjacentes que somam 150°.

capítulo 3

Retas coplanares

Retas coplanares

Duas ou mais retas que estão contidas no mesmo plano são chamadas *retas coplanares*.

No desenho ao lado, as retas *r*, *s* e *t* estão contidas no plano α. Por isso, as retas *r*, *s* e *t* são coplanares.

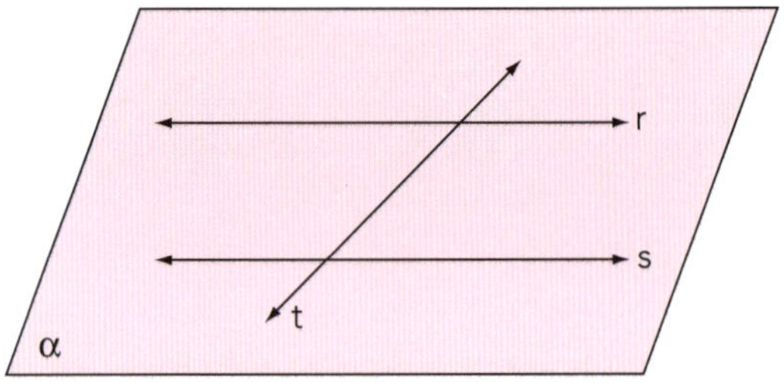

Posições relativas de duas retas

Duas retas coplanares distintas podem ser, entre si, *concorrentes* ou *paralelas*.

Duas retas coplanares são concorrentes quando possuem um único ponto em comum.

No desenho ao lado, *r* e *s* têm em comum apenas o ponto *P* (elas se interceptam em *P*). Por isso, *r* e *s* são concorrentes.

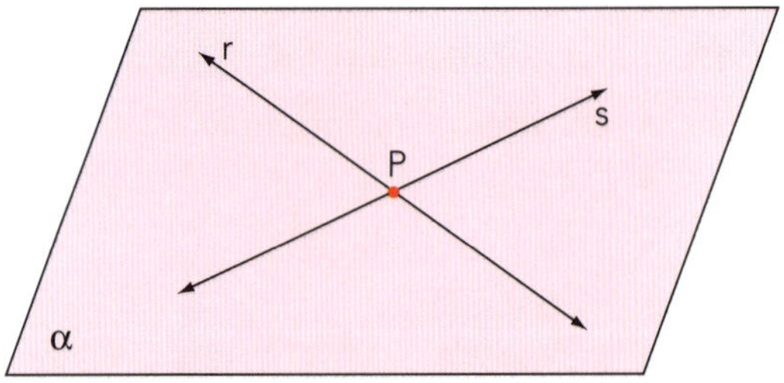

Duas retas coplanares são paralelas quando não têm nenhum ponto em comum.

No desenho ao lado, *r* e *s* não têm ponto em comum (elas não se interceptam). Por isso, *r* e *s* são paralelas.

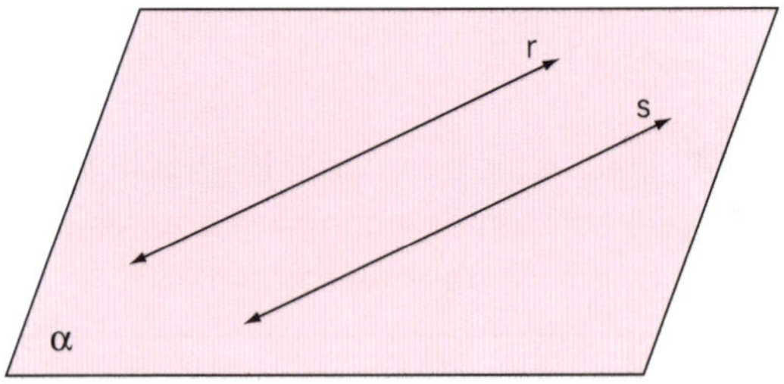

Ângulos opostos pelo vértice (o. p. v.)

Observe a figura ao lado.

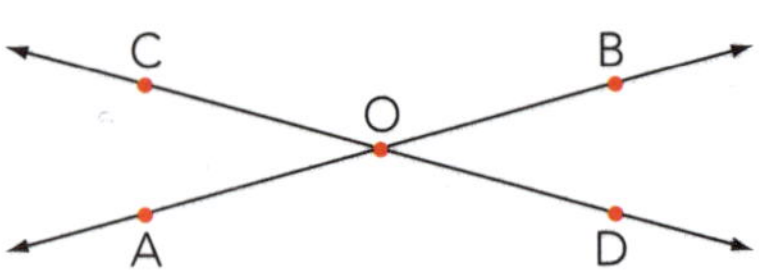

- As retas $\overleftrightarrow{AB}$ e $\overleftrightarrow{CD}$ são concorrentes. O ponto *O* é comum às duas retas. O ponto *O* pertence às duas retas.
- Podemos observar quatro semirretas: $\overrightarrow{OA}$, $\overrightarrow{OB}$, $\overrightarrow{OC}$ e $\overrightarrow{OD}$.

  As semirretas $\overrightarrow{OA}$ e $\overrightarrow{OB}$ são semirretas opostas.

  As semirretas $\overrightarrow{OC}$ e $\overrightarrow{OD}$ também são opostas.

• Podemos ainda notar quatro ângulos: $A\hat{O}C$, $C\hat{O}B$, $B\hat{O}D$ e $D\hat{O}A$.

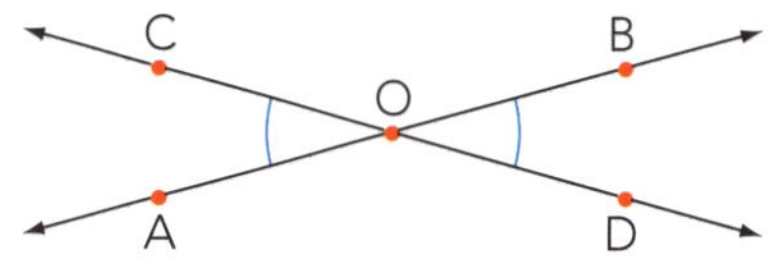

Vamos destacar os ângulos $A\hat{O}C$ e $B\hat{O}D$. Neles podemos observar que os lados $\overrightarrow{OA}$ e $\overrightarrow{OB}$ são semirretas opostas, assim como os lados $\overrightarrow{OC}$ e $\overrightarrow{OD}$.

Os ângulos $A\hat{O}C$ e $B\hat{O}D$ são, por esse motivo, chamados *ângulos opostos pelo vértice*.

Dois ângulos são opostos pelo vértice (o. p. v.) quando os lados de um deles são as semirretas opostas aos lados do outro.

Propriedades dos ângulos opostos pelo vértice

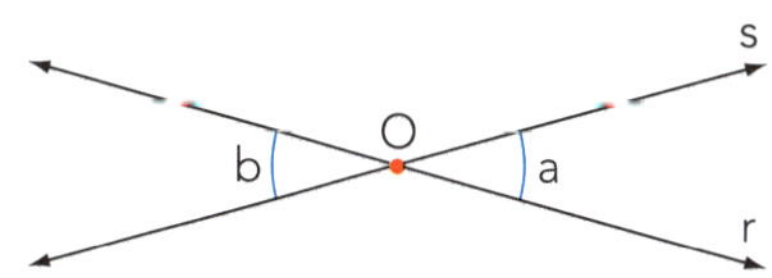

Observe na figura ao lado os ângulos opostos pelo vértice e pense que um deles tem medida *a* e o outro tem medida *b*.

Observe agora o ângulo de medida *c*.

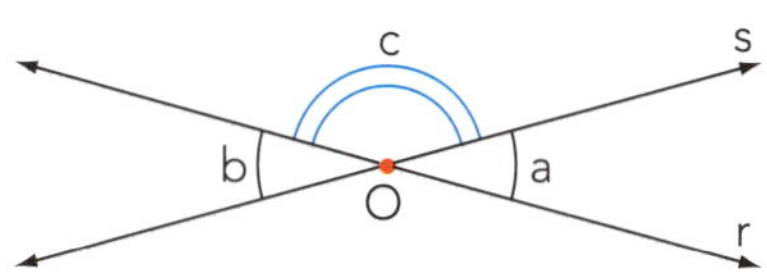

Podemos notar que:

$$c + a = 180°$$

Então:

$$a = 180° - c$$

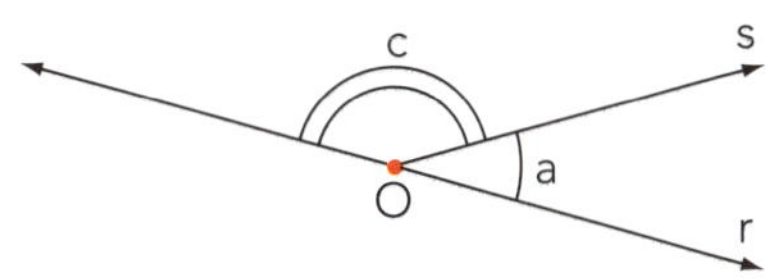

Podemos notar também que:

$$c + b = 180°$$

Então:

$$b = 180° - c$$

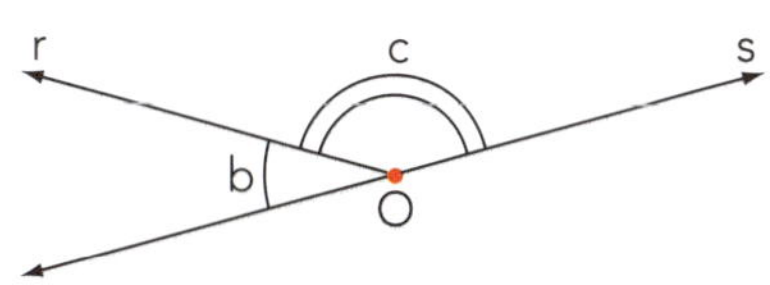

Concluímos, então, que a = b.

Dois ângulos opostos pelo vértice têm medidas iguais (são congruentes).

Ângulos de duas retas concorrentes: resumo

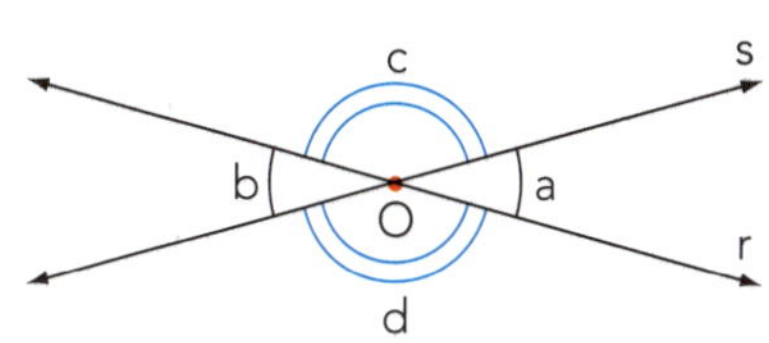

Duas retas concorrentes formam quatro ângulos. Vamos chamar de *a*, *b*, *c*, *d* suas medidas.

Pela propriedade dos ângulos opostos pelo vértice, temos:

$$a = b$$
$$c = d$$

e ainda:

$a + c = 180°$ (*a* e *c* são suplementares)

$c + b = 180°$ (*c* e *b* são suplementares)

$b + d = 180°$ (*b* e *d* são suplementares)

$d + a = 180°$ (*d* e *a* são suplementares)

Caso especial: retas perpendiculares

Quando duas retas concorrentes formam quatro ângulos *a*, *b*, *c*, *d* congruentes, dizemos que as retas são *perpendiculares*.

Nesse caso, temos:

$$a + c = 180° \text{ e } a = c$$

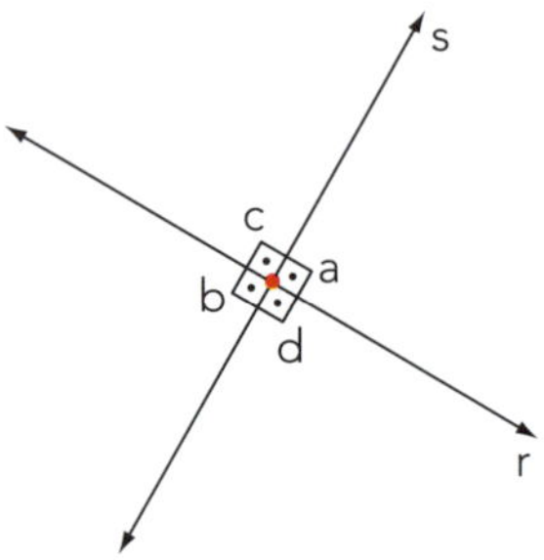

Então:

$$a + a = 180°$$

Portanto:

$$a = 90°$$

Retas perpendiculares são duas retas concorrentes que formam quatro ângulos congruentes, medindo 90° cada um.

Exercícios

15. Qual é o valor do ângulo *x*?

a)

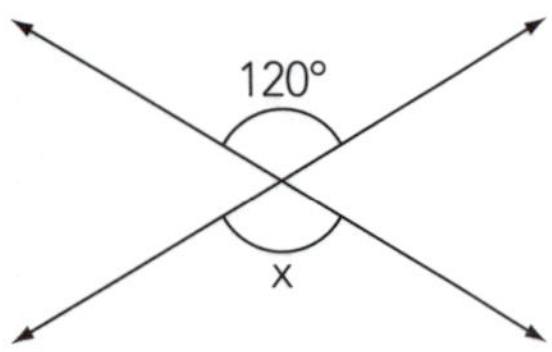

b)

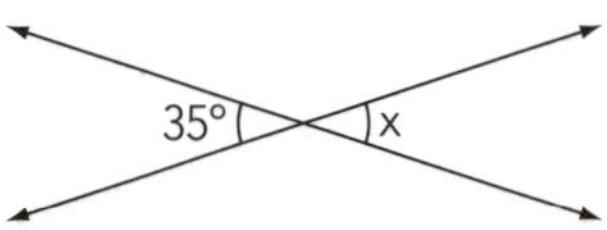

c)

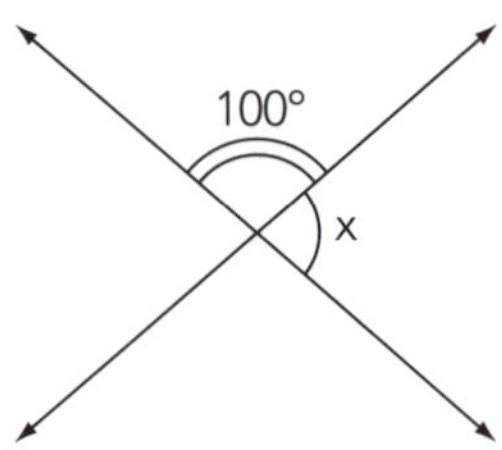

16. Calcule os valores das letras indicadas nas figuras:

a)

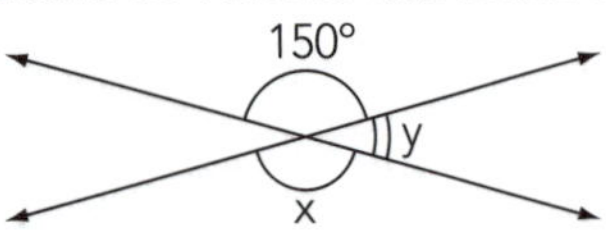

b)

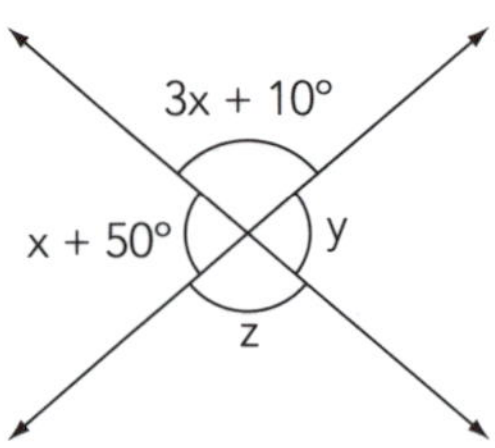

17. Dois ângulos opostos pelo vértice têm medidas $5x - 20°$ e $x + 60°$. Qual é o valor de *x*?

18. Calcule os valores das letras indicadas nas figuras:

a)

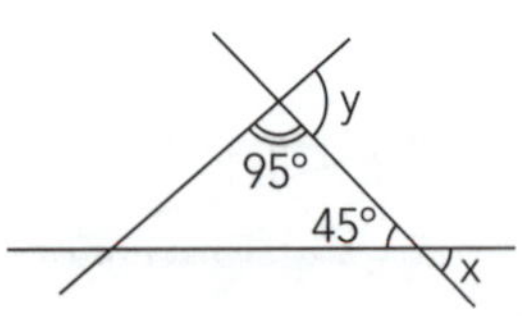

b)

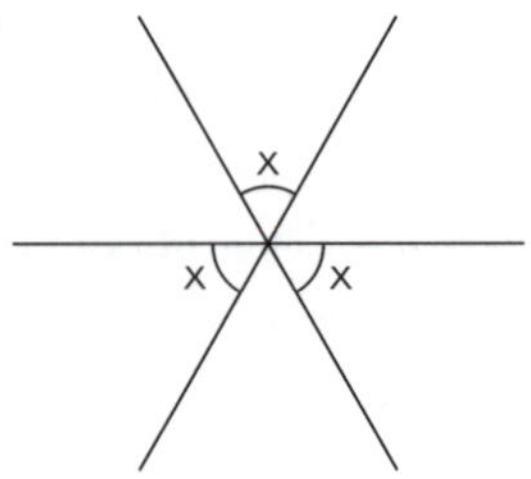

19. Duas retas concorrentes formam dois ângulos opostos pelo vértice de medidas $100° - 2x$ e $2x + 40°$. Os outros dois ângulos têm medida *y*. Calcule *x* e *y*.

Ângulos de duas retas com uma transversal

Observe os ângulos formados pelas retas *a* e *b* e pela reta *t*, concorrente com *a* e *b*:

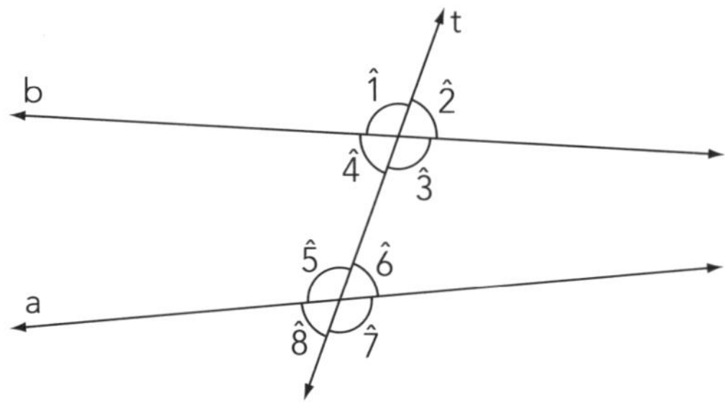

Dizemos que a reta *t* é uma transversal de *a* e *b*.

As retas *a*, *b* e *t* determinam oito ângulos: $\hat{1}$, $\hat{2}$, $\hat{3}$, $\hat{4}$, $\hat{5}$, $\hat{6}$, $\hat{7}$ e $\hat{8}$.

- $\hat{1}$ e $\hat{5}$

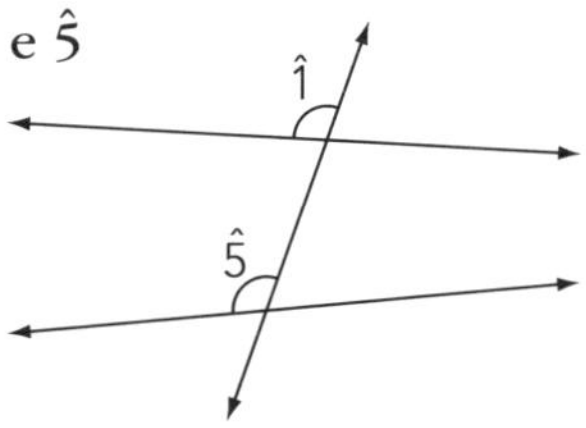

$\hat{1}$ e $\hat{5}$ são ângulos correspondentes

- $\hat{2}$ e $\hat{6}$

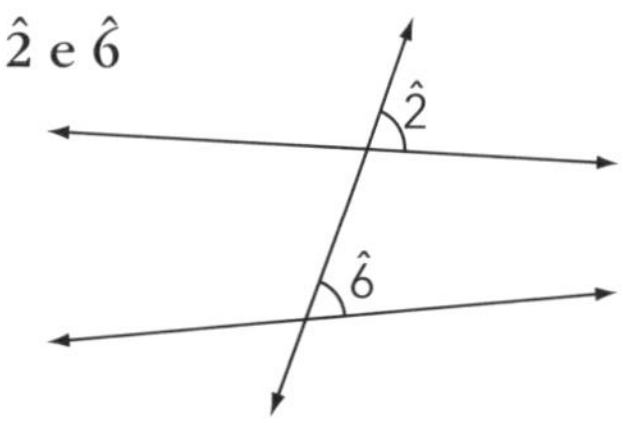

$\hat{2}$ e $\hat{6}$ são ângulos correspondentes

- $\hat{3}$ e $\hat{7}$

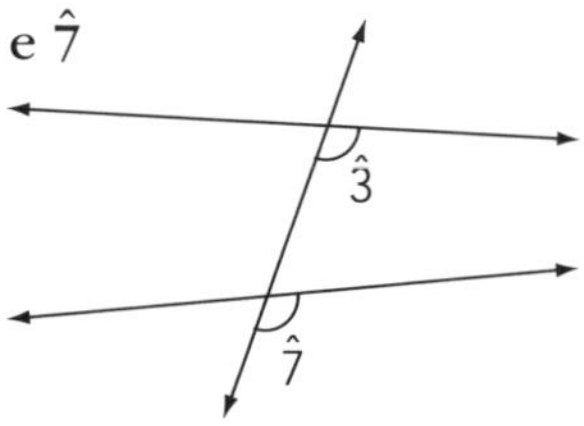

$\hat{3}$ e $\hat{7}$ são ângulos correspondentes

- $\hat{4}$ e $\hat{8}$

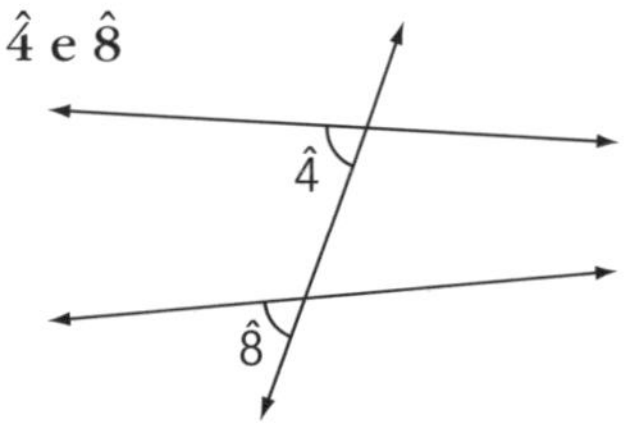

$\hat{4}$ e $\hat{8}$ são ângulos correspondentes

Vamos ver algumas propriedades importantes para duas retas cortadas por uma transversal.

1ª propriedade

Observe, nas figuras a seguir, as retas *a* e *b*, a transversal *t* e os ângulos correspondentes α e β.

Figura *A*

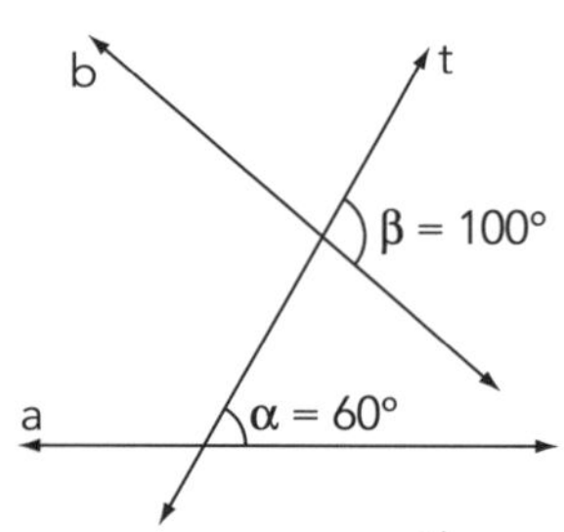

$\alpha = 60°$ e $\beta = 100°$

As retas *a* e *b* não são paralelas.

Figura *B*

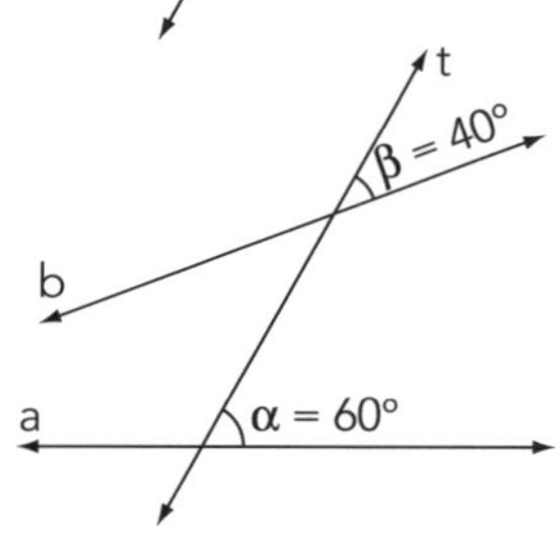

$\alpha = 60°$ e $\beta = 80°$

As retas *a* e *b* não são paralelas.

Nas figuras *A* e *B*, os ângulos correspondentes têm medidas desiguais.

As retas *a* e *b* são concorrentes.

Figura C

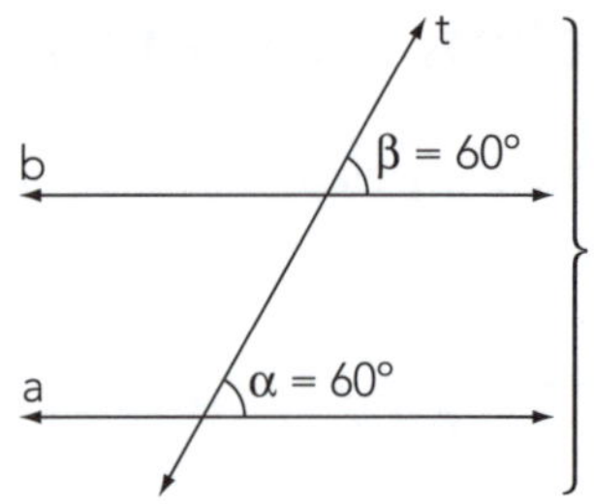

$\alpha = 60°$ e $\beta = 60°$
As retas a e b são paralelas.

Na figura C, os ângulos correspondentes têm medidas iguais.
As retas a e b são paralelas.

> Se duas retas formam com uma transversal ângulos correspondentes de medidas iguais, então essas duas retas são paralelas.

2ª propriedade (Axioma de Euclides)

Observe a figura:

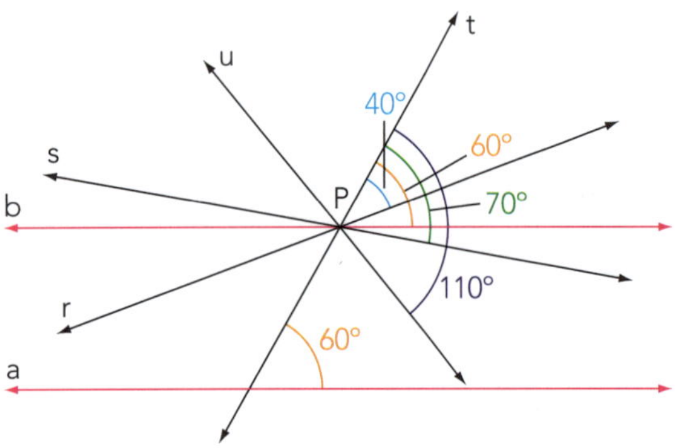

Das retas que passam pelo ponto P — retas r, b, s, u e t —, a *única* que é paralela à reta a é a reta b.

> Por um ponto P fora de uma reta a passa uma única reta b paralela à reta a (Postulado ou Axioma de Euclides).

3ª propriedade

Na figura ao lado, as duas retas paralelas a e b formam com a transversal t ângulos correspondentes de medidas iguais.

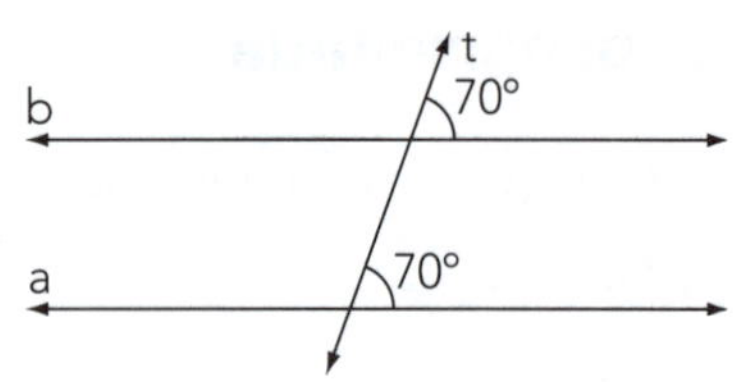

E as duas retas paralelas a e b formam com qualquer transversal — t ou r ou s — ângulos correspondentes de medidas iguais:

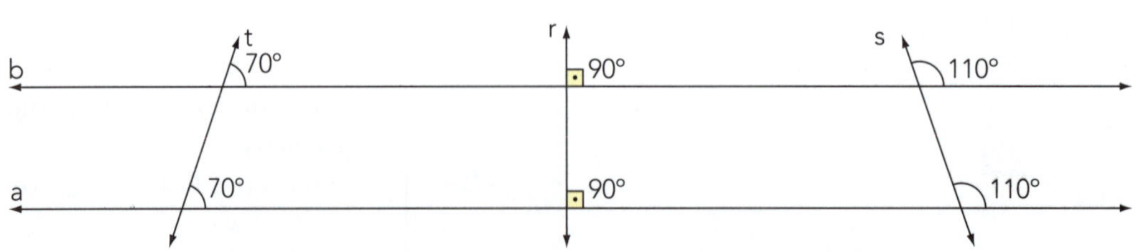

> Se duas retas paralelas interceptam uma transversal, então os ângulos correspondentes têm medidas iguais.

Conclusões práticas

- Na figura abaixo, as duas retas *a* e *b* são paralelas e *t* é transversal:

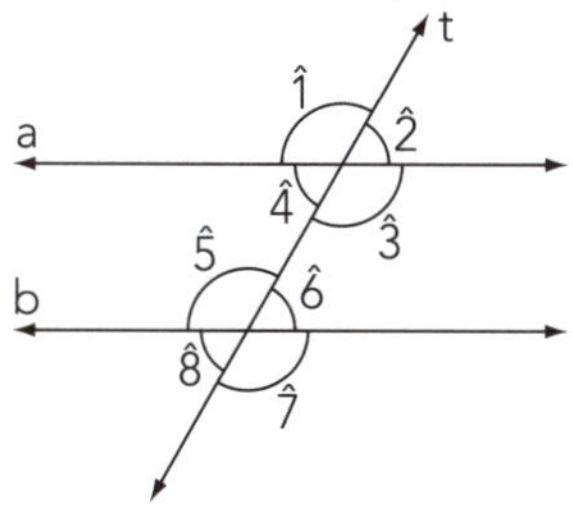

Temos os ângulos correspondentes:

$\hat{1} = \hat{5}$
$\hat{2} = \hat{6}$
$\hat{3} = \hat{7}$
$\hat{4} = \hat{8}$

$\hat{1} = \hat{3}$ (ângulos o. p. v.) e, então, $\hat{1} = \hat{3} = \hat{5} = \hat{7}$

$\hat{2} = \hat{4}$ (ângulos o. p. v.) e, então, $\hat{2} = \hat{4} = \hat{6} = \hat{8}$

E, ainda, os ângulos suplementares:

$$\hat{1} + \hat{4} = 180^\circ$$

Daí: $\hat{1} + \hat{8} = 180^\circ$ e $\hat{4} + \hat{5} = 180^\circ$

$$\hat{2} = \hat{3} = 180^\circ$$

Daí: $\hat{2} + \hat{7} = 180^\circ$ e $\hat{3} + \hat{6} = 180^\circ$

- Para as retas *a* e *b* paralelas e *t* transversal, podemos generalizar:

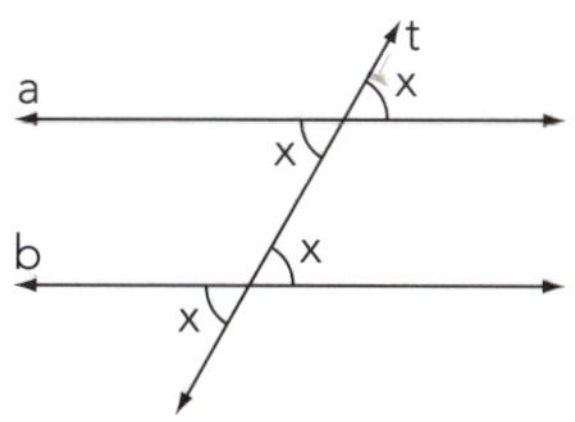

Os ângulos indicados por *x* têm medidas iguais, e os quatro ângulos agudos têm medidas iguais.

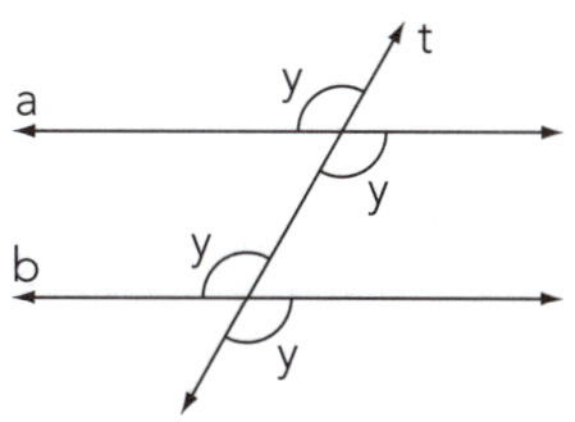

Os ângulos indicados por *y* têm medidas iguais, e os quatro ângulos obtusos têm medidas iguais.

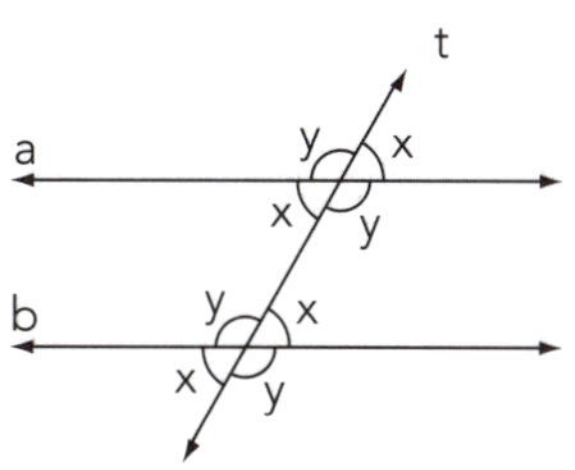

E, ainda, x + y = 180°. Ou podemos dizer que um ângulo agudo e um obtuso são sempre suplementares.

- Considere três retas, *r*, *s* e *t*, sendo r // s:

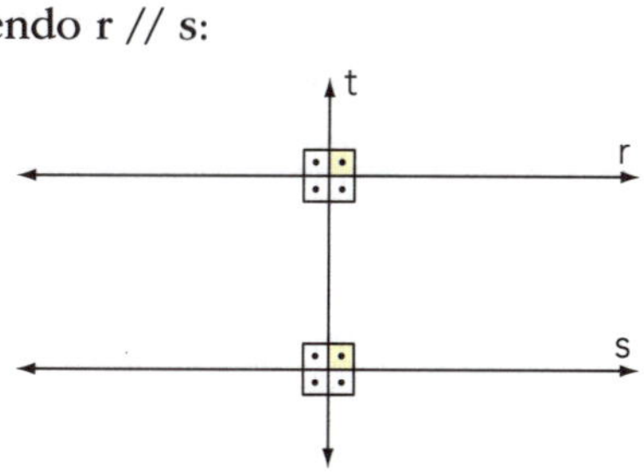

$r \perp t$
$s \perp t$

Se *t* for perpendicular a *r* e a *s*, então as retas determinam oito ângulos retos.

Exercícios

20. Sendo a // b, calcule *x*, *y* e *z* indicados na figura.

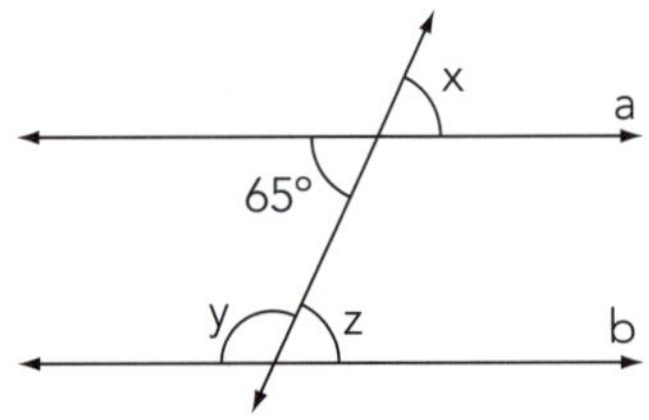

21. As retas *r* e *s* são paralelas. Quais as medidas dos ângulos indicados por letras?

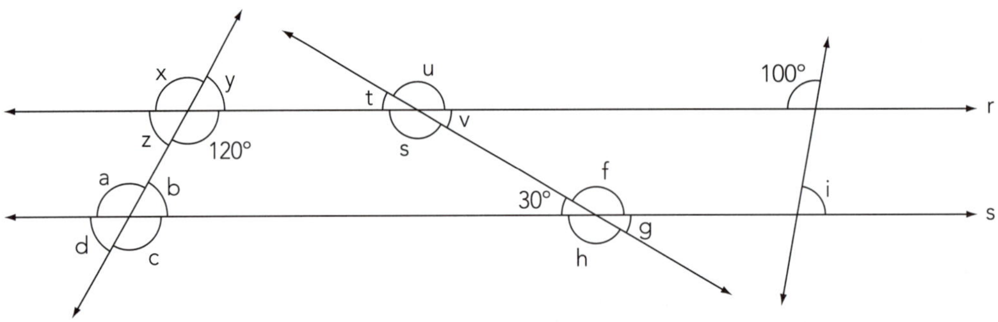

22. As retas *a* e *b* são paralelas. Qual é o valor de *x* em cada figura?

a)

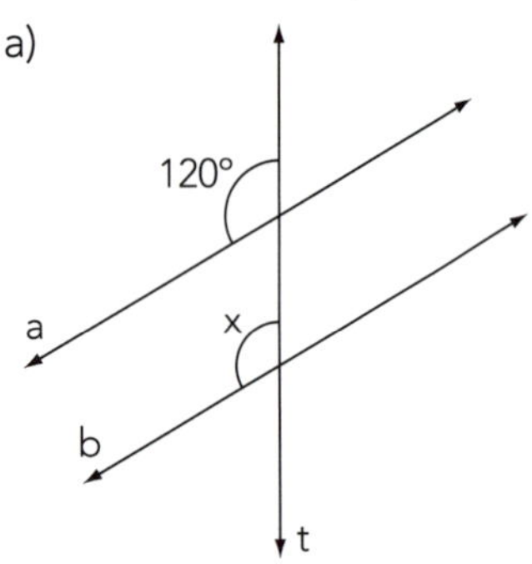

b)

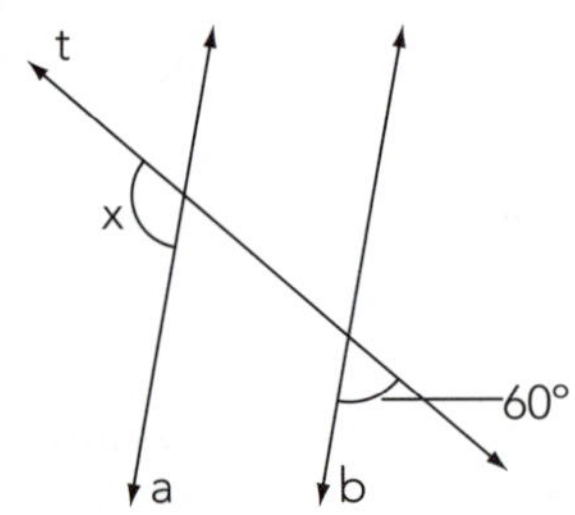

23. Calcule *x*, *y* e *z*, sabendo que *r* e *s* são paralelas.

a)

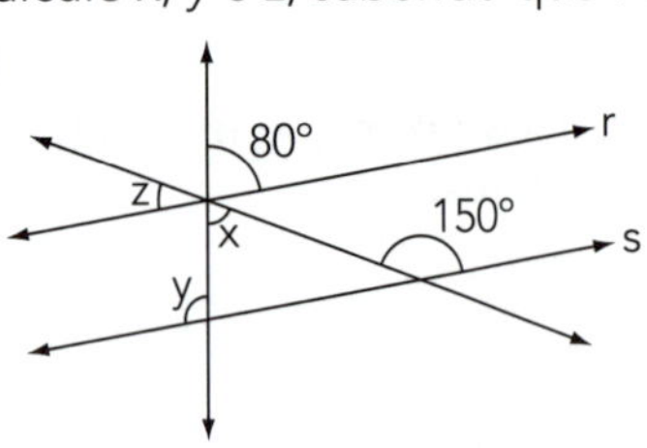

b)

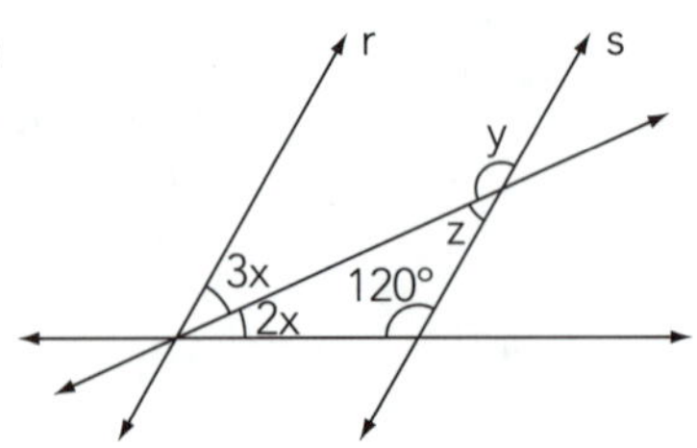

24. Sendo *r* paralela a *s*, qual é o valor de *x*?

a)

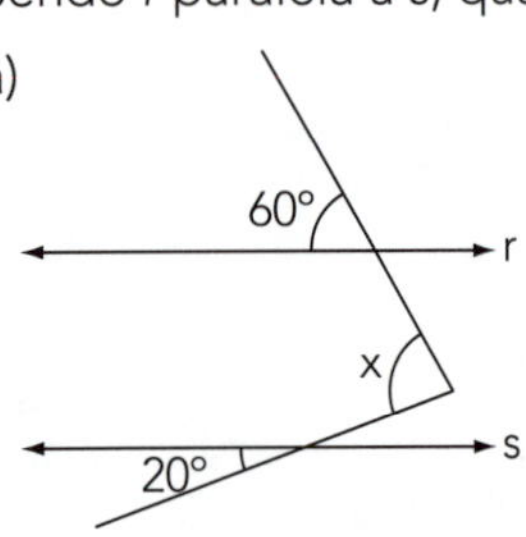

b)

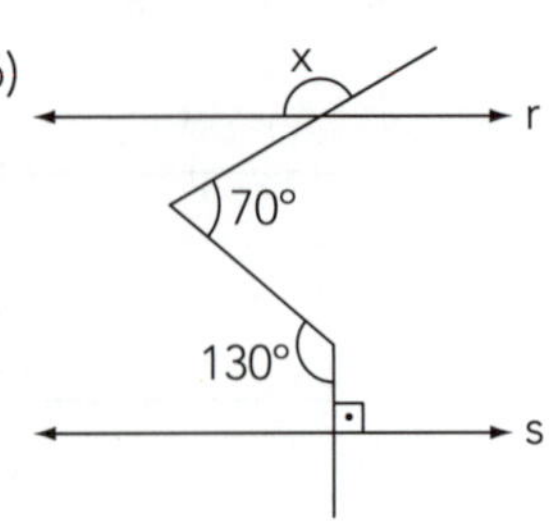

25. Sabendo que *r* é paralela a *s*, determine os valores de *x* e de *y*.

a)

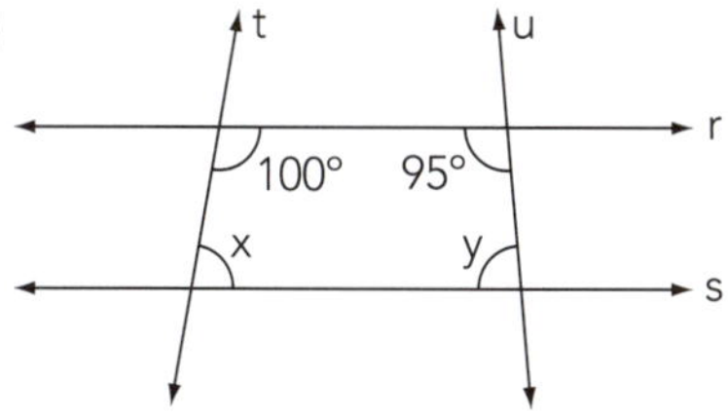

b)

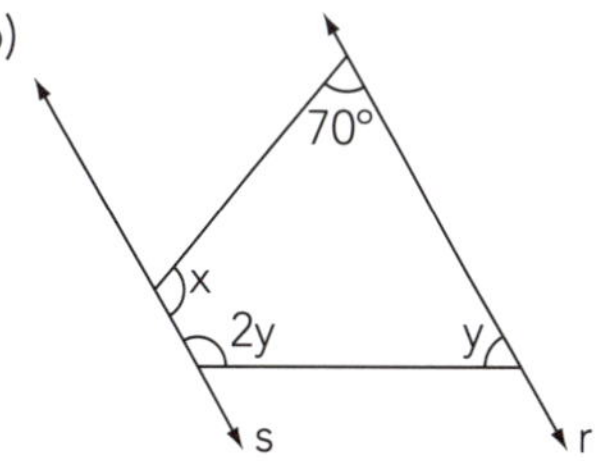

26. Se r // s e t // u, qual deve ser o valor de cada ângulo indicado por letra na figura?

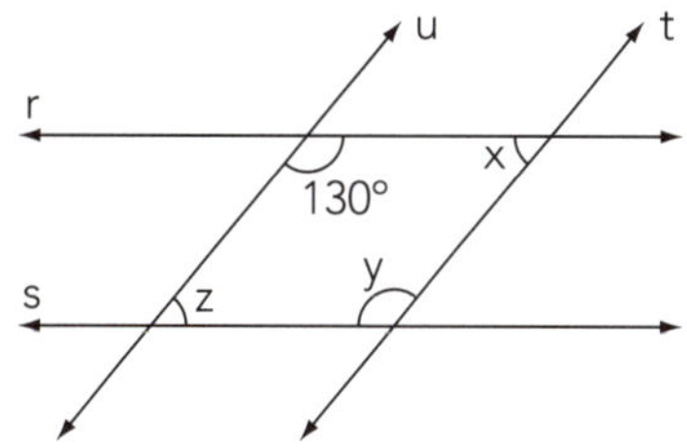

27. Duas retas paralelas cortadas por uma transversal formam quatro ângulos agudos. A soma desses ângulos agudos é 109°2'. Qual é a medida dos ângulos obtusos também formados?

28. Duas retas paralelas cortadas por uma transversal formam ângulos colaterais internos, um dos quais excede o outro em 32°30'. Determine as medidas desses ângulos.
Obs.: Chamam-se *colaterais internos* dois ângulos como $\hat{4}$ e $\hat{5}$ ou $\hat{3}$ e $\hat{6}$ da figura apresentada em "Conclusões práticas".

29. Duas retas cortadas por uma transversal formam ângulos alternos internos expressos em graus por $\frac{13x}{2} - 1$ e $9 + 4x$. Determine as medidas desses ângulos para que as retas sejam paralelas.
Obs.: Chamam-se *alternos internos* dois ângulos como $\hat{4}$ e $\hat{6}$ ou $\hat{3}$ e $\hat{5}$ da figura apresentada em "Conclusões práticas".

capítulo 4
Triângulos

Observe a foto ao lado, que mostra a cobertura das casas. Veja que o telhado está apoiado em estruturas triangulares, e isso ocorre porque os engenheiros civis sabem que os triângulos possuem características muito especiais. É por esse motivo que vamos estudá-los.

Jupiter Unlimited/Other Images

Triângulo

Observemos três segmentos consecutivos e não colineares $\overline{AB}$, $\overline{BC}$ e $\overline{CA}$. Juntos, esses segmentos formam um polígono (ou linha poligonal fechada) chamado *triângulo*. É o triângulo ABC, que indicaremos por $\triangle ABC$.

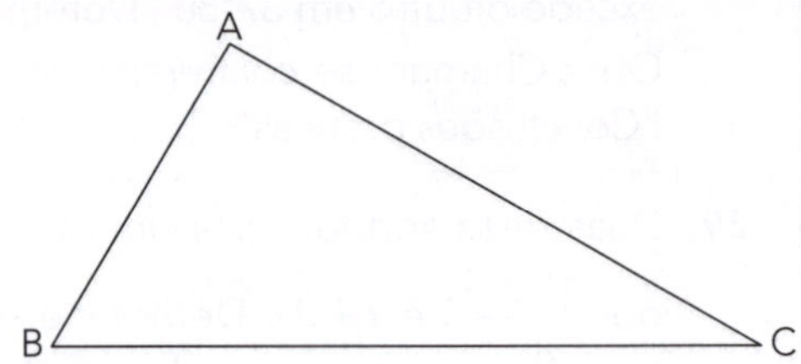

> Dados três pontos, A, B e C, não colineares, chama-se triângulo ABC a reunião dos segmentos $\overline{AB}$, $\overline{BC}$ e $\overline{CA}$.

Num triângulo ABC, os pontos A, B e C são chamados *vértices* do triângulo e os segmentos $\overline{AB}$ (de medida c), $\overline{BC}$ (de medida a) e $\overline{CA}$ (de medida b) são chamados *lados* do triângulo.

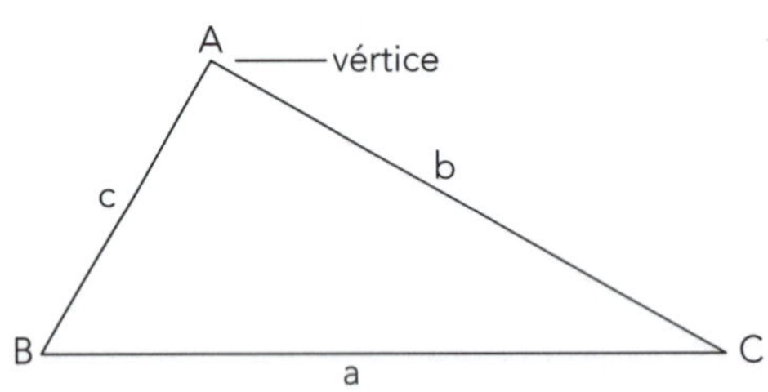

Num triângulo ABC, os ângulos $B\hat{A}C$ (ou $\hat{A}$), $A\hat{B}C$ (ou $\hat{B}$) e $A\hat{C}B$ (ou $\hat{C}$) são chamados *ângulos internos* do triângulo.

Para simplificar a linguagem é usual dizer:

- o lado a é o oposto ao ângulo $\hat{A}$;
- o lado b é o oposto ao ângulo $\hat{B}$;
- o lado c é o oposto ao ângulo $\hat{C}$.

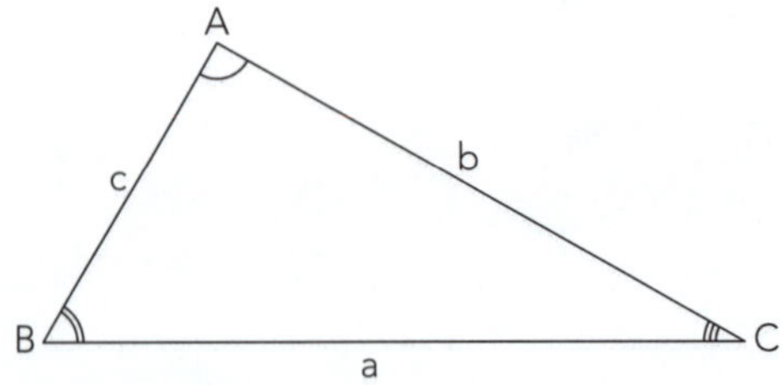

Perímetro de um triângulo é a soma das medidas dos seus lados. No triângulo ABC, temos:

$$\text{perímetro} = a + b + c$$

Classificação dos triângulos quanto aos lados

Quando comparamos os lados de um triângulo, três casos podem ocorrer:

- Os três lados são congruentes. Nesse caso, o triângulo é *equilátero*.
- Dois lados são congruentes. Nesse caso, o triângulo é *isósceles*.
- Dois lados quaisquer não são congruentes. Nesse caso, o triângulo é *escaleno*.

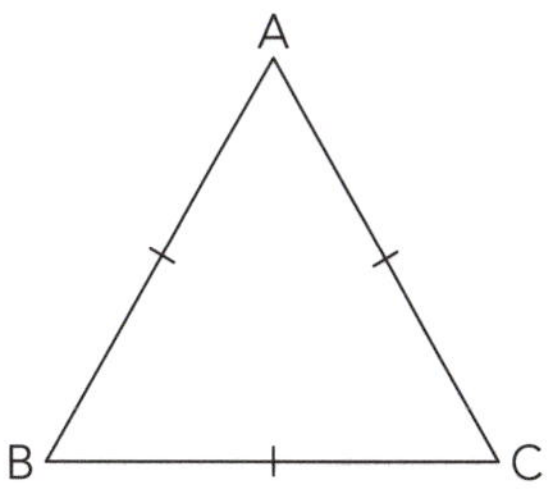

$\triangle$ABC equilátero
$\overline{AB} \equiv \overline{AC} \equiv \overline{BC}$

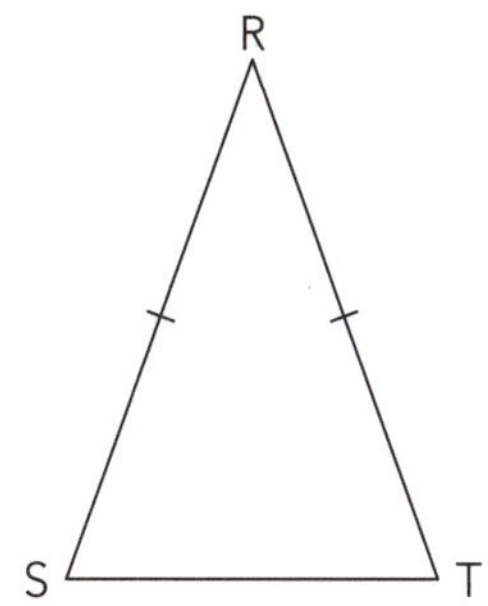

$\triangle$RST isósceles
$\overline{RS} \equiv \overline{RT}$

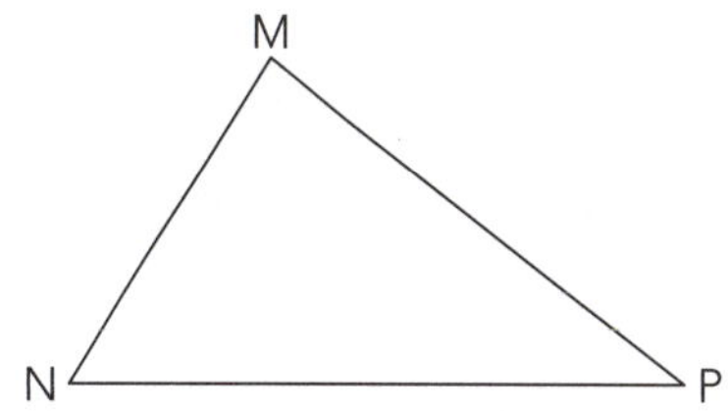

$\triangle$MNP escaleno

Desigualdade triangular

Quando tentamos construir um triângulo com lados medindo a = 6 cm, b = 3 cm e c = 2 cm, obtemos a figura ao lado.

Isso significa que *não existe* triângulo com lados medindo 6 cm, 3 cm e 2 cm.

Por que isso acontece?

Esse fato é justificado pela propriedade a seguir:

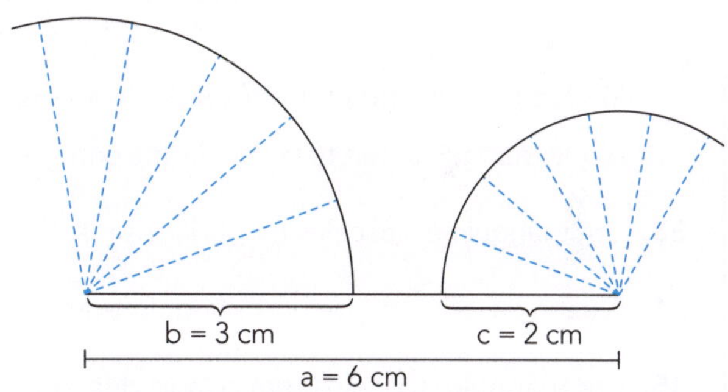

Em qualquer triângulo, cada lado é menor que a soma dos outros dois.

Então, dado o $\triangle$ABC, sendo *a* medida do lado $\overline{BC}$, *b* medida do lado $\overline{AC}$ e *c* medida do lado $\overline{AB}$, podemos escrever as seguintes relações:

$$a < b + c$$
$$b < a + c$$
$$c < a + b$$

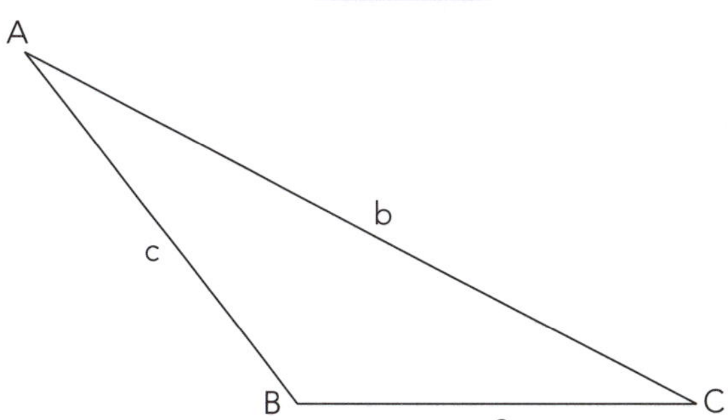

Portanto, comparando o *maior* lado com a soma dos outros dois, podemos saber se existe ou não triângulo.

Exercícios

30. Observe a figura:

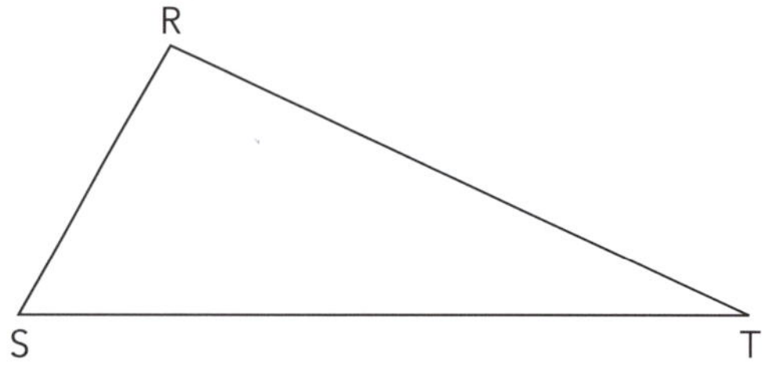

a) Quantos são os vértices? Quais são eles?

b) Quantos são os lados? Quais são eles?

c) Quantos são os ângulos? Quais são eles?

31. Diga se existe ou não (e justifique sua resposta) um triângulo com lados medindo:

a) 5 cm, 7 cm e 3 cm

b) 3 cm, 2 cm e 7 cm

c) 3 cm, 3 cm e 2 cm

d) 5 cm, 5 cm e 10 cm

e) 4 cm, 4 cm e 4 cm

f) 1 cm, 2 cm e 3 cm

32. Re-escreva as frases abaixo, substituindo os ? por uma destas palavras: isósceles, equiláteros, escalenos.

a) Os triângulos que têm três lados com medidas diferentes chamam-se ?.

b) Os triângulos que têm dois lados com medidas iguais chamam-se ?.

33. Um triângulo é isósceles e dois lados medem 4 cm e 6 cm. Que medidas pode ter o terceiro lado?

34. Qual é o perímetro de um triângulo equilátero de lado medindo 15 cm?

35. Um triângulo isósceles tem o lado diferente medindo 12 cm. Calcule as medidas dos outros dois lados, sabendo que o seu perímetro é de 40 cm.

36. O semiperímetro de um triângulo é 25 cm. Dois lados medem, respectivamente, 14,8 cm e 19,2 cm. Quanto mede o terceiro lado?

37. O triângulo ABC é isósceles de base $\overline{BC}$. Sabendo que $AB = 2x - 7$ e $AC = x + 5$, determine x.

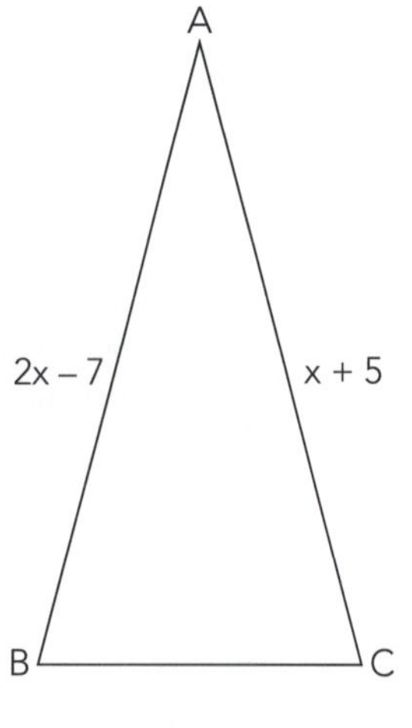

38. Determine *x*, *y* e o lado do triângulo ABC equilátero, sabendo que:

$AB = x + y$

$AC = x + 3$

$BC = y + 4$

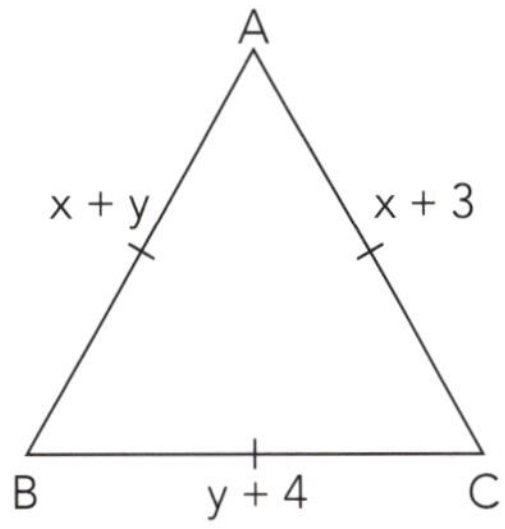

39. Os lados de um triângulo medem em centímetros: 5, 3 e *x*. Que valores *x* pode assumir para que o triângulo exista?

40. Os lados de um triângulo têm medidas, em centímetros, expressas por números inteiros. Se dois lados medem 4 cm e 9 cm, que medidas pode ter o terceiro lado?

41. O triângulo ABC é equilátero. Sabendo que $AB = 15 - y$, $BC = 2x - 7$ e $AC = 9$, determine *x* e *y*.

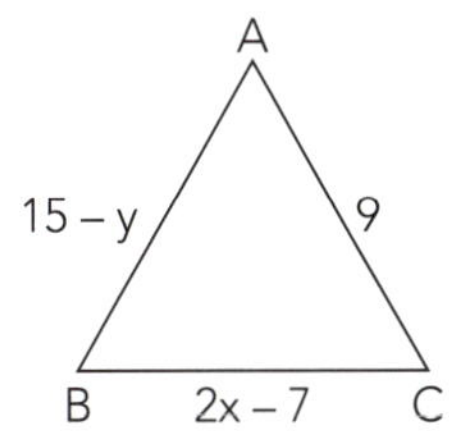

42. Determine os lados do triângulo abaixo sabendo que ele tem 60 cm de perímetro.

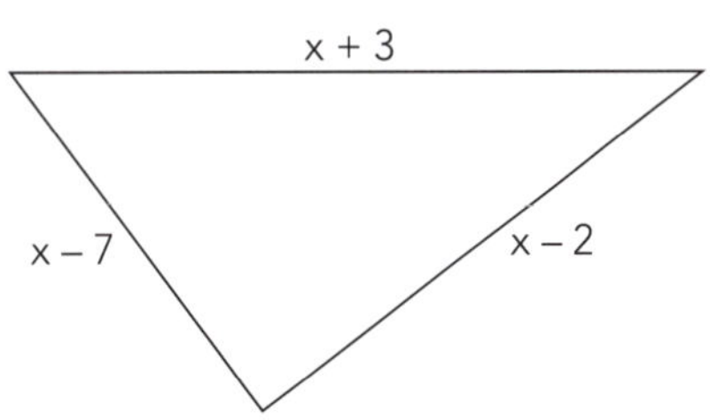

43. Dois lados de um triângulo medem, respectivamente, 8 cm e 21 cm. Sabendo-se que a medida do terceiro lado é múltiplo de 6, quanto poderá medir esse lado?

capítulo 5

Soma dos ângulos de um triângulo

Propriedade da soma dos ângulos dos triângulos

Vamos considerar um triângulo ABC e observar os ângulos $\hat{A}$, $\hat{B}$ e $\hat{C}$ do triângulo.

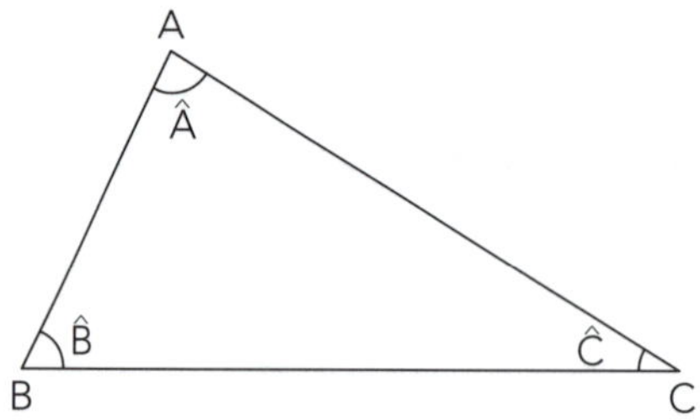

Pelo vértice A, vamos traçar uma reta r paralela ao lado $\overline{BC}$ e observar os ângulos $\hat{1}$ e $\hat{2}$.

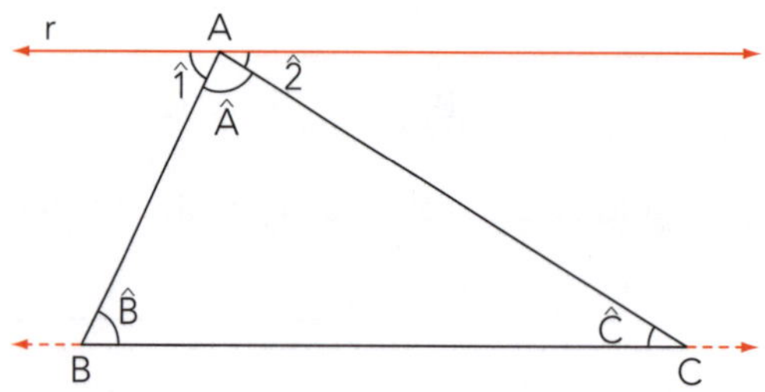

Do paralelismo de r e $\overleftrightarrow{BC}$, considerando-se a transversal $\overleftrightarrow{AB}$, decorre que:

$$\hat{1} \equiv \hat{B}$$

Do paralelismo de r e $\overleftrightarrow{BC}$, considerando-se a transversal $\overleftrightarrow{AC}$, decorre que:

$$\hat{2} \equiv \hat{C}$$

Substituindo então $\hat{1}$ por $\hat{B}$ e $\hat{2}$ por $\hat{C}$, temos:

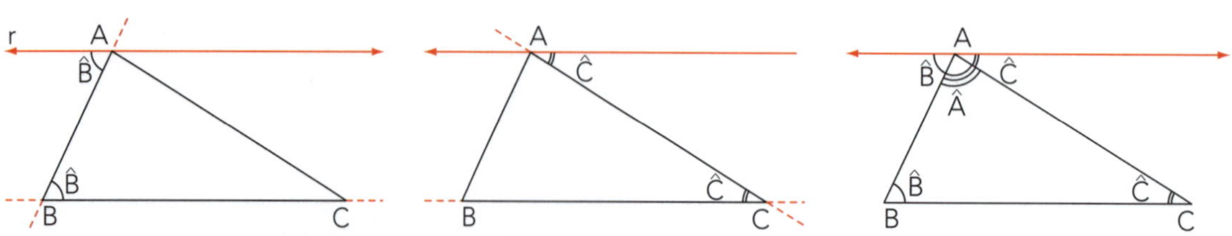

Observando o triângulo da direita e somando os ângulos que têm vértice em A, concluímos que:

$$\hat{A} + \hat{B} + \hat{C} \equiv \text{ângulo raso}$$

Esse resultado é resumido na propriedade:

> A soma das medidas dos ângulos de um triângulo é 180°.

Classificação dos triângulos quanto aos ângulos

Os triângulos podem ser classificados em relação aos ângulos. Levando-se em consideração que a soma das medidas dos ângulos de um triângulo é 180°, podem ocorrer as seguintes situações:

- Os três ângulos são agudos.

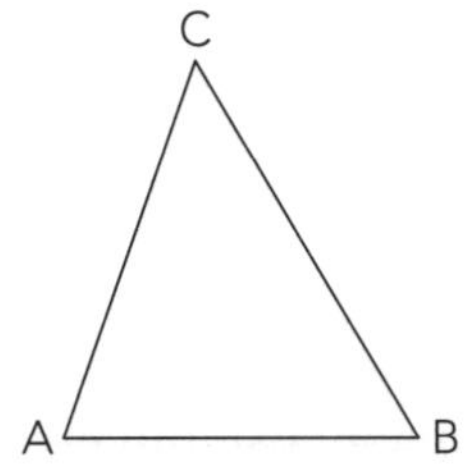

△ABC acutângulo

Exemplo: 50°, 60° e 70°
(50° + 60° + 70° = 180°)
O triângulo é *acutângulo*.

- Um dos ângulos é reto e os outros dois são agudos.

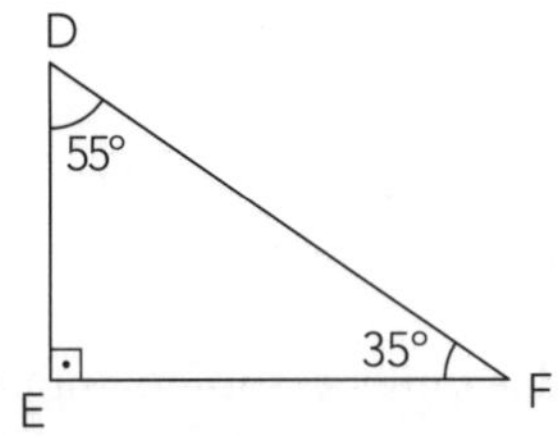

△DEF retângulo

Exemplo: 90°, 35° e 55°
(90° + 35° + 55° = 180°)
O triângulo é *retângulo*.

- Um dos ângulos é obtuso e os outros dois são agudos.

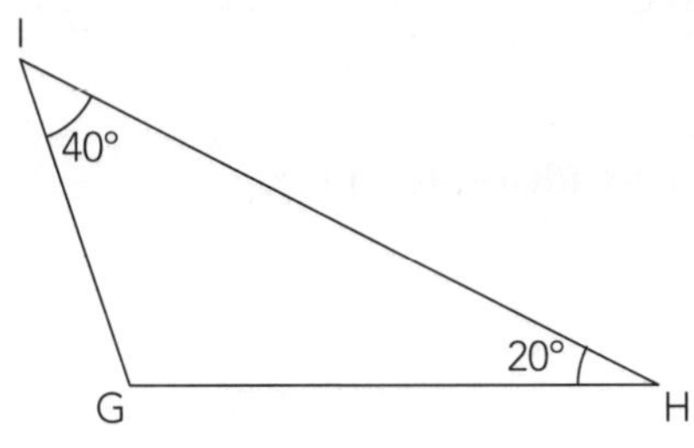

△GHI obtusângulo

Exemplo: 120°, 20° e 40°
(120° + 20° + 40° = 180°)
O triângulo é *obtusângulo*.

Ângulo externo e sua propriedade

Considere o triângulo ABC apresentado abaixo:

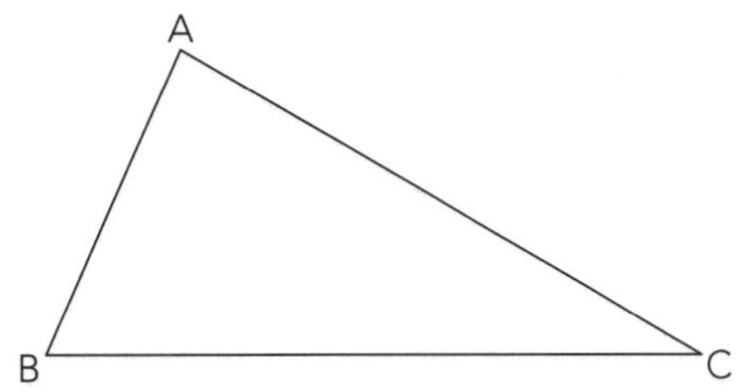

Vamos prolongar o lado $\overline{BC}$ do triângulo ABC na extremidade *C*, e tomar um ponto *X* no prolongamento, de modo que a semirreta $\overrightarrow{CX}$ seja oposta à semirreta $\overrightarrow{CB}$.

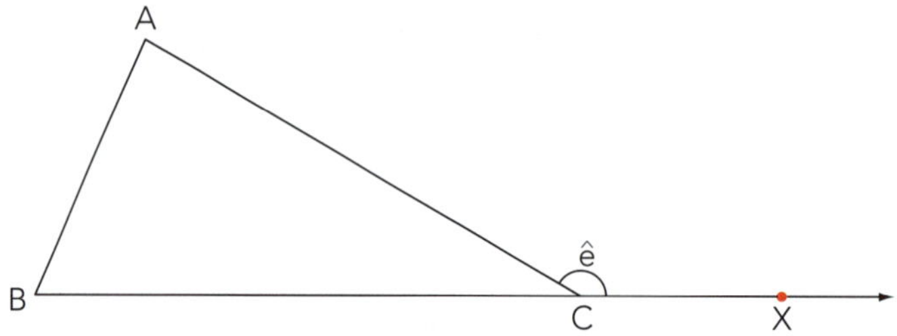

Dizemos que o ângulo $A\hat{C}X$ é um ângulo externo do $\triangle ABC$.
Observe que o ângulo externo $\hat{e} = A\hat{C}X$ é adjacente ao ângulo $\hat{C}$ do triângulo.
Os ângulos $\hat{A}$ e $\hat{B}$ do triângulo não são adjacentes ao ângulo externo $\hat{e} = A\hat{C}X$.

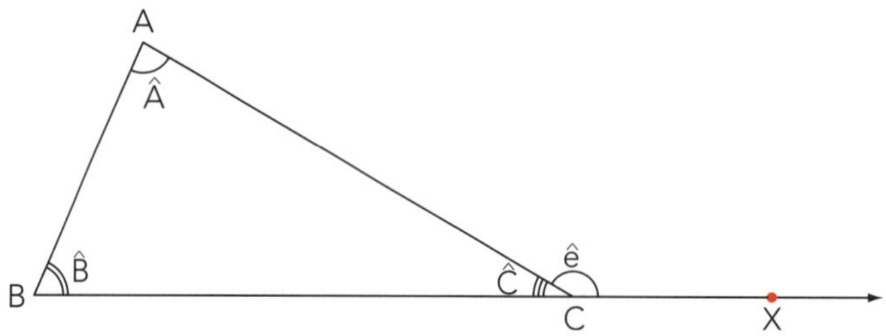

Observe, ainda, que:

$$\hat{e} + \hat{C} = 180^\circ \text{ (pois } \hat{e} \text{ e } \hat{C} \text{ são adjacentes e suplementares)}$$
$$\hat{A} + \hat{B} + \hat{C} = 180^\circ \text{ (soma dos ângulos internos de um triângulo)}$$

Então, temos:

$$\left.\begin{array}{l} \hat{e} = 180^\circ - \hat{C} \\ \hat{A} + \hat{B} = 180^\circ - \hat{C} \end{array}\right\} \Rightarrow \hat{e} = \hat{A} + \hat{B}$$

Em todo triângulo, qualquer ângulo externo tem medida igual à soma das medidas dos dois ângulos internos não adjacentes a ele.

Exercícios

44. Em cada item, calcule o valor de *x* e classifique o triângulo em relação aos ângulos:

a)

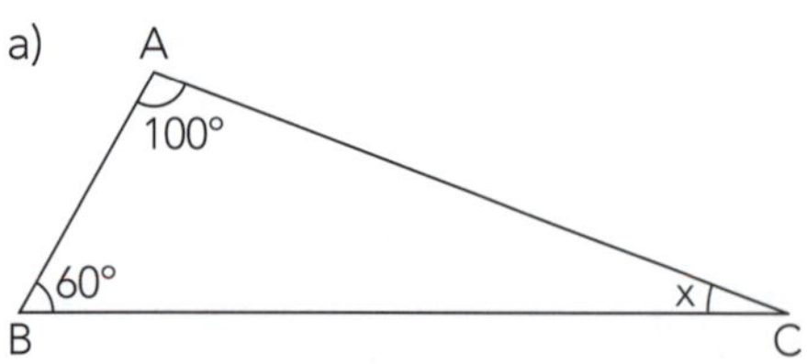

b)

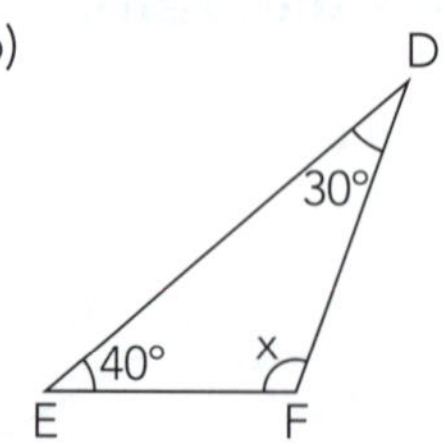

c)

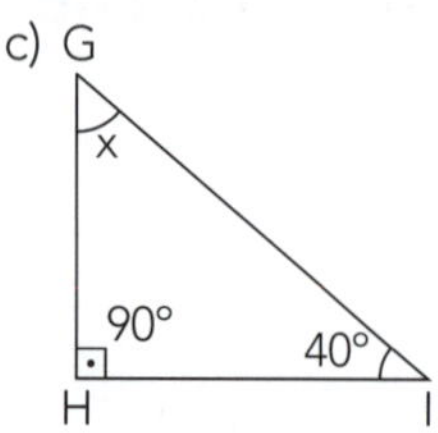

45. Dois ângulos de um triângulo medem, respectivamente, 45° e 57°. O triângulo é acutângulo, retângulo ou obtusângulo?

46. Um triângulo pode ter dois ângulos obtusos? E dois ângulos retos?

47. Num triângulo retângulo:

a) os ângulos agudos são complementares ou suplementares?

b) se um dos ângulos agudos mede 45°, quanto mede o outro ângulo agudo?

c) se um dos ângulos agudos é o dobro do outro, quanto medem esses ângulos?

48. Determine a medida dos ângulos agudos de um triângulo retângulo em que:

a) um ângulo é o dobro do outro;

b) os ângulos agudos diferem em 15°20′.

49. Num triângulo, um ângulo mede 80°. A diferença entre os outros dois é 32°. Dê a medida dos ângulos do triângulo.

50. Calcule os ângulos $\hat{A}$, $\hat{B}$ e $\hat{C}$ de um triângulo, sabendo que $\hat{B}$ é o triplo de $\hat{A}$ e que $\hat{C}$ é o quíntuplo de $\hat{A}$.

51. Qual o valor de x?

a)

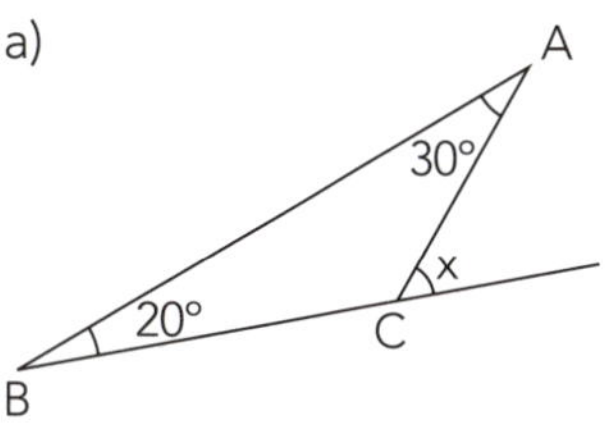

b)

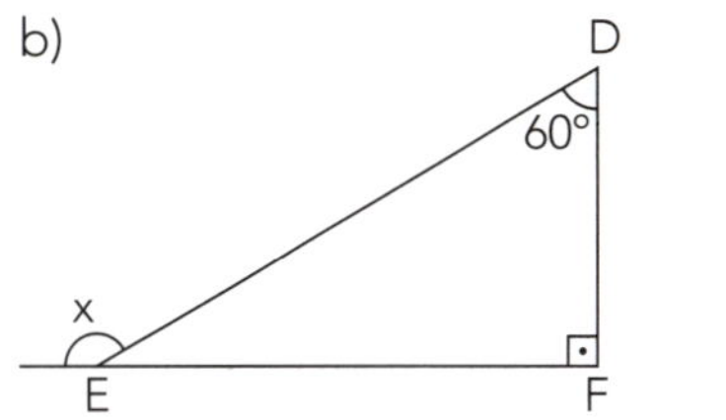

52. Determine os valores de x e y em cada item:

a)

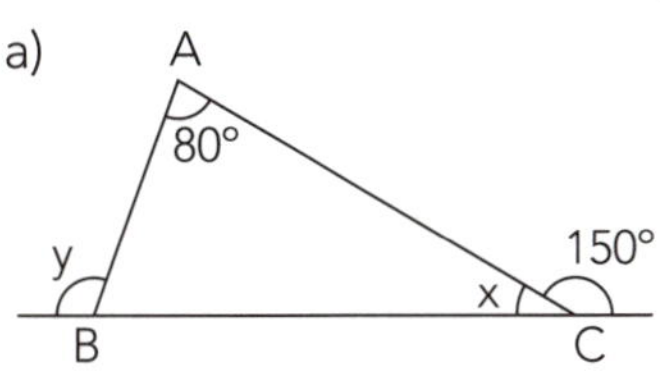

b)

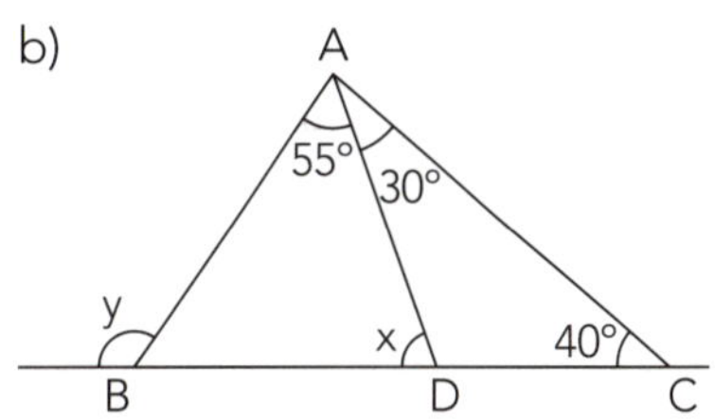

53. Determine x:

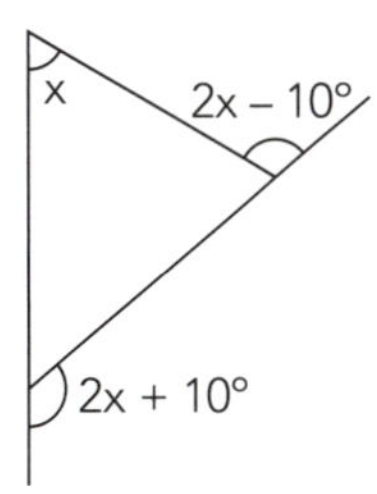

54. Calcule a soma x + y + z nas seguintes figuras:

a)

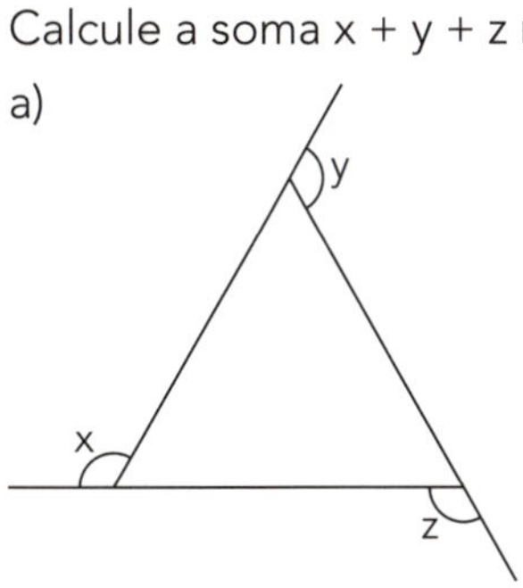

b)

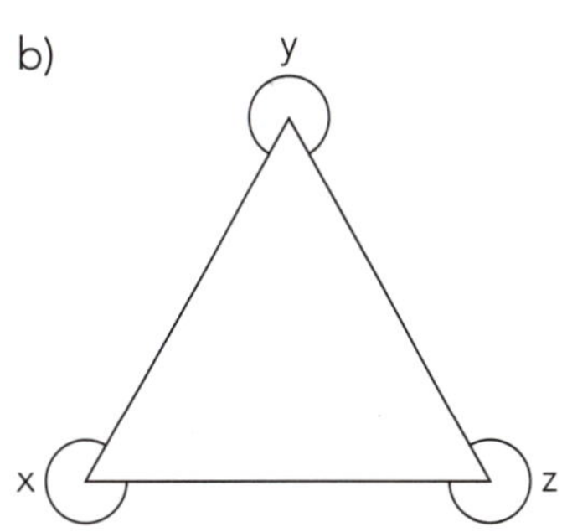

55. Sabendo que r // s, calcule o valor de *x*:

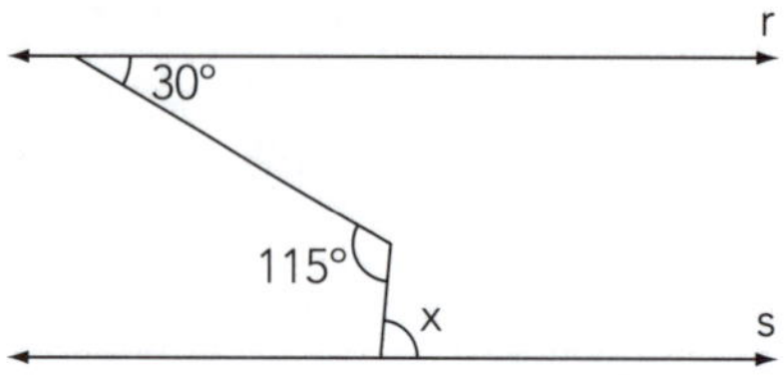

56. Na figura, *r* é paralela a *s*. Determine a soma x + y.

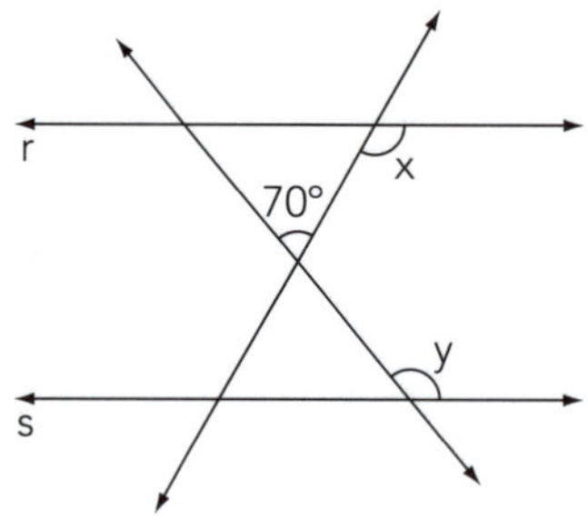

57. Na figura, as retas paralelas *r* e *s* são cortadas pela transversal *t*. Determine o ângulo *x* formado pelas bissetrizes *m* e *n*.

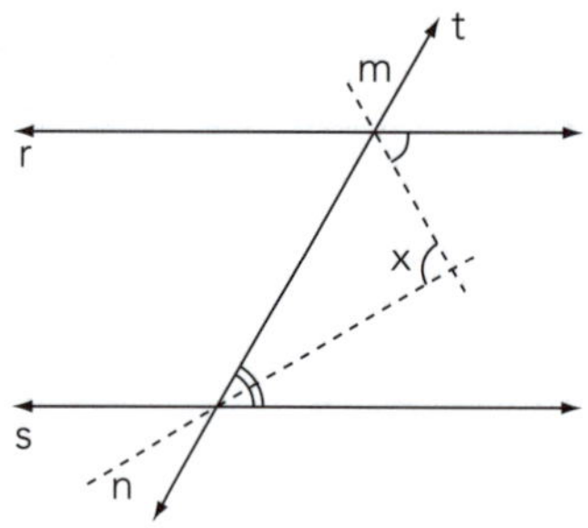

58. Num triângulo isósceles, cada ângulo da base mede 52°37′27″. Determine o ângulo vértice.

59. Sabendo que as retas *r* e *s* são paralelas, calcule *x*, *y* e *z*:

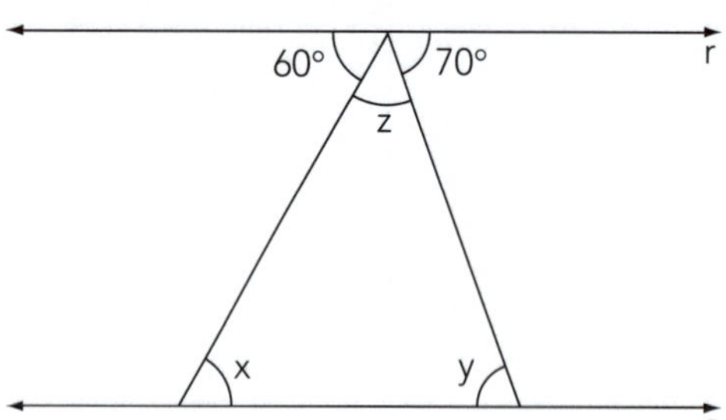

60. Sabendo que r // s, calcule *x* na figura:

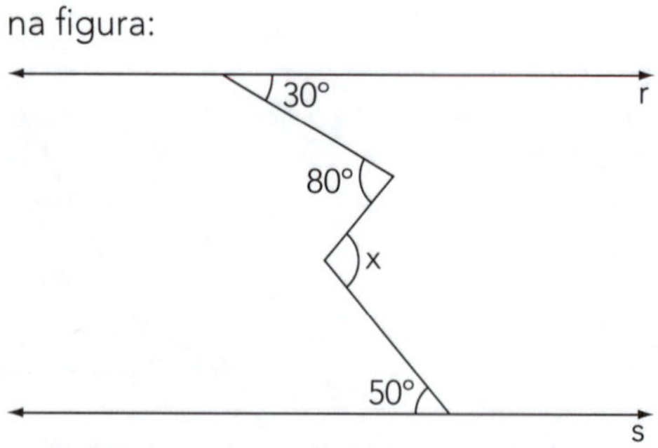

61. Sabendo que r // s, calcule *x* e *y*:

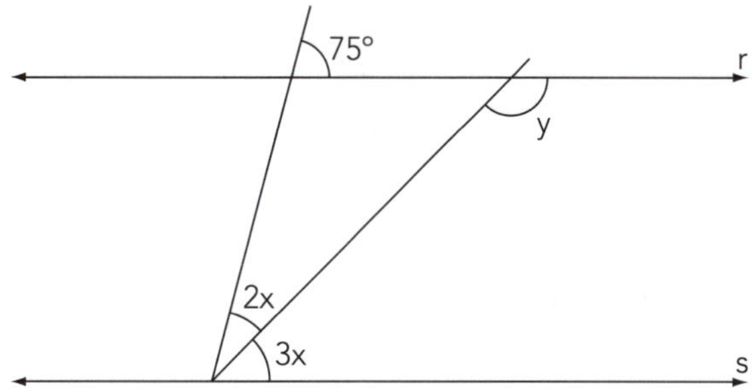

62. Calcule *x* na figura abaixo:

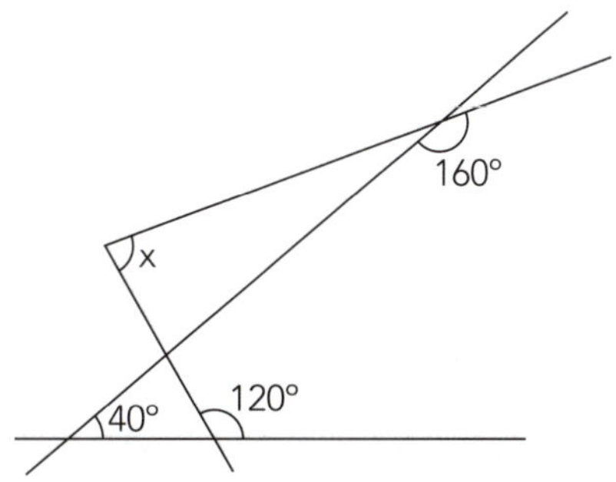

63. Determine a medida dos ângulos internos do triângulo, sabendo que os ângulos externos medem em graus, respectivamente, *x*, x + 10° e x – 10°.

capítulo 6

Congruência de triângulos

Conceito matemático de congruência

Observe os triângulos ABC e DEF:

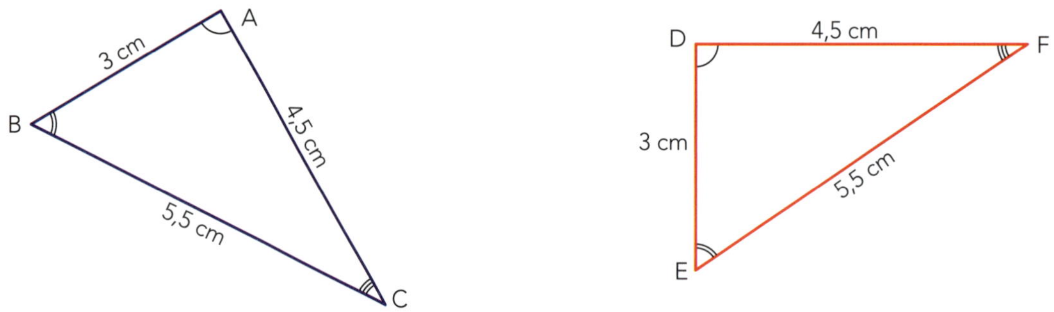

É possível "deslocar" o triângulo ABC até fazer com que seus lados coincidam com os lados do triângulo DEF.

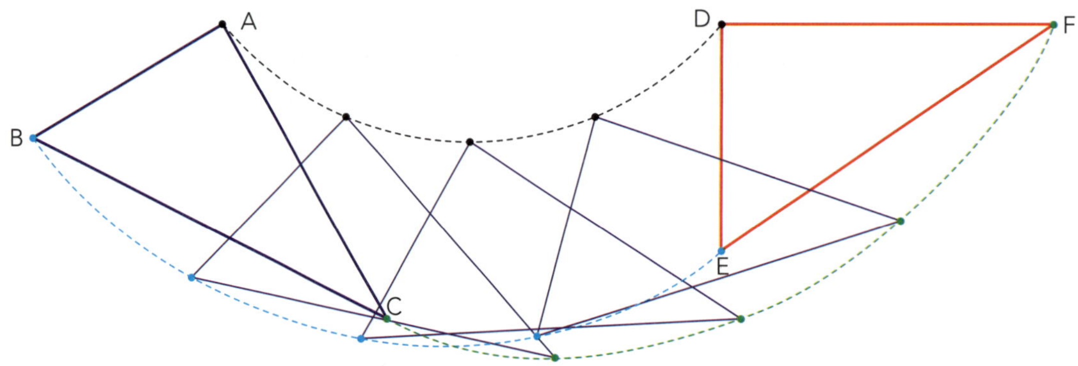

É possível estabelecer corrrespondência entre os vértices (veja as trajetórias descritas pelos vértices do $\triangle ABC$ até coincidirem com os vértices do $\triangle DEF$):

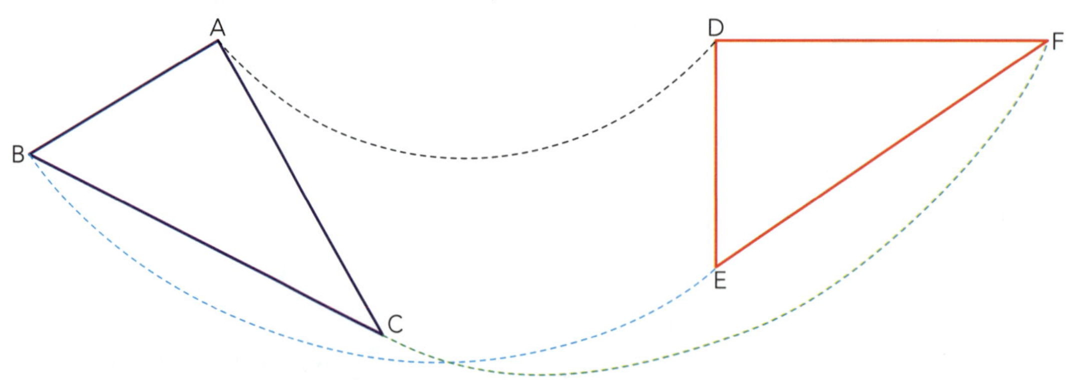

- os lados correspondentes (ou homólogos) são congruentes:

$\overline{AB} \equiv \overline{DE}$ $\qquad$ $\overline{BC} \equiv \overline{EF}$ $\qquad$ $\overline{AC} \equiv \overline{DF}$

- os ângulos correspondentes são congruentes:

$\hat{A} \equiv \hat{D}$ $\qquad$ $\hat{B} \equiv \hat{E}$ $\qquad$ $\hat{C} \equiv \hat{F}$

Por isso, os triângulos ABC e DEF são *congruentes*. Indicamos:

$$\triangle ABC \equiv \triangle DEF$$

Para indicar as congruências, marcamos tracinhos para os lados e arquinhos para os ângulos, como nas figuras ao lado.

Número igual de *tracinhos* indica *lados* congruentes.

Número igual de *arquinhos* indica *ângulos* congruentes.

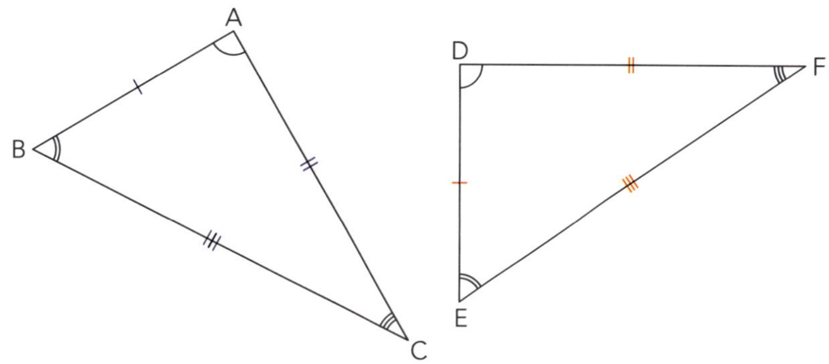

Dois triângulos são congruentes quando os lados e os ângulos de um deles são respectivamente congruentes aos lados e aos ângulos do outro.

Exercícios

64. Sabendo que os triângulos XYZ e RST são congruentes, escreva as seis congruências decorrentes:

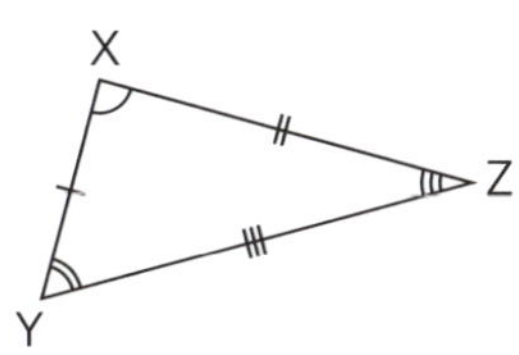

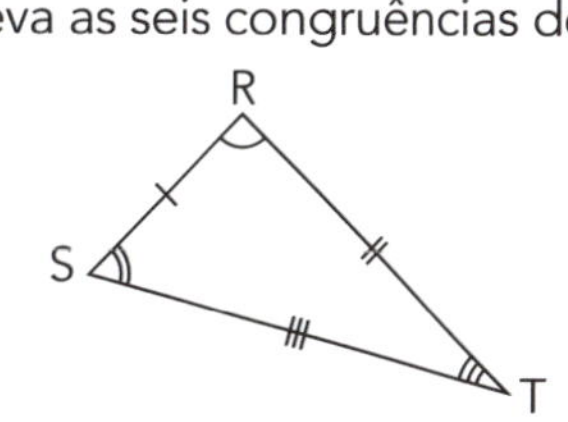

65. Os triângulos ABC e CDE da figura são congruentes.

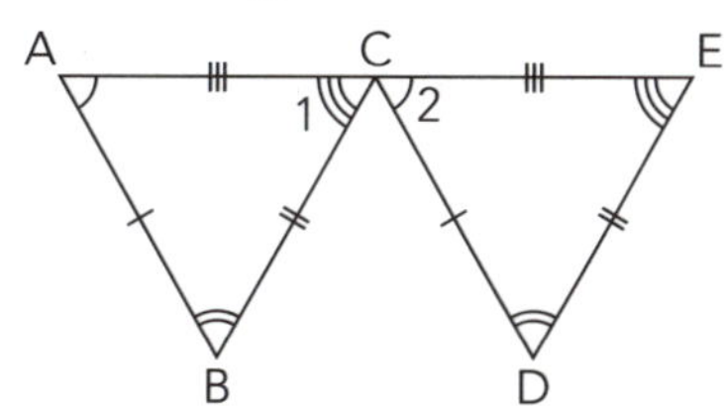

Quais os elementos de medidas respectivamente iguais?

66. Na figura ao lado, o triângulo ABC é congruente ao triângulo DEC. Sabendo que $\hat{A} = 3x$, $\hat{B} = y + 48°$, $\hat{E} = 5y$ e $\hat{D} = 2x + 10°$, determine *x* e *y*.

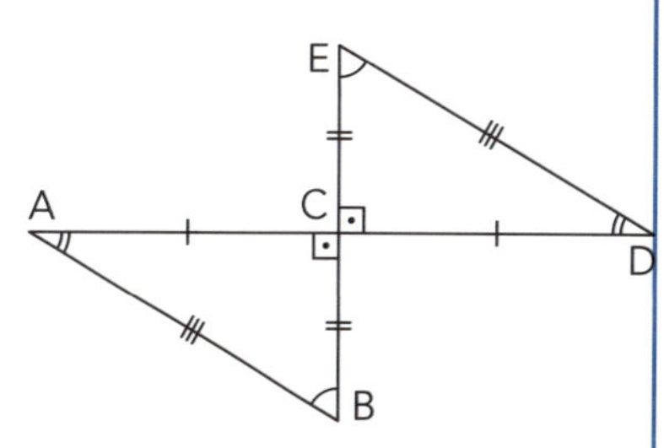

67. Na figura, o triângulo ABD é congruente ao triângulo CBD. Sabendo que AB = x, BC = 2y, CD = 3y + 8 e DA = 2x, calcule *x* e *y*.

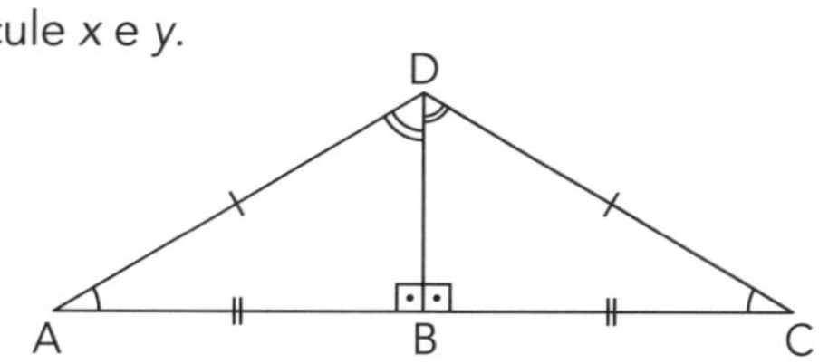

Casos de congruência

O conceito matemático de congruência de triângulos estabelece que dois triângulos são congruentes quando:

- cada lado de um dos triângulos é congruente ao seu correspondente (ou homólogo) no outro;
- cada ângulo de um triângulo é congruente ao seu correspondente (ou homólogo) no outro.

Portanto, devem ocorrer seis congruências:

- três congruências entre os lados;
- três congruências entre os ângulos.

Costuma-se indicar isso, simbolicamente, assim:

| L | L | L |

e

| A | A | A |

em que:

| L | indica que um lado de um triângulo é congruente a um lado do outro;

| A | indica que um ângulo de um triângulo é congruente a um ângulo do outro.

Seria muito trabalhoso concluir que dois triângulos são congruentes empregando apenas o conceito de congruência, pois teríamos de constatar seis congruências (três congruências entre lados e três entre ângulos). Felizmente é possível reduzir bastante o trabalho graças aos *casos de congruência*.

Os casos de congruência são quatro propriedades que nos permitem concluir que dois triângulos são congruentes a partir de apenas três determinadas congruências (entre lados ou entre ângulos).

Caso LAL (Lado — Ângulo — Lado)

> Se dois triângulos possuem dois lados e o ângulo compreendido entre eles respectivamente congruentes, então os triângulos são congruentes.

Essa propriedade estabelece que, imaginando-se que um triângulo ABC e um triângulo PQR apresentem:

$$\overline{AB} \equiv \overline{PQ},\ \hat{A} \equiv \hat{P} \text{ e } \overline{AC} \equiv \overline{PR}$$

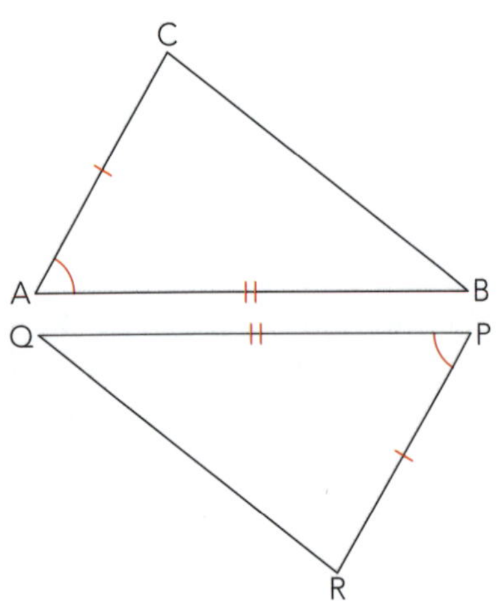

então, o terceiro lado e os dois ângulos restantes também são respectivamente congruentes:

$$\hat{B} \equiv \hat{Q},\ \overline{BC} \equiv \overline{QR} \text{ e } \hat{C} \equiv \hat{R}$$

Consequentemente, os triângulos são congruentes:

$$\triangle ABC \equiv \triangle PQR$$

Caso ALA (Ângulo — Lado — Ângulo)

> Se dois triângulos possuem um lado e os dois ângulos a ele adjacentes respectivamente congruentes, então os triângulos são congruentes.

Essa propriedade estabelece que, se um triângulo ABC e outro triângulo RST apresentam:

$$\hat{B} \equiv \hat{S},\ \overline{BC} \equiv \overline{ST} \text{ e } \hat{C} \equiv \hat{T}$$

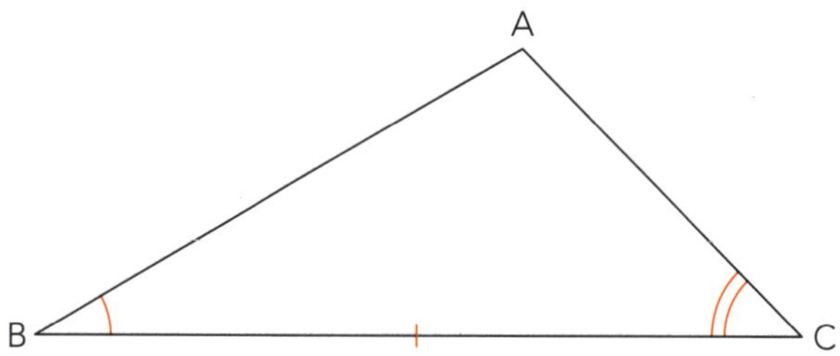

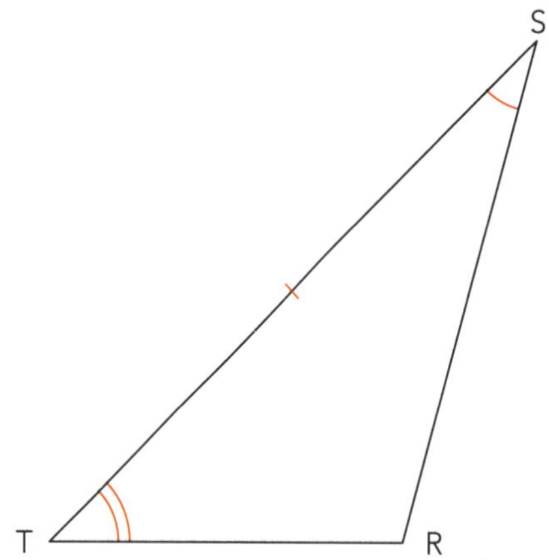

então, o terceiro ângulo e os dois lados restantes também são respectivamente congruentes:

$$\overline{AB} \equiv \overline{RS},\ \hat{A} \equiv \hat{R} \text{ e } \overline{AC} \equiv \overline{RT}$$

Consequentemente, os triângulos são congruentes:

$$\triangle ABC \equiv \triangle RST$$

Caso LLL (Lado — Lado — Lado)

> Se dois triângulos possuem os três lados respectivamente congruentes, então os triângulos são congruentes.

Essa propriedade estabelece que, imaginando-se que um triângulo ABC e um triângulo MNP apresentem:

$$\overline{AB} \equiv \overline{MN},\ \overline{BC} \equiv \overline{NP} \text{ e } \overline{AC} \equiv \overline{MP}$$

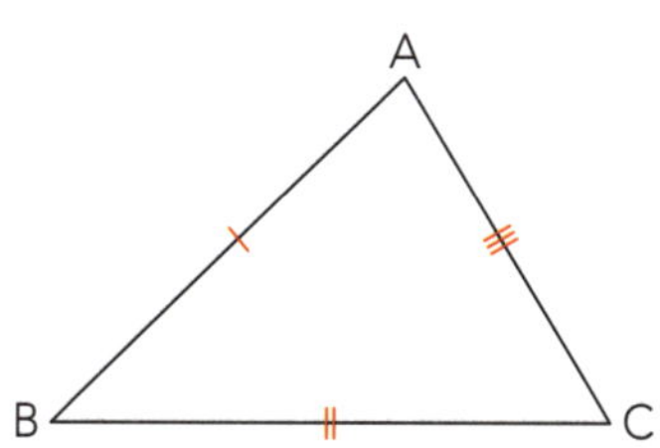

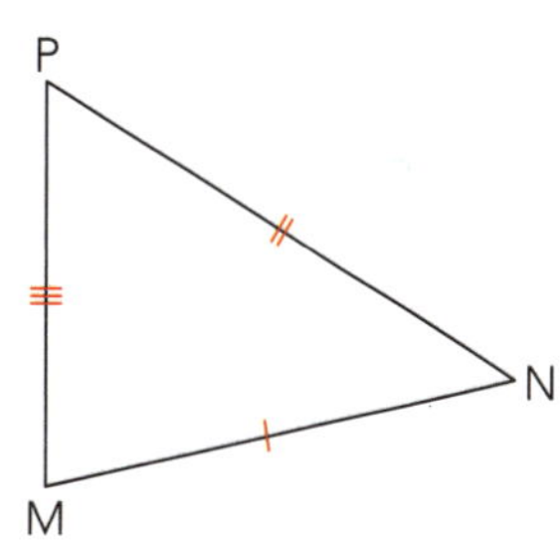

então, os três ângulos também são respectivamente congruentes:

$$\hat{A} \equiv \hat{M},\ \hat{B} \equiv \hat{N} \text{ e } \hat{C} \equiv \hat{P}$$

Consequentemente, os triângulos são congruentes:

$$\triangle ABC \equiv \triangle MNP$$

Caso LLL$_o$ (Lado — Ângulo adjacente — Ângulo oposto)

> Se dois triângulos possuem um lado, um ângulo adjacente e o ângulo oposto a esse lado respectivamente congruentes, então os triângulos são congruentes.

Essa propriedade estabelece que, se dois triângulos ABC e XYZ apresentam:

$$\overline{BC} \equiv \overline{YZ},\ \hat{B} \equiv \hat{Y} \text{ e } \hat{A} \equiv \hat{X}$$

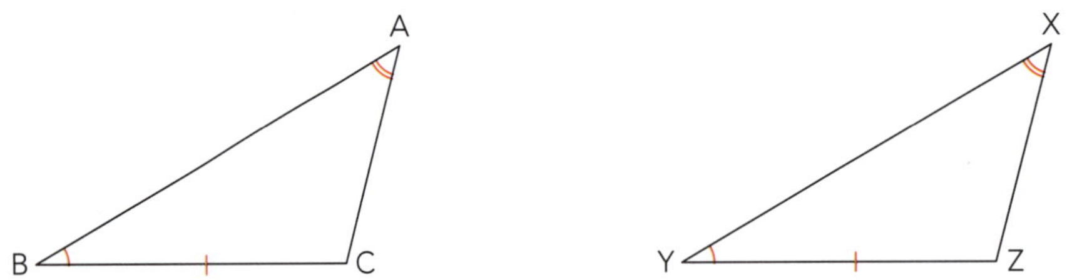

então, o ângulo restante e os dois lados restantes também são respectivamente congruentes:

$$\hat{C} \equiv \hat{Z},\ \overline{AB} \equiv \overline{XY} \text{ e } \overline{AC} \equiv \overline{XZ}$$

Consequentemente, os triângulos são congruentes:

$$\triangle ABC \equiv \triangle XYZ$$

Caso especial (só para triângulos retângulos)

Nos triângulos retângulos, o lado oposto ao ângulo reto é chamado *hipotenusa* e os outros dois lados (que formam o ângulo reto) são chamados *catetos*.

Vamos agora ver o caso especial: cateto-hipotenusa.

> Se dois triângulos possuem um cateto e a hipotenusa respectivamente congruentes, então os triângulos são congruentes.

Essa propriedade estabelece que, se dois triângulos retângulos ABC (com $\hat{A} = 90°$) e DEF (com $\hat{D} = 90°$) apresentam:

$$\overline{AB} \equiv \overline{DE} \text{ e } \overline{BC} \equiv \overline{EF}$$

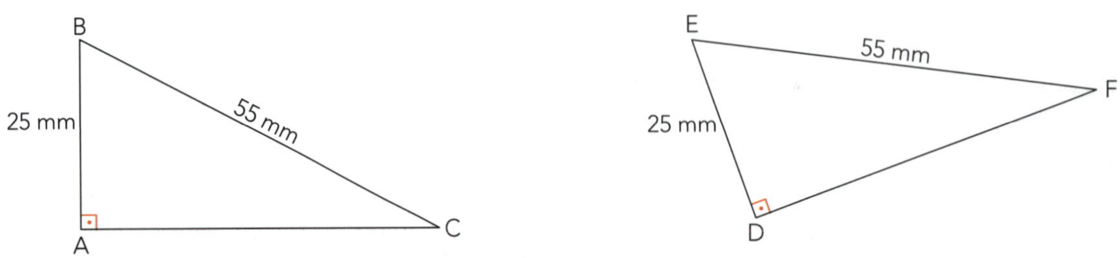

então, o outro cateto e os dois ângulos restantes também são respectivamente congruentes:

$$\overline{AC} \equiv \overline{DF},\ \hat{B} \equiv \hat{E} \text{ e } \hat{C} \equiv \hat{F}$$

Consequentemente, os triângulos são congruentes:

$$\triangle ABC \equiv \triangle DEF$$

Exercícios

68. Cada item a seguir apresenta 6 triângulos. Indique, em cada item, os pares de triângulos congruentes e o caso que justifica a congruência.

a)

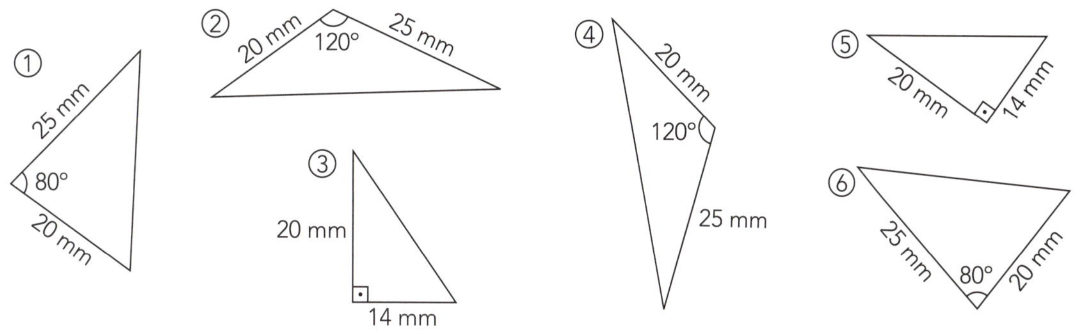

b)

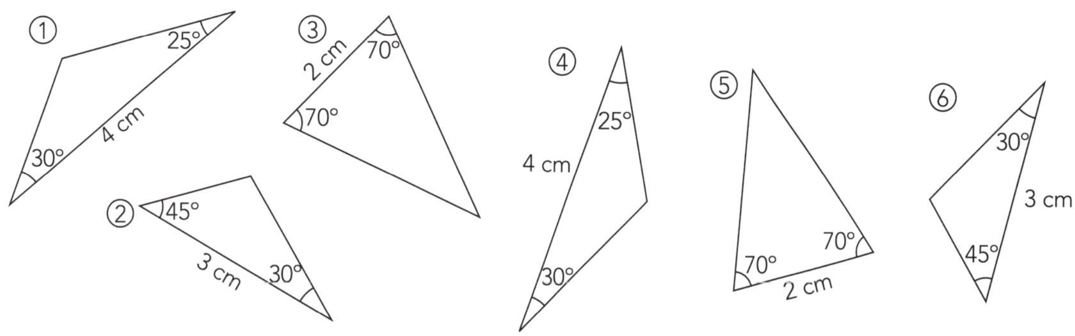

c)

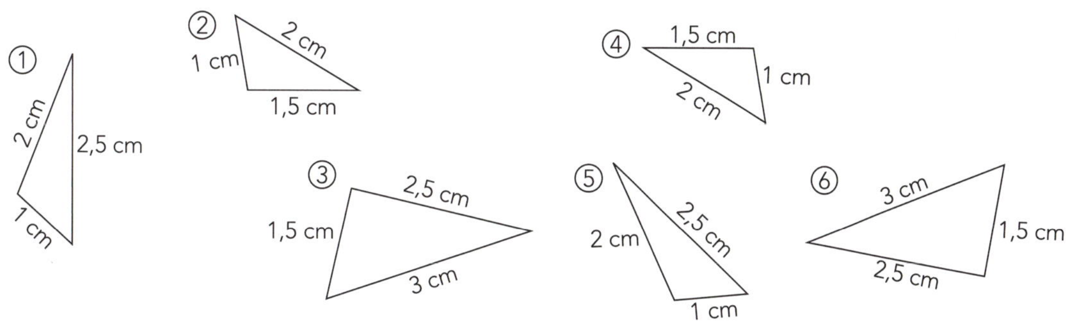

d)

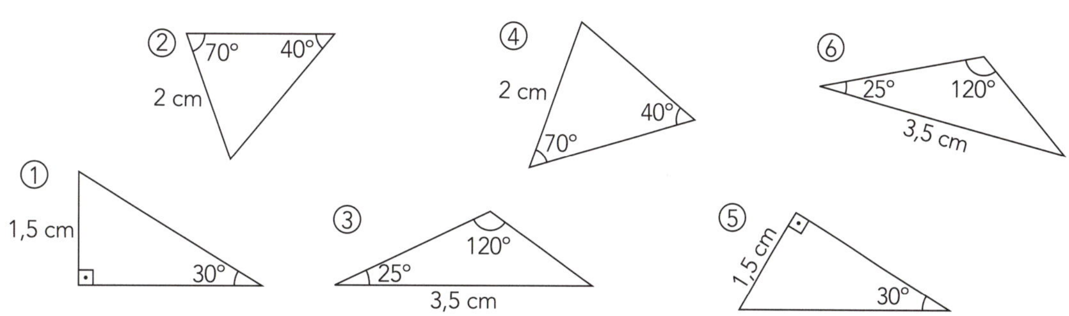

69. Na figura, os triângulos ABC e CDA são congruentes. Sabendo que $B\hat{A}C = 120°$, $C\hat{A}D = 27°$, $B\hat{C}A = 3y$ e $A\hat{C}D = 2x$, determine *x* e *y*.

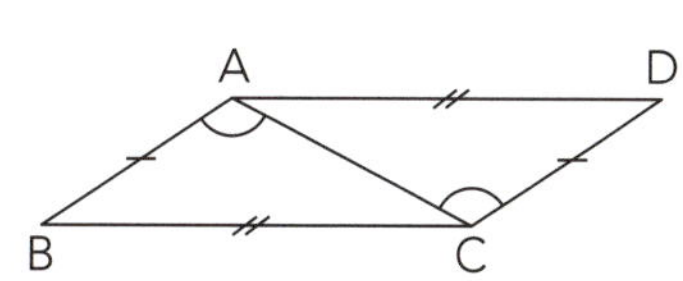

70. Em cada item abaixo os dois triângulos são congruentes. Indique o critério de congruência utilizado. Em seguida, calcule x.

a)

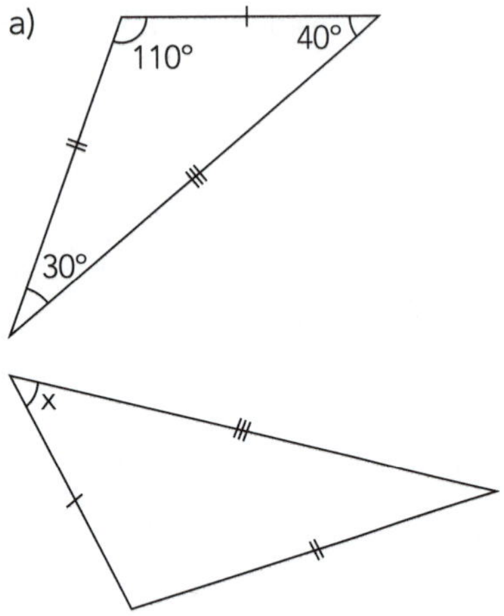

b)

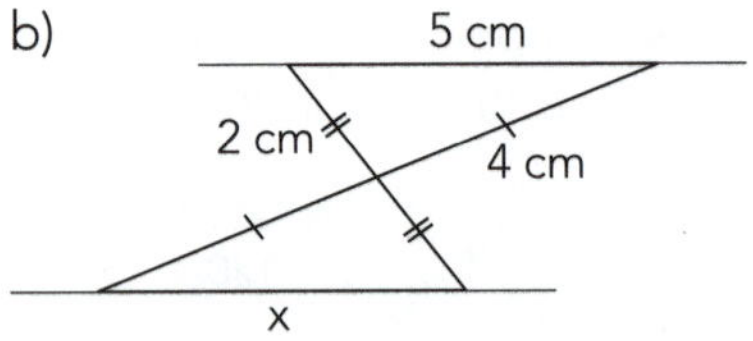

c)

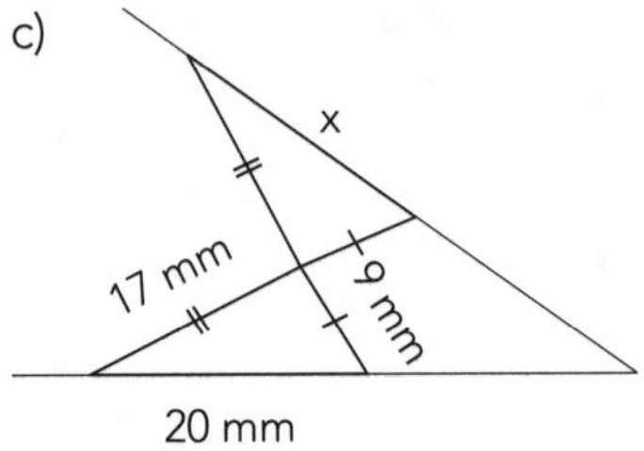

71. Na figura, o triângulo CBA é congruente ao triângulo CDE. Sabendo que AB = 35, CE = 22, AC = 2x – 6 e DE = 3y + 5, calcule *x* e *y*.

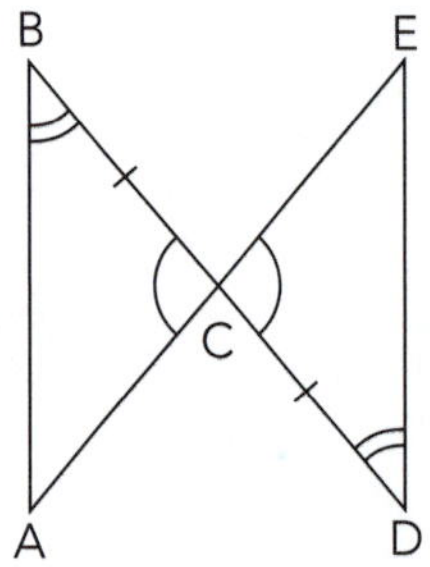

72. Na figura, o triângulo PCD é congruente ao triângulo PBA. Sabendo que AB = 15, CD = x + 5, AP = 2y + 17 e PD = 3y – 2, calcule *x* e *y*.

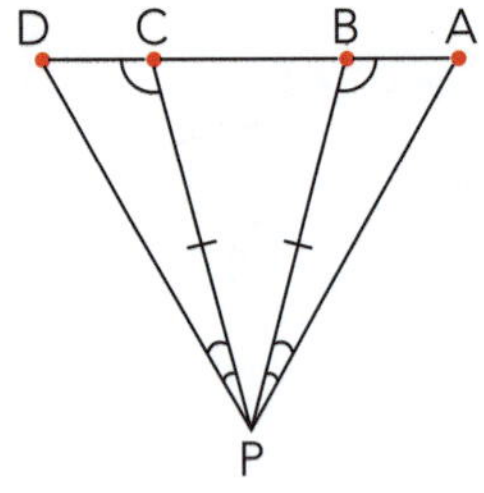

73. Na figura, os triângulos ABD e CBD são congruentes. Sabendo que AB = x, AD = 10, BC = 5 e CD = 3y + 1, calcule *x* e *y*.

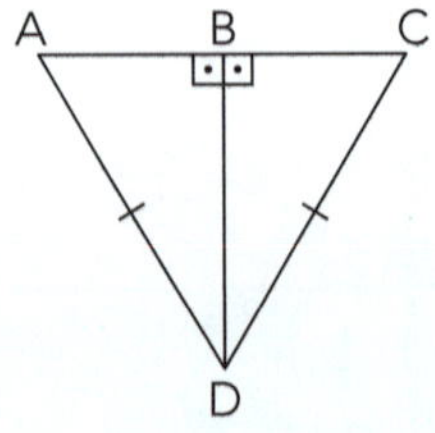

capítulo 7

Pontos notáveis do triângulo

Medianas e baricentro

Num triângulo ABC, marquemos M_1, ponto médio do lado $\overline{BC}$.

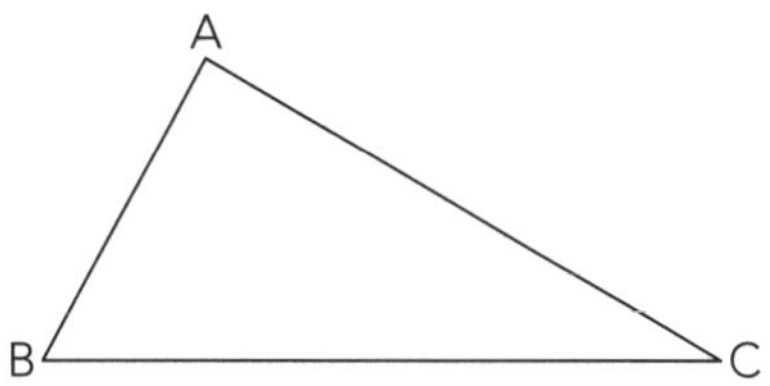

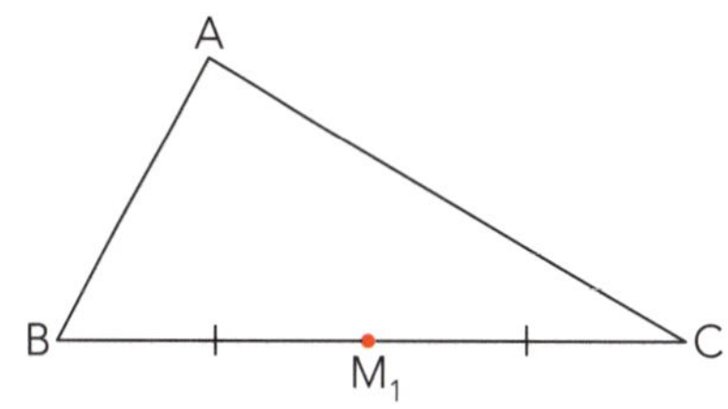

Tracemos o segmento $\overline{AM_1}$:

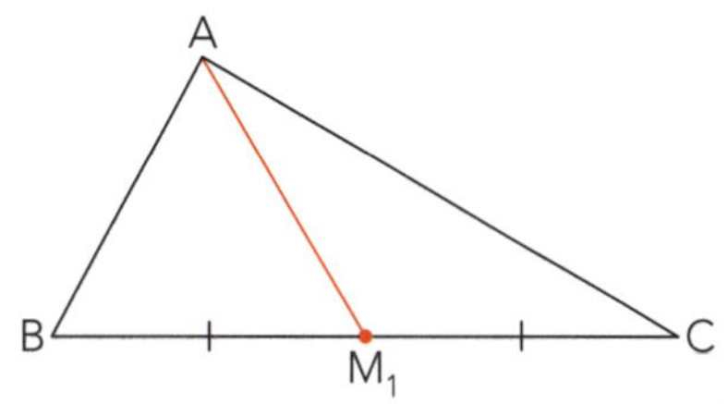

O segmento $\overline{AM_1}$ é uma *mediana* do △ABC.

> *Mediana* de um triângulo é um segmento com extremidades num vértice e no ponto médio do lado oposto.

Um triângulo tem três medianas.

Na figura, as três medianas são:

- $\overline{AM_1}$, mediana relativa ao lado $\overline{BC}$ ou ao vértice *A*;
- $\overline{BM_2}$, mediana relativa ao lado $\overline{AC}$ ou ao vértice *B*;
- $\overline{CM_3}$, mediana relativa ao lado $\overline{AB}$ ou ao vértice *C*.

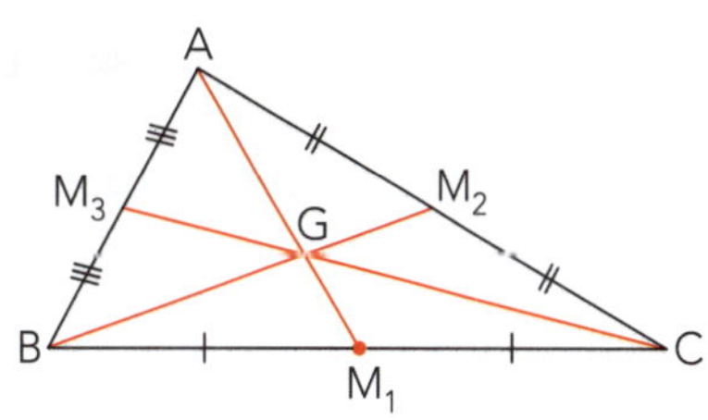

> As três medianas de um triângulo encontram-se num ponto, que é o *baricentro* do triângulo.

Na figura, *G* é o *baricentro* do △ABC.

Bissetrizes e incentro

Num triângulo ABC, tracemos a bissetriz As, relativa ao ângulo $\hat{A}$. Chamemos de S_1 o ponto de encontro da bissetriz com o lado $\overline{BC}$.

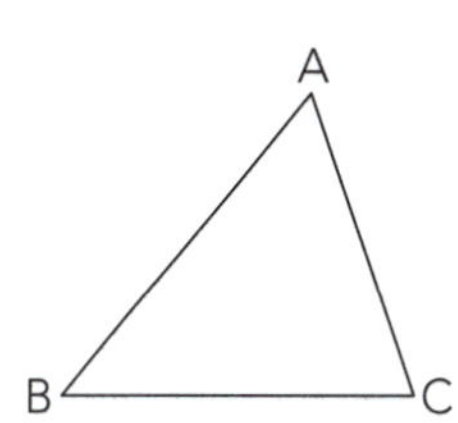

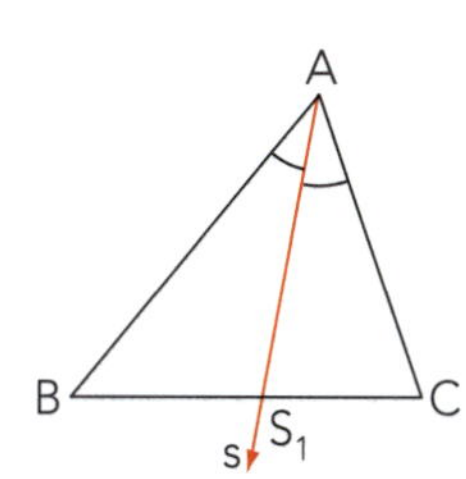

Destaquemos o segmento $\overline{AS_1}$.

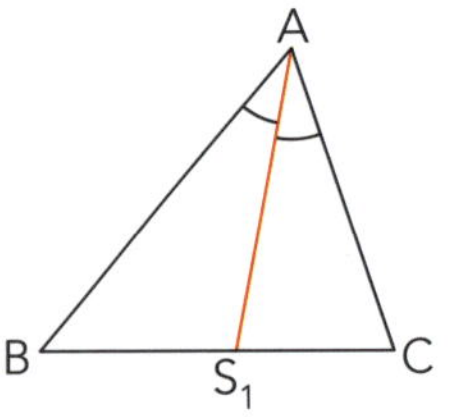

O segmento $\overline{AS_1}$ é uma *bissetriz* do $\triangle ABC$.

Observe:

- o segmento $\overline{AS_1}$ está contido na semirreta As (bissetriz do ângulo $\hat{A}$);
- S_1 é a interseção do lado $\overline{BC}$ com a bissetriz do ângulo $\hat{A}$.

> *Bissetriz* de um triângulo é um segmento com extremidades num vértice e no lado oposto e que divide o ângulo desse vértice em dois ângulos congruentes.

Um triângulo tem três bissetrizes.

Na figura, as três bissetrizes são:

- $\overline{AS_1}$, bissetriz relativa ao lado $\overline{BC}$ ou ao vértice A;
- $\overline{BS_2}$, bissetriz relativa ao lado $\overline{AC}$ ou ao vértice B;
- $\overline{CS_3}$, bissetriz relativa ao lado $\overline{AB}$ ou ao vértice C.

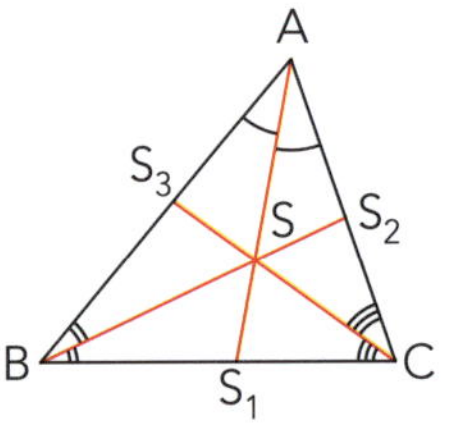

> As três bissetrizes de um triângulo encontram-se num ponto, que é o *incentro* do triângulo.

Na figura, S é o *incentro* do $\triangle ABC$.

Alturas e ortocentro

Num triângulo ABC, tracemos pelo ponto A uma reta r perpendicular à reta que contém o lado $\overline{BC}$. Chamemos de H_1 o ponto de encontro da reta r com a reta $\overleftrightarrow{BC}$.

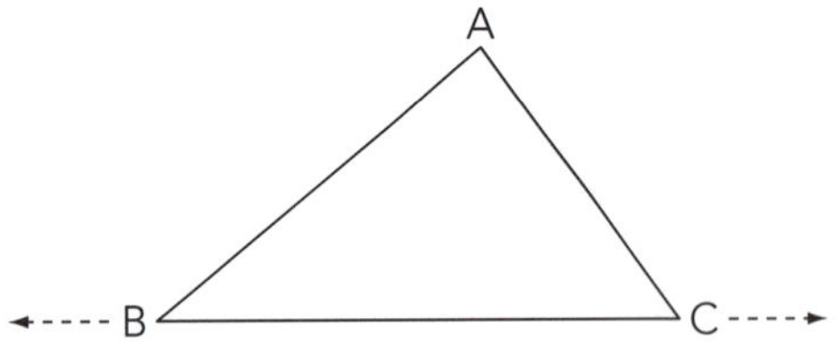

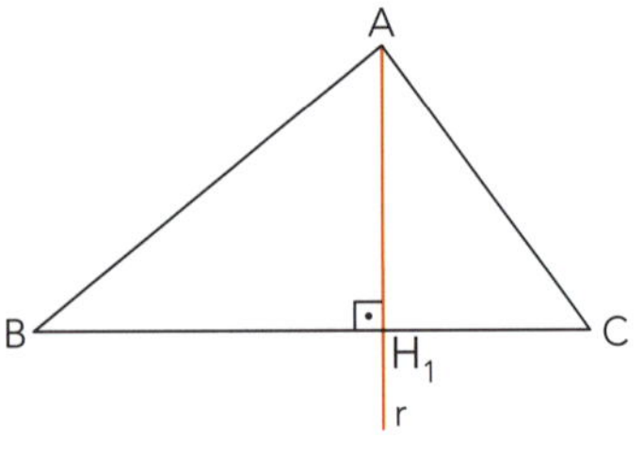

Destaquemos o segmento $\overline{AH_1}$.

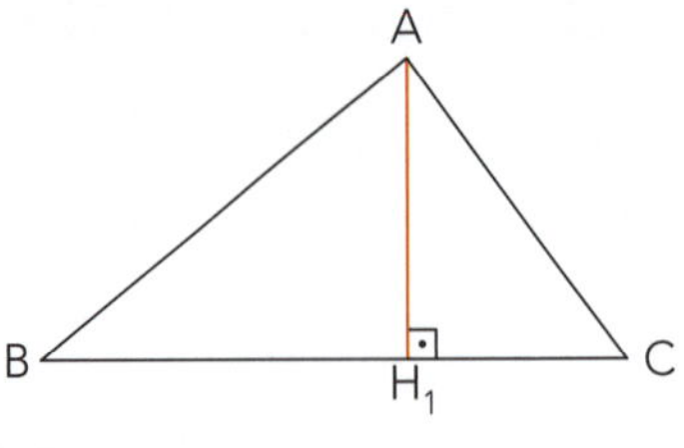

O segmento $\overline{AH_1}$ é uma *altura* do $\triangle ABC$.

O ponto H_1 é a interseção da reta $\overleftrightarrow{BC}$ com a perpendicular a ela conduzida pelo ponto A. H_1 também é chamado *pé da altura*.

> *Altura* de um triângulo é o segmento perpendicular à reta suporte de um lado, com extremidade nessa reta e no vértice oposto a esse lado.

Um triângulo tem três alturas.

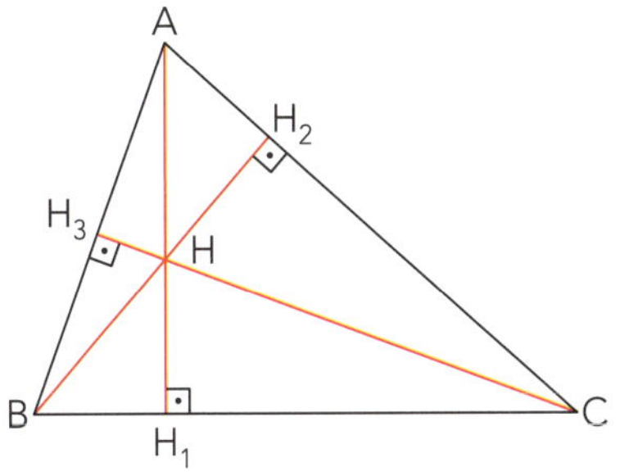

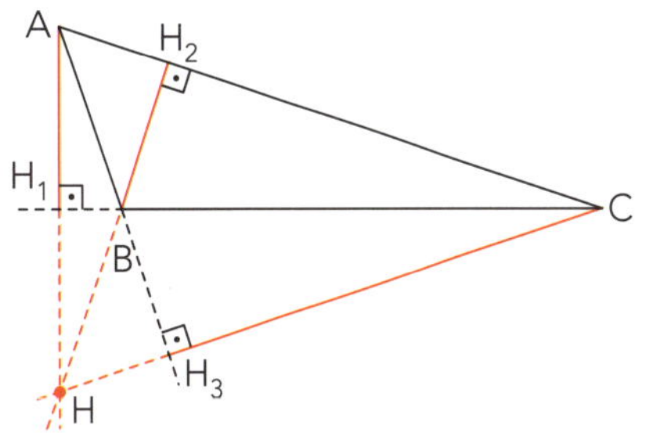

Nas figuras acima, as três alturas são:

- $\overline{AH_1}$, altura relativa ao lado $\overline{BC}$ ou ao vértice A;
- $\overline{BH_2}$, altura relativa ao lado $\overline{AC}$ ou ao vértice B;
- $\overline{CH_3}$, altura relativa ao lado $\overline{AB}$ ou ao vértice C.

> As três alturas, ou os seus prolongamentos, encontram-se num ponto, que é o *ortocentro* do triângulo.

Nas figuras, H é o *ortocentro* do $\triangle ABC$ e ele pode ser interno ou externo ao triângulo.

Mediatrizes e circuncentro

Num triângulo ABC, tracemos a reta m_1 perpendicular ao lado $\overline{BC}$ e passando por M_1, ponto médio de $\overline{BC}$.

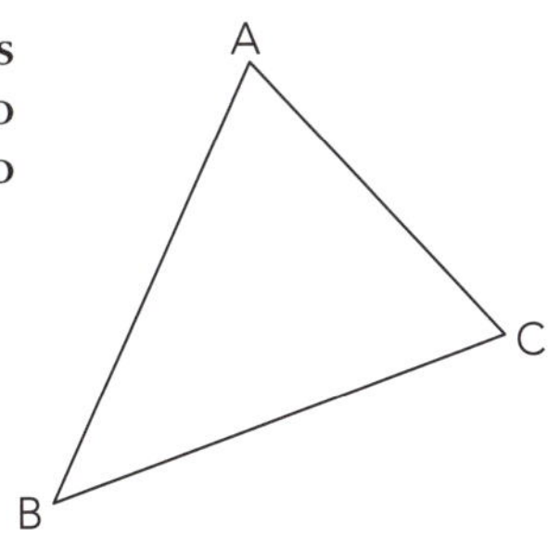

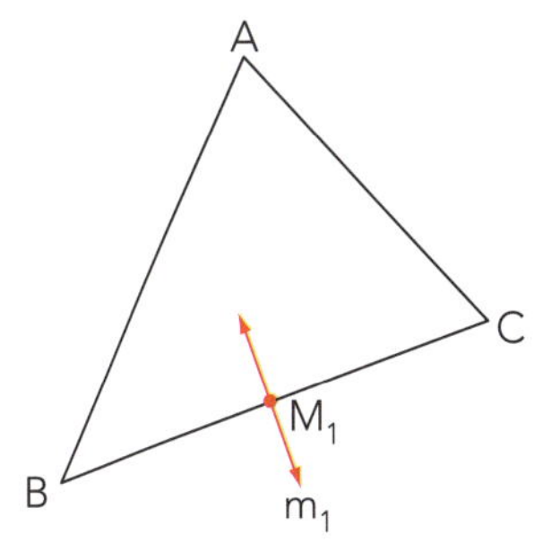

A reta m_1 é a *mediatriz* do lado $\overline{BC}$.

Um triângulo tem três mediatrizes de lados.

Na figura ao lado, as três mediatrizes são:

- m_1, mediatriz de $\overline{BC}$;
- m_2, mediatriz de $\overline{AC}$;
- m_3, mediatriz de $\overline{AB}$.

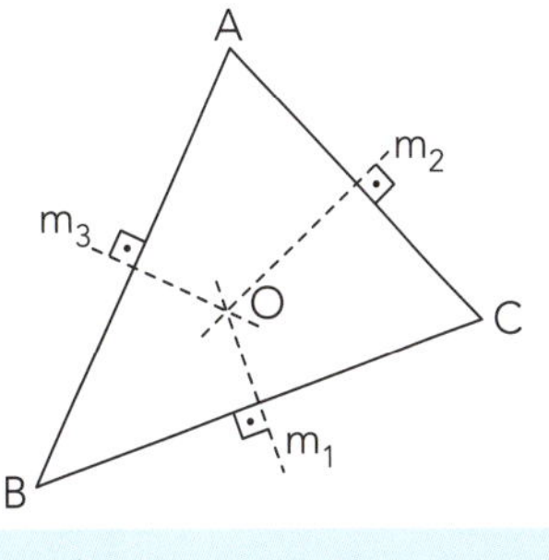

> As três mediatrizes dos lados de um triângulo encontram-se num ponto, que é o *circuncentro* do triângulo.

Na figura, O é o *circuncentro* do $\triangle ABC$.

Exercícios

74. Relacione as duas colunas:

a) ponto de encontro das medianas de um triângulo
b) ponto de encontro das bissetrizes de um triângulo
c) ponto de encontro das retas suportes das alturas de um triângulo
d) ponto de encontro das mediatrizes dos lados de um triângulo

I. incentro
II. circuncentro
III. baricentro
IV. ortocentro

75. Na figura ao lado, *M* é o ponto médio de $\overline{AC}$. Identifique:

a) uma mediana
b) uma bissetriz
c) uma altura
d) uma mediatriz

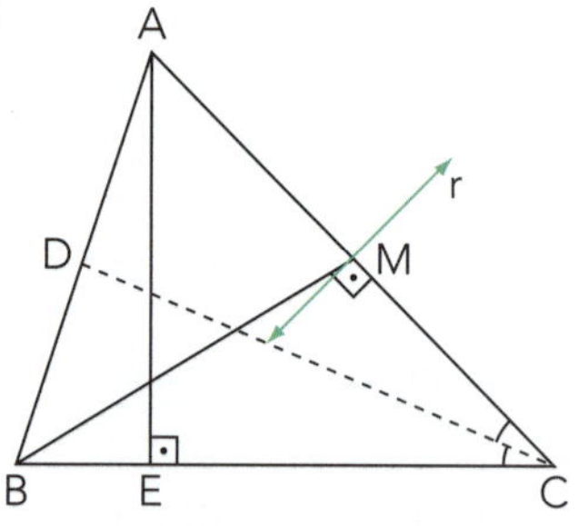

76. No △ABC da figura, $\overline{AM}$ é mediana. Calcule os lados do triângulo.

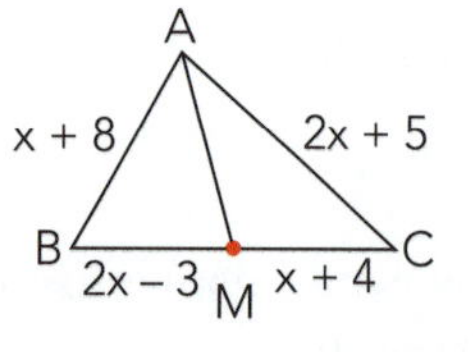

77. No △ABC, em que $\hat{B} = 80°$ e $\hat{C} = 60°$, $\overline{AS}$ é bissetriz. Determine o ângulo $x = B\hat{A}S$.

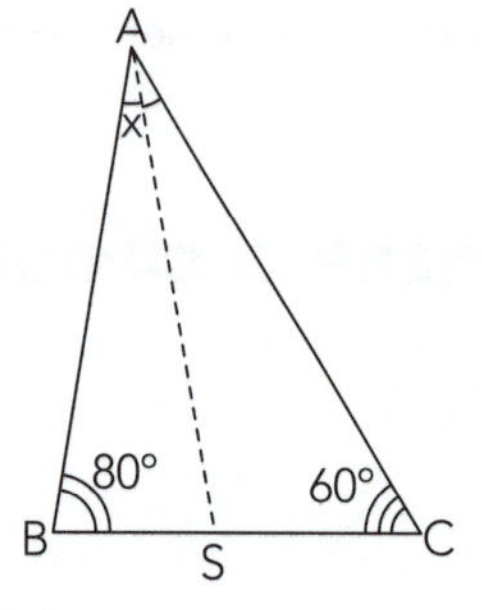

78. No △ABC da figura, retângulo em *A* ($\hat{A} = 90°$), $\overline{AH}$ é altura. Determine *x*, *y* e *z*.

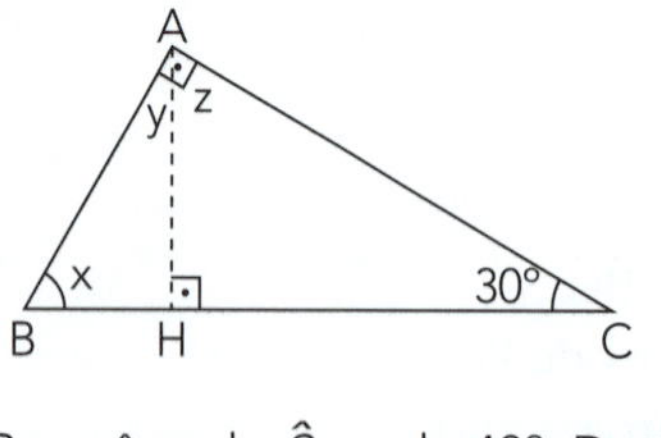

79. Um triângulo RST é retângulo em *R* e o ângulo $\hat{S}$ mede 40°. Determine os ângulos que a altura $\overline{RV}$ forma com $\overline{RS}$ e $\overline{RT}$.

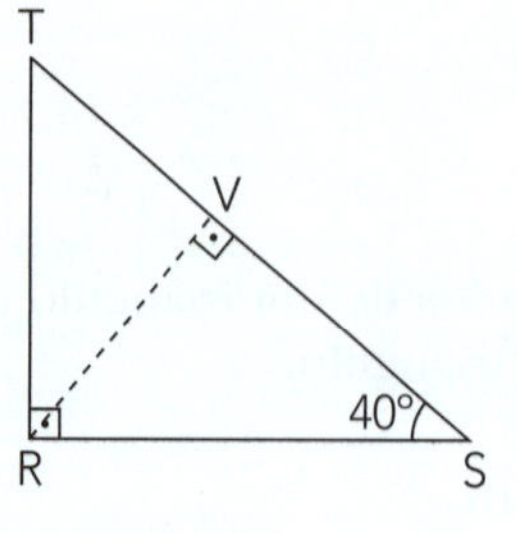

80. Num $\triangle ABC$, $\hat{C} = 30°$ e a bissetriz $\overline{AS}$ forma com o lado $\overline{AB}$ um ângulo de 55°. Calcule o ângulo $\hat{B}$.

81. Na figura, *I* é o incentro do triângulo ABC. Sabendo que $B\hat{I}C = 8x$ e $x = \hat{A}$, determine x.

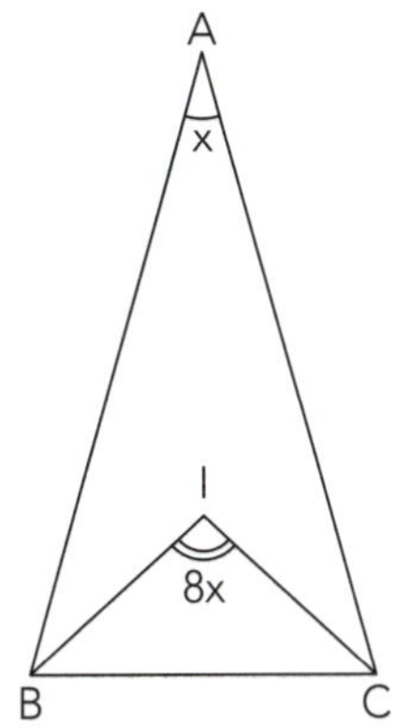

82. No $\triangle ABC$ da figura, retângulo em *A*, $\overline{AH}$ é altura e $\overline{AS}$ é bissetriz. Calcule *x*, *y* e *z*.

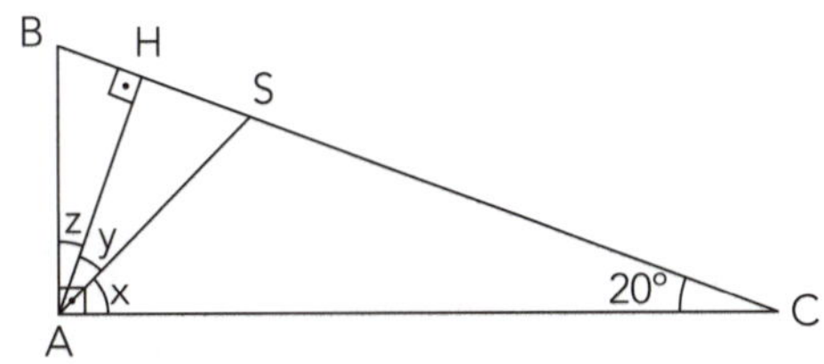

83. No $\triangle ABC$ da figura, $\overline{AH}$ é altura e $\overline{AS}$ é bissetriz. Determine x.

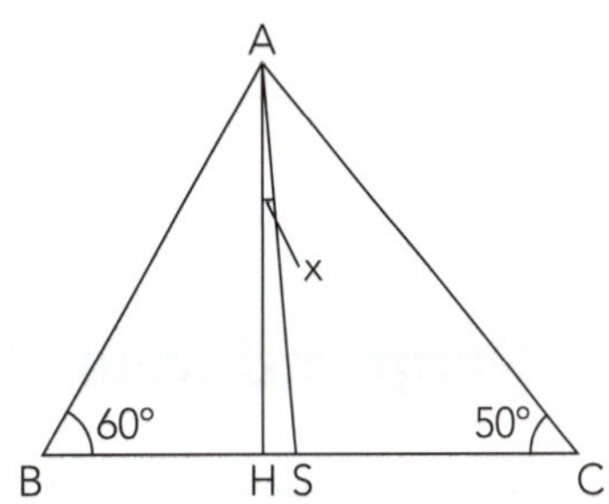

84. Um triângulo ABC tem $\hat{C} = 30°$ e a bissetriz $\overline{AS}$ forma com o lado $\overline{BC}$ um ângulo de 55°. Determine a medida de $\hat{B}$.

85. Um triângulo ABC tem $\hat{B} = 120°$ e $\hat{C} = 20°$. Quanto mede o ângulo que a altura $\overline{AH}$ forma com a bissetriz $\overline{AS}$?

86. No triângulo ABC, $\overline{AS_1}$ e $\overline{BS_2}$ são bissetrizes. Determine *x*.

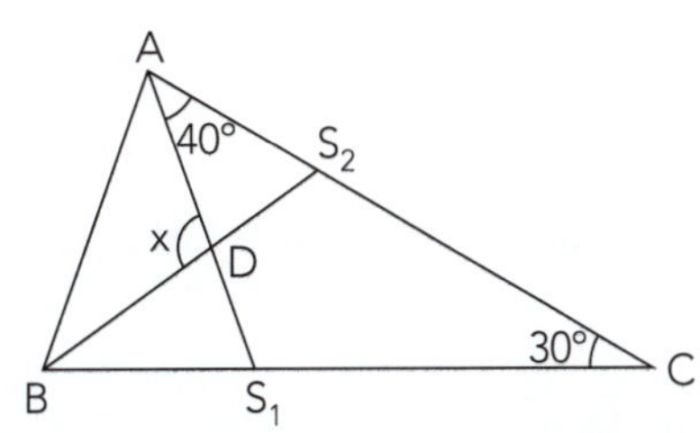

87. Um triângulo ABC tem $\hat{B} = 60°$. A altura $\overline{AH}$ e a bissetriz $\overline{AS}$ formam um ângulo de 10°. Determine os ângulos $\hat{A}$ e $\hat{C}$ do triângulo.

88. Um triângulo ABC tem $\hat{A} = 80°$ e $\hat{C} = 40°$. Determine o ângulo agudo formado pelas bissetrizes $\overline{AS_1}$ e $\overline{BS_2}$.

capítulo 8

Triângulos isósceles e triângulos equiláteros

Triângulos isósceles

Triângulo isósceles é um triângulo que tem dois lados congruentes.

O lado não congruente é chamado *base* e o ângulo oposto à base é dito ângulo do vértice. Observe esses elementos no triângulo ABC a seguir:

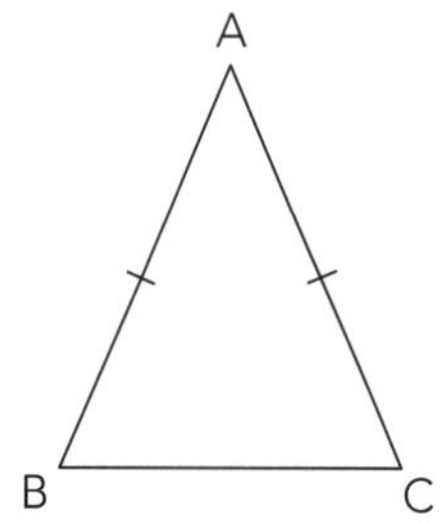

- lados congruentes: $\overline{AB} \equiv \overline{AC}$
- base: $\overline{BC}$
- ângulo do vértice: $\hat{A}$

Propriedades dos triângulos isósceles

Num triângulo isósceles de base $\overline{BC}$ tracemos a bissetriz do ângulo $\hat{A}$. Vamos chamar de *P* o ponto em que ela encontra a base $\overline{BC}$. Depois, vamos decompor o $\triangle$ABC em dois outros: $\triangle$ABP e $\triangle$ACP.

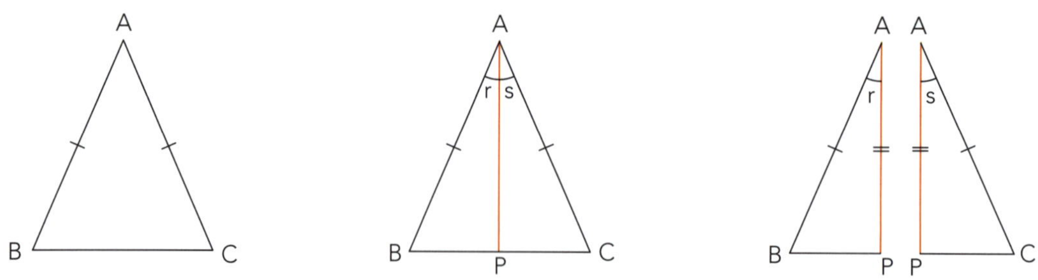

Os triângulos ABP e ACP são congruentes pelo caso LAL, pois:

- [L] $\overline{AB} \equiv \overline{AC}$ (porque $\triangle$ABC é isósceles)
- [A] $\hat{r} \equiv \hat{s}$ (porque $\overline{AP}$ é bissetriz de $\hat{A}$)
- [L] $\overline{AP} \equiv \overline{AP}$ (porque $\overline{AP}$ é lado comum aos dois triângulos)

Da congruência $\triangle ABP \equiv \triangle ACP$, podemos concluir que $\hat{B} \equiv \hat{C}$.

Em qualquer triângulo isósceles, os ângulos da base são congruentes.

Da congruência $\triangle ABP \equiv \triangle ACP$, também podemos concluir que $\overline{BP} \equiv \overline{PC}$, ou seja, *P* é ponto médio do lado $\overline{BC}$ e, em consequência, $\overline{AP}$ é uma mediana.

Em qualquer triângulo isósceles, a bissetriz do ângulo do vértice é também mediana relativa à base.

Finalmente, da congruência $\triangle ABP \equiv \triangle ACP$, podemos concluir que $B\hat{P}A \equiv C\hat{P}A$. Como a soma desses dois ângulos é 180° (porque *B*, *P* e *C* estão alinhados), deduzimos que $B\hat{P}A \equiv C\hat{P}A = 90°$. Dessa forma, $\overline{AP}$ é perpendicular a $\overline{BC}$ e, em consequência, $\overline{AP}$ é uma altura.

Em qualquer triângulo isósceles, a bissetriz do ângulo do vértice é também altura relativa à base.

Em resumo, se $\triangle ABC$ é isósceles de base $\overline{BC}$ e *P* é o ponto médio da base, então:

- $\hat{B} \equiv \hat{C}$;
- $\overline{AP}$ é mediana, altura e bissetriz.

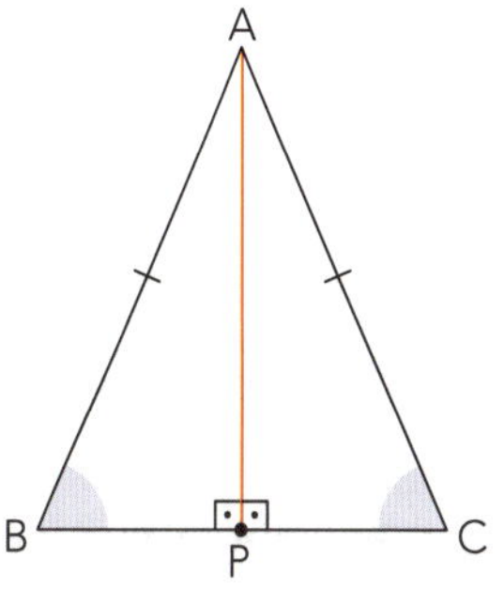

Propriedade recíproca

Vamos pensar, agora, num triângulo ABC que tenha dois ângulos congruentes ($\hat{B} \equiv \hat{C}$).

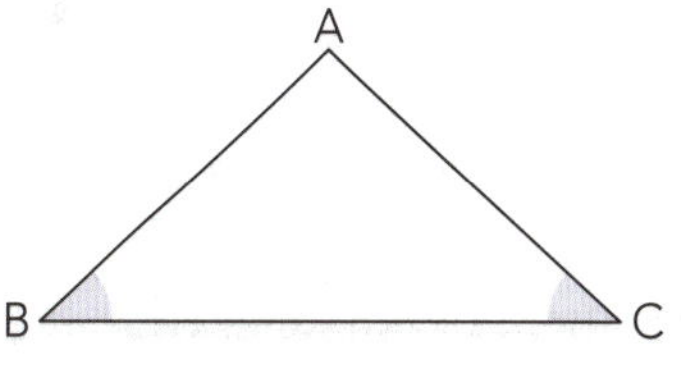

Tracemos a bissetriz $\overline{AP}$ do ângulo $\hat{A}$ e vamos decompor o triângulo ABC em dois outros: $\triangle ABP \equiv \triangle ACP$.

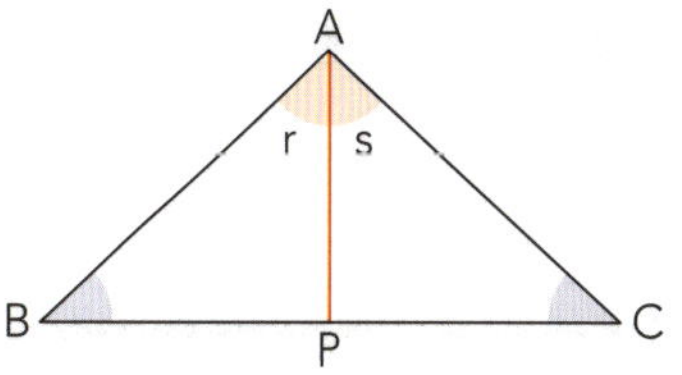

Os triângulos ABP e ACP são congruentes pelo caso LAA_O, pois:

- [L] $\overline{AP} \equiv \overline{AP}$
- [A] $\hat{r} \equiv \hat{s}$ (porque $\overline{AP}$ é bissetriz de $\hat{A}$)
- $[A_O]$ $\hat{B} \equiv \hat{C}$ (hipótese admitida)

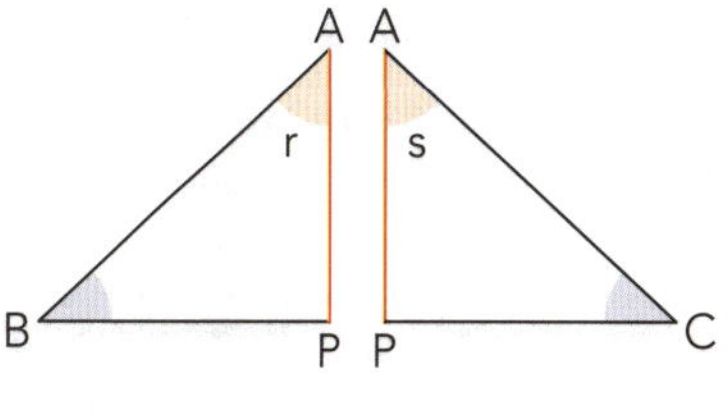

Da congruência $\triangle ABP \equiv \triangle ACP$, podemos concluir que $\overline{AB} \equiv \overline{AC}$, ou seja, o triângulo ABC é isósceles de base $\overline{BC}$.

Se um triângulo possui dois ângulos congruentes, então esse triângulo é isósceles.

Propriedades dos triângulos equiláteros

Vamos considerar um triângulo equilátero ABC e chamar de $\overline{AP}$ e $\overline{BQ}$ duas medianas.
Como $\overline{AB} \equiv \overline{AC}$, esse triângulo é isósceles de base $\overline{BC}$, então:

- $\hat{B} \equiv \hat{C}$;
- $\overline{AP}$ é mediana, altura e bissetriz.

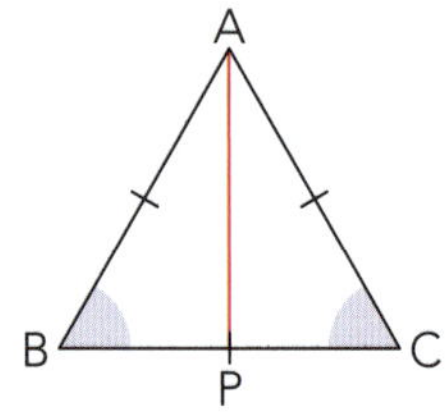

Como $\overline{AB} \equiv \overline{BC}$, esse triângulo também é isósceles de base $\overline{AC}$, então:

- $\hat{A} \equiv \hat{C}$;
- $\overline{BQ}$ é mediana, altura e bissetriz.

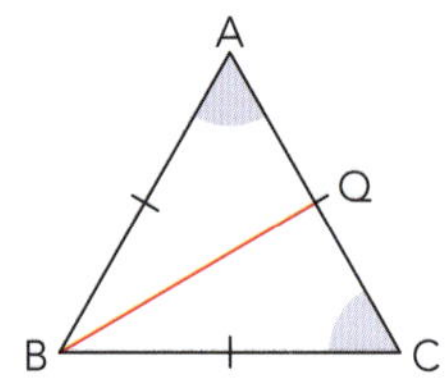

Em resumo, se o $\triangle ABC$ é equilátero e os pontos médios de seus lados são *P*, *Q* e *R*, então:

- $\hat{A} \equiv \hat{B} \equiv \hat{C}$;
- $\overline{AP}$, $\overline{BQ}$ e $\overline{CR}$ são medianas, alturas e bissetrizes;
- *G* é baricentro, ortocentro e incentro.

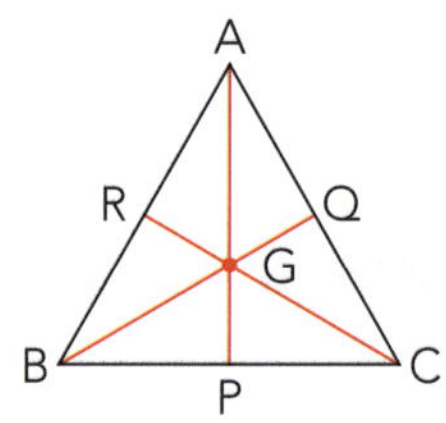

Todo triângulo equilátero é equiângulo.

Também vale a recíproca:

Todo triângulo equiângulo é equilátero.

Exercícios

89. Nas figuras abaixo, o $\triangle ABC$ é isósceles de base $\overline{BC}$. Determine x:

a)

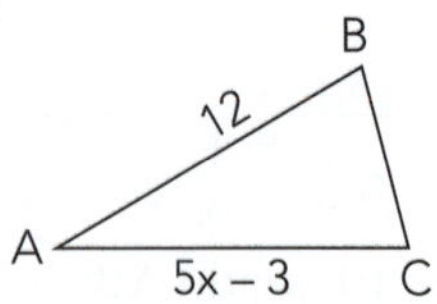

b)

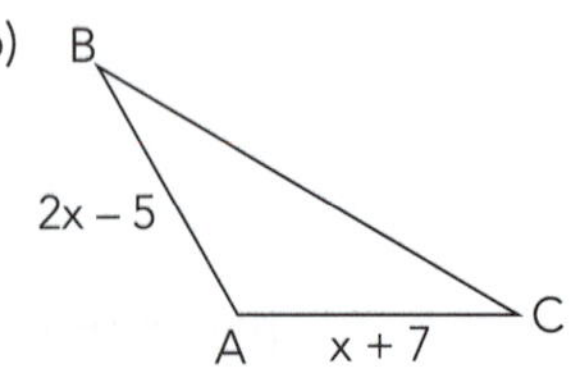

90. Calcule o perímetro de um triângulo isósceles, sabendo que a base mede 5 cm e cada um dos outros lados é o dobro da base.

91. Considerando que segmentos com marcas iguais são congruentes, determine x em cada figura:

a)

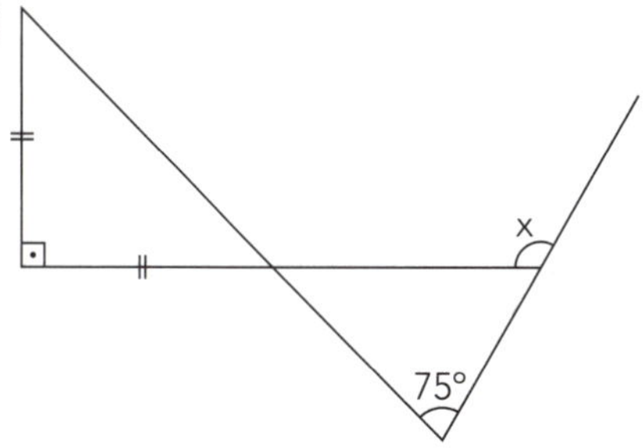

b)

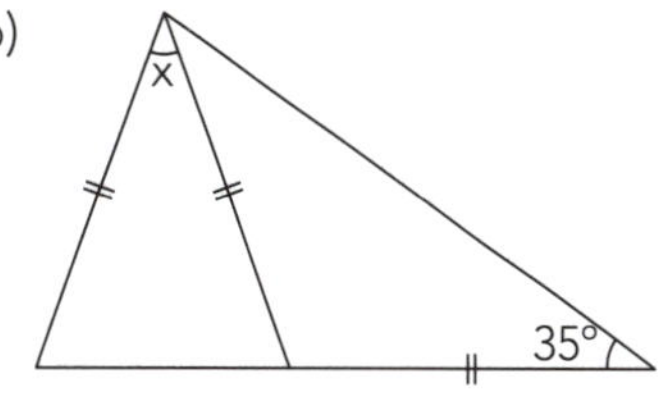

92. Se o triângulo ABC é isósceles de base $\overline{BC}$, determine x nos casos abaixo:

a)

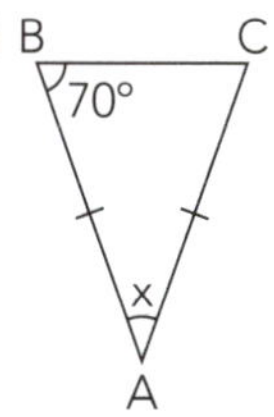

b)

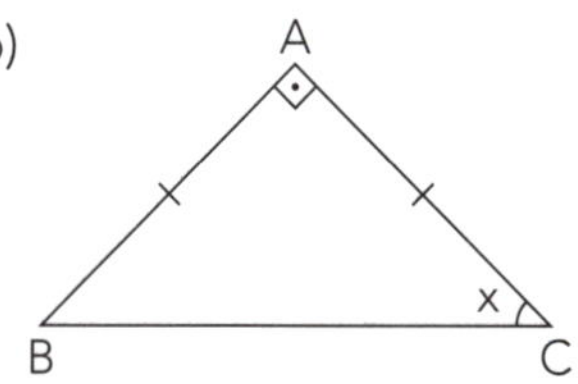

c)

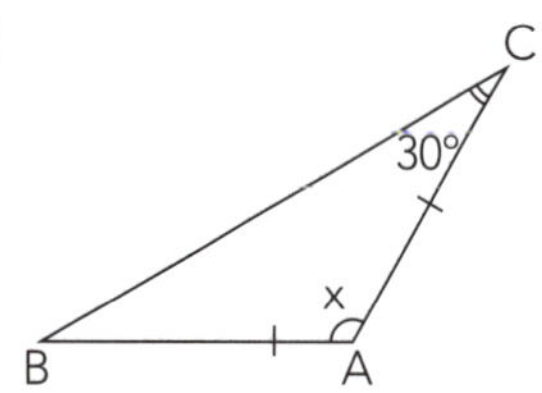

d)

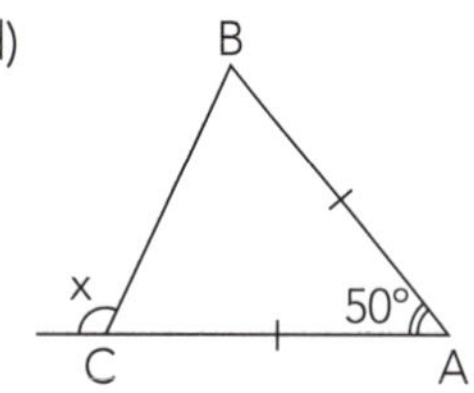

93. Determine os ângulos $\hat{B}$ e $\hat{C}$ de um triângulo isósceles, com $\overline{AB} \equiv \overline{AC}$, sabendo que o ângulo $\hat{A}$ mede 52°.

94. Num triângulo isósceles, um ângulo externo adjacente à base mede 130°. Determine os ângulos do triângulo.

95. Nas figuras abaixo, segmentos com marcas iguais são congruentes. Determine x em cada item.

a)

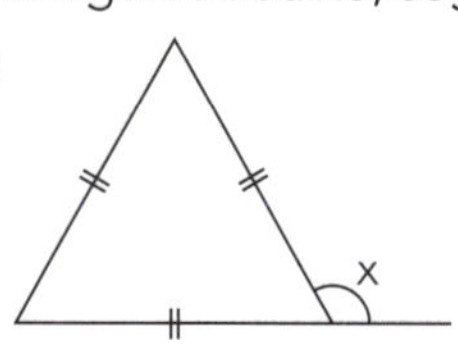

b)

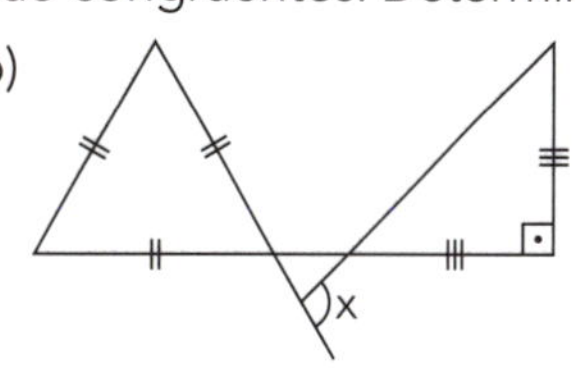

96. Quanto mede cada um dos ângulos da base de um triângulo isósceles em que o ângulo do vértice mede 130°?

97. Num triângulo isósceles de base $\overline{BC}$, $\overline{AS}$ é bissetriz. Sabendo que $\overline{BS}$ mede 5 cm, determine CS = x e o ângulo $A\hat{S}B$.

98. Num triângulo isósceles ABC, com $\overline{AB} \equiv \overline{AC}$, $\overline{AM}$ é mediana. Se $\hat{B}$ = 40°, determine os ângulos $M\hat{A}C$ = x e $A\hat{M}B$ = y.

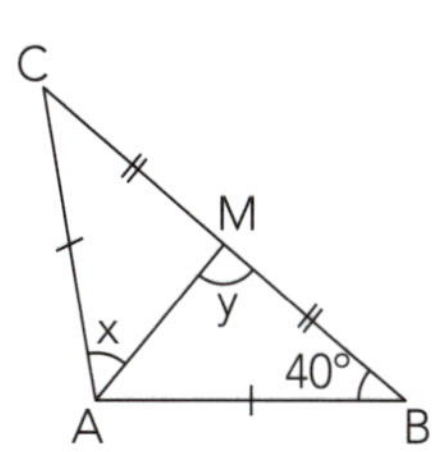

99. Determine o ângulo formado por duas medianas de um triângulo equilátero.

100. Usando o caso ALA prove a propriedade: "As bissetrizes relativas aos lados congruentes de um triângulo isósceles são congruentes".

101. Nas figuras abaixo, o $\triangle ABC$ é isósceles com $\overline{AB} \equiv \overline{AC}$. Calcule x e y.

a)

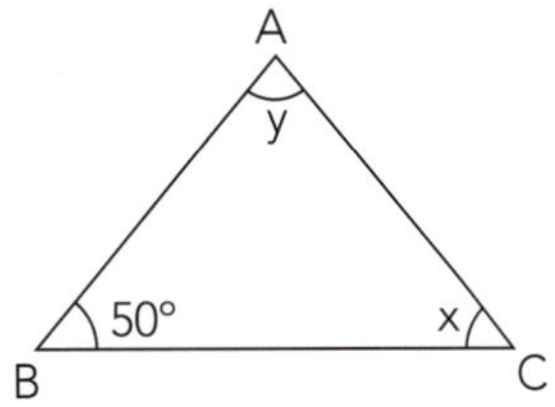

b)

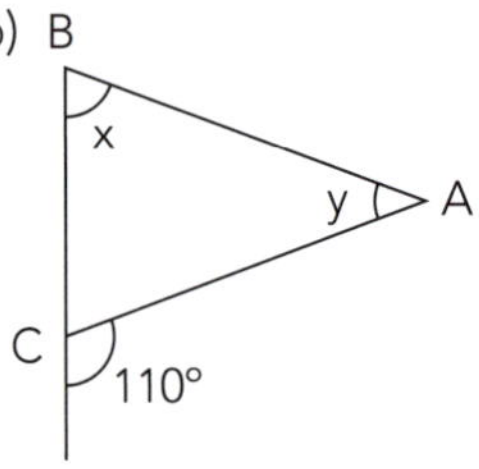

102. Na figura, sabendo que $\overline{AB} \equiv \overline{AC} \equiv \overline{CD}$ e que $\hat{D} = 20°$, determine x.

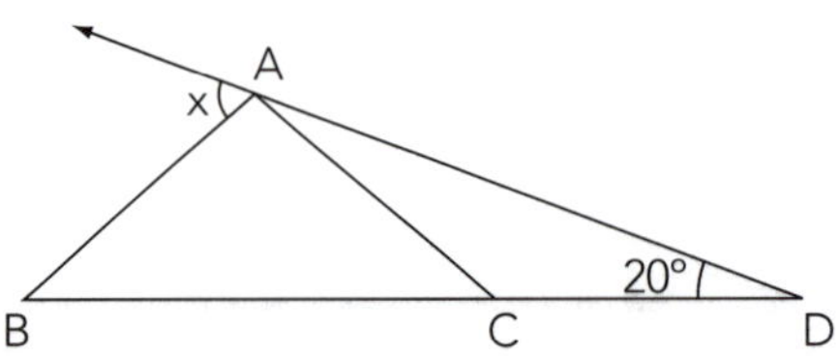

103. O triângulo ABC é isósceles de base $\overline{AC}$. Sabendo que $\hat{A} = x + 30°$ e $\hat{C} = 2x - 20°$, determine o valor de x.

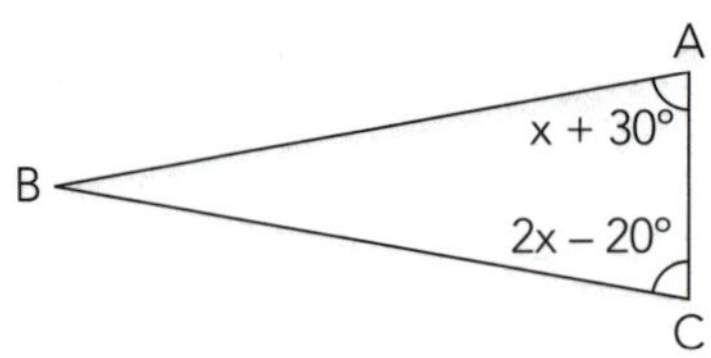

104. O triângulo PQR é isósceles de base $\overline{QR}$. Observe a figura e determine x e y.

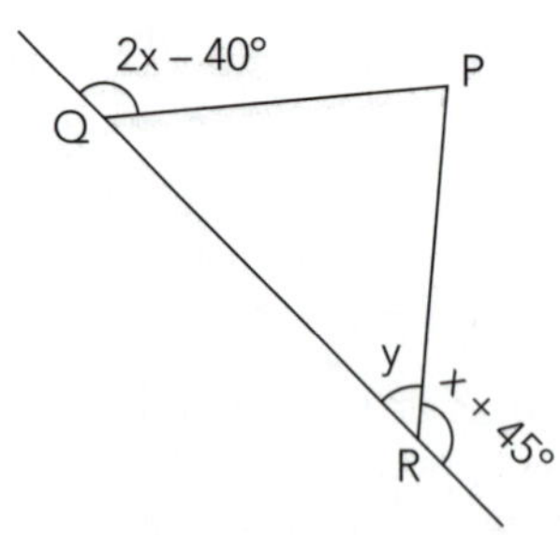

105. O triângulo ABC é isósceles de base $\overline{BC}$. Determine, em cada caso, o valor de x.

a)

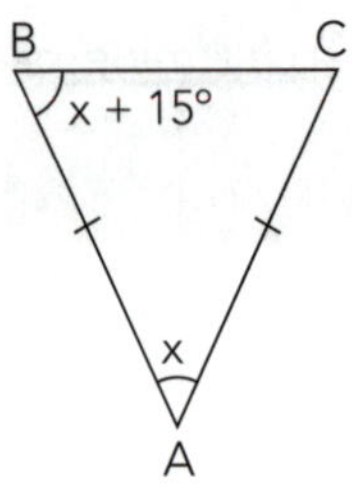

b)

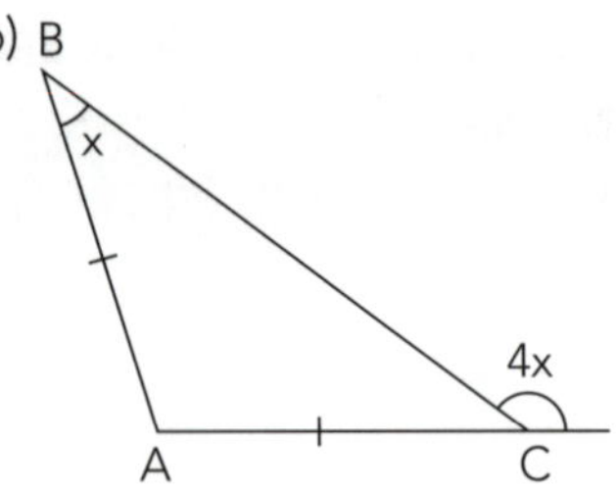

106. A figura mostra um triângulo isósceles de base $\overline{BC}$, em que $\hat{A} = 80°$. Sendo $\overline{BD}$ e $\overline{CD}$ bissetrizes dos ângulos $A\hat{B}C$ e $A\hat{C}B$, respectivamente, calcule o valor de $x = B\hat{D}C$.

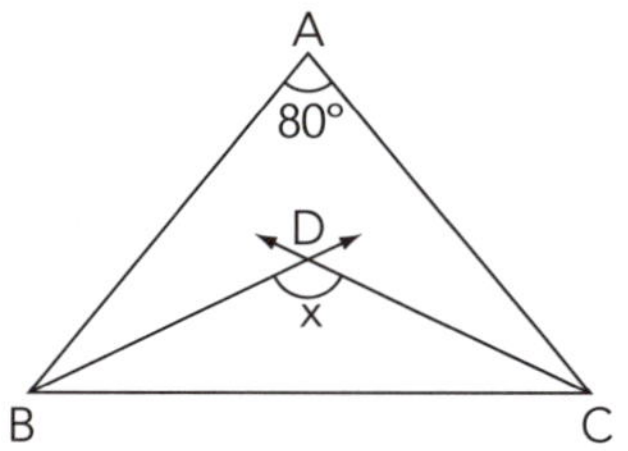

107. Na figura, o $\triangle ABC$ é isósceles de base $\overline{BC}$, e $\overline{BP}$ é bissetriz. Calcule x, y e z.

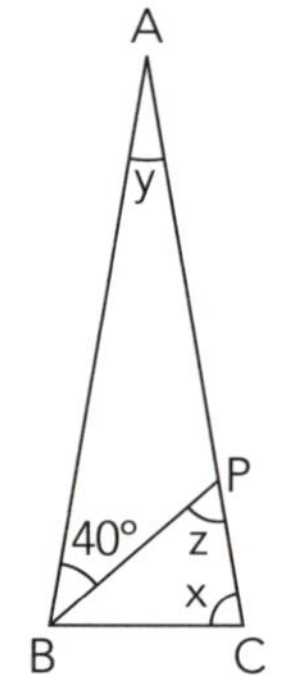

108. Num triângulo ABC, de base $\overline{BC}$, um dos ângulos da base mede 40°. Determine o ângulo obtuso formado pelas bissetrizes $\overline{BP}$ e $\overline{CR}$.

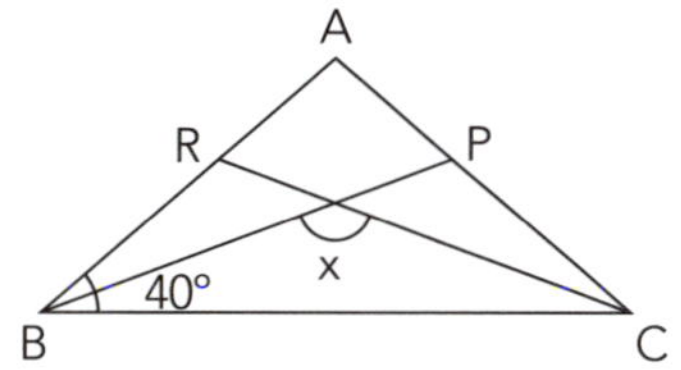

capítulo 9

Quadriláteros: noções gerais

Conceito e elementos

Vamos considerar quatro pontos, *A*, *B*, *C* e *D*, distribuídos de modo que a reta que contém dois deles não passe por nenhum dos outros dois.

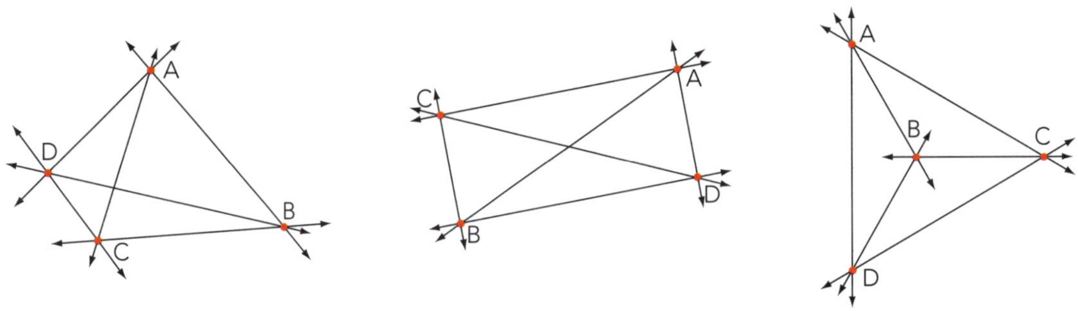

Cada uma das seis retas contém apenas dois dos pontos *A*, *B*, *C* e *D*.

Nessas condições, se considerarmos os segmentos $\overline{AB}$, $\overline{BC}$, $\overline{CD}$ e $\overline{DA}$, teremos formado uma linha poligonal fechada, com quatro lados, também chamada *quadrilátero* ABCD.

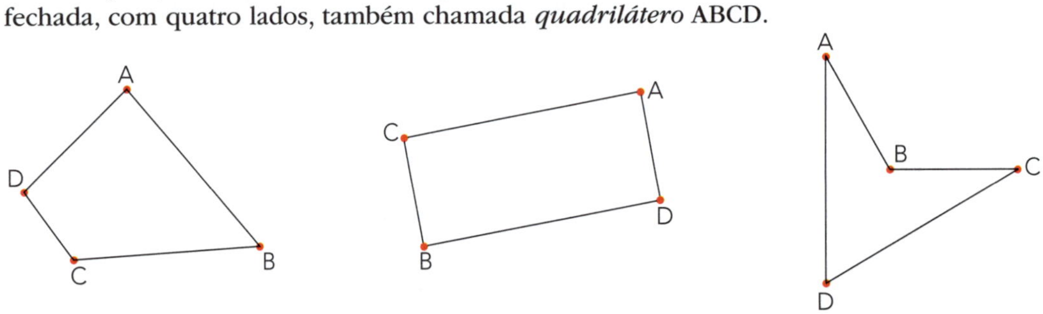

> Dados quatro pontos, *A*, *B*, *C* e *D*, dos quais não há três colineares, chama-se quadrilátero ABCD a reunião dos segmentos $\overline{AB}$, $\overline{BC}$, $\overline{CD}$ e $\overline{DA}$.

Como mostra a figura ao lado, num quadrilátero simples ABCD podemos destacar os seguintes componentes notáveis:

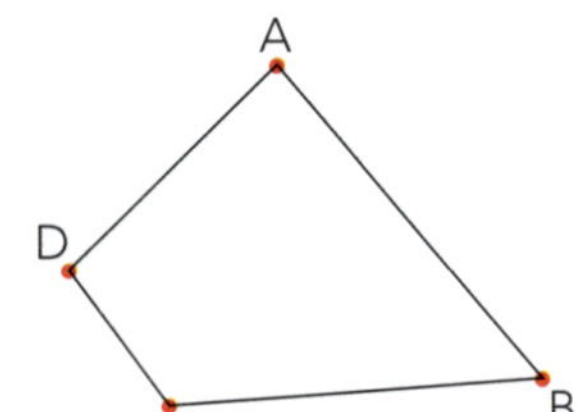

- os pontos *A*, *B*, *C* e *D* são os *vértices* do quadrilátero;
- os segmentos $\overline{AB}$, $\overline{BC}$, $\overline{CD}$ e $\overline{DA}$ são os *lados* do quadrilátero;
- os segmentos $\overline{AC}$ e $\overline{BD}$ são as *diagonais* do quadrilátero;
- os ângulos $D\hat{A}B$ ou $\hat{A}$, $A\hat{B}C$ ou $\hat{B}$, $B\hat{C}D$ ou $\hat{C}$ e $C\hat{D}A$ ou $\hat{D}$ são os *ângulos* do quadrilátero (ou *ângulos internos*).

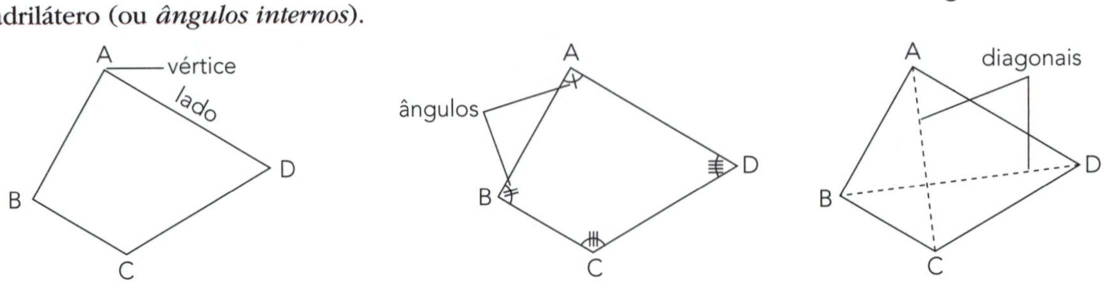

Os ângulos dos pares:

$\hat{A}$ e $\hat{B}$ $\hat{B}$ e $\hat{C}$ $\hat{C}$ e $\hat{D}$ $\hat{D}$ e $\hat{A}$

são *ângulos consecutivos* do quadrilátero ABCD.

Os ângulos dos pares:

$\hat{A}$ e $\hat{C}$ $\hat{B}$ e $\hat{D}$

são *ângulos opostos* do quadrilátero ABCD.

Os segmentos dos pares:

$\overline{AB}$ e $\overline{BC}$ $\overline{BC}$ e $\overline{CD}$ $\overline{CD}$ e $\overline{DA}$ $\overline{DA}$ e $\overline{AB}$

são *lados consecutivos* do quadrilátero ABCD.

Os segmentos dos pares:

$\overline{AB}$ e $\overline{CD}$ $\overline{AD}$ e $\overline{BC}$

são *lados opostos* do quadrilátero ABCD.

Perímetro

O perímetro do quadrilátero ABCD é a soma das medidas de seus lados.

Perímetro ABCD = AB + BC + CD + DA

Quadrilátero convexo e quadrilátero côncavo

Observe os quadriláteros abaixo:

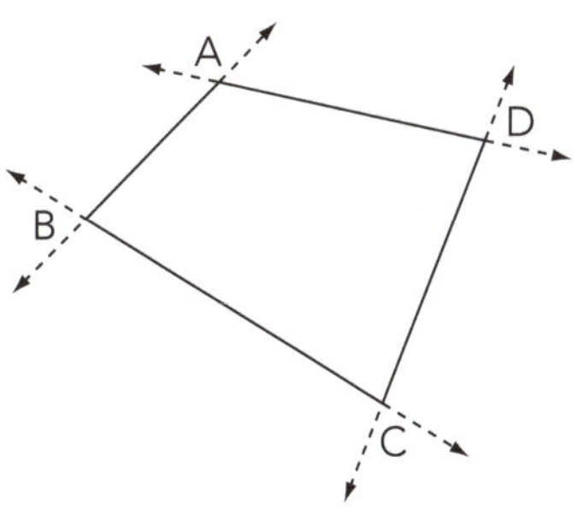

No quadrilátero ABCD, as retas $\overleftrightarrow{AB}$, $\overleftrightarrow{BC}$, $\overleftrightarrow{CD}$ e $\overleftrightarrow{DA}$ não cortam nenhum lado do quadrilátero. ABCD é um *quadrilátero convexo*.

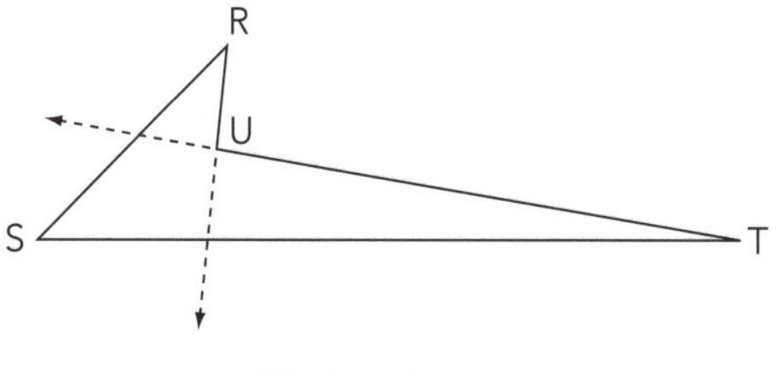

No quadrilátero RSTU, a reta $\overleftrightarrow{TU}$ corta o lado $\overline{RS}$, e a reta $\overleftrightarrow{RU}$ corta o lado $\overline{ST}$. RSTU é um *quadrilátero côncavo*.

Um quadrilátero é convexo quando a reta definida por dois vértices consecutivos quaisquer não encontra o lado definido pelos outros dois vértices. Se um quadrilátero não é convexo, ele é côncavo.

Soma dos ângulos de um quadrilátero

Vamos considerar o quadrilátero convexo ABCD e traçar a diagonal $\overline{AC}$.

Observemos, agora, os dois triângulos: $\triangle ABC$ e $\triangle ACD$.

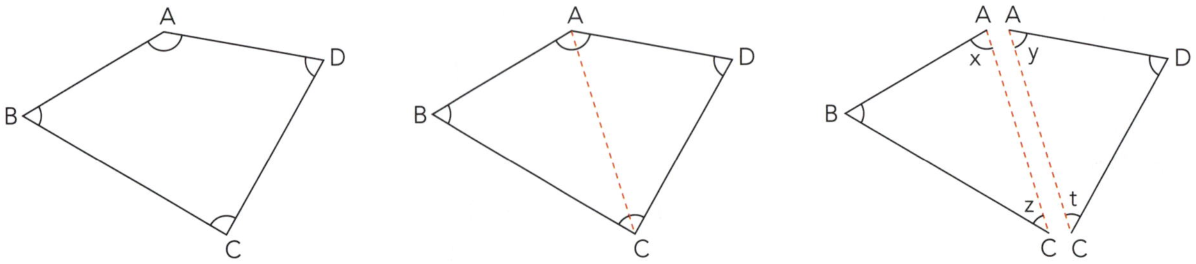

No triângulo ABC, temos:

$$x + \hat{B} + z = 180^\circ$$

No triângulo ACD, temos:

$$y + t + \hat{D} = 180^\circ$$

Somando essas duas igualdades, temos:

$$(x + y) + \hat{B} + (z + t) + \hat{D} = 180^\circ + 180^\circ$$

Então:

$$\hat{A} + \hat{B} + \hat{C} + \hat{D} = 180^\circ + 180^\circ$$

ou seja:

$$\hat{A} + \hat{B} + \hat{C} + \hat{D} = 360^\circ$$

Se considerarmos o quadrilátero côncavo e simples ABCD e traçarmos sua diagonal interna $\overline{AC}$, a mesma dedução continuará válida.

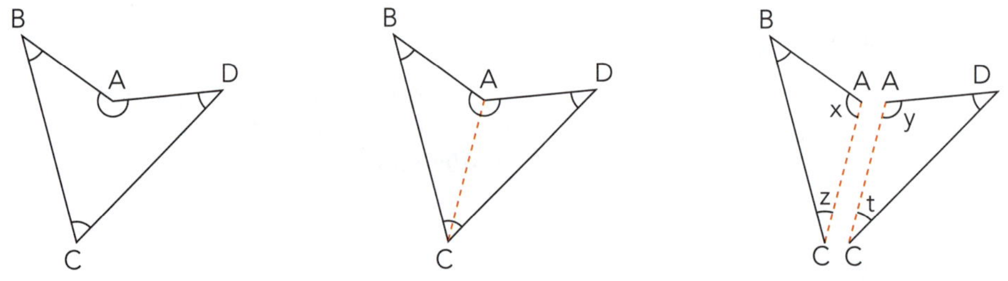

$$\hat{A} + \hat{B} + \hat{C} + \hat{D} = 360^\circ$$

A soma dos ângulos internos de um quadrilátero simples é 360°.

Exercícios

109. É dado o quadrilátero ABCD, ao lado:

a) Qual deve ser o valor de x para que o perímetro seja 29 cm?

b) Qual é a soma de dois lados opostos? E dos outros dois?

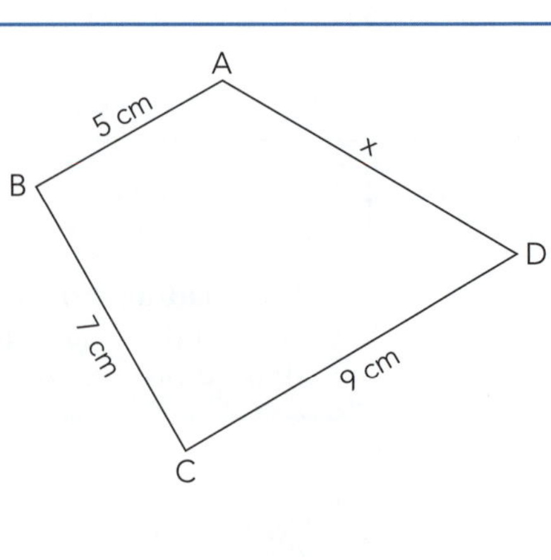

110. Desenhe no seu caderno os quadriláteros dados a seguir:

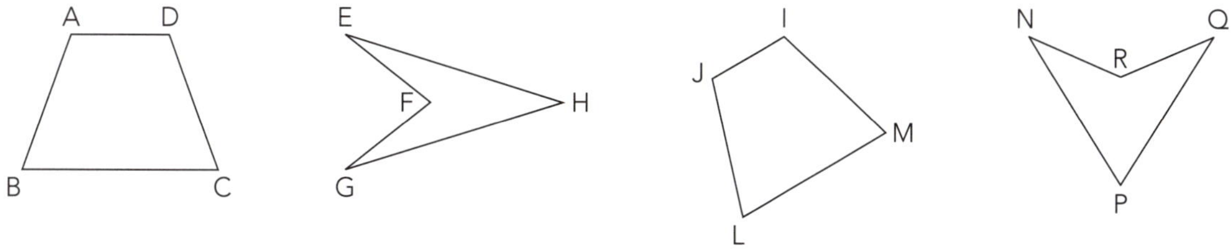

a) Classifique-os em côncavos ou convexos.

b) Trace as diagonais.

111. O que aconteceu com uma das diagonais dos quadriláteros côncavos do exercício anterior?

112. Calcule o valor de *x*:

a)

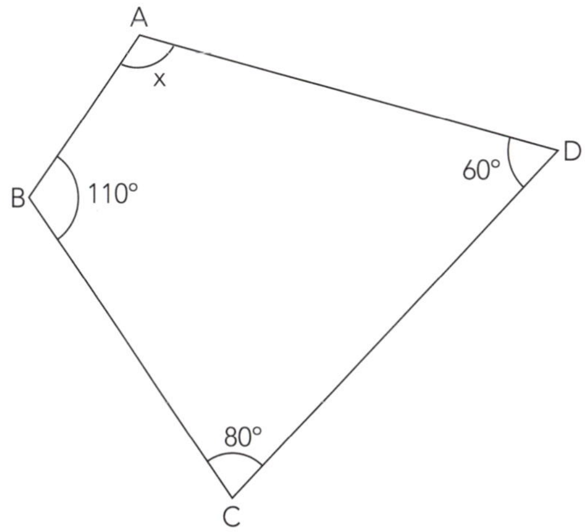

b)

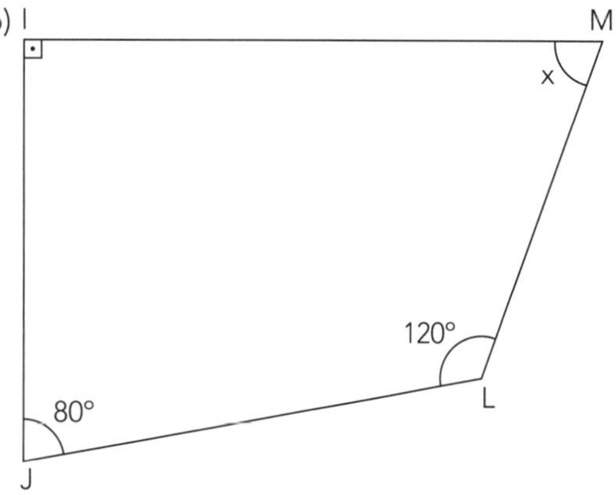

113. Determine os ângulos de um quadrilátero sabendo que eles medem:

a) x, 2x, 3x e 4x

b) 2x, 3x, 5x e 8x

114. Sabendo que $\overline{AP}$ e $\overline{BP}$ são bissetrizes, determine *x* nos casos:

a)

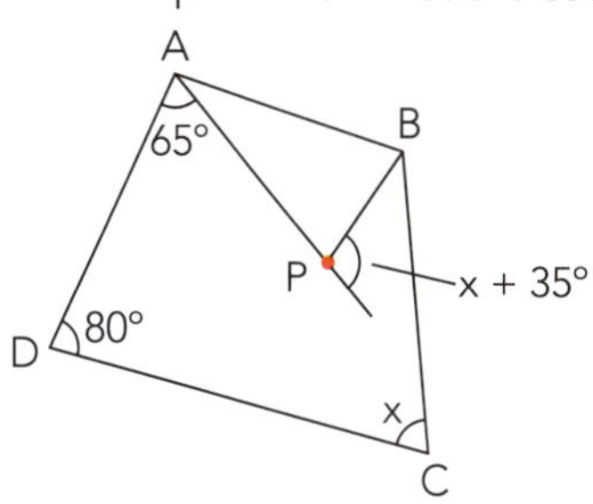

b)

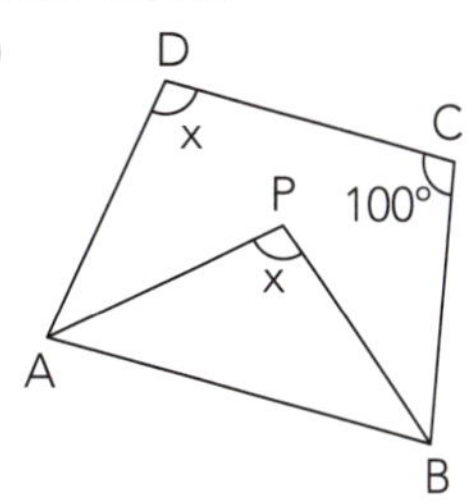

115. Calcule o valor de *x* nos casos:

a)

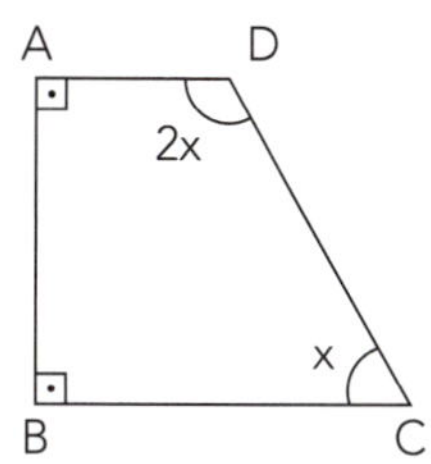

b)

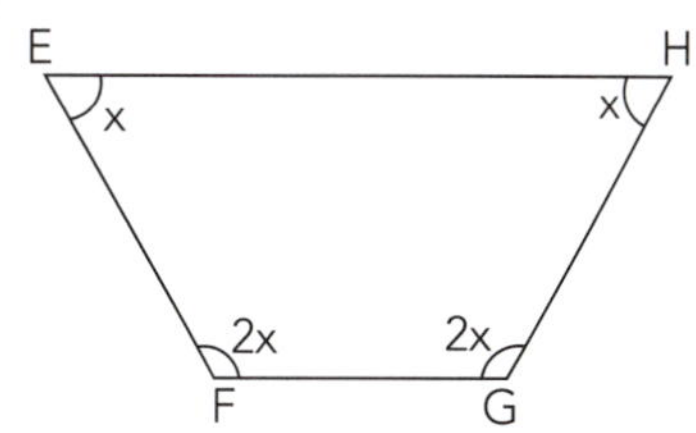

116. Calcule os ângulos dos quadriláteros:

a)

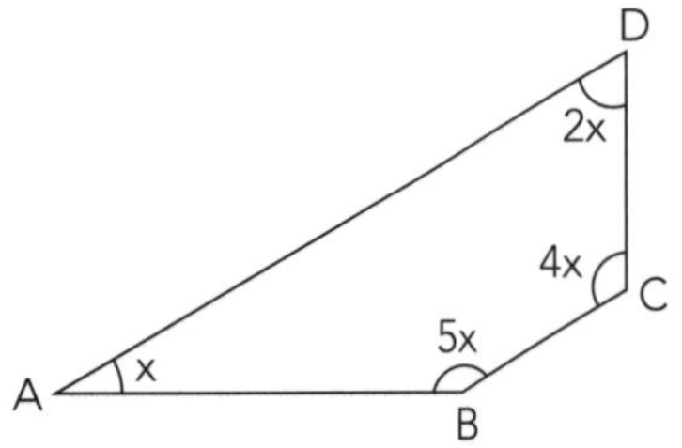

b)

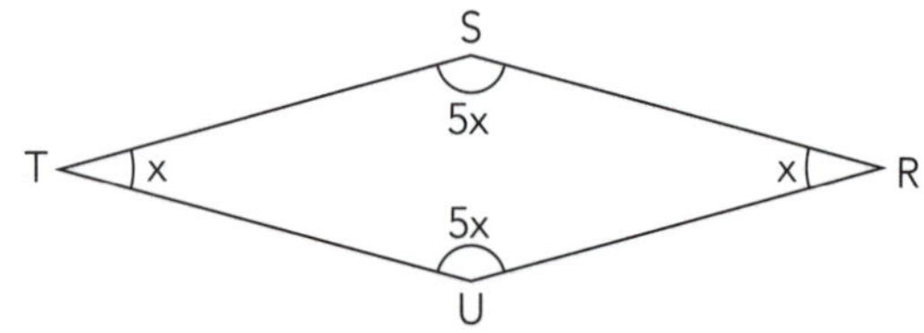

117. Determine o valor de *x* nos casos:

a) $\overline{PA} \equiv \overline{PB}$

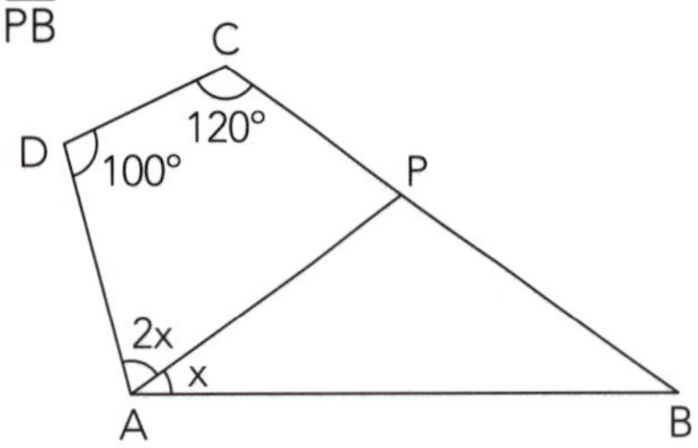

b) $\overline{AB} \equiv \overline{AD}$ e $\overline{CB} \equiv \overline{CD}$

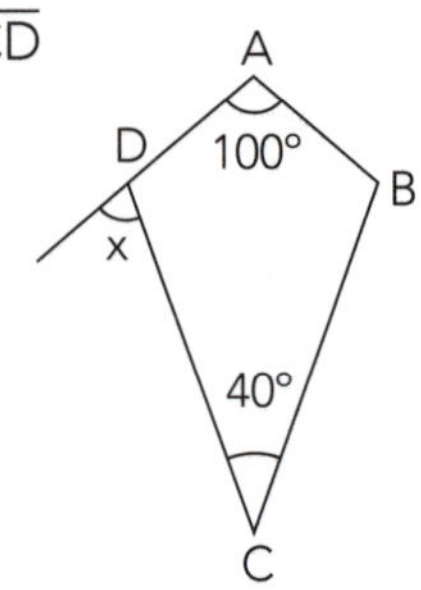

118. Sabendo que $\overline{AP}$ e $\overline{BP}$ são bissetrizes de $\hat{A}$ e $\hat{B}$, respectivamente, determine:

a) $\hat{C} + \hat{D}$

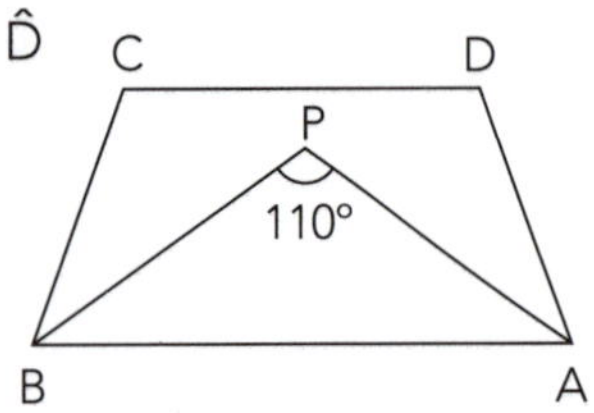

b) $\hat{D}$ e $\hat{C} = \hat{D} + 10°$

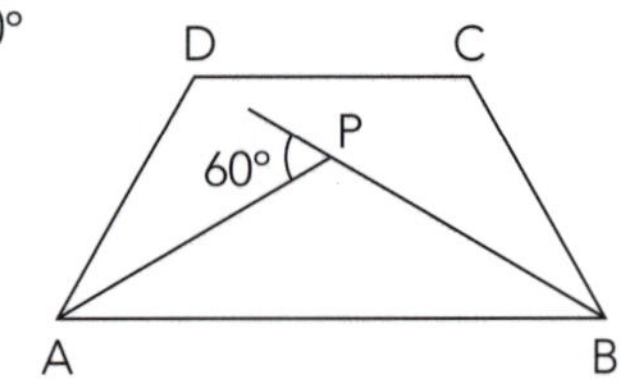

119. Na figura, $\overline{AP}$ e $\overline{BP}$ são bissetrizes de $\hat{A}$ e $\hat{B}$, respectivamente. Determine *x*.

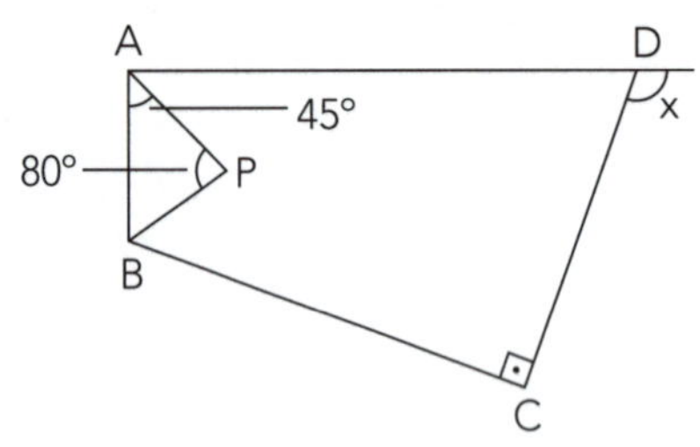

120. Na figura, $\overline{AP}$ e $\overline{CP}$ são bissetrizes de $\hat{A}$ e $\hat{C}$, respectivamente. Determine *x*.

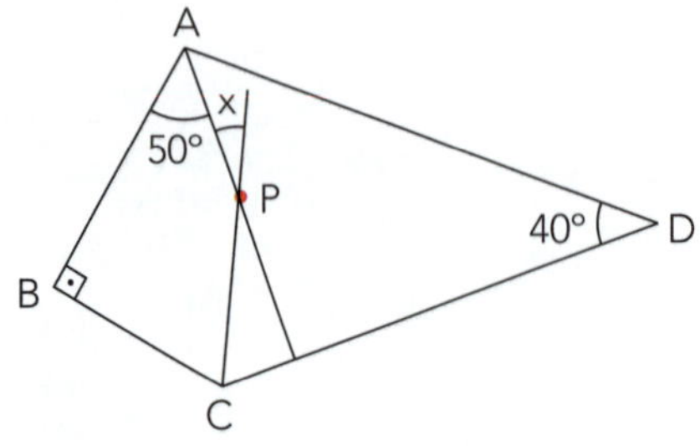

Quadriláteros notáveis

Trapézio

Trapézio é um quadrilátero que tem dois lados paralelos.

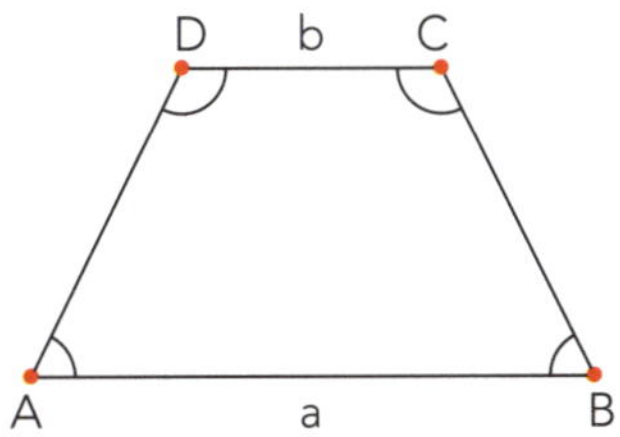

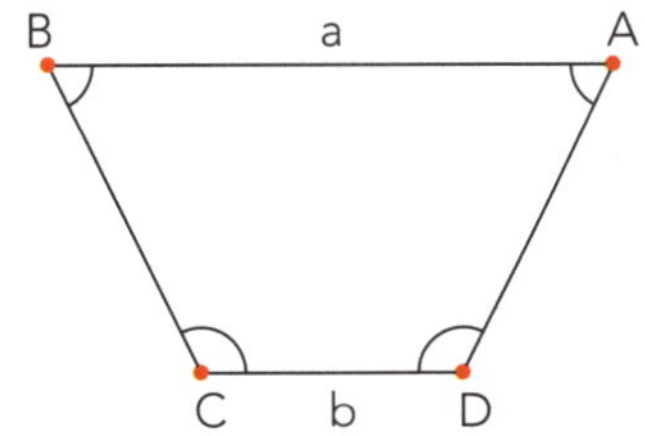

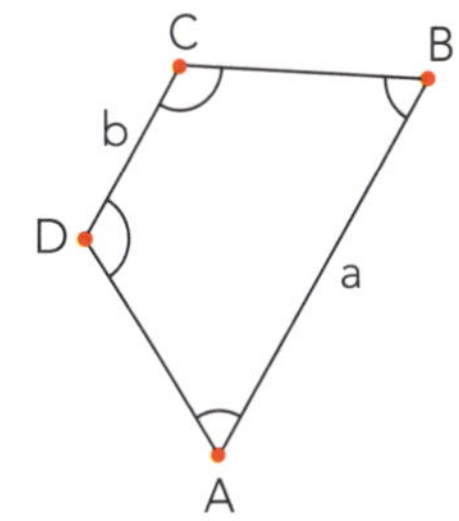

Nos trapézios ABCD das figuras, temos:

- Os lados paralelos $\overline{AB}$ e $\overline{CD}$ são as *bases*.
- $\overline{AB}$ é a *base maior*, de medida *a*, e $\overline{CD}$ é a *base menor*, de medida *b*.
- $\hat{A} + \hat{B} + \hat{C} + \hat{D} = 360°$
- $\hat{A} + \hat{D} = 180°$ e $\hat{B} + \hat{C} = 180°$
- Perímetro = AB + BC + CD + DA

Trapézios especiais

Existem tipos diferentes de trapézio. Vamos agora conhecê-los.

- trapézio isósceles

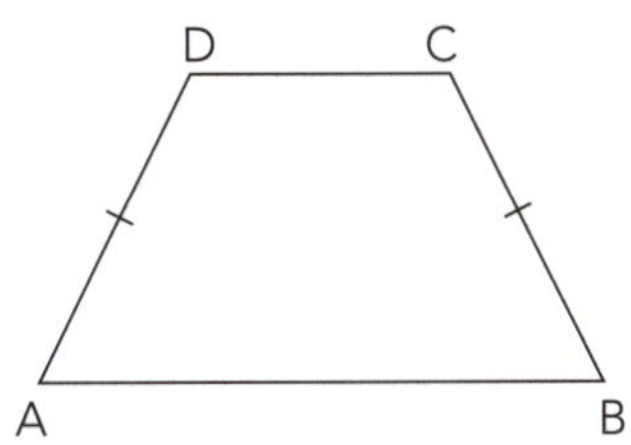

O trapézio isósceles é aquele em que os lados não paralelos são congruentes.

$$\overline{AB} \mathbin{/\!/} \overline{CD} \text{ e } \overline{AD} \equiv \overline{BC}$$

- trapézio retângulo

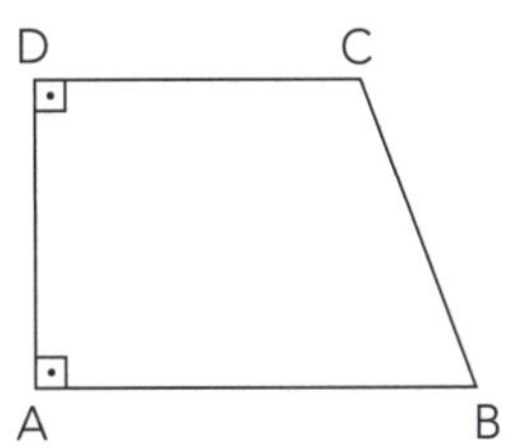

O trapézio retângulo possui dois ângulos retos.

$$\overline{AB} \mathbin{/\!/} \overline{CD}$$
$$\hat{A} = 90° \text{ e } \hat{D} = 90°$$

- trapézio escaleno

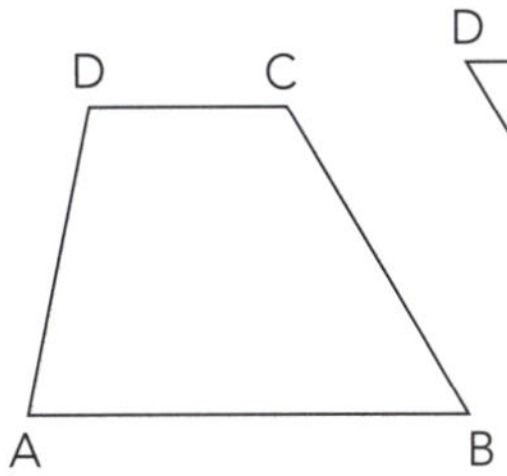

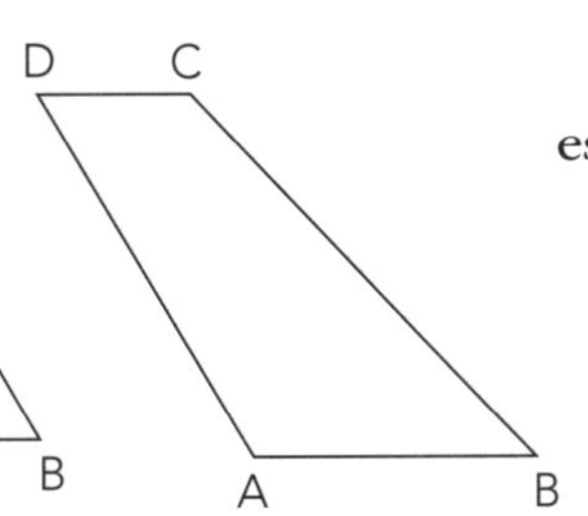

Um trapézio que não é isósceles é chamado trapézio escaleno.

$$\overline{AB} \mathbin{/\!/} \overline{CD}$$
$$\hat{A} \neq \hat{B} \neq \hat{C} \neq \hat{D}$$

Paralelogramo

> *Paralelogramo* é um quadrilátero que tem os lados opostos paralelos.

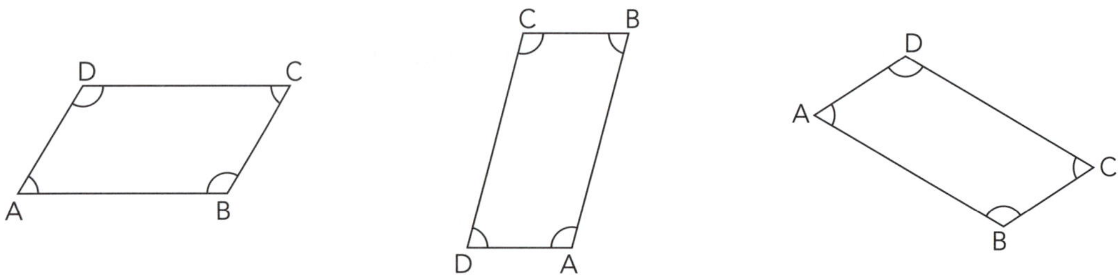

Nos paralelogramos ABCD das figuras, temos:

- $\overline{AB} \,//\, \overline{CD}$ e $\overline{AD} \,//\, \overline{BC}$
- $\hat{A} + \hat{B} + \hat{C} + \hat{D} = 360°$
- Perímetro = AB + BC + CD + DA
- Podemos ver um paralelogramo ABCD como um tipo particular de trapézio em que, além das bases ($\overline{AB}$ e $\overline{CD}$), os outros dois lados ($\overline{BC}$ e $\overline{DA}$) também são paralelos.

Losango

> *Losango* é um quadrilátero cujos quatro lados são congruentes.

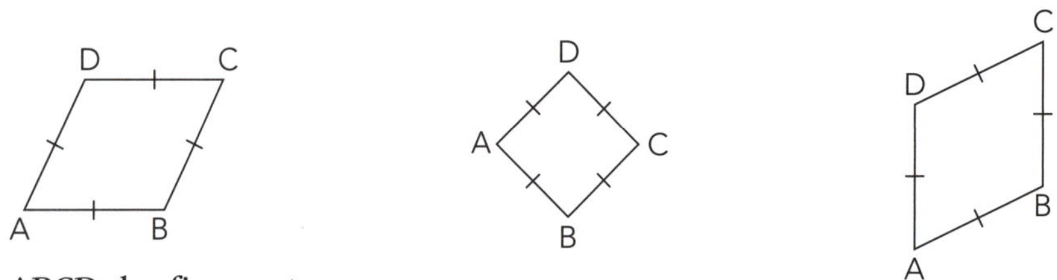

Nos losangos ABCD das figuras, temos:

- $\overline{AB} \equiv \overline{BC} \equiv \overline{CD} \equiv \overline{DA}$
- $\hat{A} + \hat{B} + \hat{C} + \hat{D} = 360°$
- $\overline{AB} \,//\, \overline{CD}$ e $\overline{BC} \,//\, \overline{DA}$, ou seja, um losango ABCD é também um paralelogramo.

Retângulo

> *Retângulo* é um quadrilátero cujos quatro ângulos são retos.

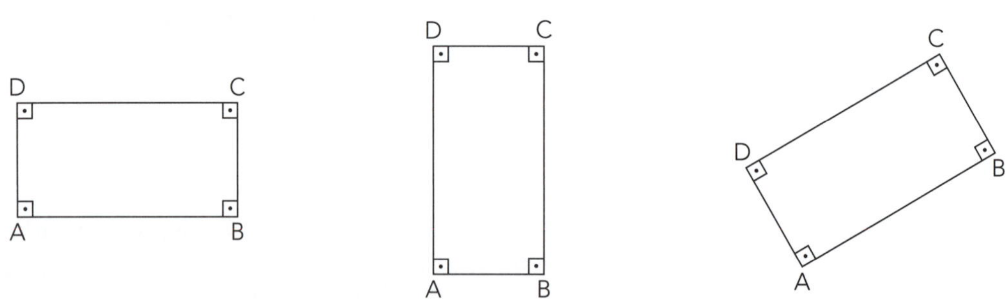

Nos retângulos ABCD das figuras, temos:

- $\hat{A} + \hat{B} + \hat{C} + \hat{D} = 360°$
- $\hat{A} \equiv \hat{B} \equiv \hat{C} \equiv \hat{D} \equiv 90°$
- $\overline{AB} \,//\, \overline{CD}$ e $\overline{BC} \,//\, \overline{DA}$, ou seja, um retângulo ABCD é também um paralelogramo.

Quadrado

> *Quadrado* é um quadrilátero cujos quatro lados são congruentes e cujos quatro ângulos são retos.

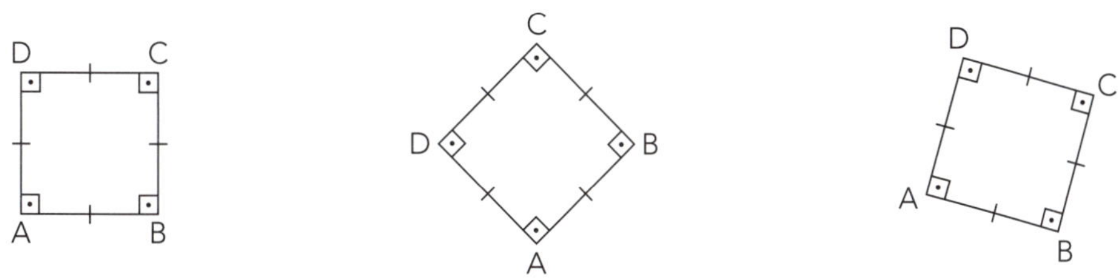

Nos quadrados ABCD das figuras, temos:

- $\overline{AB} \equiv \overline{BC} \equiv \overline{CD} \equiv \overline{DA}$, ou seja, um quadrado ABCD é também um losango.
- $\hat{A} \equiv \hat{B} \equiv \hat{C} \equiv \hat{D} \equiv 90°$, ou seja, um quadrado ABCD é também um retângulo.

Exercícios

121. ABCD é um trapézio de bases $\overline{AB}$ e $\overline{CD}$. Calcule os ângulos de medidas x e y:

a)

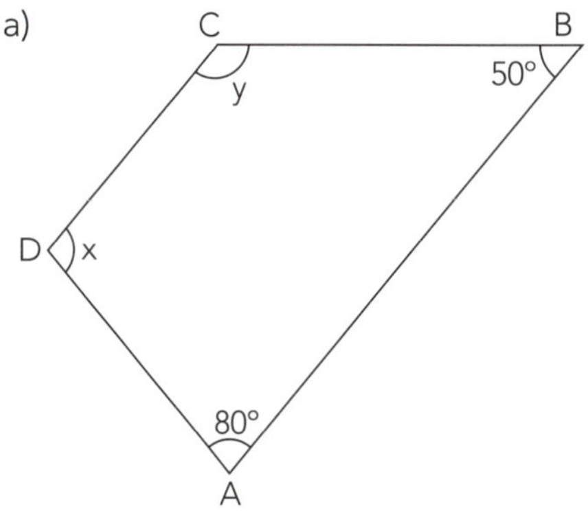

b)

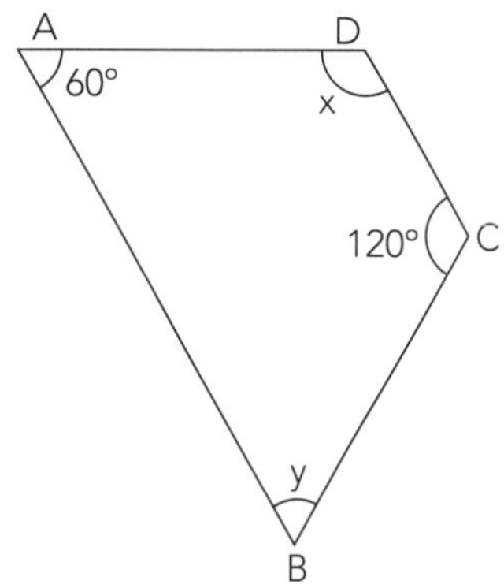

122. $\overline{AB}$ e $\overline{CD}$ são as bases de um trapézio ABCD. Calcule as medidas de $\hat{C}$ e $\hat{D}$, sabendo que $\hat{A} = 80°$ e $\hat{B} = 50°$.

123. Num paralelogramo, um ângulo agudo e um ângulo obtuso são complementares ou suplementares?

124. Sabendo que ABCD é um paralelogramo, calcule x e y:

a)

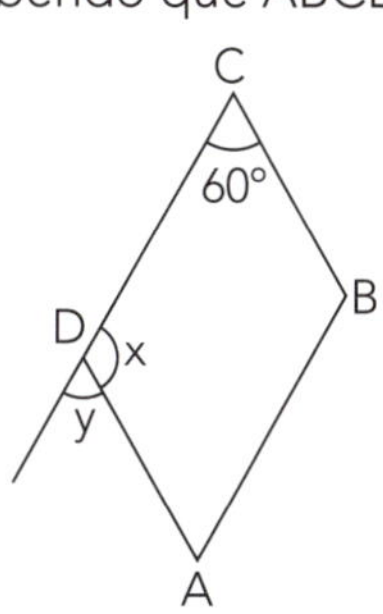

b)

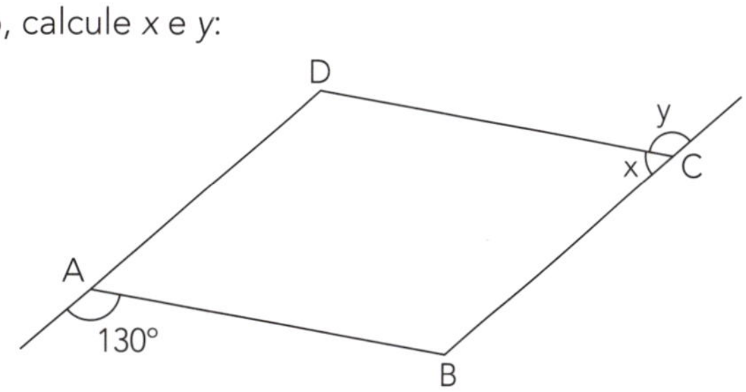

125. Determine as medidas dos ângulos:

a) de um paralelogramo, em que cada ângulo obtuso é o triplo de um ângulo agudo.

b) de um trapézio retângulo, em que o ângulo agudo é igual a $\frac{4}{5}$ do ângulo obtuso.

126. Classifique em verdadeiro (*V*) ou falso (*F*):

a) Todo losango é um paralelogramo.

b) Todo retângulo é um paralelogramo.

c) Todo quadrado é um paralelogramo.

d) Todo paralelogramo é um losango.

e) Todo paralelogramo é um retângulo.

f) Todo paralelogramo é um quadrado.

127. Sendo ABCD um trapézio, calcule *x*:

a) 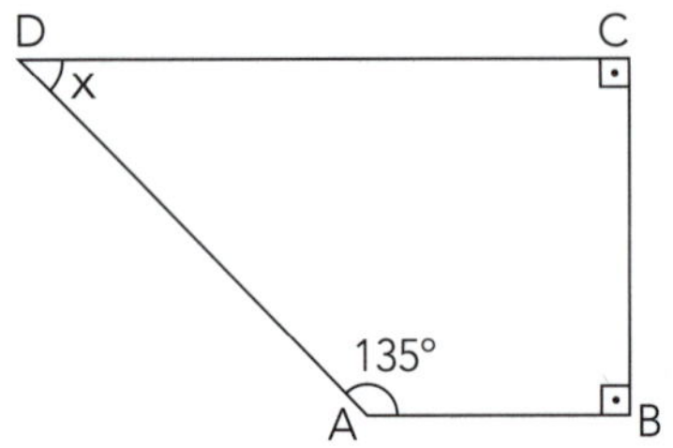

b) 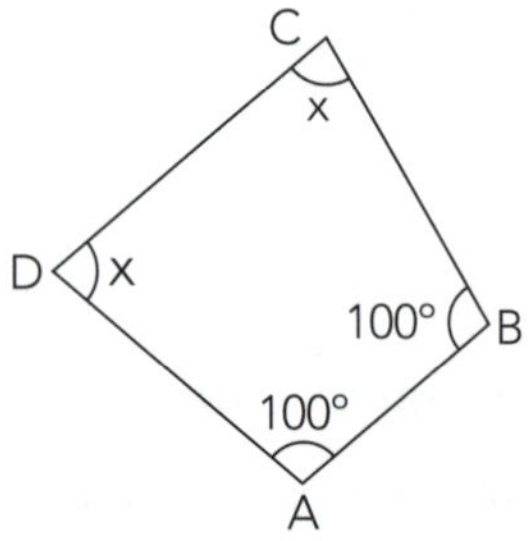

128. Determine as medidas dos ângulos de um quadrilátero ABCD convexo, sabendo que as medidas de seus ângulos, em graus, são dadas por:

$\hat{A} = 2x - 9$

$\hat{B} = 3x + 20$

$\hat{C} = \frac{x}{2} - 7$

$\hat{D} = \frac{5x - 7}{3}$

129. Calcule *x*, sabendo que ABCD é um paralelogramo:

a) 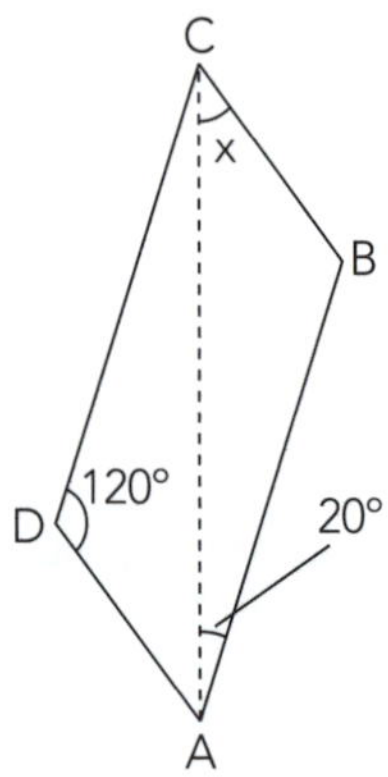

b) 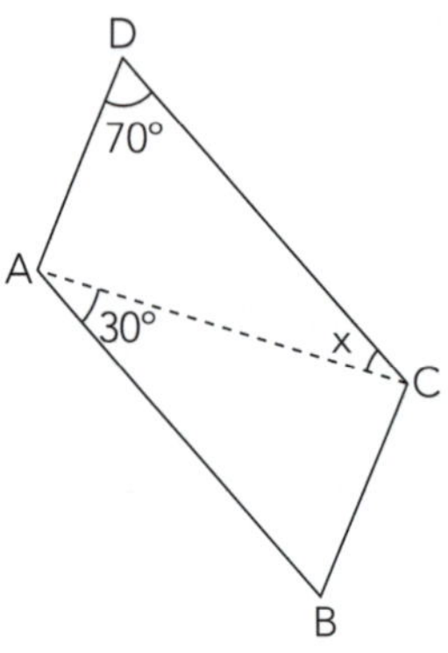

130. ABCD é um trapézio de bases $\overline{AB}$ e $\overline{CD}$. Sabendo que $\hat{D}$ é o dobro de $\hat{A}$ e que $\hat{C}$ é o triplo de $\hat{B}$, calcule os ângulos do trapézio.

131. Responda: certo ou errado?

a) O quadrado é um retângulo particular.

b) Todo quadrado é losango.

c) Todo quadrado é retângulo.

d) Todo losango é quadrado.

e) Todo retângulo é losango.

f) Todo losango é retângulo.

capítulo 10 Propriedades dos quadriláteros notáveis

Paralelogramos

Propriedades dos ângulos e lados

Vamos considerar um paralelogramo ABCD, traçar a diagonal $\overline{AC}$ e observar os ângulos $\hat{r}$, $\hat{s}$, $\hat{x}$ e $\hat{y}$.

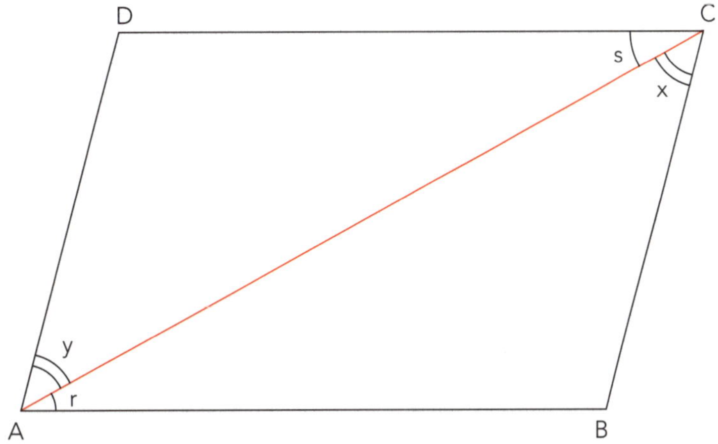

Do paralelismo de $\overline{AB}$ e $\overline{CD}$ com a transversal $\overline{AC}$, vem:

$$\hat{r} \equiv \hat{s} \quad ①$$

Do paralelismo de $\overline{AD}$ e $\overline{BC}$ com a transversal $\overline{AC}$, vem:

$$\hat{x} \equiv \hat{y} \quad ②$$

Vamos decompor o paralelogramo em dois triângulos: △ABC e △CDA. Temos:

$$\left.\begin{array}{l} \hat{r} \equiv \hat{s} \\ \overline{AC} \text{ é comum} \\ \hat{x} \equiv \hat{y} \end{array}\right\} \overset{ALA}{\Rightarrow} \triangle ABC \equiv \triangle CDA \Rightarrow \left\{\begin{array}{ll} \hat{B} \equiv \hat{D} & ③ \\ \overline{AB} \equiv \overline{CD} & ④ \\ \overline{BC} \equiv \overline{DA} & ⑤ \end{array}\right.$$

As congruências ①, ② e ③ permitem enunciar:

> Em qualquer paralelogramo, os ângulos opostos são congruentes.

As congruências ④ e ⑤ nos dão a propriedade:

> Em qualquer paralelogramo, os lados opostos são congruentes.

Propriedades das diagonais

Vamos considerar um paralelogramo ABCD, traçar a diagonais $\overline{AC}$ e $\overline{BD}$, que se cortam em *M*, e observar os ângulos $\hat{r}$, $\hat{s}$, $\hat{x}$ e $\hat{y}$.

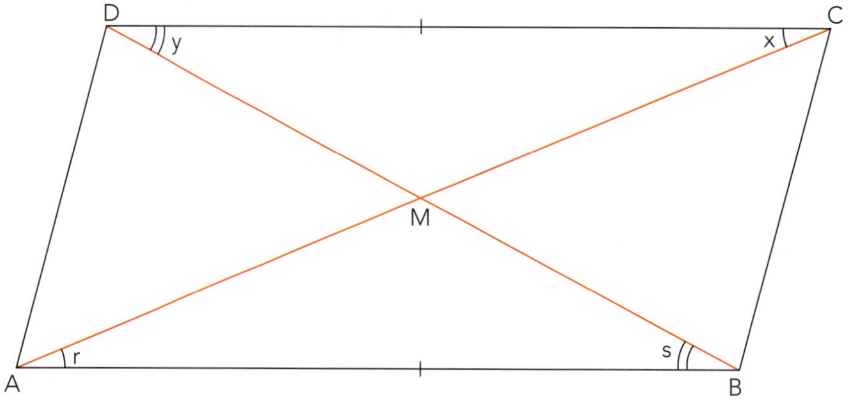

Do paralelismo de $\overline{AB}$ e $\overline{CD}$ com a transversal $\overline{AC}$, vem:

$$\hat{r} \equiv \hat{x}$$

Do paralelismo de $\overline{AB}$ e $\overline{CD}$ com a transversal $\overline{BC}$, vem:

$$\hat{s} \equiv \hat{y}$$

Note que $\overline{AB} \equiv \overline{CD}$ e observe os triângulos ABM e CDM:

$$\left.\begin{array}{l} \hat{r} \equiv \hat{s} \\ \overline{AB} \equiv \overline{CD} \\ \hat{s} \equiv \hat{y} \end{array}\right\} \overset{ALA}{\Rightarrow} \triangle ABM \equiv \triangle CDM \Rightarrow \left\{\begin{array}{l} \overline{AM} \equiv \overline{CM} \\ \overline{BM} \equiv \overline{DM} \end{array}\right.$$

Sendo $\overline{AM} \equiv \overline{CM}$, *M* é o ponto médio do segmento $\overline{AC}$.

Como $\overline{BM} \equiv \overline{DM}$, *M* é o ponto médio do segmento $\overline{BD}$.

Daí, podemos escrever:

Em qualquer paralelogramo, as diagonais se cortam ao meio.

As propriedades vistas são válidas para os retângulos, para os losangos e para os quadrados, pois eles são paralelogramos particulares.

Propriedades recíprocas

Valem as recíprocas das três propriedades que vimos:

- Todo quadrilátero cujos ângulos opostos são dois a dois congruentes é um paralelogramo.
- Todo quadrilátero cujos lados opostos são dois a dois congruentes é um paralelogramo.
- Todo quadrilátero cujas diagonais se cortam ao meio é um paralelogramo.

Lados opostos paralelos e congruentes

Vamos considerar um quadrilátero ABCD com os lados opostos $\overline{AB}$ e $\overline{CD}$ paralelos e congruentes.

$\overline{AB} \parallel \overline{CD}$ e $\overline{AB} \equiv \overline{CD}$

Tracemos agora a diagonal $\overline{AC}$ e vamos observar os ângulos $\hat{r}$ e $\hat{s}$.

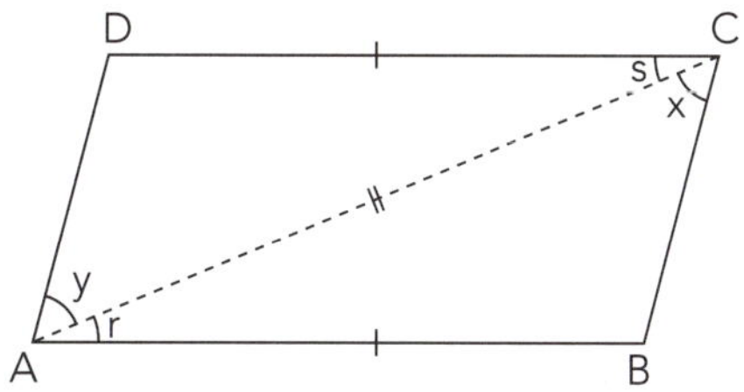

Do paralelismo de $\overline{AB}$ e $\overline{CD}$, vem que $\hat{r} \equiv \hat{s}$.
Observando os triângulos ABC e CDA, vem:

$$\left.\begin{array}{l} \overline{AB} \equiv \overline{CD} \\ \hat{r} \equiv \hat{s} \\ \overline{AC} \text{ é comum} \end{array}\right\} \overset{LAL}{\Rightarrow} \triangle ABC \equiv \triangle CDA \Rightarrow \hat{x} \equiv \hat{y}$$

De $\hat{x} \equiv \hat{y}$ vem que $\overline{AD} \parallel \overline{BC}$.
Como $\overline{AD} \parallel \overline{BC}$ e $\overline{AB} \parallel \overline{CD}$, então ABCD é paralelogramo.
Podemos concluir que:

> Todo quadrilátero que possui dois lados opostos paralelos e congruentes é paralelogramo.

Exercícios

132. Um ângulo de um paralelogramo mede 135°. Determine os outros ângulos do paralelogramo.

133. Calcule os ângulos de um paralelogramo sabendo que um dos ângulos agudos é $\frac{1}{4}$ de um dos ângulos obtusos.

134. Calcule o perímetro de um paralelogramo em que dois lados consecutivos medem 7 cm e 12 cm.

135. Em cada item, ABCD é um paralelogramo de 80 cm de perímetro. Determine *x*:

a) 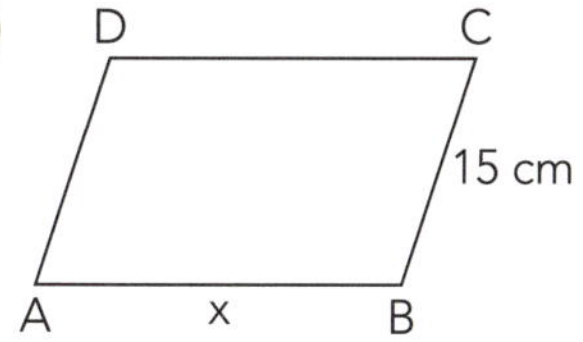

b) 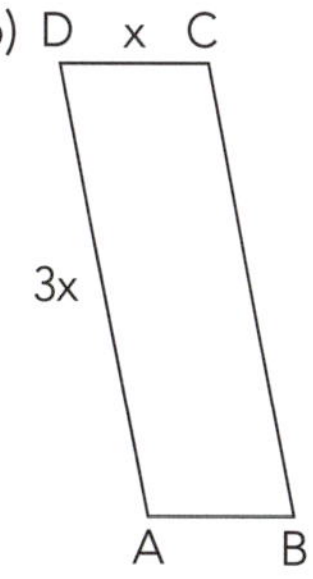

136. Calcule os lados do paralelogramo em que:

a) o perímetro é 48 cm e um lado é o dobro do outro.

b) o perímetro é 32 cm e um lado é o triplo do outro.

c) o perímetro é 56 cm e um lado é $\frac{1}{3}$ do outro.

137. ABCD é um paralelogramo. Calcule as medidas das diagonais $\overline{AC}$ e $\overline{BD}$ em cada item:

a)

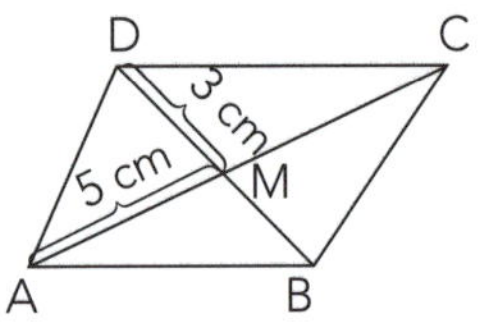

b)

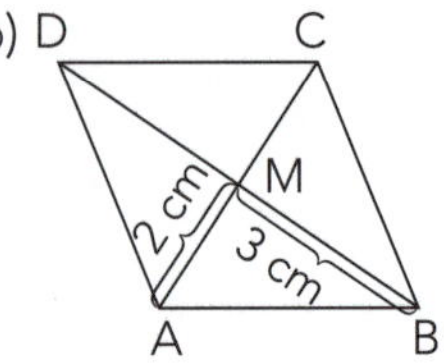

138. Num paralelogramo ABCD, as diagonais $\overline{AC}$ e $\overline{BD}$ encontram-se num ponto *M*. Calcule as medidas das diagonais sabendo que o lado $\overline{AB}$ mede 7 cm e os lados do $\triangle ABM$ medem 5 cm, 4 cm e 7 cm.

139. Calcule os ângulos determinados pelas bissetrizes de dois ângulos consecutivos de um paralelogramo.

140. Sendo ABCD um paralelogramo, $\overline{AP}$ é bissetriz, AB = 7 cm e PC = 3 cm, determine o perímetro do paralelogramo.

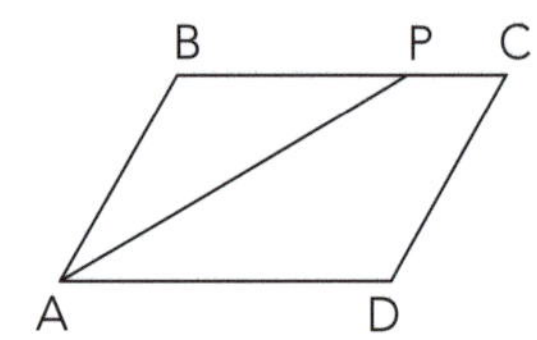

141. Responda: certo ou errado?

a) Um ângulo agudo e um ângulo obtuso de um paralelogramo sempre são complementares.

b) Um ângulo agudo e um ângulo obtuso de um paralelogramo sempre são suplementares.

c) Dois ângulos consecutivos de um paralelogramo sempre são congruentes.

d) Dois ângulos opostos de um paralelogramo sempre são congruentes.

142. Se ABCD é um paralelogramo, AD = 20 cm, BQ = 12 cm e $\overline{BP} \equiv \overline{BQ}$, determine o perímetro desse paralelogramo.

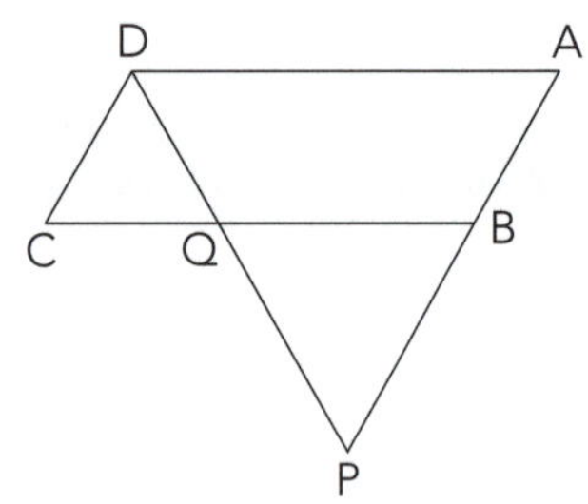

143. Calcule os ângulos de um paralelogramo sabendo que a diferença de dois ângulos consecutivos é 30°.

144. Sabendo que ABCD é um paralelogramo, calcule os ângulos *x* e *y*:

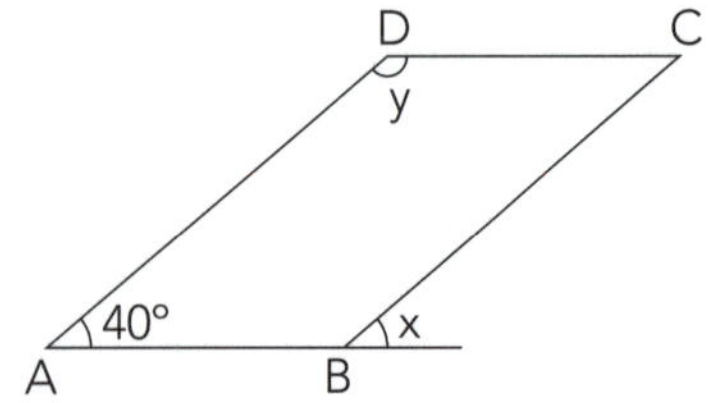

145. Calcule os lados do paralelogramo em cada item:

a) O perímetro é 24 cm e a diferença entre dois lados consecutivos é 2 cm.

b) O perímetro é 42 cm e os lados são medidos por números inteiros e consecutivos.

146. Num paralelogramo ABCD as diagonais $\overline{AC}$ e $\overline{BD}$ encontram-se num ponto *M*. Calcule as medidas das diagonais sabendo que o lado $\overline{AB}$ mede 12 cm e os lados do $\triangle$ABM medem 12 cm, 5 cm e 9 cm.

147. Responda: certo ou errado?

a) Se dois lados opostos de um quadrilátero são congruentes, então ele é um paralelogramo.

b) Se dois ângulos opostos de um quadrilátero são congruentes, então ele é um paralelogramo.

c) Se dois lados de um quadrilátero são congruentes, então ele é um paralelogramo.

d) Se dois lados opostos de um quadrilátero são paralelos e congruentes, então ele é um paralelogramo.

Retângulos

Todo retângulo é um paralelogramo. Por isso, em qualquer retângulo:

- os ângulos opostos são congruentes;
- os lados opostos são congruentes;
- as diagonais cortam-se ao meio.

Diagonais congruentes

Vamos considerar um retângulo ABCD e observar os triângulos ABC e BAD.

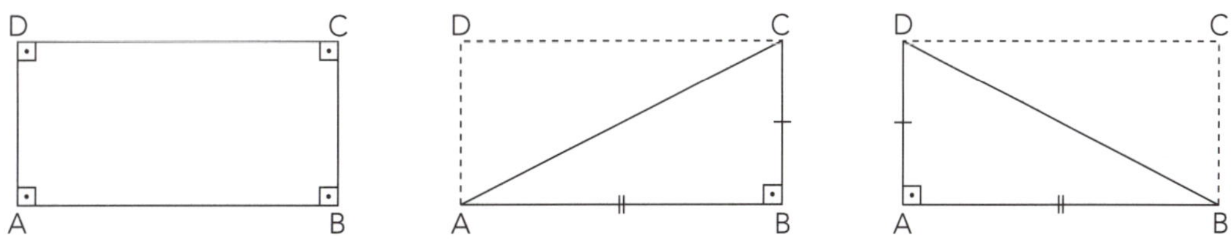

$$\left.\begin{array}{l}\overline{BC} \equiv \overline{AD} \\ \hat{B} \equiv \hat{A} \\ \overline{AB} \text{ é comum}\end{array}\right\} \overset{\text{LAL}}{\Rightarrow} \triangle ABC \equiv \triangle BAD \Rightarrow \overline{AC} \equiv \overline{BD}$$

Podemos concluir:

> Em qualquer retângulo as diagonais são congruentes.

Vale também a recíproca:

> Todo paralelogramo que tem diagonais congruentes é um retângulo.

Exercícios

148. Sendo ABCD um retângulo, calcule *x* e *y*:

a)

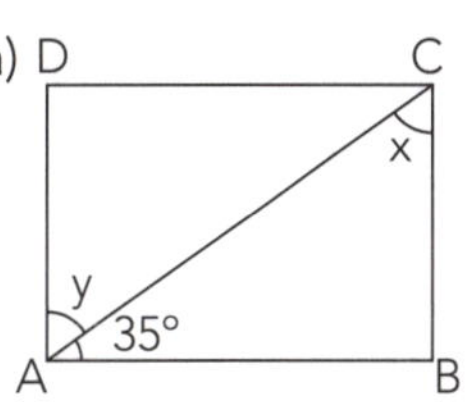

b)

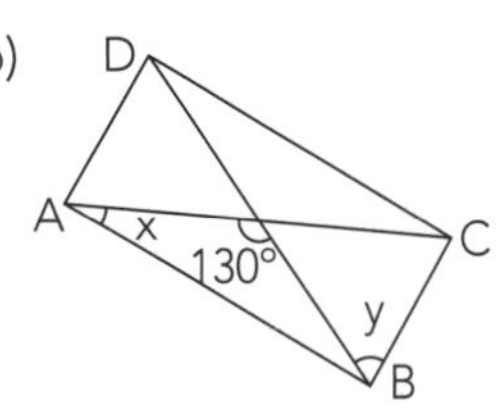

149. As diagonais de um retângulo formam um ângulo de 110°. Calcule os ângulos que cada uma delas forma com os lados.

150. Usando o fato de que um triângulo retângulo é "metade" de um retângulo, quando este é cortado numa de suas diagonais, prove que "a medida da mediana relativa à hipotenusa de um triângulo retângulo é igual à medida de metade da hipotenusa".

151. Um triângulo retângulo ABC tem $\hat{B} = 60°$. Determine o ângulo que a mediana $\overline{AM}$, relativa à hipotenusa, forma com os lados $\overline{AB}$ e $\overline{AC}$. Sugestão: Use a demonstração do exercício anterior.

152. Num triângulo retângulo em $\hat{A}$, a mediana $\overline{AM}$ mede 10 cm.

a) Quanto mede a hipotenusa?

b) Classifique os triângulos MAB e MAC.

Sugestão: Use a demonstração do exercício 150.

153. No triângulo ABC, retângulo em $\hat{A}$, o ângulo $\hat{B}$ mede 20°. Calcule o ângulo entre a bissetriz $\overline{AS}$ e a mediana $\overline{AM}$.

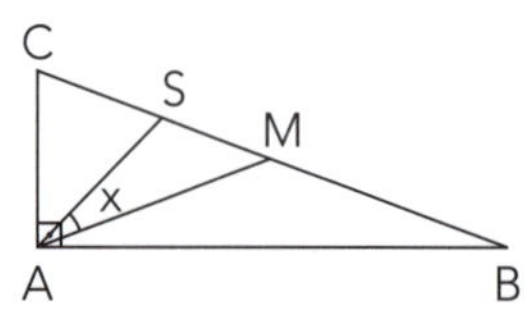

Sugestão: Use a demonstração do exercício 150.

154. Responda: certo ou errado?

a) Toda propriedade do paralelogramo vale para o retângulo.

b) Toda propriedade do retângulo vale para o paralelogramo.

c) Se as diagonais de um quadrilátero são congruentes, então ele é um retângulo.

d) Se as diagonais de um paralelogramo são congruentes, então ele é um retângulo.

Losangos

Todo losango é paralelogramo. Por isso, em qualquer losango:

- os ângulos opostos são congruentes;
- os lados opostos são congruentes;
- as diagonais cortam-se ao meio.

Diagonais perpendiculares

Vamos considerar um losango ABCD e seja M o ponto de encontro das diagonais $\overline{AC}$ e $\overline{BD}$.

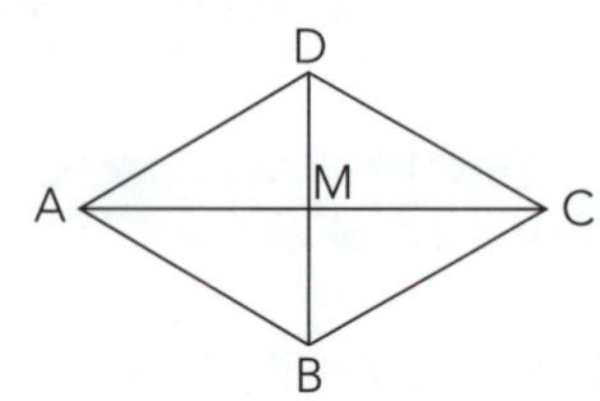

Sabemos que $\overline{AM} \equiv \overline{CM}$ e $\overline{BM} \equiv \overline{DM}$.

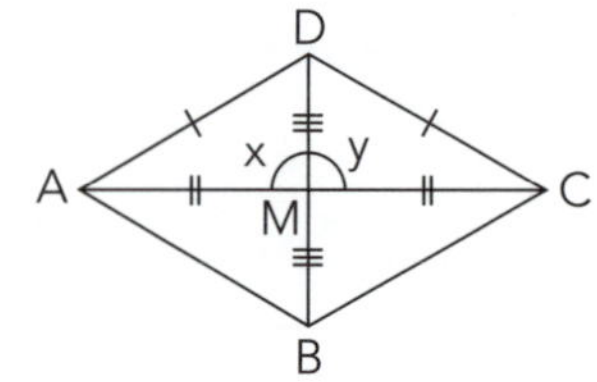

Observe os triângulos ADM e CDM e os ângulos $\hat{x}$ e $\hat{y}$.

$$\left.\begin{array}{l}\overline{AD} \equiv \overline{CD}\\ \overline{AM} \equiv \overline{CM}\\ \overline{DM} \text{ é comum}\end{array}\right\} \overset{LLL}{\Rightarrow} \triangle ADM \equiv \triangle CDM \Rightarrow \hat{x} \equiv \hat{y}$$

De $\hat{x} \equiv \hat{y}$ e $x + y = 180°$, concluímos que $x = y = 90°$; logo, $\overline{AC} \perp \overline{BD}$.

Em qualquer losango as diagonais são perpendiculares.

Vale também a recíproca:

Todo paralelogramo que tem diagonais perpendiculares é um losango.

Exercícios

155. Sendo ABCD um losango, determine *x* e *y*.

a)

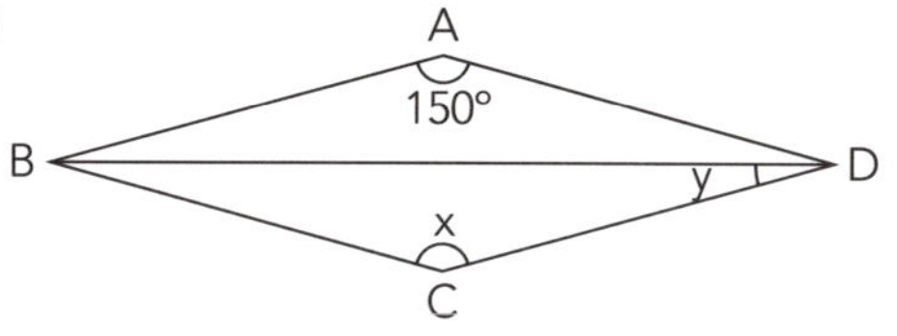

b)

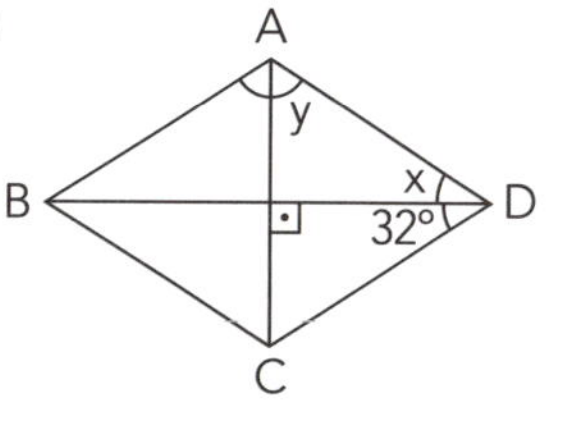

156. Usando o caso LAL de congruência de triângulos, prove que as diagonais de um losango são bissetrizes de seus ângulos.

157. Calcule as medidas dos ângulos de um losango, sabendo que uma diagonal forma com um dos lados um ângulo de 52°.

158. Um losango tem um ângulo de 120° e a diagonal menor decompõe o losango em dois triângulos. Quanto medem os ângulos desses triângulos?

159. Determine as medidas dos ângulos de um losango, sabendo que uma diagonal e dois lados consecutivos formam um triângulo equilátero.

160. Responda: certo ou errado?

a) Toda propriedade do losango vale para o paralelogramo.

b) Toda propriedade do paralelogramo vale para o losango.

c) Se as diagonais de um quadrilátero são perpendiculares, então ele é um losango.

d) Se as diagonais de um paralelogramo são perpendiculares, então ele é um losango.

Quadrados

Todo quadrado é paralelogramo, é retângulo e é losango. Por isso, um quadrado qualquer tem todas as propriedades dos paralelogramos, dos retângulos e dos losangos.

Em particular, vale para os quadrados a propriedade:

Em qualquer quadrado as diagonais cortam-se ao meio, são congruentes e são perpendiculares.

- $\overline{AM} \equiv \overline{CM} \equiv \overline{BM} \equiv \overline{DM}$
- $\overline{AC} \equiv \overline{BD}$
- $\overline{AC} \perp \overline{BD}$

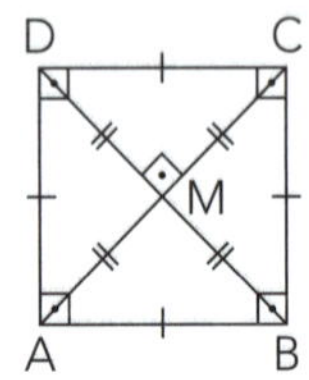

É válida a recíproca:

Todo paralelogramo que possui diagonais congruentes e perpendiculares é quadrado.

Exercícios

161. Sendo ABCD um quadrado, calcule x e y em cada item:

a)

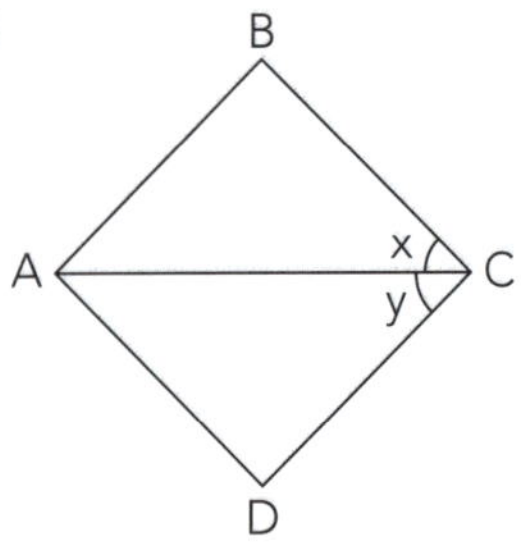

b)

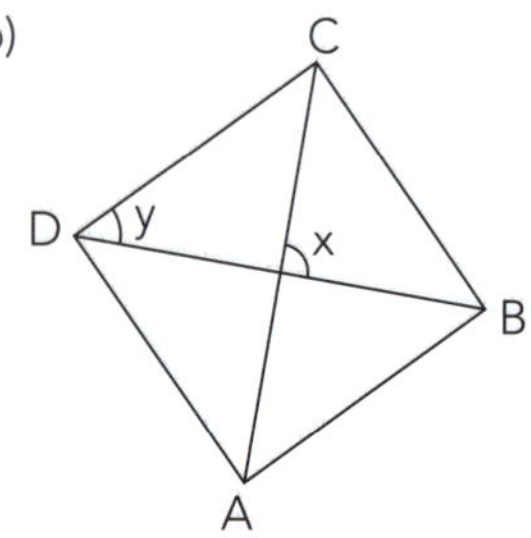

162. Responda: certo ou errado?

a) Toda propriedade do paralelogramo vale para o quadrado.
b) Toda propriedade do quadrado vale para o paralelogramo.
c) Toda propriedade do losango vale para o retângulo.
d) Toda propriedade do retângulo vale para o quadrado.

163. Com um arame de 24 m de comprimento, construímos um triângulo equilátero. Com o mesmo arame construímos depois um quadrado. Qual é a razão (o quociente) entre o lado do triângulo e o lado do quadrado?

164. Se ABCD é um quadrado e ABP é um triângulo equilátero, determine x.

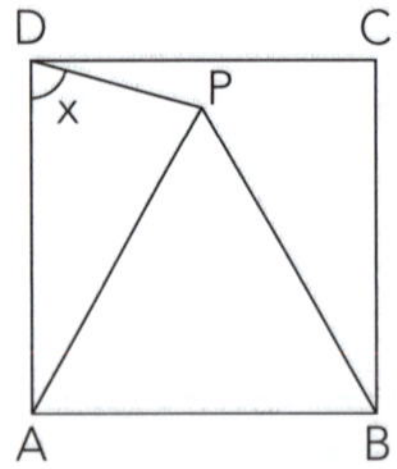

165. Responda: certo ou errado?

a) Toda propriedade do quadrado vale para o retângulo.
b) Toda propriedade do quadrado vale para o losango.
c) Toda propriedade do losango vale para o quadrado.
d) O quadrado tem as propriedades do paralelogramo, do retângulo e do losango.

166. Se ABCD é um quadrado e BCP é um triângulo equilátero, determine *x*.

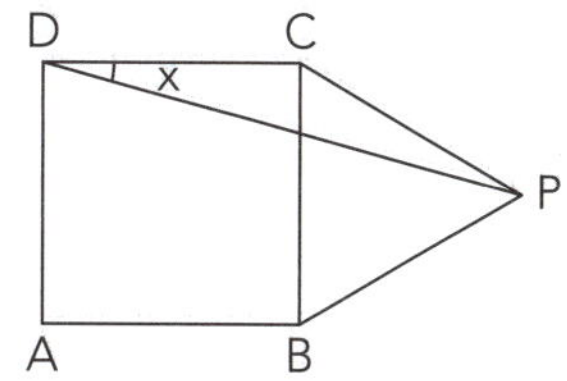

Trapézio isósceles

Um trapézio isósceles tem as propriedades já vistas para trapézios em geral:

$$\hat{A} + \hat{B} + \hat{C} + \hat{D} = 360^\circ$$
$$\hat{A} + \hat{D} = 180^\circ \text{ e } \hat{B} + \hat{C} = 180^\circ$$

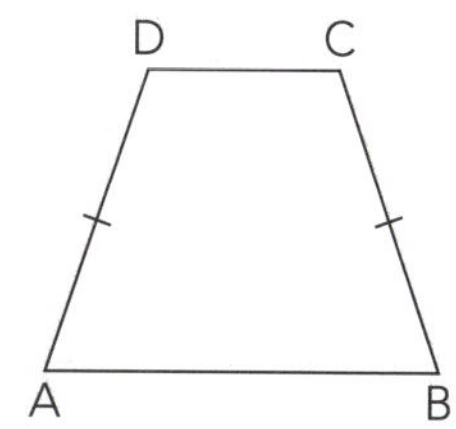

Além dessas, há propriedades características do trapézio isósceles, como veremos a seguir.

Ângulos das bases congruentes

Vamos considerar um trapézio isósceles ABCD de bases $\overline{AB}$ e $\overline{CD}$ e lados congruentes $\overline{AD}$ e $\overline{BC}$ ($\overline{AD} \equiv \overline{BC}$).

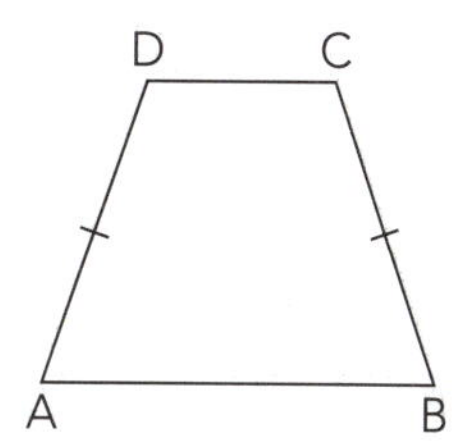

Tracemos por *C* uma paralela a $\overline{AD}$ determinando um ponto *E* na base $\overline{AB}$.

Obtemos, então, um paralelogramo AECD e um triângulo isósceles CEB.

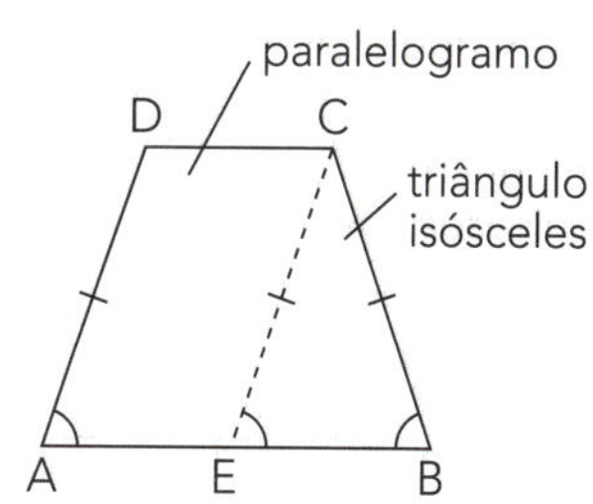

Observando os ângulos $\hat{A}$, $\hat{E}$ e $\hat{B}$ assinalados na figura, temos:

- do $\triangle$CEB isósceles: $\hat{B} \equiv \hat{E}$
- do paralelogramo: $\hat{A} \equiv \hat{E}$

$$\Rightarrow \hat{A} \equiv \hat{B} \quad ①$$

Por outro lado:

$$\hat{A} + \hat{D} = 180^\circ\text{, ou seja, } \hat{D} = 180^\circ - A$$
$$\hat{B} + \hat{C} = 180^\circ\text{, ou seja, } \hat{C} = 180^\circ - B$$

Em vista de ①, vem:

$$\hat{C} \equiv \hat{D} \quad ②$$

De ① e ②, vem:

Num trapézio isósceles, os ângulos das bases são congruentes.

Diagonais congruentes

Num trapézio isósceles, as diagonais são congruentes.

Essa propriedade pode ser provada pelo caso LAL de congruência de triângulos.

Exercícios

167. ABCD é um trapézio de bases $\overline{AB}$ e $\overline{CD}$. Sabendo que $\hat{A} = x$, $\hat{D} = 3x$, $\hat{B} = y$ e $\hat{C} = 4y$, determine os ângulos $\hat{A}$, $\hat{B}$, $\hat{C}$, e $\hat{D}$ do trapézio.

168. Sabendo que ABCD é um trapézio isósceles de bases $\overline{AB}$ e $\overline{CD}$, determine seus ângulos em cada item:

a)

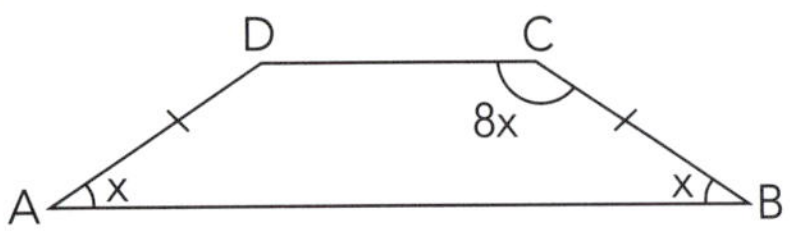

b)

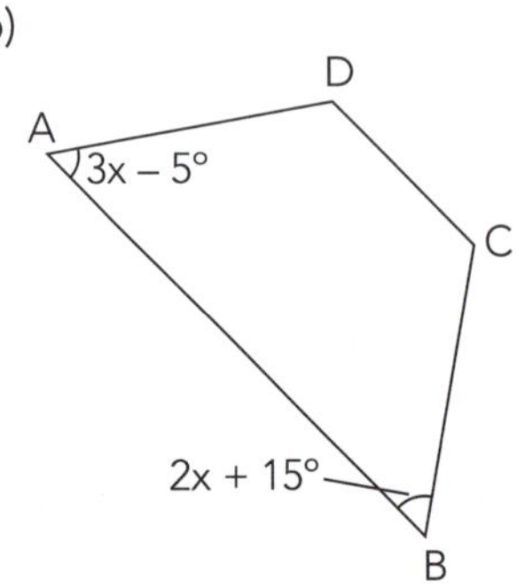

169. A soma dos ângulos agudos de um trapézio isósceles é 80°. Determine as medidas de seus ângulos.

170. Calcule a medida dos ângulos obtusos de um trapézio isósceles supondo que:

a) um dos ângulos agudos mede 50°;

b) um dos ângulos agudos mede 80°.

171. Utilizando o caso de congruência LAL, prove que as diagonais de um trapézio isósceles são congruentes.

172. As bases de um trapézio isósceles medem 6 m e 15 m e as diagonais são bissetrizes dos ângulos de base maior. Determine o perímetro do trapézio.

173. Determine os lados do trapézio ABCD de 41 cm de perímetro, sabendo que AB = 3x + 2 cm, BC = x + 1 cm, CD = x cm e AD = 2x – 4 cm.

174. Num trapézio isósceles, a base maior mede 15 cm, a menor mede 9 cm e o perímetro é 44 cm. Quanto mede cada um dos outros lados?

175. Determine os lados de um trapézio isósceles de 80 cm de perímetro, em que a base menor é congruente a um dos lados e a base maior é o dobro da base menor.

176. Determine os ângulos de um trapézio isósceles em que a altura forma um ângulo de 40° com um dos lados não paralelos.

177. Num trapézio isósceles ABCD, a diagonal $\overline{AC}$ mede 15 cm. Quanto mede a outra diagonal?

178. A diagonal de um trapézio isósceles é congruente à base maior e um ângulo do trapézio mede 70°. Determine os ângulos formados pelas diagonais.

Base média nos triângulos

Observe os triângulos ABC abaixo:

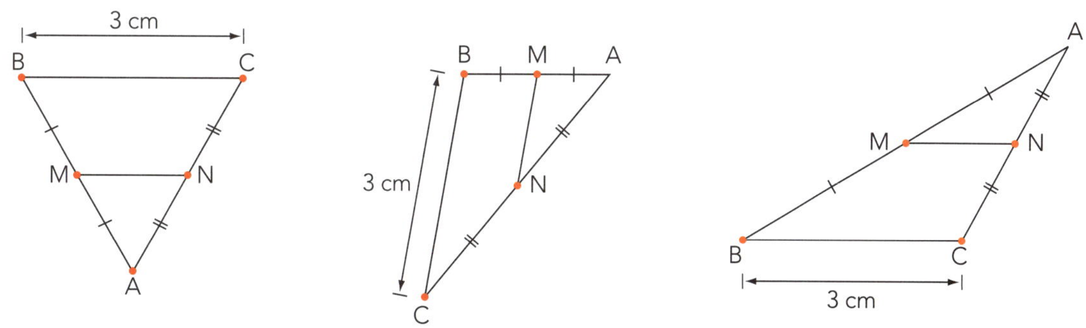

Em todos eles BC = 3 cm, *M* é ponto médio de $\overline{AB}$, *N* é ponto médio de $\overline{AC}$ e o segmento $\overline{MN}$ é chamado *base média* do triângulo ABC. Quanto mede $\overline{MN}$?

Para responder a essa pergunta, vamos fazer algumas construções:

1. Num triângulo ABC, vamos chamar de *M* o ponto médio de $\overline{AB}$ e de *N* o ponto médio de $\overline{AC}$.

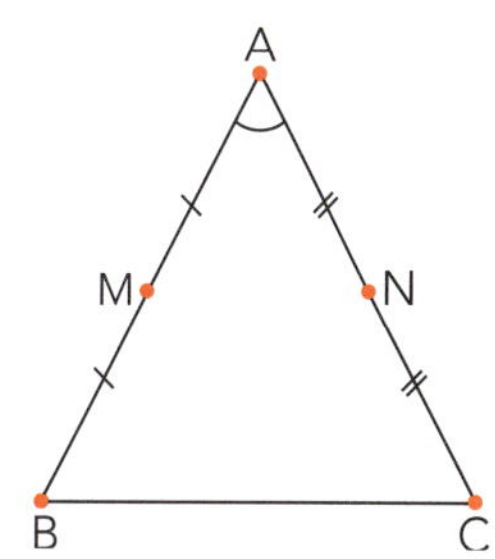

2. Traçamos a reta $\overleftrightarrow{MN}$ e a reta *r*, que passa por *C* e é paralela a $\overleftrightarrow{AB}$.

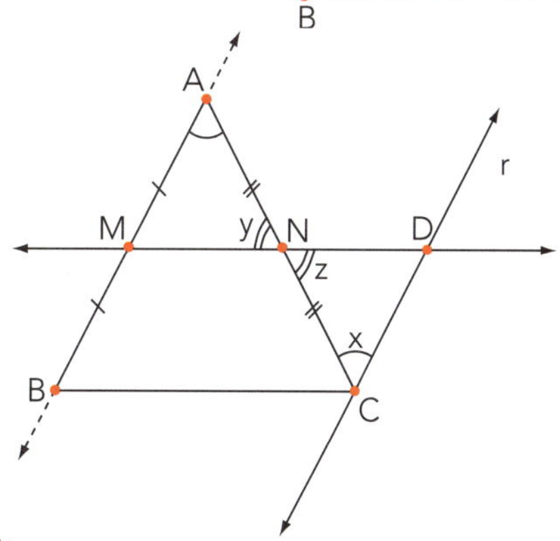

Observe na figura que:

- as retas $\overleftrightarrow{MN}$ e *r* se interceptam no ponto *D*;
- as retas paralelas $\overleftrightarrow{AB}$ e *r* e a transversal $\overleftrightarrow{AC}$ permitem-nos concluir que $\hat{A} \equiv \hat{x}$;
- como $\hat{x} \equiv \hat{A}$, $\overline{AN} \equiv \overline{CN}$ e $\hat{z} \equiv \hat{y}$, os triângulos CDN e AMN são congruentes (pelo critério ALA) e, então, $\overline{CD} \equiv \overline{AM}$; logo, $\overline{CD} \equiv \overline{MB}$;
- como $\overline{CD}$ // $\overline{MB}$ e $\overline{CD} \equiv \overline{MB}$, o quadrilátero MBCD é um paralelogramo e, então, $\overline{MD}$ // $\overline{BC}$.

Dessa forma, concluímos que:

$$\overline{MN} \ // \ \overline{BC}$$

Ainda do fato de $\triangle CDN \equiv \triangle AMN$ resulta que $\overline{MN} \equiv \overline{DN}$. Como MBCD é um paralelogramo, temos $\overline{MD} \equiv \overline{BC}$ e, então, $2 \cdot MN = BC$.

Concluímos, portanto, que:

$$MN = \frac{1}{2} \cdot BC$$

> Se um segmento tem extremidades nos pontos médios de dois lados de um triângulo, então ele é:
> - paralelo ao terceiro lado;
> - metade do terceiro lado.

Assim, respondendo à pergunta de quanto mede $\overline{MN}$ nos triângulos dados, em todos os casos $MN = \frac{BC}{2} = 1{,}5$ cm, independentemente das medidas de $\overline{AB}$ e $\overline{AC}$. Verifique com uma régua que $MN = 1{,}5$ cm.

Exercícios

179. Sabendo que *M* é ponto médio de $\overline{AB}$ e *N* é ponto médio de $\overline{AC}$, calcule *x* e dê o perímetro do triângulo ABC em cada item:

a) 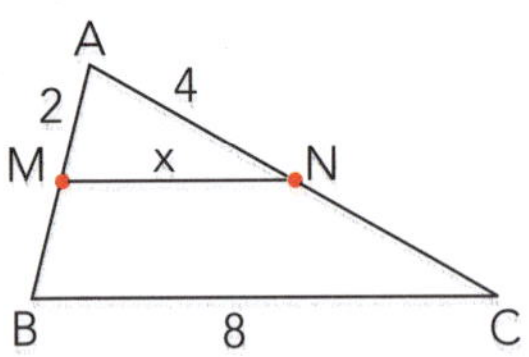

b) 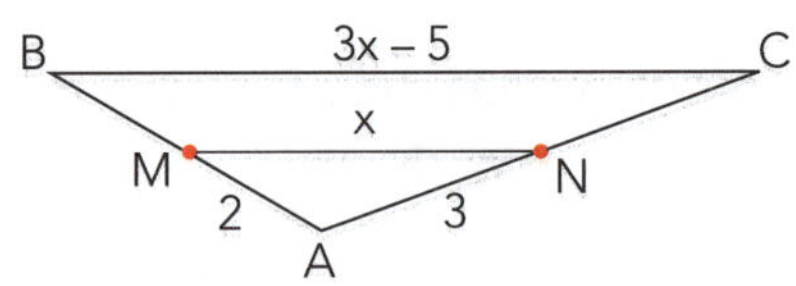

180. No triângulo ABC de lados AB = 9 cm, BC = 14 cm e AC = 11 cm, os pontos *D*, *E* e *F* são os pontos médios de $\overline{AB}$, $\overline{BC}$ e $\overline{AC}$, respectivamente. Calcule o perímetro do triângulo DEF.

181. Num triângulo ABC, os pontos *M*, *N* e *R* são os pontos médios dos lados $\overline{AB}$, $\overline{AC}$ e $\overline{BC}$, respectivamente. Se MN = 7 cm, NR = 4 cm e MR = 8 cm, qual é o perímetro do triângulo ABC?

Base média nos trapézios

Observe os trapézios ABCD abaixo:

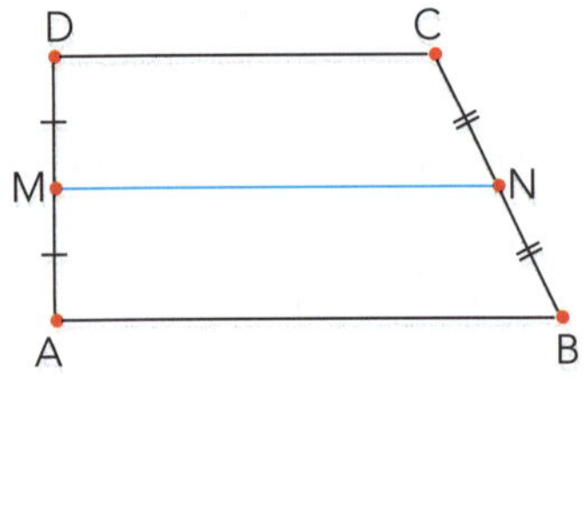

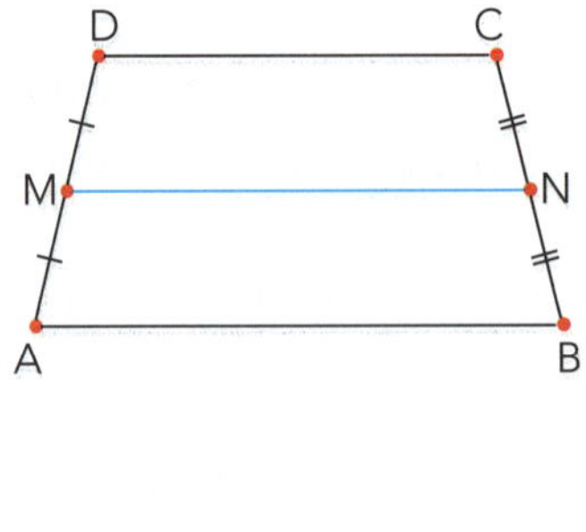

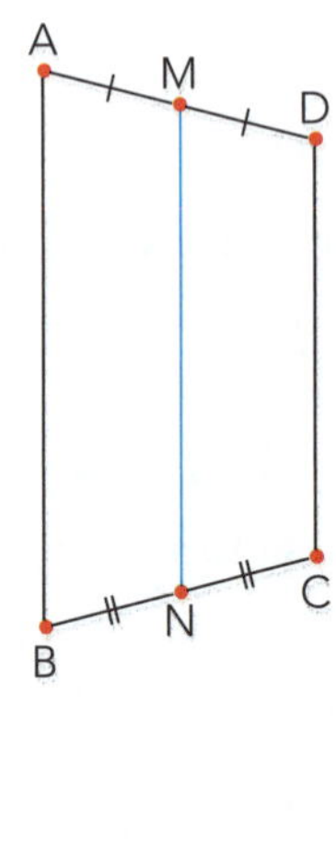

Em todos eles AB = 4 cm, CD = 3 cm, *M* é ponto médio de $\overline{AD}$, *N* é ponto médio de $\overline{BC}$ e o segmento $\overline{MN}$ é chamado *base média* do trapézio ABCD.

Quanto mede o segmento $\overline{MN}$?

Veja a resposta adiante.

Num trapézio ABCD, com base maior $\overline{AB}$ e base menor $\overline{CD}$, vamos chamar de *M* o ponto médio de $\overline{AD}$ e de *N* o ponto médio de $\overline{BC}$.

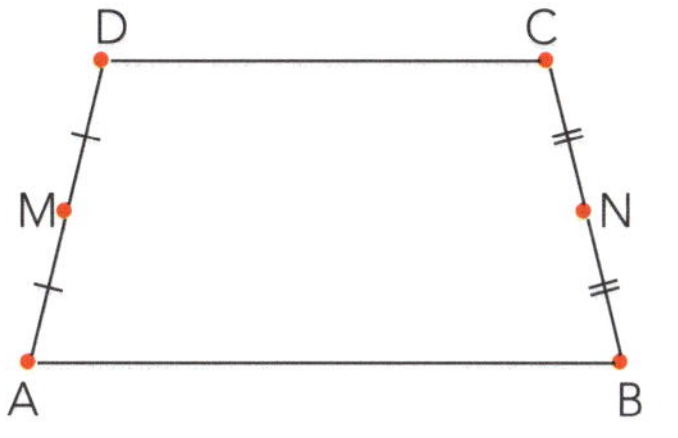

Vamos traçar a reta $\overleftrightarrow{DN}$ e chamar de *E* o ponto em que ela intercepta a reta $\overleftrightarrow{AB}$.

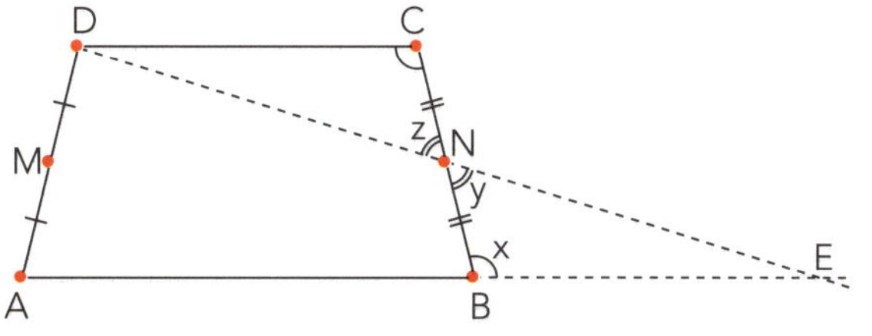

Observe na figura que:

- as retas paralelas $\overleftrightarrow{AB}$ e $\overleftrightarrow{CD}$ e a transversal $\overleftrightarrow{CB}$ permitem-nos concluir que $\hat{C} \equiv \hat{x}$;
- como $\hat{x} \equiv \hat{C}$, $\overline{BN} \equiv \overline{NC}$ e $\hat{y} \equiv \hat{z}$, os triângulos BEN e CDN são congruentes e disso resulta que $\overline{EN} \equiv \overline{DN}$ e $\overline{BE} \equiv \overline{CD}$;
- no triângulo DAE, sendo $\overline{EN} \equiv \overline{DN}$, resulta que *M* e *N* são os pontos médios dos lados $\overline{AD}$ e $\overline{DE}$, respectivamente. Pela propriedade da base média do triângulo, temos:

$$\overline{MN} \,//\, \overline{AE}$$

portanto:

$$\overline{MN} \,//\, \overline{AB} \,//\, \overline{CD}$$

$$MN = \frac{1}{2} \cdot AE$$

portanto:

$$MN = \frac{AB + BE}{2} = \frac{AB + CD}{2}$$

Se um segmento tem extremidades nos pontos médios dos lados não paralelos de um trapézio, então ele é:

- paralelo às bases;
- igual à média aritmética das bases.

Assim, em todos os casos, $MN = \frac{AB + CD}{2} = \frac{4 + 3}{2} = 3{,}5$ cm, independentemente das medidas de $\overline{BC}$ e $\overline{AD}$. Verifique com uma régua que MN = 3,5 cm.

Exercícios

182. Sabendo que *M* é ponto médio de $\overline{AD}$, *N* é ponto médio de $\overline{BC}$ e ABCD é um trapézio, calcule *x*, *y* e *z*.

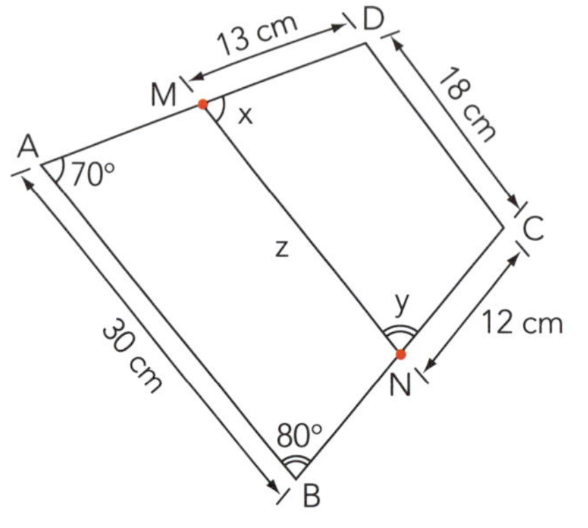

183. A base média de um trapézio mede 30 cm e a base maior é $\frac{3}{2}$ da base menor. Determine as medidas das bases.

184. Considerando que o quadrilátero é trapézio e os segmentos com marcas iguais são congruentes, determine os valores das incógnitas em cada item:

a)

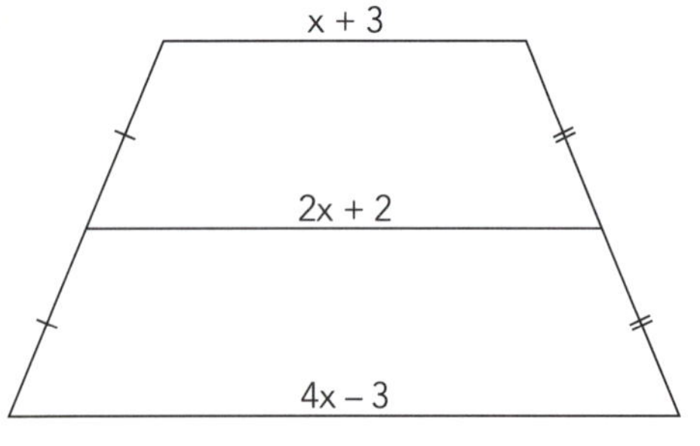

b)

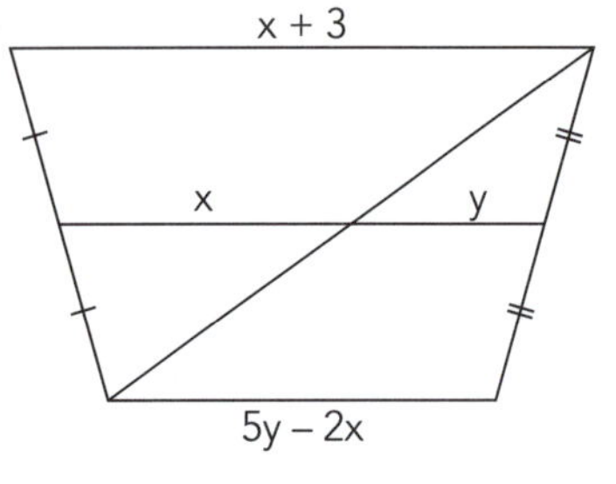

capítulo 11 Circunferência e círculo

Distância entre dois pontos

Dados dois pontos, *A* e *B*, sempre podemos traçar várias curvas unindo os dois.

Cada uma dessas curvas tem seu comprimento. A de menor comprimento é o segmento de reta $\overline{AB}$.

Por isso, dizemos que a medida de $\overline{AB}$ é a distância entre *A* e *B*.

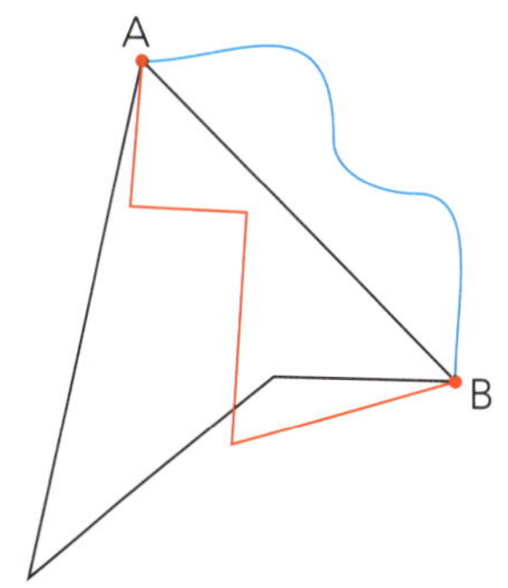

A distância entre dois pontos é a medida do segmento que tem extremidade nesses pontos.

Observe os seguintes exemplos:

- A medida do segmento $\overline{AB}$ é 5 cm.
  Dizemos que a distância entre os pontos *A* e *B* é 5 cm.

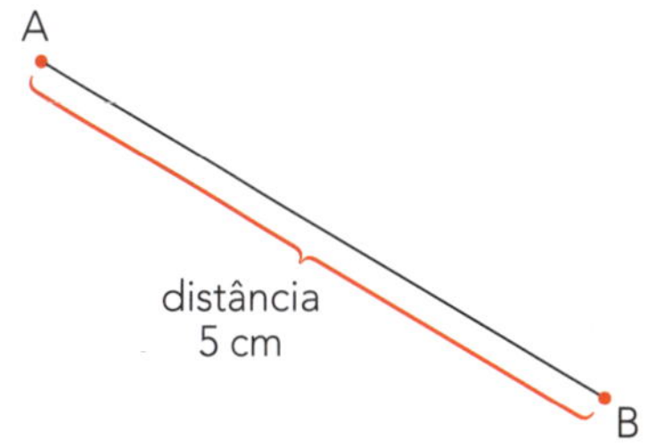

- Um triângulo ABC tem AB = 3 cm, BC = 4 cm e AC = 5 cm.
  A distância entre *A* e *B* é 3 cm.
  A distância entre *B* e *C* é 4 cm.
  A distância entre *A* e *C* é 5 cm.

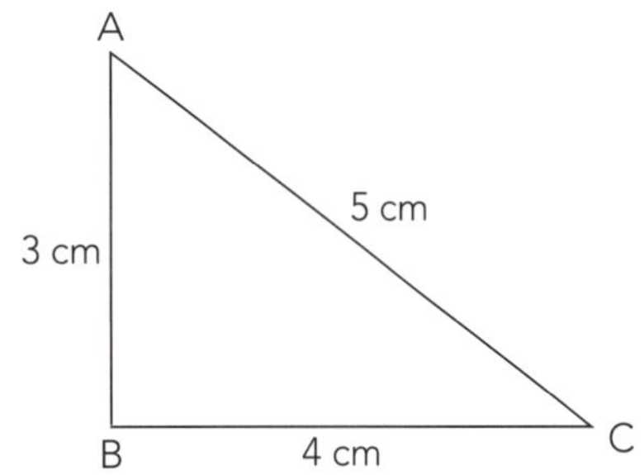

- Um segmento $\overline{AB}$ mede 4 cm.
  Seu ponto médio é *M*.
  A distância entre *A* e *M* é 2 cm.
  A distância entre *B* e *M* é 2 cm.

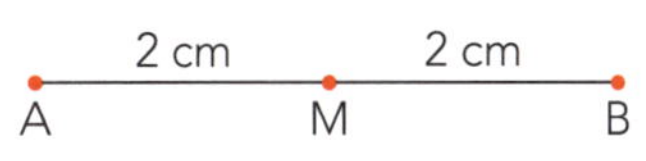

- A reta *m* é a mediatriz do segmento $\overline{AB}$ (ou seja, *m* é perpendicular a $\overline{AB}$ e passa pelo ponto médio de $\overline{AB}$). Sendo *P* um ponto qualquer de *m*, o triângulo ABP é isósceles de base $\overline{AB}$. Então:

$$\overline{PA} \equiv \overline{PB}$$

  A distância entre *P* e *A* é igual à distância entre *P* e *B*.
  O ponto *P* dista igualmente de *A* e de *B*.

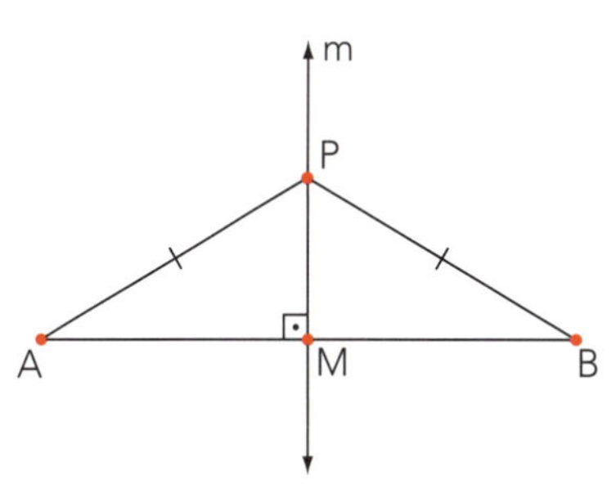

Circunferência

Observe a figura abaixo.

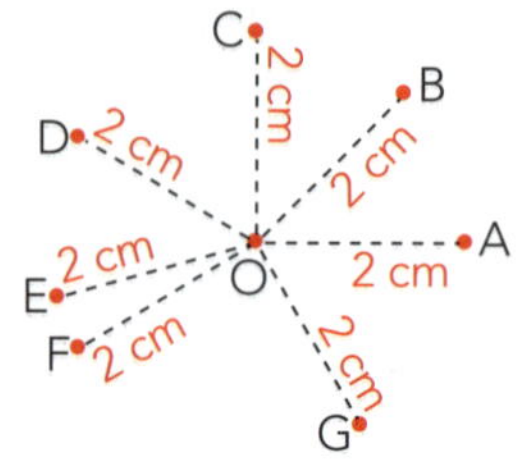

Os pontos A, B, C, D, E, F e G estão todos à distância de 2 cm do ponto O.

Se considerarmos todos os pontos que estão a 2 cm do ponto O, eles vão formar uma curva chamada *circunferência*. O ponto O é o centro da circunferência. A distância de O até um ponto P da circunferência é o raio.

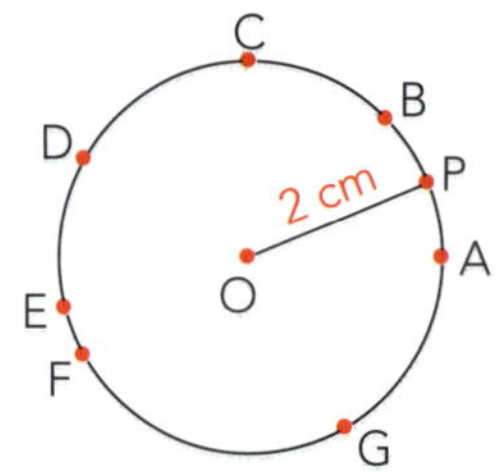

> *Circunferência* é o conjunto de pontos de um plano que estão a uma dada distância constante de um ponto fixo do plano.

O ponto fixo é o *centro*. A distância constante é o *raio*.

Corda

Corda é um segmento que tem por extremidades dois pontos da circunferência. Na figura, $\overline{AB}$ e $\overline{CD}$ são exemplos de cordas.

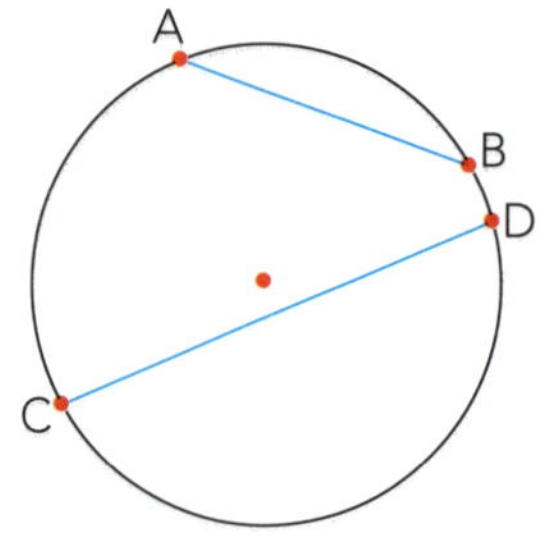

Diâmetro

Diâmetro é uma corda que passa pelo centro da circunferência.

Na figura, $\overline{PQ}$ e $\overline{RS}$ são exemplos de diâmetros.

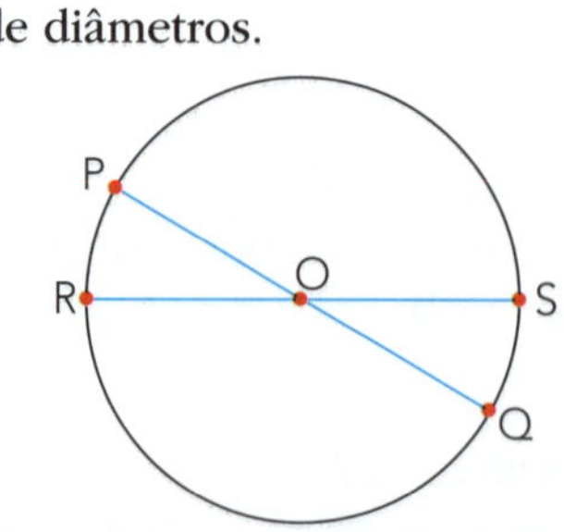

> A medida do diâmetro é o dobro da medida do raio.

Posição de ponto e circunferência

Dada uma circunferência de centro O, raio r e um ponto X, podem ocorrer três situações. Vamos representar cada uma delas por meio das figuras de três circunferências que têm centro O e raio 2 cm:

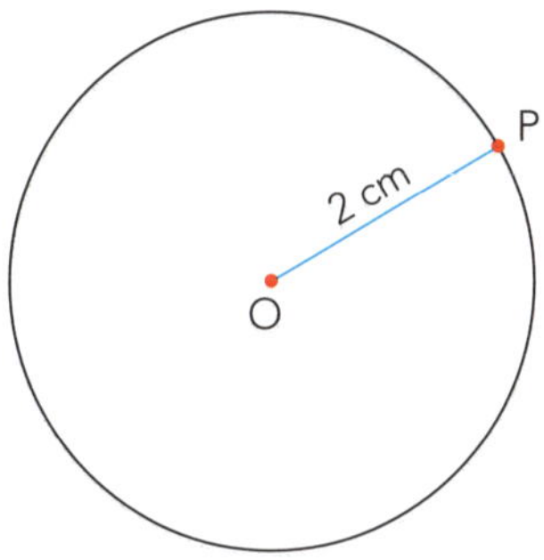

A distância entre P e O é 2 cm.

A distância entre P e O é *igual* ao raio. O ponto P *pertence* à circunferência.

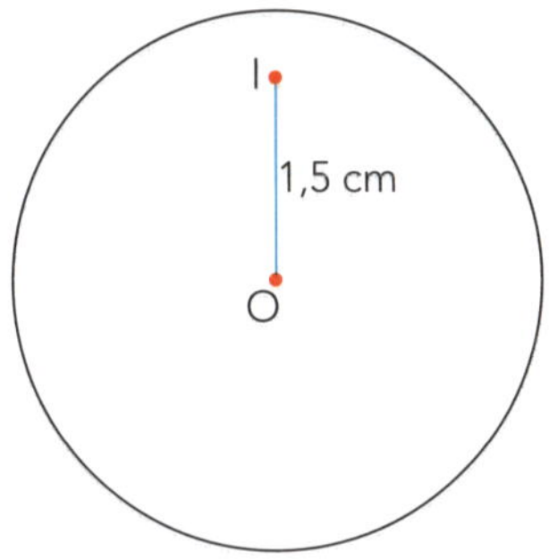

A distância entre I e O é 1,5 cm.

A distância entre I e O é *menor* que o raio. O ponto I é *interno* à circunferência.

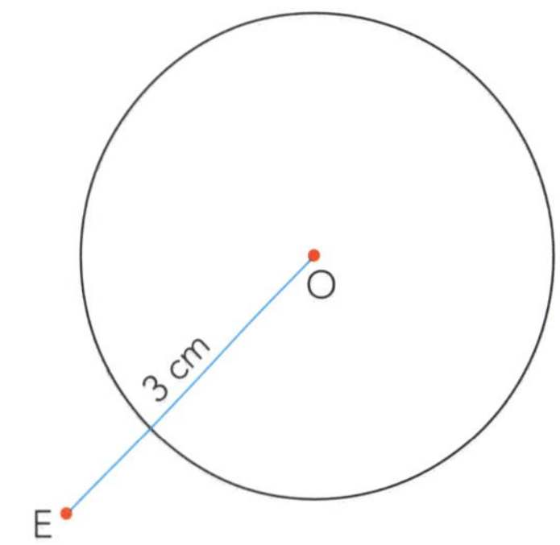

A distância entre E e O é 3 cm.

A distância entre E e O é *maior* que o raio. O ponto E é *externo* à circunferência.

Círculo

Observe as figuras:

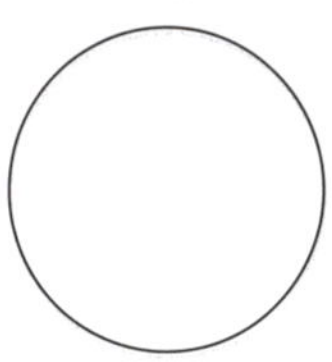

circunferência

conjunto dos pontos internos à circunferência (interior)

círculo

Círculo é a reunião da circunferência com o conjunto dos seus pontos internos.

Partes do círculo

Vamos considerar um círculo C de centro O e dois pontos A e B da circunferência de C, de modo que A e B não sejam extremidades de um diâmetro.

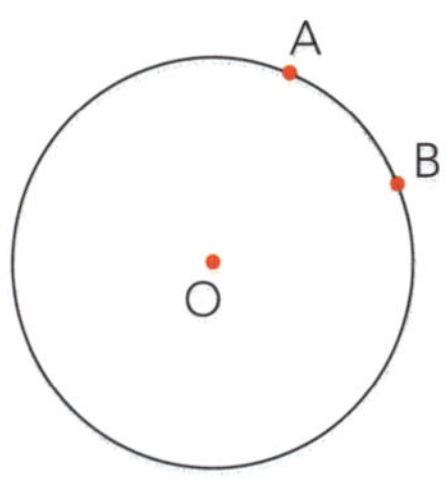

Setor circular

Chama-se *setor circular menor* AOB ao conjunto formado com os pontos dos raios $\overline{OA}$ e $\overline{OB}$ e todos os pontos do círculo *C* que estão no interior do ângulo $A\hat{O}B$.

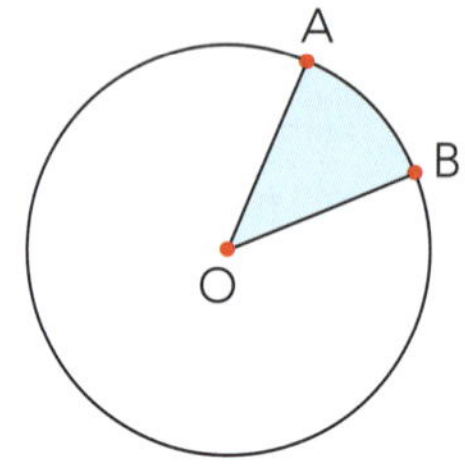

Chama-se *setor circular maior* AOB ao conjunto formado com os pontos dos raios $\overline{OA}$ e $\overline{OB}$ e todos os pontos do círculo que estão no exterior do ângulo $A\hat{O}B$.

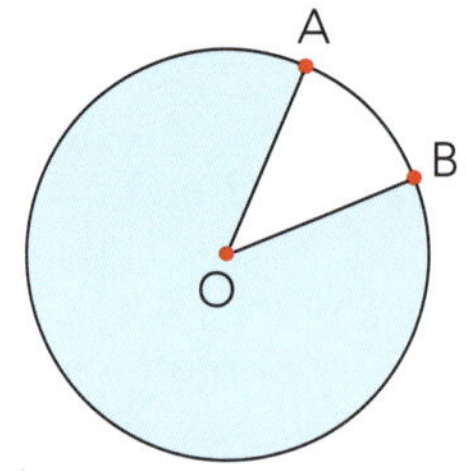

Segmento circular

Chama-se *segmento circular menor* AB à interseção do círculo *C* com o semiplano de origem na reta $\overleftrightarrow{AB}$ e que não contém o centro de *C*.

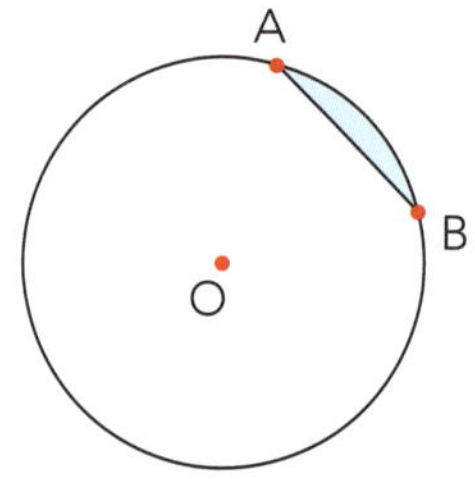

Chama-se *segmento circular maior* AB à interseção do círculo *C* com o semiplano de origem na reta $\overleftrightarrow{AB}$ e que contém o centro de *C*.

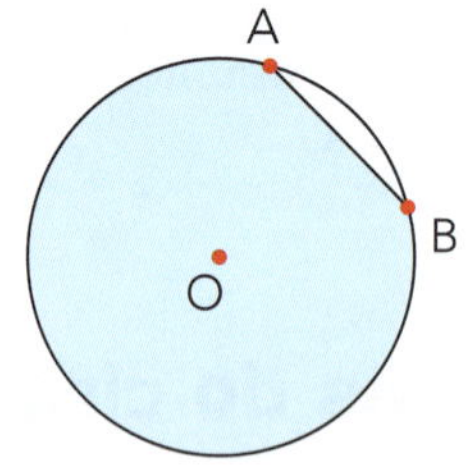

Semicírculo

Se *A* e *B* são extremidades de um diâmetro de *C*, chama-se *semicírculo* AB à interseção do círculo *C* com um dos semiplanos de origem na reta $\overleftrightarrow{AB}$.

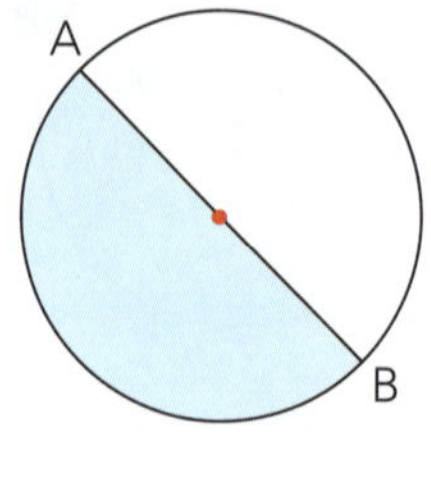

Exercícios

185. Observe a figura e responda:

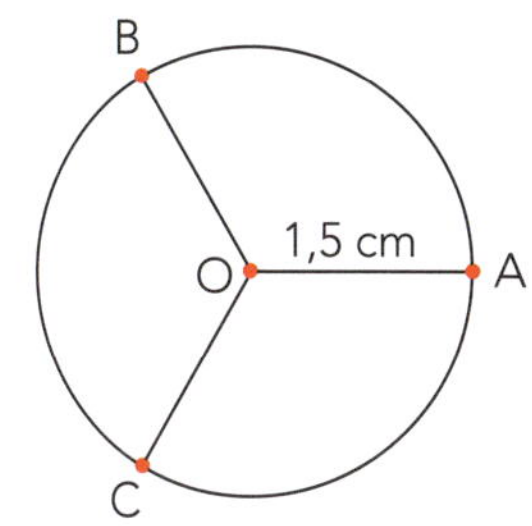

a) Quanto mede $\overline{OA}$?

b) Quanto mede $\overline{OB}$?

c) Quanto mede $\overline{OC}$?

d) Os pontos *A*, *B* e *C* distam 1,5 cm de que ponto?

e) Os pontos *A*, *B* e *C* pertencem a uma circunferência. Qual é o centro da circunferência? Quanto mede o raio da circunferência?

186. Dos pontos indicados na figura:

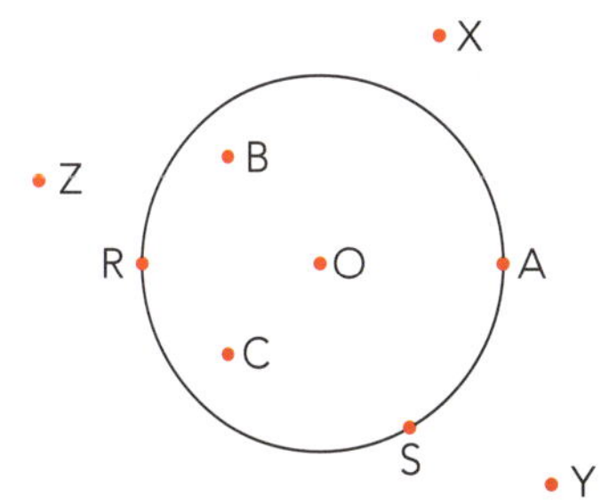

a) quais são internos à circunferência?

b) quais pertencem à circunferência?

c) quais são externos à circunferência?

d) por quais a circunferência passa?

187. Dos segmentos assinalados na figura, indique os que são:

a) raios

b) cordas

c) diâmetro

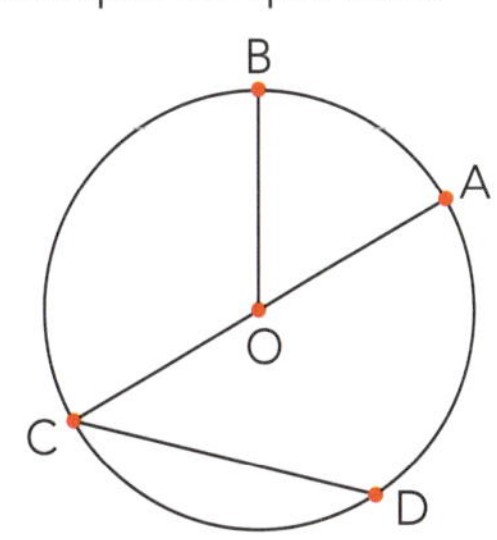

188. Determine o raio do círculo de centro *O*, dados AB = 3x – 3 e OA = x + 3.

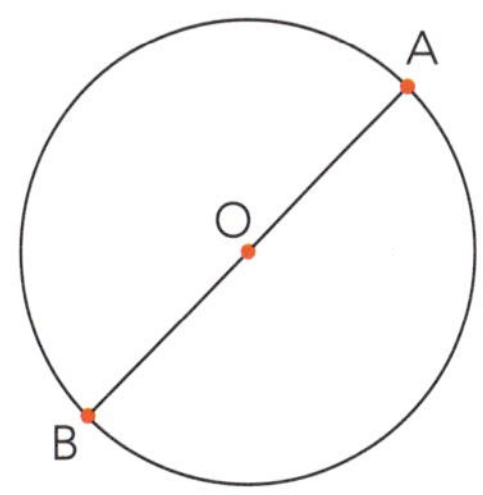

189. Quanto mede:

a) o raio de uma circunferência de 6 cm de diâmetro?

b) o diâmetro de uma circunferência, se o raio mede 2,5 cm?

190. O raio de uma circunferência é dado por $r = \frac{3x}{2} - 5$ cm. Se o diâmetro mede 20 cm, determine *x*.

capítulo 12

Posições relativas de reta e circunferência

Distância de ponto a reta

Dados um ponto *O* e uma reta *s*, sempre podemos traçar vários segmentos com uma extremidade em *O* e a outra em algum ponto de *s*.

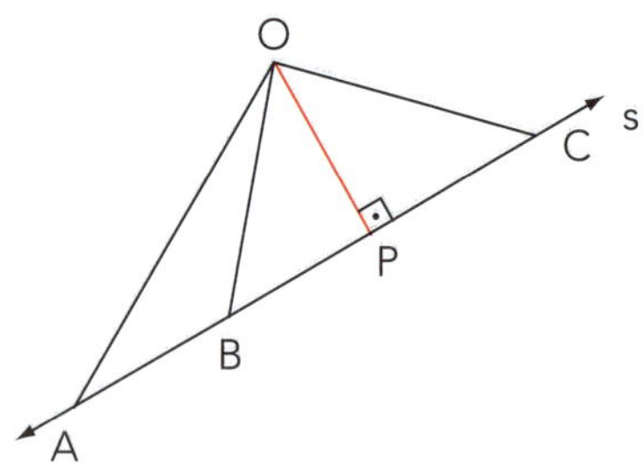

Cada um dos segmentos $\left(\overline{OA}, \overline{OB}, \overline{OC}, \overline{OP}, \text{etc.}\right)$ tem seu comprimento. O de menor comprimento é o segmento $\overline{OP}$, que é perpendicular à reta *s*. A medida de $\overline{OP}$ é chamada distância do ponto *O* à reta *s*.

> A distância de um ponto a uma reta é a medida do segmento perpendicular à reta com uma extremidade no ponto e a outra na reta.

Observe os exemplos a seguir:

- O segmento $\overline{OP}$ é perpendicular à reta *s* e mede 2 cm. Dizemos que a distância do ponto *O* à reta *s* é 2 cm.

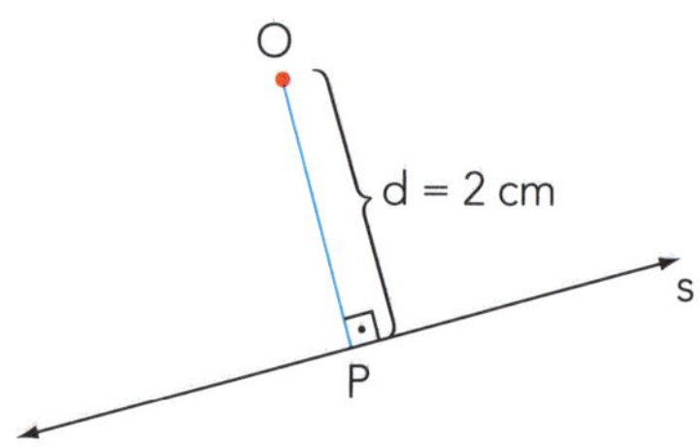

- As retas *s* e *t* são paralelas. Os pontos *A*, *B* e *C* são pontos de *s*. As distâncias de *A*, *B* e *C* à reta *t* são iguais.

$$\overline{AA_1} \equiv \overline{BB_1} \equiv \overline{CC_1}$$

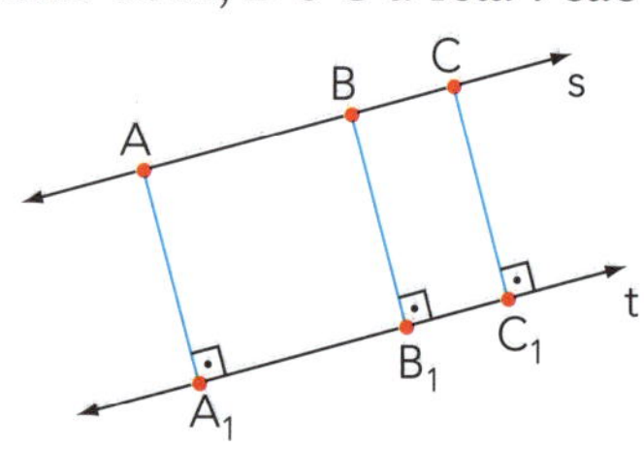

- *M* é o ponto médio do segmento $\overline{AB}$. A reta *s* é uma reta que passa por *M*. Traçando por *A* o segmento $\overline{AA_1} \perp s$ e por *B* o segmento $\overline{BB_1} \perp s$, temos:

$$\triangle AA_1M \equiv \triangle BB_1M$$
(pelo critério LAA_O)

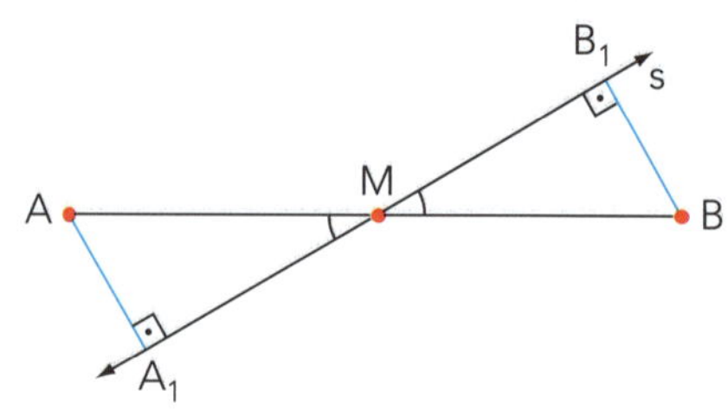

e, então, $\overline{AA_1} \equiv \overline{BB_1}$. A distância de *A* a *s* é igual à distância de *B* a *s*. Os pontos *A* e *B* distam igualmente da reta *s*.

- A semirreta Os é bissetriz do ângulo $a\hat{O}b$. O ponto *P* é um ponto qualquer da bissetriz. Traçando por *P* o segmento $\overline{PA} \perp Oa$ e o segmento $\overline{PB} \perp Ob$, conforme figura ao lado, temos:

$$\triangle OAP \equiv \triangle OBP$$
(pelo critério LAA_O)

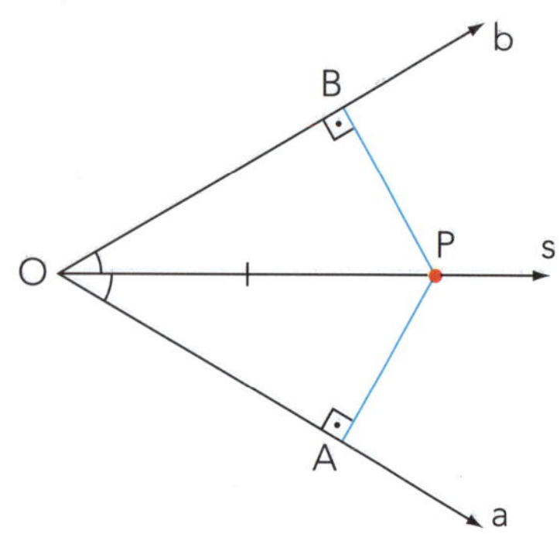

e, então, $\overline{PA} \equiv \overline{PB}$. A distância de *P* a Oa é igual à distância de *P* a Ob. O ponto *P* dista igualmente de Oa e de Ob.

Reta e circunferência secantes

Se uma reta corta uma circunferência em dois pontos distintos, dizemos que ela é *secante* à circunferência. A distância *d* do centro da circunferência à reta secante é menor que o raio *r*.

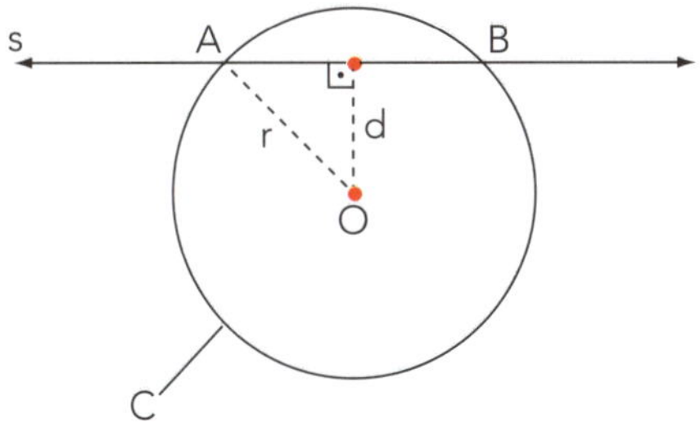

A figura ao lado mostra que:

- *s* corta *C* nos pontos *A* e *B*;
- *s* é secante;
- $\overline{AB}$ é uma corda.

$d < r$

Propriedade

Vamos considerar uma secante *s* que determina uma corda $\overline{AB}$ numa circunferência de centro *O*.

Por *O* vamos traçar a reta *x* perpendicular a *s*. As retas *x* e *s* cortam-se em *M*.

Como o $\triangle$OAB é isósceles e $\overline{OM}$ é a altura relativa à base $\overline{AB}$, $\overline{OM}$ é também mediana; portanto, *M* é o ponto médio da corda $\overline{AB}$.

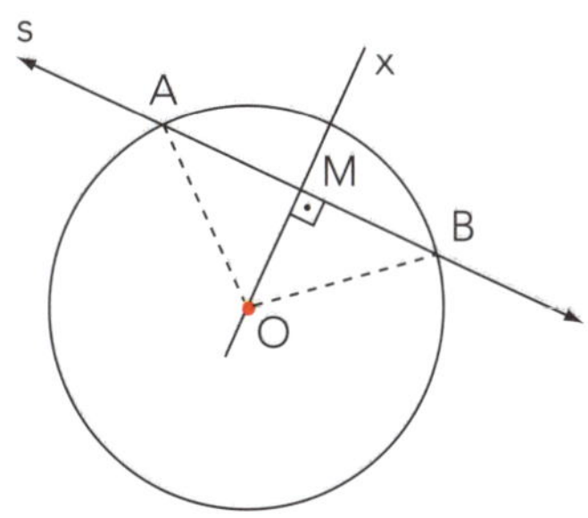

A reta perpendicular à secante, conduzida pelo centro da circunferência, passa pelo ponto médio da corda.

Também vale a recíproca:

A reta conduzida pelo centro e que passa pelo ponto médio da corda é perpendicular à secante.

Reta e circunferência tangentes

Se uma reta tem um só ponto comum com uma circunferência, dizemos que ela é *tangente* à circunferência.

Na propriedade seguinte, veremos que a distância *d* do centro da circunferência à reta tangente é igual ao raio *r*.

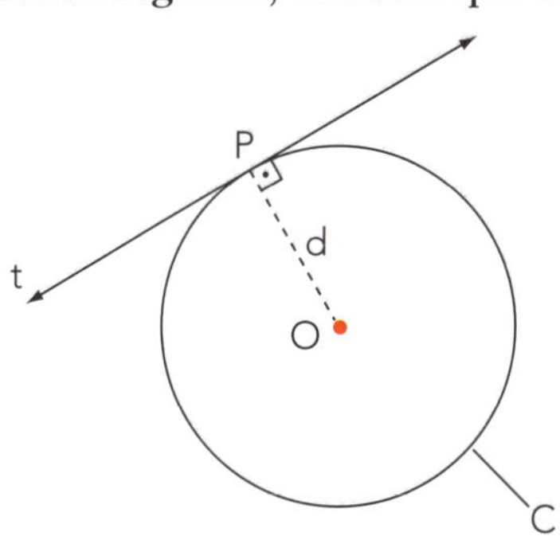

Observe que na figura ao lado:

- *P* é o único ponto comum a *t* e *C*;
- *t* é tangente;
- *P* é o ponto de tangência.

$d = r$

Propriedade

Vamos considerar uma reta *t* tangente em *P* à circunferência de centro *O*.

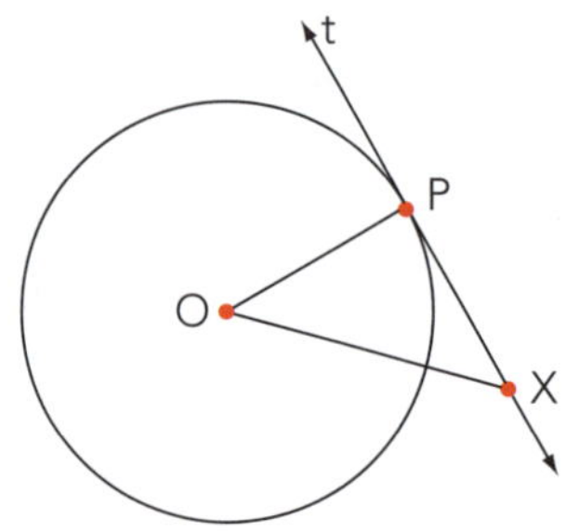

Qualquer ponto *X* de *t*, com exceção de *P*, é externo à circunferência; portanto, a distância de *X* até o centro é maior que o raio. Temos:

$$\left.\begin{array}{l} OX > r \\ OP = r \end{array}\right\} \Rightarrow OX > OP$$

Concluímos, então, que OP é a distância do ponto *O* à reta *t* e, dessa forma, a reta *t* é perpendicular a $\overline{OP}$.

> Toda tangente é perpendicular ao raio no ponto de tangência.

E vale a recíproca da propriedade:

> Toda reta perpendicular ao raio na extremidade que não é o centro é tangente à circunferência.

Reta e circunferência externas

Se uma reta não tem ponto comum com uma circunferência, dizemos que ela é *externa* à circunferência.

A distância *d* do centro da circunferência à reta externa é maior que o raio *r*.

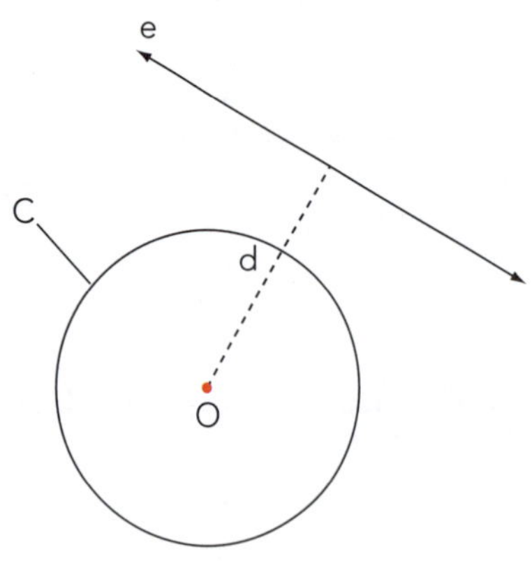

Pela figura temos que:

- *C* e *e* não têm ponto comum;
- *e* é externa a *C*.

> d > r

Exercícios

191. Sendo *d* a distância do centro de uma circunferência de raio *r* a uma reta, dê a posição relativa da reta em relação à circunferência em cada item:

a) d = 5 cm e r = 3 cm

b) d = 7 cm e r = 8 cm

c) d = 2 cm e r = 1,5 cm

d) d = 4 cm e r = 4 cm

e) d = 5 cm e r = 2,5 cm

f) d = 0 e r = 2 cm

192. Sabendo que *s* é perpendicular a $\overline{AB}$, determine o valor de *x*.

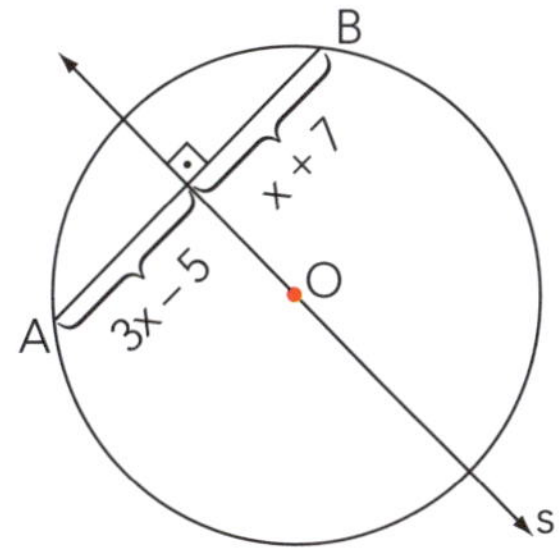

193. Prove que, se duas cordas de uma circunferência estão a uma mesma distância do centro, então elas são congruentes.

194. Sabendo que a reta *t* tangencia a circunferência em *T* e que o centro da circunferência é *O*, determine o valor de *x*.

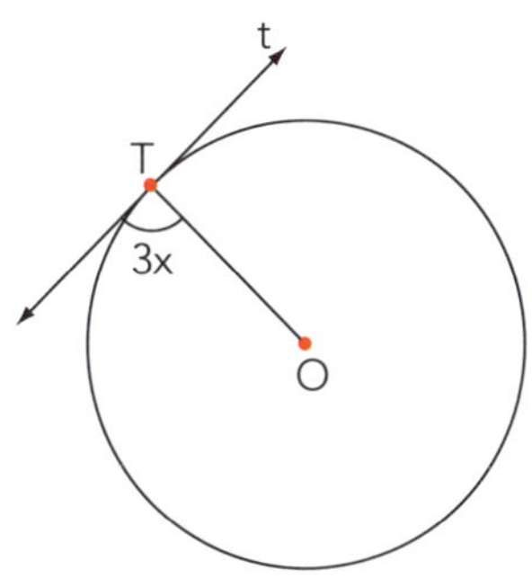

195. A distância do centro de uma circunferência de 7 cm de raio a uma reta é dada por $d = \left(5 + \frac{9x}{2}\right)$ cm. Sabendo que a reta é tangente à circunferência, determine *x*.

196. Na figura abaixo, as retas *r* e *s* são tangentes externas, comuns às circunferências C_1 e C_2. Responda se é verdadeiro ou falso:

a) $\overline{O_1M} \perp \overline{O_1O_2}$

b) $\overline{O_1N} \perp r$

c) $\overline{O_2P} \perp \overline{NP}$

d) $\overline{O_2Q} \perp \overline{MQ}$

e) $\overline{O_1O_2} \perp \overline{QP}$

f) $\overline{O_1M} \perp r$

g) $\overline{O_1M} \,//\, \overline{O_2Q}$

h) $\overline{O_1N} \,//\, \overline{O_2P}$

i) $\overline{O_1M} \perp s$

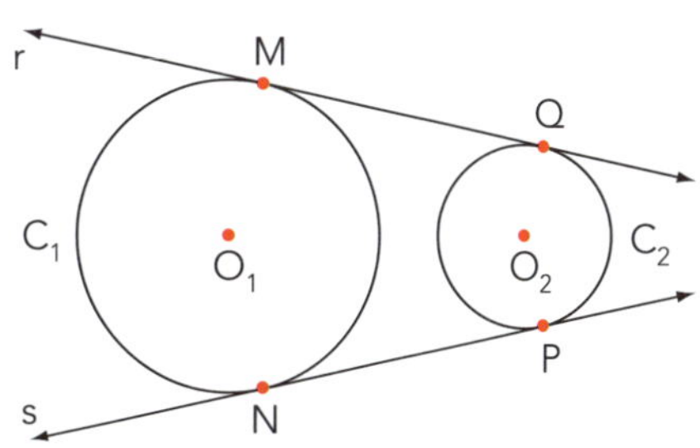

197. Uma reta *s* determina sobre uma circunferência de centro *O* e raio *r* uma corda $\overline{AB}$. O ponto médio de $\overline{AB}$ é *M*.

a) Que ângulos a reta *s* forma com a reta $\overleftrightarrow{OM}$?

b) Compare as medidas de $\overline{OA}$, $\overline{OM}$ e $\overline{OB}$.

198. Responda se é maior, menor ou igual ao raio da circunferência a distância do centro a uma reta:

a) externa à circunferência;

b) tangente à circunferência;

c) secante à circunferência.

199. Sabendo que $\overline{AM} \equiv \overline{MB}$ e $\overline{CD}$ é um diâmetro, determine o valor de x.

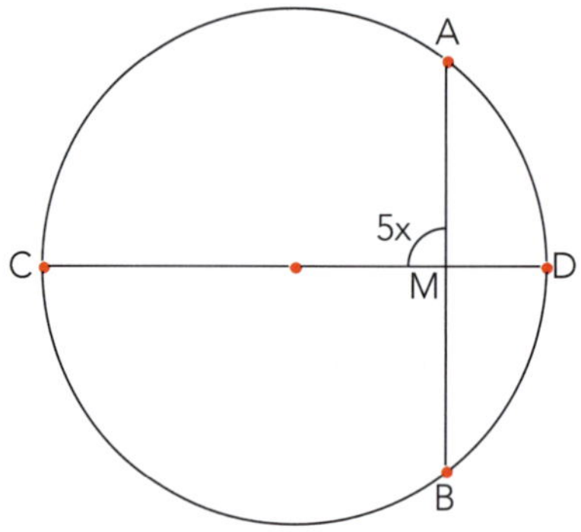

200. A distância de uma reta s ao centro de uma circunferência de 7 cm de diâmetro é dada por $\left(\frac{5x}{2} + 3\right)$ cm. Estabeleça os valores de x para que a reta e a circunferência sejam:

a) tangentes

b) secantes

c) externas

201. Na figura, as retas x e y são tangentes internas comuns às circunferências C_1 e C_2.

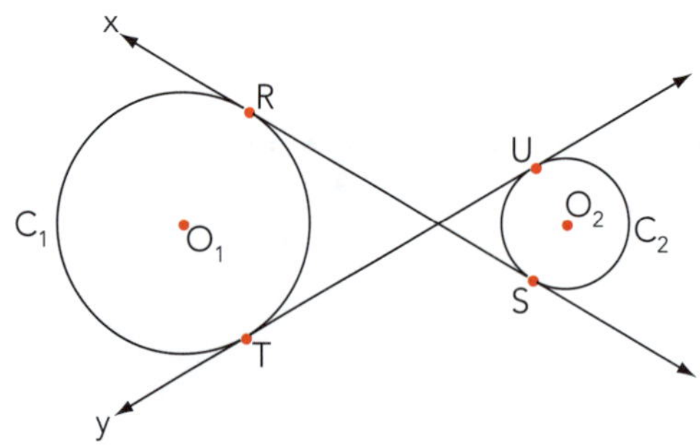

a) A reta x é perpendicular a quais raios?

b) A reta y é perpendicular a quais raios?

capítulo 13 Posições relativas de duas circunferências

Circunferências tangentes

Duas circunferências que têm um único ponto comum são *tangentes*.

Temos dois casos:

- Uma circunferência é *tangente interna* a outra.

Neste caso, as circunferências têm um único ponto comum, e os demais pontos de uma são internos à outra. Observe a foto da obra de arte que ilustra este item.

Daniel Coury

Sem título, Benjamim, 1997. Circunferência de 120 cm feita de ferro e solda elétrica.

As argolas têm apenas um ponto em comum, como no esquema abaixo.

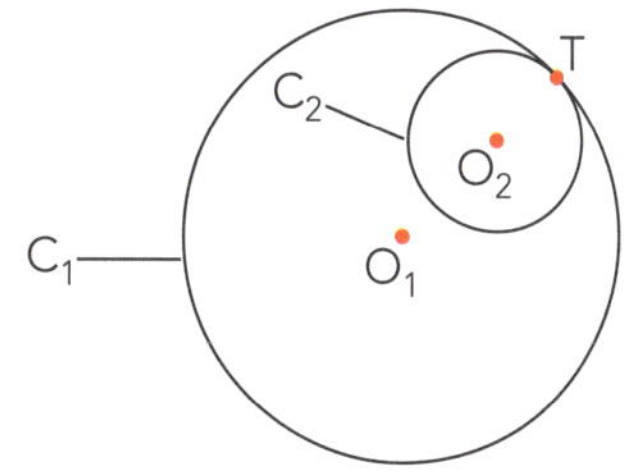

T é o único ponto comum a C_1 e C_2.

T é ponto de tangência.

Se traçarmos a reta t, passando pelo ponto T e tangente à circunferência C_2, t também será tangente a C_1. Teremos então:

$$\overline{O_1T} \perp t \text{ e } \overline{O_2T} \perp t$$

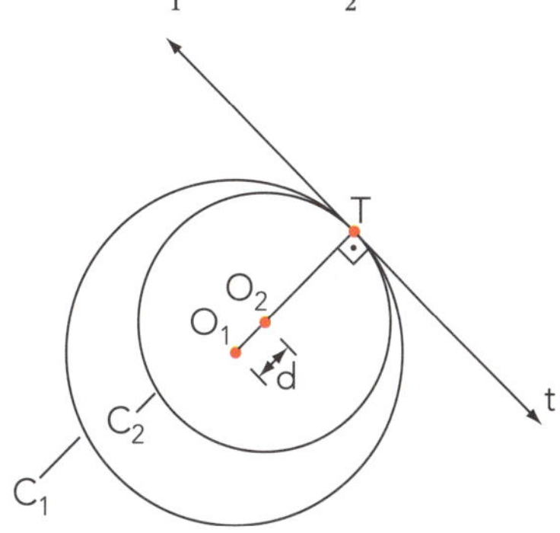

Como existe uma única perpendicular a t pelo ponto T, teremos O_1, O_2 e T alinhados (sobre a mesma reta). Sendo r_1 e r_2 os raios, com $r_1 > r_2$, e d a distância entre os centros, temos:

$$O_1O_2 + O_2T = O_1T$$

$$d + r_2 = r_1$$

$$\boxed{d = r_1 - r_2}$$

- As circunferências são *tangentes externas*.

Neste caso, as circunferências têm um único ponto comum e os demais pontos de uma são externos à outra.

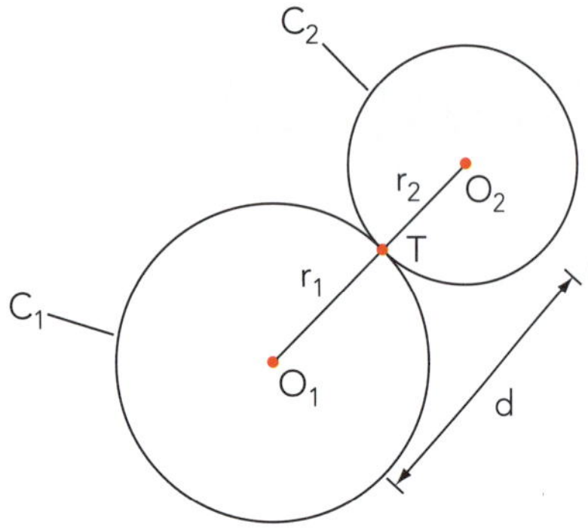

T é o único ponto comum a C_1 e C_2.
T é o ponto de tangência.

Aqui também teremos O_1, O_2 e *T* alinhados. Sendo r_1 e r_2 os raios e *d* a distância entre os centros, temos:

$$O_1T + TO_2 = O_1O_2$$
$$r_1 + r_2 = d$$
$$d = r_1 + r_2$$

Circunferências externas

Duas circunferências são *externas* se os pontos de cada uma delas são externos à outra.
Neste caso as circunferências não têm ponto comum.

$$d > r_1 + r_2$$

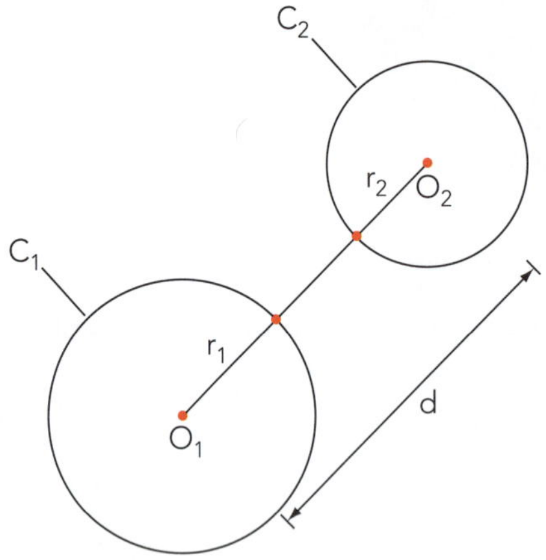

Circunferências uma interna a outra

Uma circunferência é *interna* a outra se todos os seus pontos são internos à outra.
Neste caso, as circunferências também não têm ponto comum.
Sendo r_1 e r_2 os raios, com $r_1 > r_2$, e *d* a distância entre os centros, temos:

$$d + r_2 < r_1$$
$$d < r_1 - r_2$$

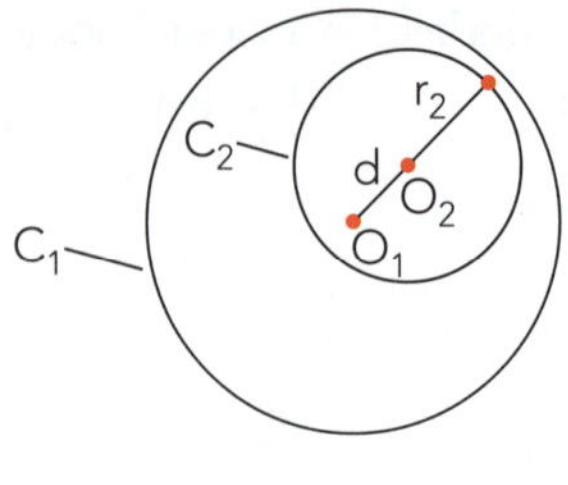

Caso particular: circunferências concêntricas

Observe a foto. Os centros das circunferências coincidem. Veja o esquema abaixo.

Jupiter Unlimited/Other Images

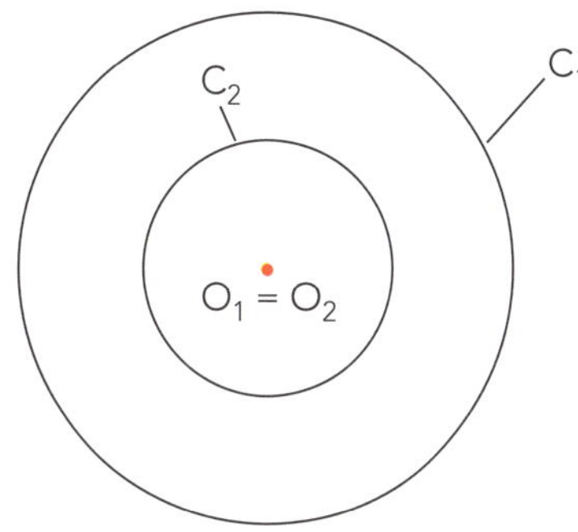

A circunferência C_2 é interna à circunferência C_1.

O centro de C_2 e o centro de C_1 coincidem, ou seja, as duas circunferências têm o mesmo centro. Nesse caso, dizemos que C_1 e C_2 são *concêntricas*.

A distância entre os centros é zero.

$$d = 0$$

Circunferências secantes

Duas circunferências são *secantes* se têm em comum só dois pontos distintos.

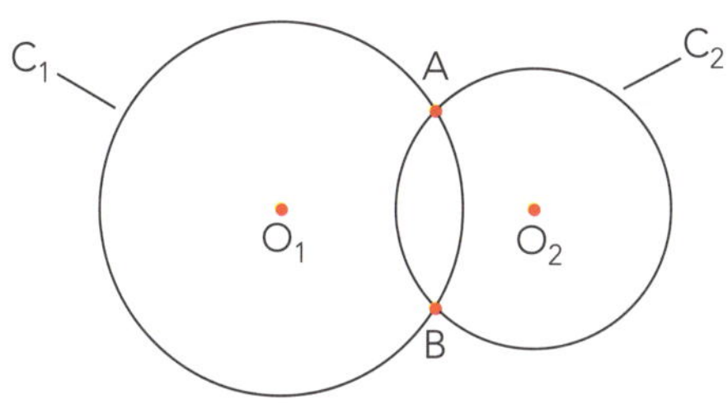

A e *B* são os pontos comuns a C_1 e C_2.
C_1 e C_2 são secantes.

Vamos supor que duas circunferências secantes apresentem:

- centros O_1 e O_2;
- raios r_1 e r_2, com $r_1 > r_2$;
- pontos comuns: *A* e *B*.

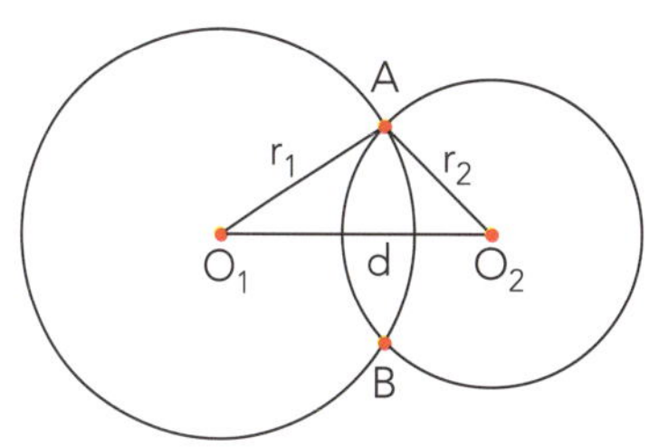

No triângulo AO_1O_2, cada lado é menor que a soma dos outros dois. Então:

$$r_1 < d + r_2 \quad \text{e} \quad d < r_1 + r_2$$

e daí, concluímos:

$$r_1 - r_2 < d \quad \text{e} \quad d < r_1 + r_2$$

$$r_1 - r_2 < d < r_1 + r_2$$

Exercícios

202. Responda se são secantes, concêntricas ou tangentes duas circunferências que têm:

a) só dois pontos comuns; b) só um ponto comum; c) o mesmo centro.

203. As circunferências da figura são tangentes externamente. Se a distância entre os centros é 28 cm e a diferença entre os raios é 8 cm, determine os raios.

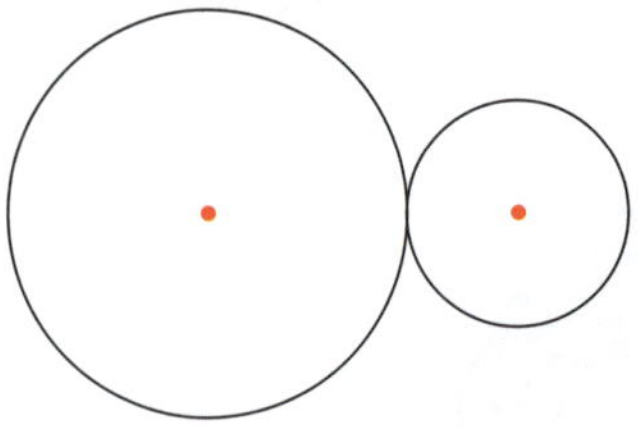

204. Duas circunferências são secantes, sendo 20 cm a distância entre seus centros. Sabendo que o raio da menor circunferência mede 11 cm, determine o raio da maior, que é múltiplo de 6.

205. Duas circunferências são tangentes internamente e a soma dos raios é 30 cm. Se a distância entre os centros é 6 cm, determine os raios.

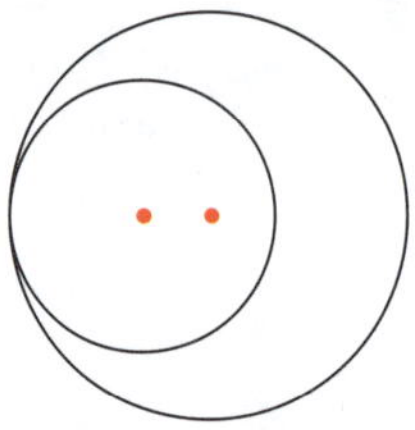

206. O que podemos dizer da reta que passa pelo ponto de tangência de duas circunferências tangentes entre si, sabendo que essa reta é perpendicular à reta que passa pelos centros dessas circunferências?

207. Sendo r_1 e r_2 os raios de duas circunferências, C_1 e C_2, respectivamente, e d a distância entre os centros, dê as posições relativas em cada item. Sugestão: Use régua e compasso.

a) $r_1 = 2$ cm, $r_2 = 5$ cm e $d = 10$ cm

b) $r_1 = 3$ cm, $r_2 = 7$ cm e $d = 4$ cm

c) $r_1 = 5$ cm, $r_2 = 5$ cm e $d = 8$ cm

d) $r_1 = 4$ cm, $r_2 = 3$ cm e $d = 7$ cm

e) $r_1 = 3$ cm, $r_2 = 10$ cm e $d = 4$ cm

f) $r_1 = 2$ cm, $r_2 = d = 2$ cm

208. Sendo r_1 e r_2 os raios de duas circunferências, C_1 e C_2, respectivamente, com $r_1 > r_2$ e d a distância entre os centros, determine o número de pontos comuns a C_1 e C_2 em cada item abaixo:

a) $d < r_1 - r_2$

b) $d = r_1 - r_2$

c) $r_1 - r_2 < d < r_1 + r_2$

d) $d = r_1 + r_2$

209. Se $r_1 = 20$ cm, $r_2 = 8$ cm e C_1 e C_2 são tangentes, determine a distância entre O_1 e a reta s, paralela a t por O_2.

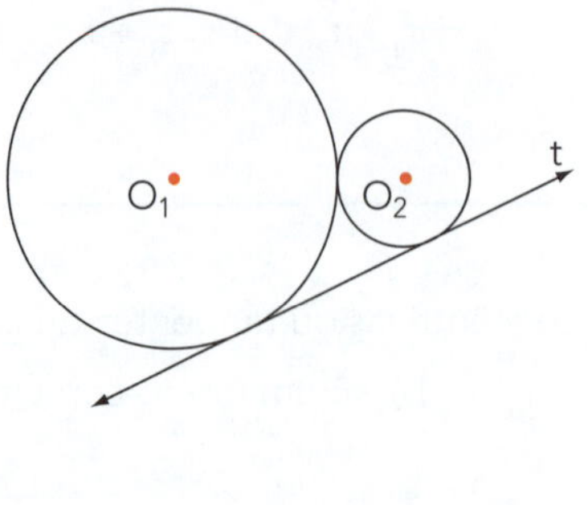

210. Determine o número de retas tangentes comuns a duas circunferências que podemos traçar nos casos abaixo.

a) As circunferências são concêntricas distintas.

b) As circunferências são exteriores.

c) As circunferências são secantes.

d) As circunferências são tangentes exteriormente.

e) As circunferências são tangentes interiormente.

211. A distância entre os centros de duas circunferências tangentes internamente é de 5 cm. Se a soma dos raios é 11 cm, determine os raios.

212. A distância entre os centros de duas circunferências tangentes exteriormente é de 33 cm. Determine seus diâmetros, sabendo que a razão entre seus raios é $\frac{4}{7}$.

213. Na figura, as circunferências são tangentes duas a duas e os centros são os vértices do triângulo ABC. Sendo AB = 7 cm, AC = 5 cm e BC = 6 cm, determine os raios das circunferências.

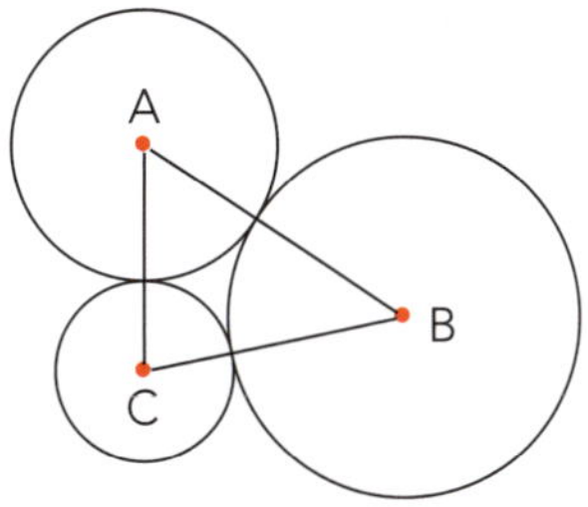

214. Duas circunferências de centros *A* e *B* são tangentes externamente e tangenciam internamente uma circunferência de centro *C*. Sendo AB = 12 m, AC = 17 m e BC = 13 m, determine os raios dessas circunferências.

capítulo 14

Segmentos tangentes

Os segmentos tangentes a uma circunferência apresentam propriedades interessantes que conheceremos agora.

Vamos começar verificando que na figura ao lado temos:

- uma circunferência *C* de centro *O*;
- um ponto *P* externo à circunferência *C*;
- os segmentos $\overline{PA}$ e $\overline{PB}$ tangentes à circunferência nos pontos *A* e *B*, respectivamente.

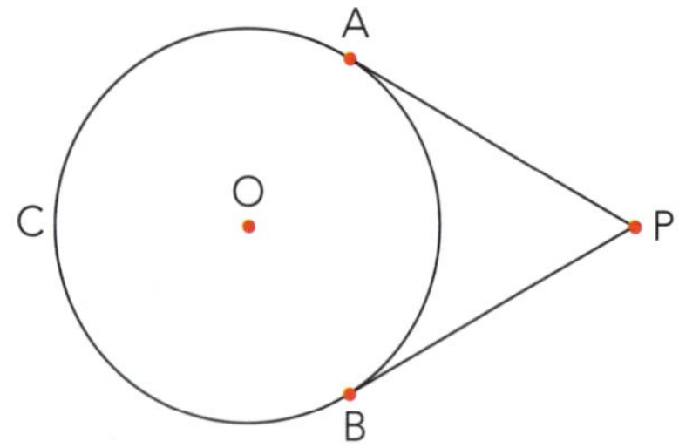

Propriedades

Observe os triângulos PAO e PBO:

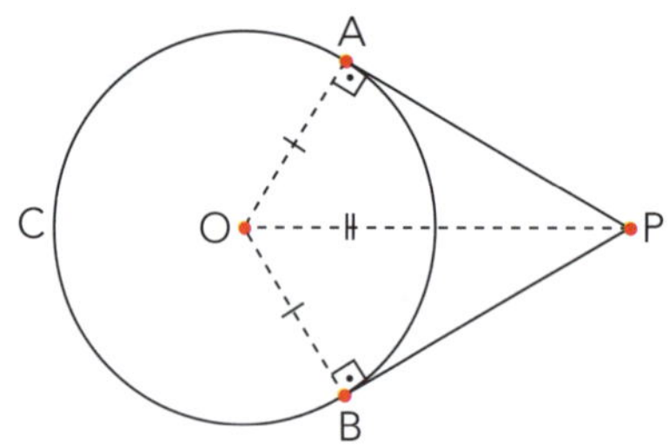

Por aplicação do caso especial de congruência de triângulos retângulos (caso cateto-hipotenusa), vem:

$$\left.\begin{array}{l}\overline{OA} \equiv \overline{OB} \text{ (raio)}\\ \overline{OP} \text{ comum}\\ \hat{A} = \hat{B} = 90^\circ\end{array}\right\} \Rightarrow \triangle PAO \equiv \triangle PBO \Rightarrow \overline{PA} \equiv \overline{PB}$$

Assim, podemos concluir que:

> Se de um ponto *P* traçarmos os segmentos $\overline{PA}$ e $\overline{PB}$, ambos tangentes a uma circunferência, com *A* e *B* na circunferência, então:
>
> $$\overline{PA} \equiv \overline{PB}$$

Da congruência dos triângulos PAO e PBO também concluímos que:

$$A\hat{P}O \equiv B\hat{P}O$$

e isso significa que a semirreta $\overrightarrow{PO}$ é bissetriz do ângulo $A\hat{P}B$.

> Se uma circunferência tangencia os lados de um ângulo, então seu centro está na bissetriz desse ângulo.

Circunferência inscrita em triângulo

Na figura abaixo, temos um triângulo ABC e as bissetrizes de seus ângulos.

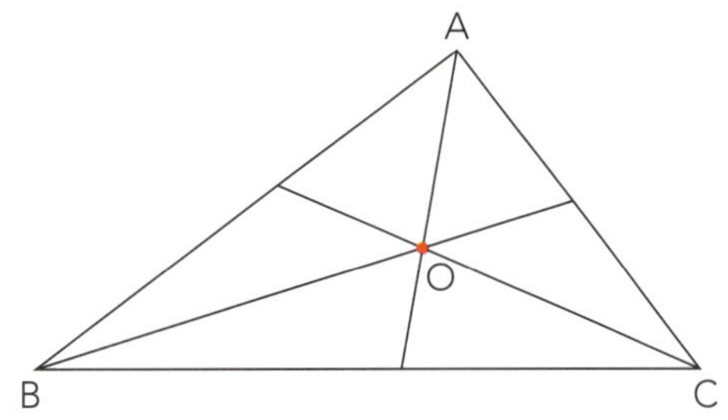

Vimos que as bissetrizes se cruzam no ponto *O*. Por estar nas três bissetrizes, o ponto *O* dista igualmente dos lados $\overline{AB}$, $\overline{BC}$ e $\overline{AC}$.

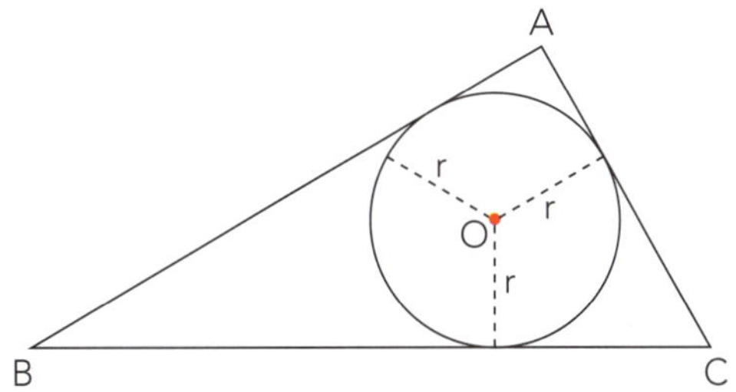

Sendo *r* a distância de *O* até cada lado, pode-se construir uma circunferência, de centro *O* e raio *r*, tangente aos três lados do triângulo.

Essa circunferência é chamada *circunferência inscrita* no triângulo ABC e seu centro *O* é chamado *incentro* do triângulo. Dizemos também que o triângulo ABC é *circunscrito* a essa circunferência.

Exercícios

215. Determine x, sabendo que os segmentos são tangentes à circunferência:

a)

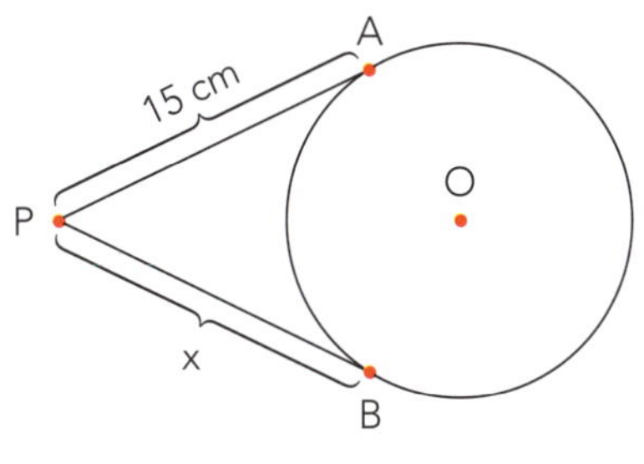

b)

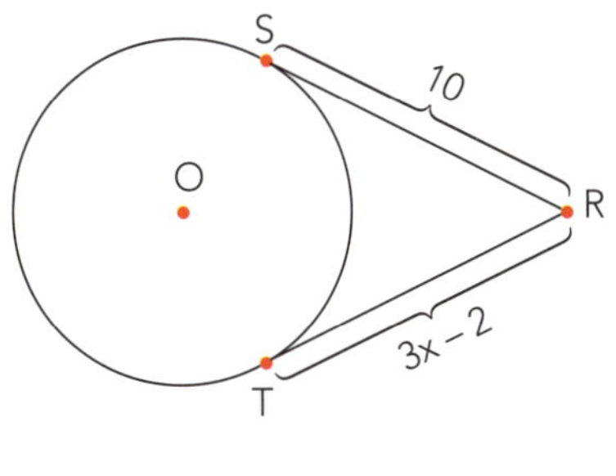

c)

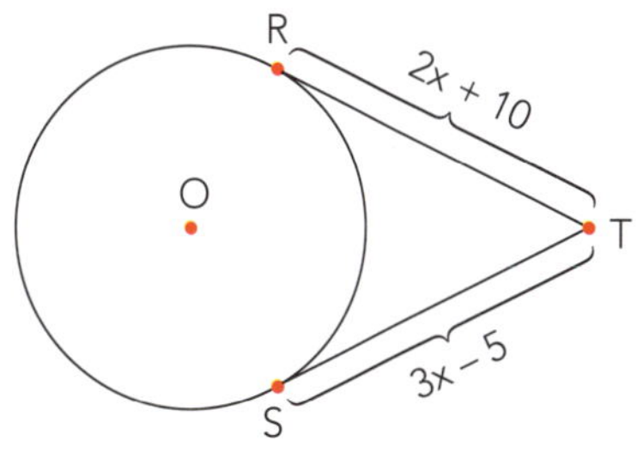

216. Sejam *M*, *N* e *P* os pontos de tangência da circunferência inscrita com os lados $\overline{AB}$, $\overline{BC}$ e $\overline{AC}$ de um triângulo. Se AP = 3 cm, BN = 4 cm e CN = 6 cm, determine os lados e o perímetro do triângulo.

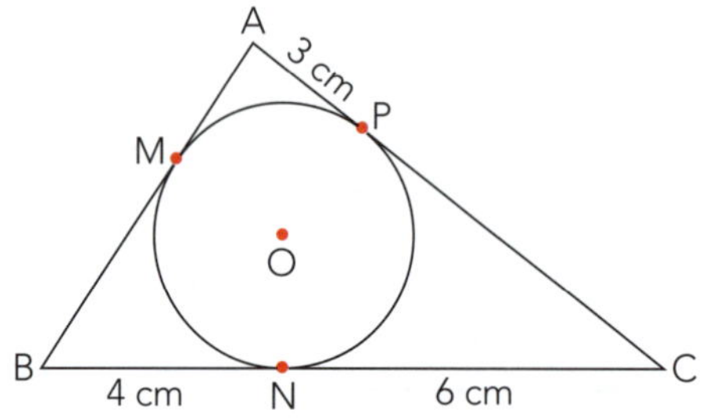

217. O ponto *D* é o ponto de tangência da circunferência inscrita com o lado $\overline{BC}$ do triângulo ABC. Sabendo que AB = 6 cm, BC = 10 cm e AC = 12 cm, determine BD.

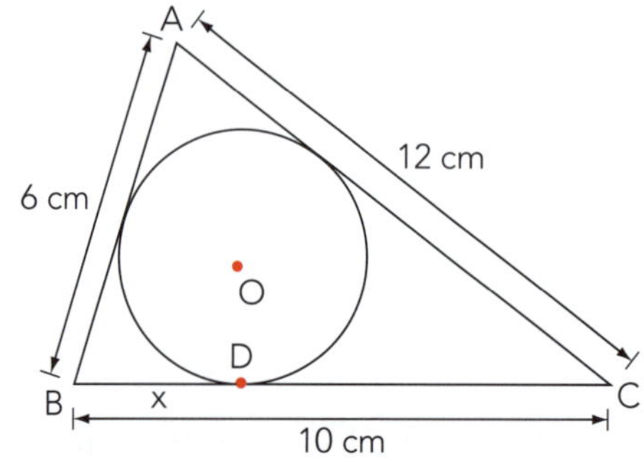

218. Calcule o perímetro do triângulo ABC, sabendo que *R*, *S* e *T* são pontos de tangência, AR = 7 cm, BS = 5 cm e CT = 6 cm.

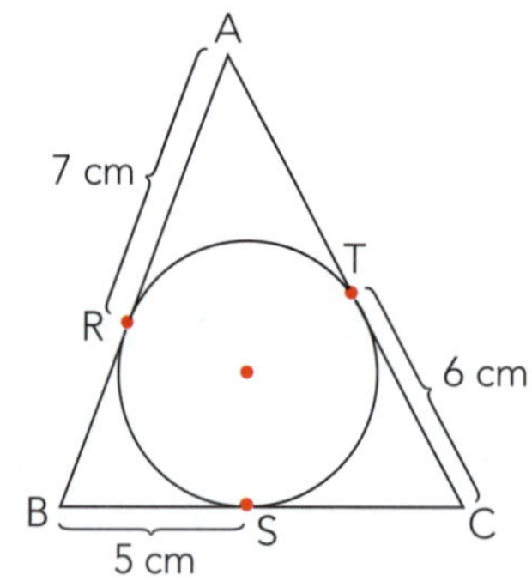

219. *P* é o ponto de tangência da circunferência inscrita no △ABC com o lado $\overline{AB}$. Se AB = 7, BC = 6 e AC = 8, determine AP.

220. Determine o raio da circunferência inscrita num triângulo retângulo em que os catetos medem 3 cm e 4 cm e a hipotenusa mede 5 cm.

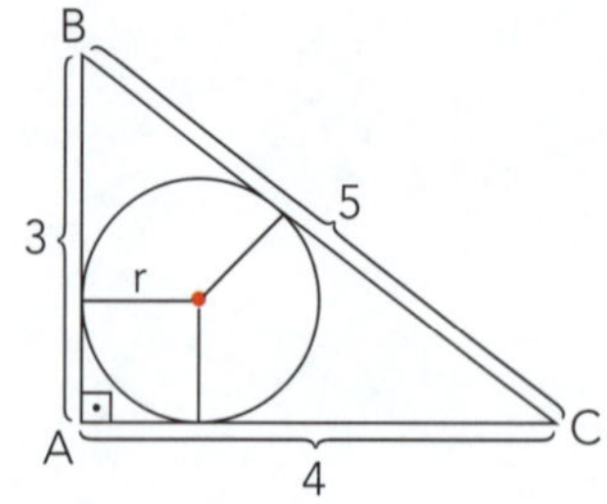

221. Na figura, PA = 10 cm. Calcule o perímetro do triângulo PRS.

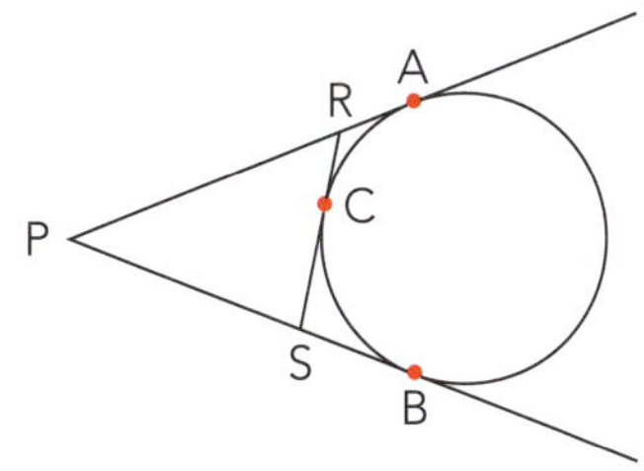

222. Determine x em cada item:

a)

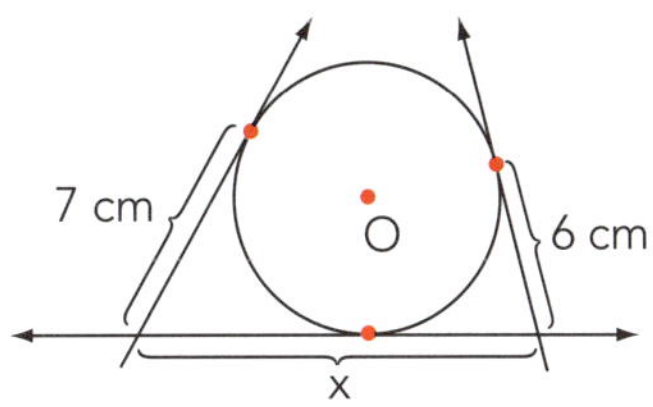

b)

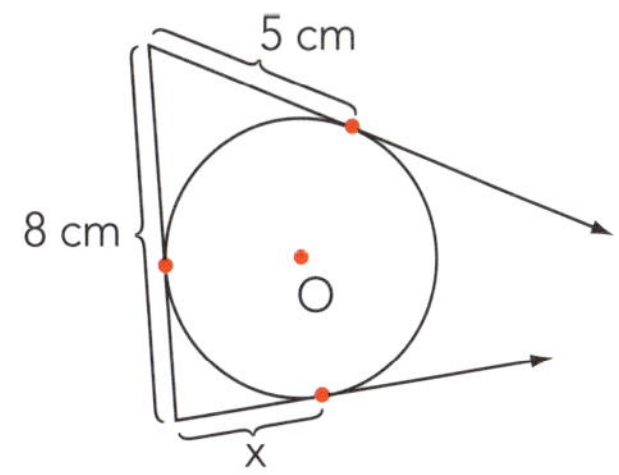

223. As circunferências são tangentes externamente em Q, e $\overrightarrow{PA}$ e $\overrightarrow{PB}$ são tangentes às circunferências. Determine a medida do ângulo $A\hat{Q}B$, em que t é tangente comum e $A\hat{P}B = 80°$.

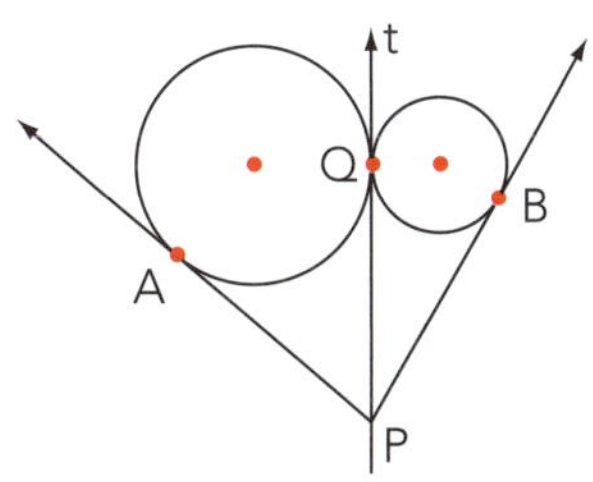

224. Seja P o ponto de tangência da circunferência inscrita no $\triangle ABC$ com o lado $\overline{AB}$. Calcule $\overline{AP}$. São dados: AB = 14 cm, BC = 12 cm e AC = 10 cm.

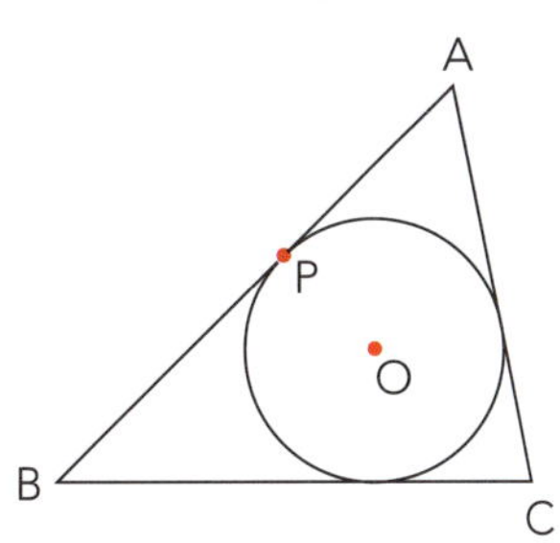

225. Na figura, o círculo de centro O está inscrito no triângulo ABC. Os pontos D, E e F são pontos de tangência. Se BD = 4 cm, AF = 3 cm e CE = 2 cm, determine o perímetro do triângulo.

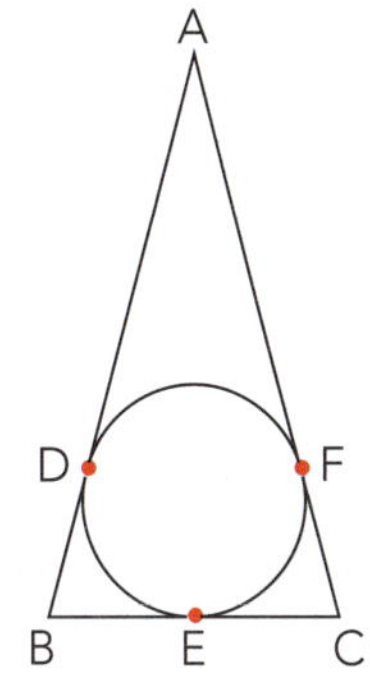

226. Os lados de um triângulo retângulo medem 5 cm, 12 cm e 13 cm. Calcule o raio da circunferência inscrita nesse triângulo.

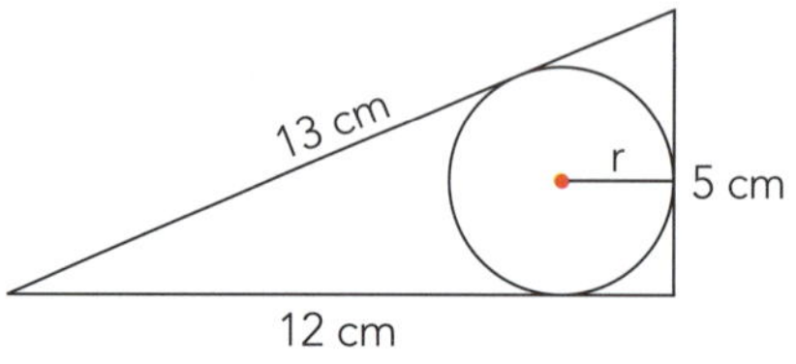

227. Na figura, $\overline{PA}$ é igual ao triplo do diâmetro da circunferência. Determine o perímetro do triângulo PDE em função do raio *r* dessa circunferência.

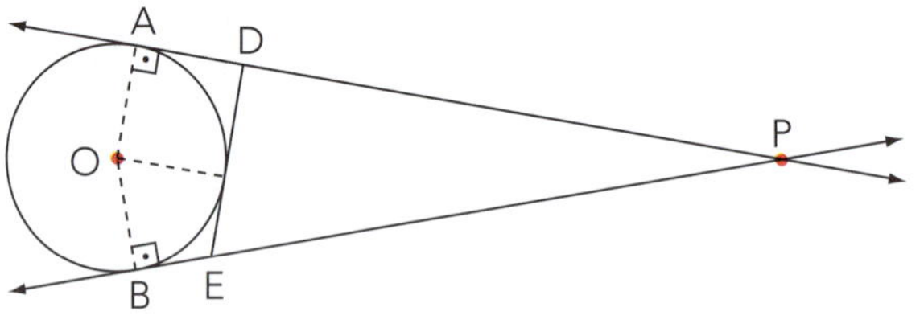

228. Na figura, sendo $2p = a + b + c$ e *r* o raio do círculo inscrito, calcule a medida da hipotenusa *a* em função de *p* e *r*.

$AB = c$, $AC = b$, $BC = a$

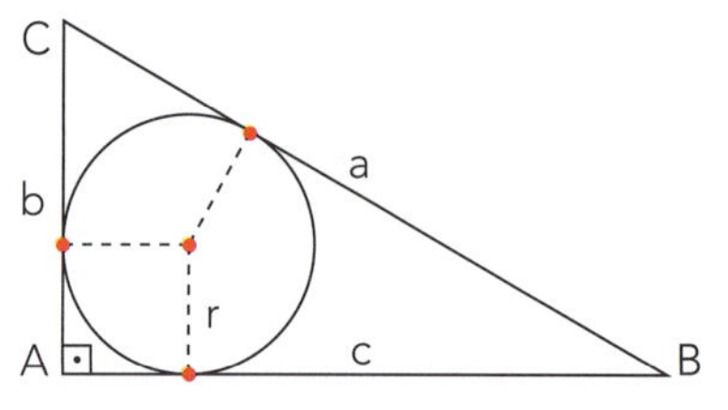

Quadriláteros circunscritíveis

Se os quatro lados de um quadrilátero convexo são tangentes a uma circunferência, dizemos que o quadrilátero está *circunscrito* à circunferência. Dizemos também que a circunferência está *inscrita* no quadrilátero.

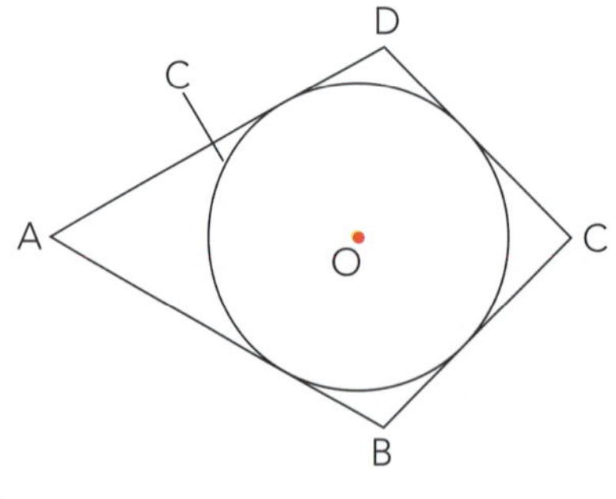

Na figura, observe que:

- o quadrilátero ABCD está *circunscrito* à circunferência *C*;
- a circunferência *C* é *inscrita* no quadrilátero ABCD.

Propriedade

Consideremos pela figura um quadrilátero ABCD circunscrito a uma circunferência e os pontos de tangência X, Y, Z e T.

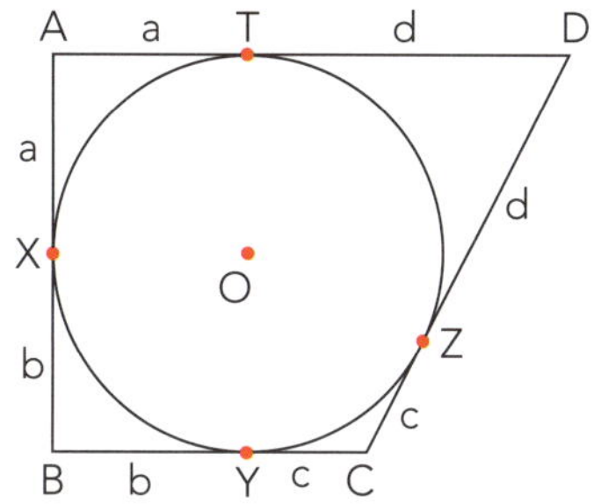

Usando a propriedade dos segmentos tangentes, vamos considerar:

$$AX = AT = a \qquad CY = CZ = c$$
$$BX = BY = b \qquad DZ = DT = d$$

Agora, vamos obter a soma de dois lados opostos:

$$AB + CD \text{ e } AD + BC$$

Temos:

$$AB + CD = AX + BX + CZ + DZ, \text{ ou seja, } AB + CD = a + b + c + d$$
$$AD + BC = AT + DT + BY + CY, \text{ ou seja, } AD + BC = a + d + b + c$$

Concluímos que:

$$AB + CD = AD + BC$$

> Se um quadrilátero é circunscrito a uma circunferência, a soma das medidas de dois lados opostos é igual à soma das medidas dos outros dois lados opostos.

A recíproca dessa propriedade é verdadeira:

> Se a soma das medidas de dois lados opostos de um quadrilátero convexo é igual à soma das medidas dos outros dois, o quadrilátero é *circunscritível*.

Exercícios

229. Em cada item, um quadrilátero está circunscrito a uma circunferência. Determine x.

a)

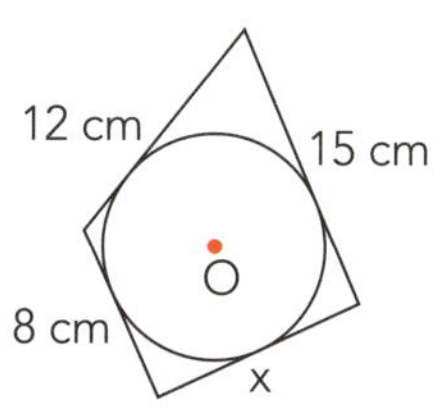

b)

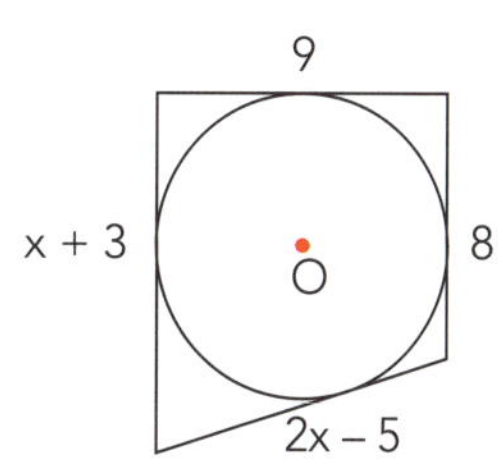

230. Determine o perímetro do quadrilátero ABCD, circunscritível, da figura. Dados: AB = 3x + 1, BC = 2x, CD = x + 1 e DA = 3x.

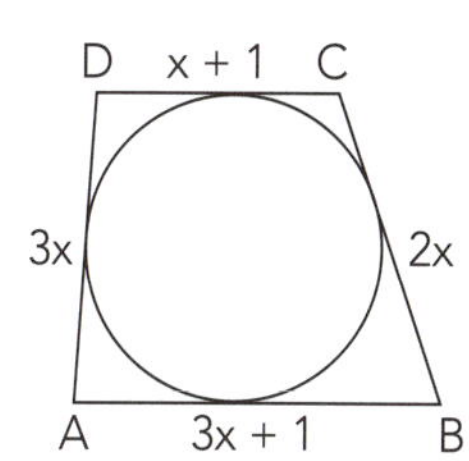

231. Determine o perímetro do quadrado ABCD, sabendo que E é o ponto de tangência e que AE = 5 cm.

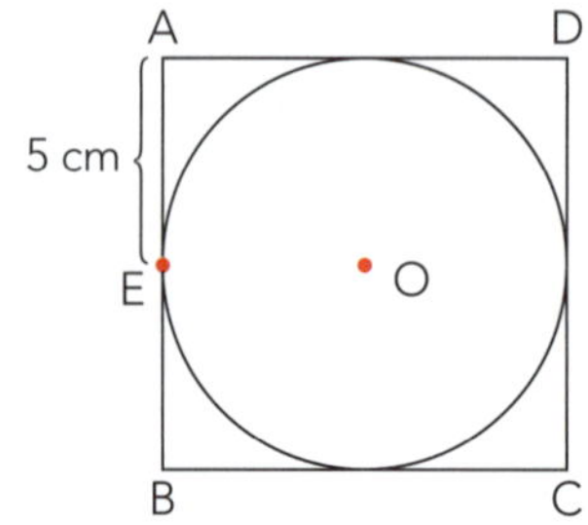

232. Calcule o valor do raio r do círculo inscrito no trapézio retângulo.

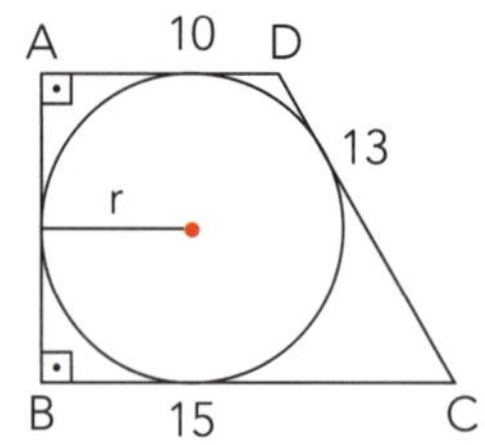

233. Na figura abaixo, determine o perímetro do triângulo ADE, sabendo que o perímetro do triângulo ABC mede 10 cm, a base $\overline{BC}$ mede 4 cm e o círculo está inscrito no quadrilátero BCDE.

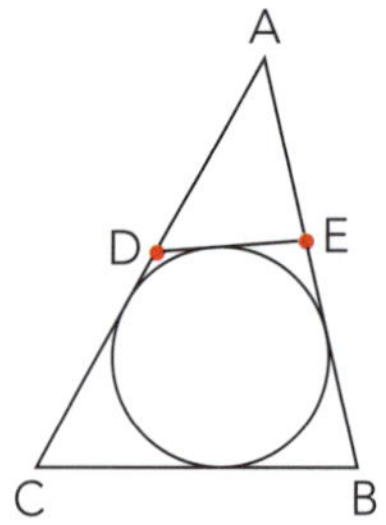

234. Um trapézio retângulo ABCD está circunscrito. Sendo $\hat{A} = 90°$, $\hat{B} = 90°$, BC = 30 cm, CD = 26 cm e AD = 20 cm, determine o raio da circunferência inscrita.

235. Um quadrilátero ABCD, em que AB = 4 cm, BC = 3 cm, CD = 6 cm e AD = 5 cm, é circunscritível? Por quê?

236. ABCD é um quadrilátero circunscritível cujos lados medem AD = 12 cm, DC = 9 cm, BC = x + 7 e AB = 2x + 1. Determine o perímetro desse quadrilátero.

237. Um trapézio isósceles está circunscrito a uma circunferência. As suas bases medem 10 cm e 36 cm. Quanto mede cada um dos outros lados?

238. Um trapézio escaleno de bases 6 m e 10 m é circunscritível. Qual é seu perímetro?

239. Responda: certo ou errado?

a) Todo paralelogramo é circunscritível.
b) Todo retângulo é circunscritível.
c) Todo losango é circunscritível.
d) Todo quadrado é circunscritível.
e) Todo quadrilátero é circunscritível.

Capítulo 15 Arcos de circunferência

Na figura abaixo temos uma circunferência *C* de centro *O* e dois de seus pontos, *A* e *B*, que não são extremidades de um diâmetro.

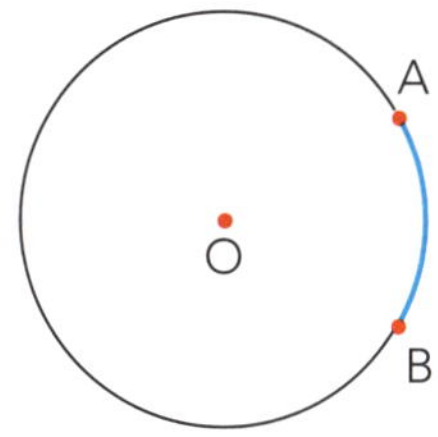

Os dois pontos, *A* e *B*, permitem decompor a circunferência em duas partes chamadas *arcos*:

- o arco menor $\widehat{AB}$;
- o arco maior $\widehat{AB}$, que fica mais bem caracterizado com um ponto auxiliar *X*: arco $\widehat{AXB}$.

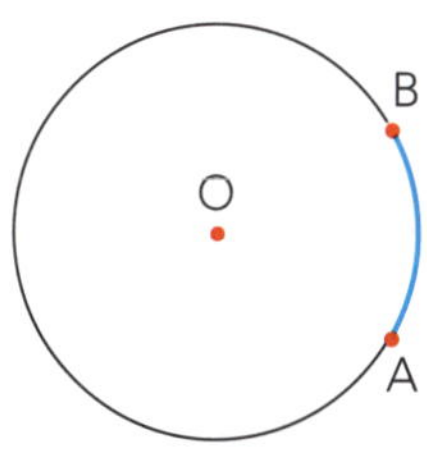

arco menor $\widehat{AB}$ ou arco $\widehat{AB}$

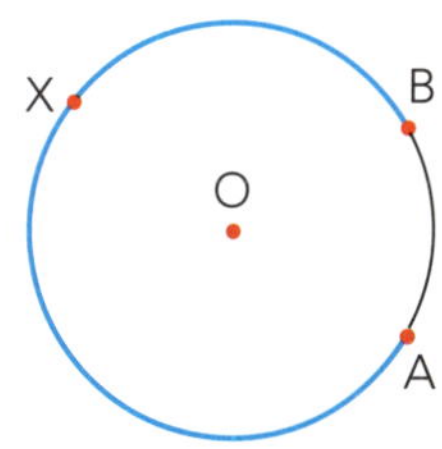

arco maior $\widehat{AB}$ ou arco $\widehat{AXB}$

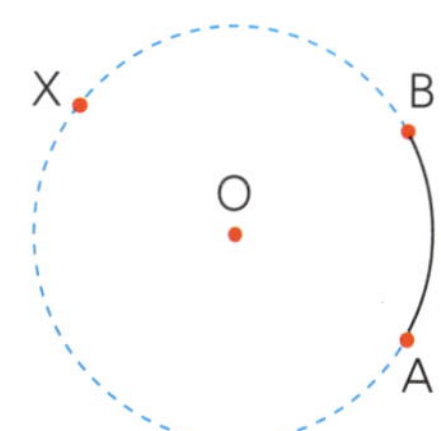

arco $\widehat{AB}$ e arco $\widehat{AXB}$

Os pontos *A* e *B* são extremidades ou extremos do arco $\widehat{AB}$, em qualquer dos casos.

> Sempre que se faz referência a um arco $\widehat{AB}$, considera-se o *arco menor* $\widehat{AB}$.

Semicircunferência

Se os pontos *A* e *B* são extremidades de um diâmetro, cada uma das partes da circunferência determinadas por *A* e *B* é uma *semicircunferência*.

Uma semicircunferência também é um arco.

Observe as figuras:

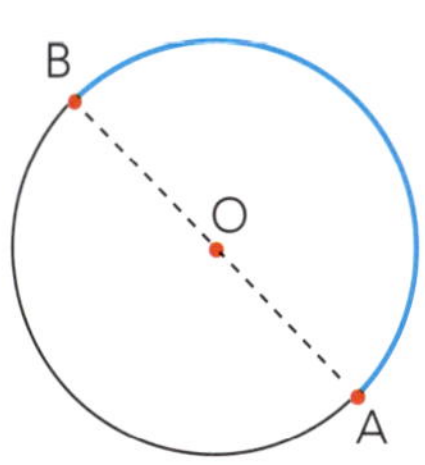

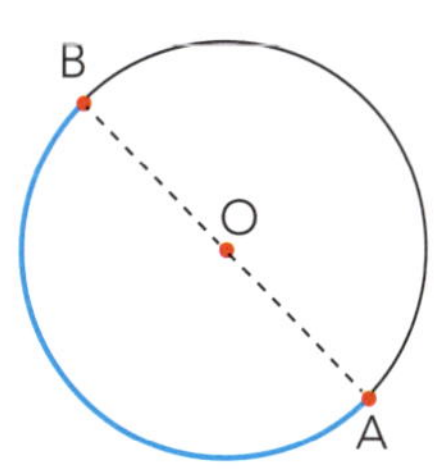

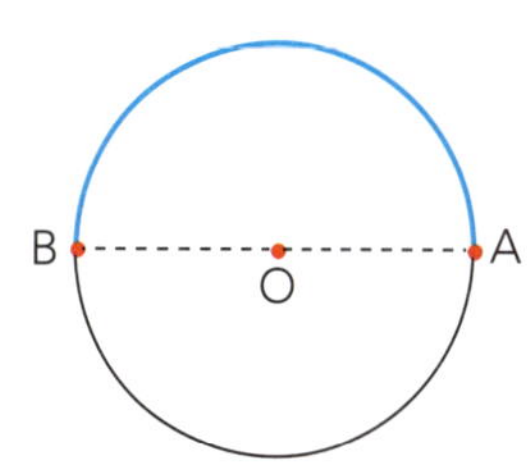

Portanto, cada um dos arcos $\widehat{AB}$ é uma semicircunferência.

Ângulo central

Um ângulo que tem o vértice no centro de uma circunferência é chamado *ângulo central* dessa circunferência.

Observe a figura:

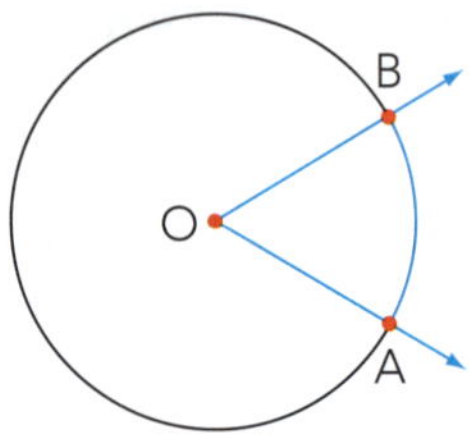

$A\hat{O}B$ é um ângulo central.

$\overset{\frown}{AB}$ é o arco correspondente ao ângulo central $A\hat{O}B$.

$\overset{\frown}{AB}$ é o arco subentendido pelo ângulo central $A\hat{O}B$.

Arcos congruentes

Observe a figura ao lado.

Os ângulos centrais $A\hat{O}B$ e $C\hat{O}D$ são congruentes.

Os arcos $\overset{\frown}{AB}$ e $\overset{\frown}{CD}$ também são congruentes.

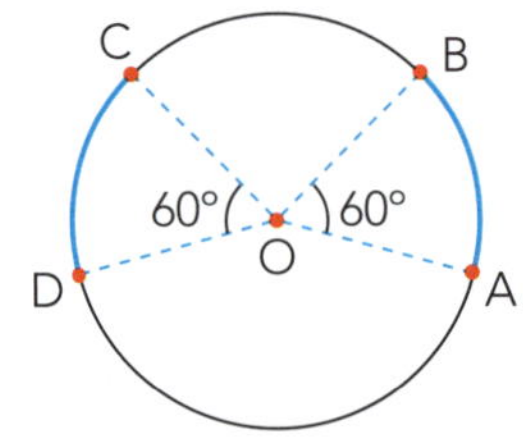

$$\overset{\frown}{AB} \equiv \overset{\frown}{CD} \Leftrightarrow A\hat{O}B \equiv C\hat{O}D$$

> Dois arcos de uma mesma circunferência são congruentes quando os ângulos centrais correspondentes são congruentes.

Numa circunferência de centro *O*, um arco $\overset{\frown}{MN}$ é maior que um arco $\overset{\frown}{RS}$ se o ângulo central correspondente a $\overset{\frown}{MN}$ é maior que o ângulo central correspondente a $\overset{\frown}{RS}$:

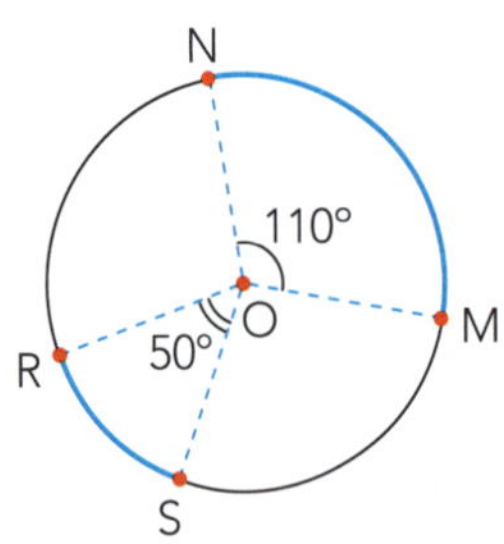

$$\overset{\frown}{MN} > \overset{\frown}{RS} \Leftrightarrow M\hat{O}N > R\hat{O}S$$

Medida de um arco

A *unidade de arco* (ou arco unitário) é o arco determinado na circunferência por um ângulo *central unitário* (unidade de ângulo).

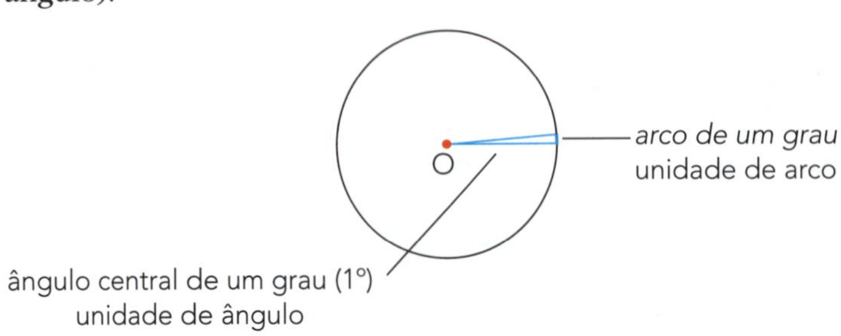

Observe a figura:

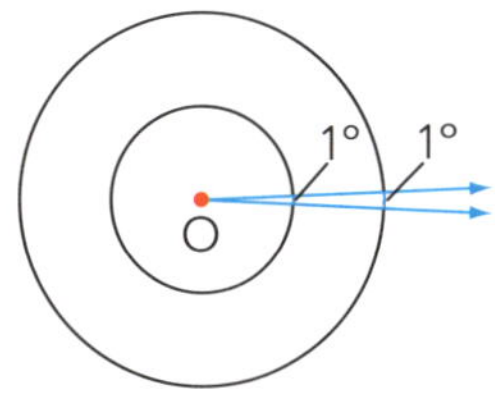

Há *dois arcos* de 1° em circunferências concêntricas.

Veja a figura:

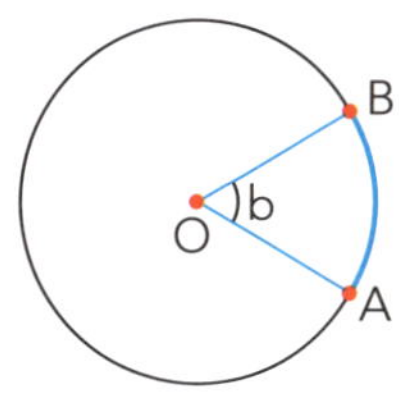

$\widehat{AB} = A\hat{O}B$, em que $\widehat{AB}$ é a medida do arco e $A\hat{O}B$ é a medida do ângulo central.

Chamando de $\hat{b}$ a medida do ângulo central, temos: $\hat{b} = \widehat{AB}$.

> **A medida de um arco é a medida do ângulo central correspondente:**
> $$\hat{b} = \widehat{AB}$$

Observe outro exemplo:

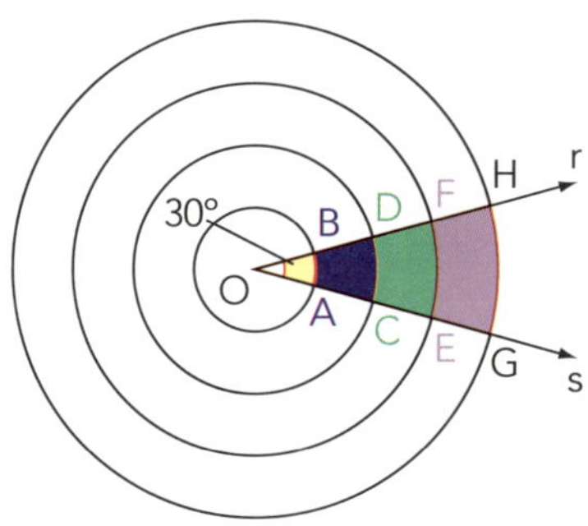

$\widehat{AB} = 30°$
$\widehat{CD} = 30°$
$r\hat{O}s = 30°$
$\widehat{EF} = 30°$
$\widehat{GH} = 30°$

Medida do arco maior

Na figura, o arco $\widehat{AB}$ mede 50°. Quanto mede $\widehat{AXB}$?

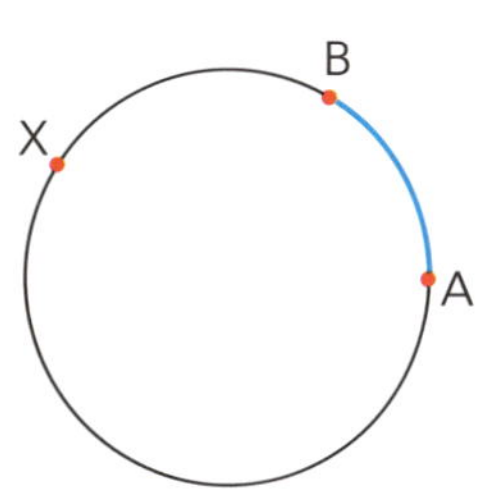

Observemos que $\widehat{AB} + \widehat{AXB} = 360°$, então a medida do arco maior $\widehat{AXB}$ é igual à diferença:

$$\widehat{AXB} = 360° - 50°, \text{ isto é, } \widehat{AXB} = 310°$$

Exercícios

240. Determine as medidas dos arcos $\overset{\frown}{AB}$ e $\overset{\frown}{AXB}$ e a medida do ângulo $A\hat{O}B$ da figura.

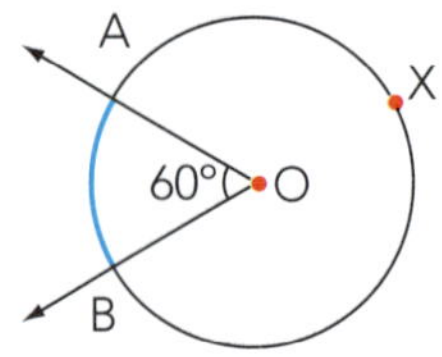

241. Determine as medidas dos arcos $\overset{\frown}{AB}$, $\overset{\frown}{CD}$ e $\overset{\frown}{BC}$ e a medida do ângulo $A\hat{O}B$ da figura.

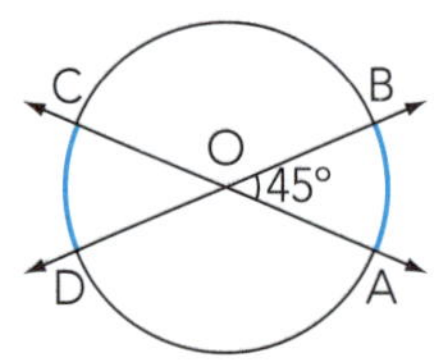

242. Sabendo que *O* é o centro da circunferência, determine *x*.

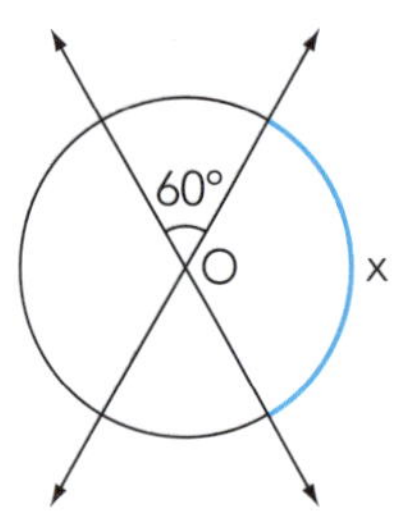

243. Uma circunferência é dividida em quatro arcos congruentes. Quanto mede cada um?

244. Determine *x*:

a)

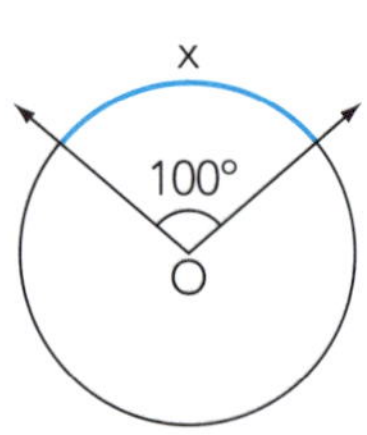

b)

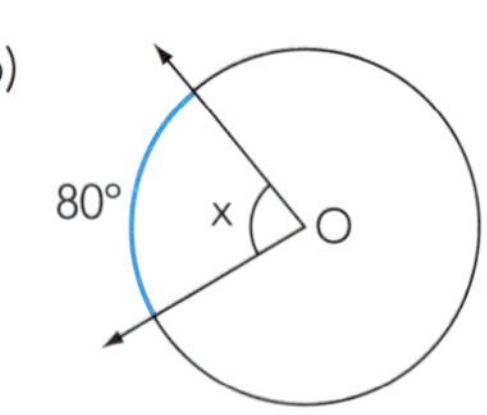

245. As circunferências da figura são concêntricas e $r\hat{O}s = 50°$. Determine as medidas dos arcos $\overset{\frown}{AB}$, $\overset{\frown}{CD}$ e $\overset{\frown}{EF}$.

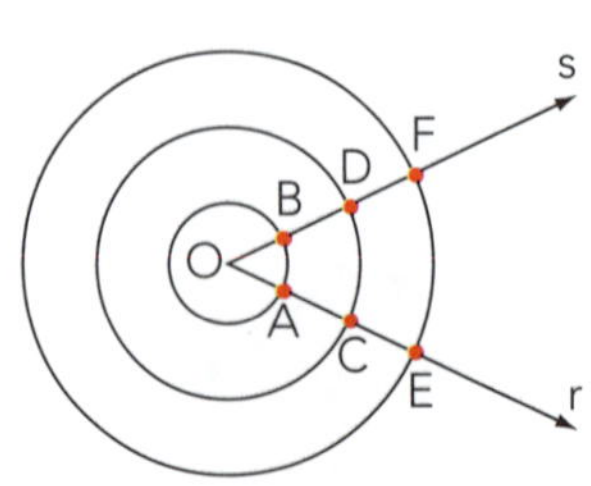

246. Um arco é $\frac{1}{6}$ de uma circunferência. Quanto mede o ângulo central correspondente?

247. Determine *x*:

a)

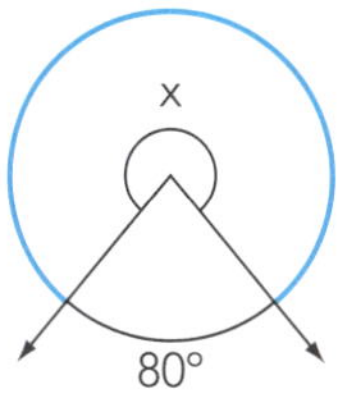

b)

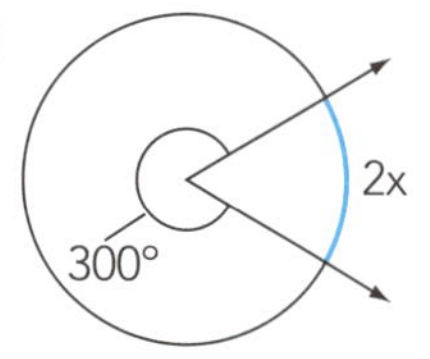

248. Um arco é $\frac{1}{8}$ de uma circunferência. Quanto mede o ângulo central correspondente?

249. Na figura, as circunferências são concêntricas, $\widehat{DF} = 80°$ e $s\hat{O}t = 150°$.

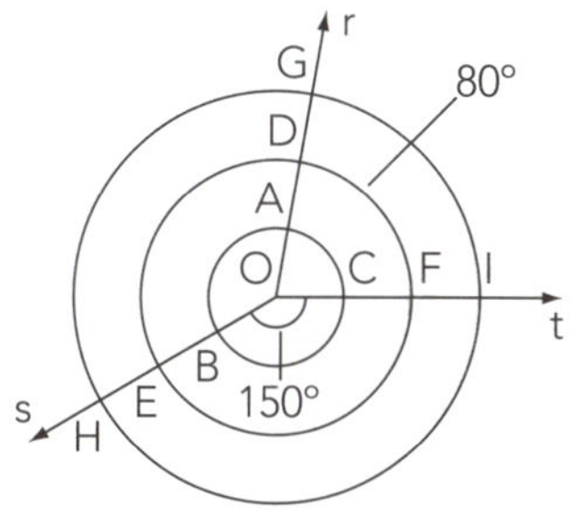

Determine as medidas:

a) dos ângulos $r\hat{O}t$ e $r\hat{O}s$;

b) dos arcos $\widehat{AB}$ e $\widehat{EF}$;

c) dos arcos $\widehat{DE}$ e $\widehat{HI}$.

Jupiter Unlimited/Other Images

capítulo 16

Ângulos inscritos em circunferências

Um ângulo que tem o vértice numa circunferência e os lados secantes a ela é chamado *ângulo inscrito* nessa circunferência.

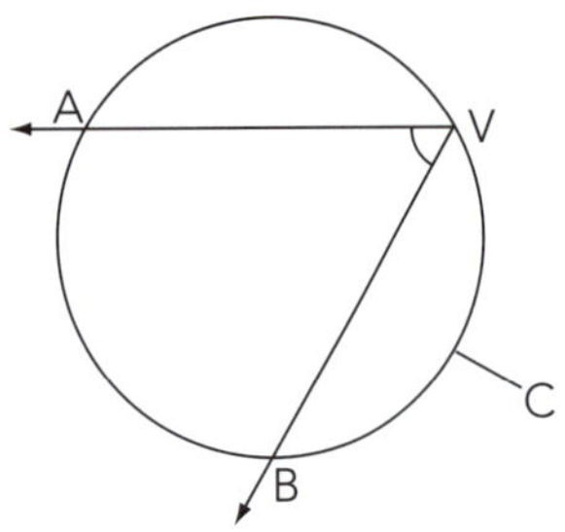

$A\hat{V}B$ é um ângulo inscrito na circunferência *C*.

Observe a figura ao lado.

$A\hat{V}B$ é um ângulo inscrito.

$\overset{\frown}{AB}$ é o arco correspondente ao ângulo $A\hat{V}B$.

$A\hat{O}B$ é o ângulo central correspondente ao arco $\overset{\frown}{AB}$.

Dizemos que $A\hat{O}B$ é o ângulo central correspondente ao ângulo inscrito $A\hat{V}B$ porque ambos determinam o mesmo arco $\overset{\frown}{AB}$ na circunferência.

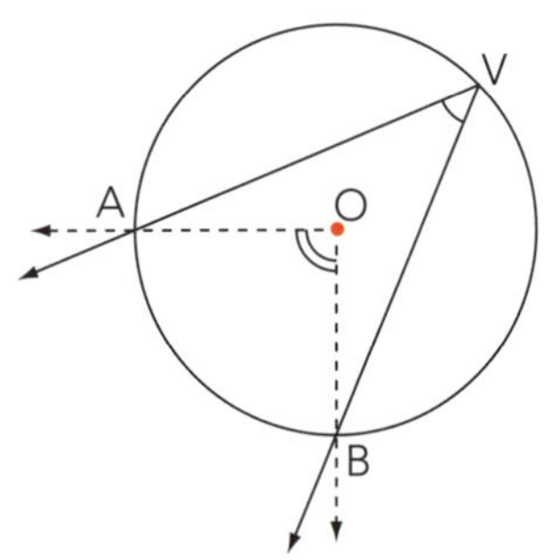

Medida do ângulo inscrito

Tomando como referência a posição do centro *O* da circunferência em relação a um ângulo inscrito $A\hat{V}B$, temos três casos a considerar:

1º caso

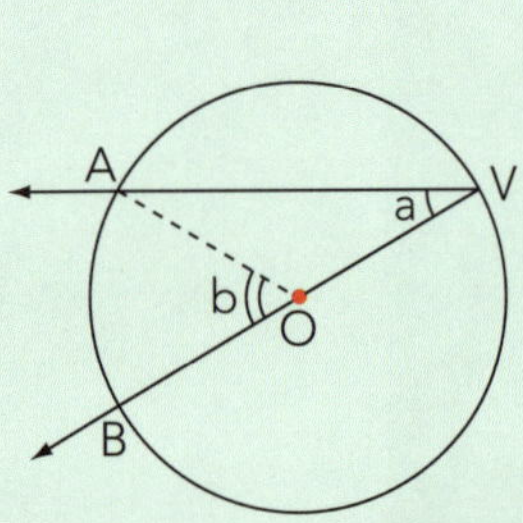

O pertence a um dos lados do ângulo inscrito $A\hat{V}B$.

2º caso

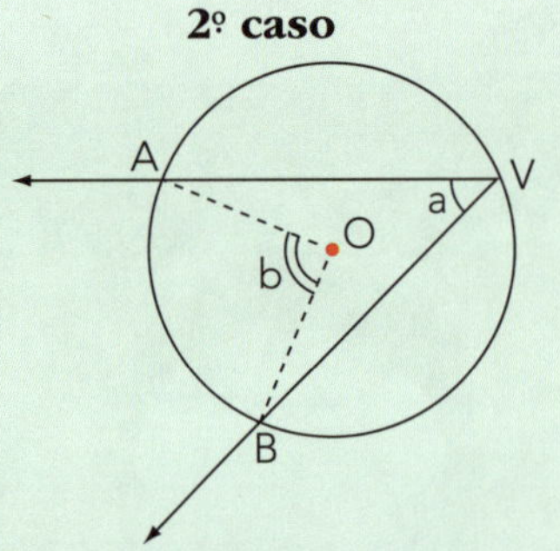

O é um ponto interno ao ângulo inscrito $A\hat{V}B$.

3º caso

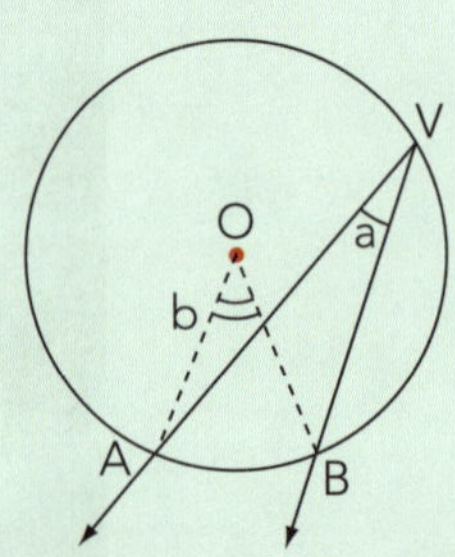

O é um ponto externo ao ângulo inscrito $A\hat{V}B$.

Nos três casos, vamos chamar de:

- *a* a medida do ângulo inscrito $A\hat{V}B$;
- *b* a medida do ângulo central correspondente $A\hat{O}B$, a qual também é medida do arco $\overset{\frown}{AB}$.

Vamos procurar uma relação entre *a* e *b*.

1º caso: *O* pertence ao lado $\overline{VB}$ do ângulo inscrito $A\hat{V}B$.

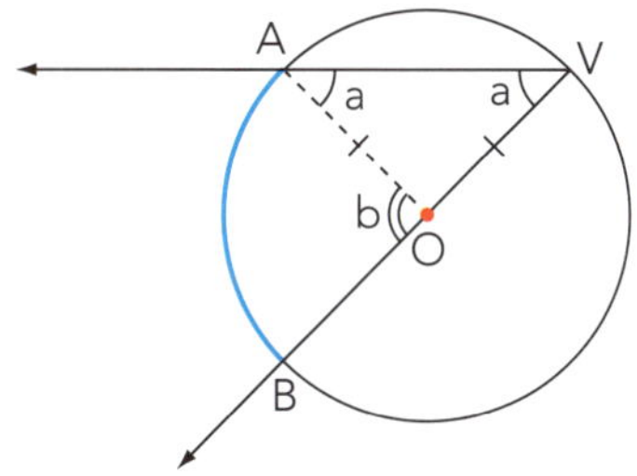

O triângulo OVA é isósceles, pois $\overline{OA}$ e $\overline{OV}$ são raios da circunferência.

Pela propriedade do triângulo isósceles, temos $\hat{V} \equiv \hat{A}$.

Então, $\hat{V} = \hat{A} = a$.

O ângulo $A\hat{O}B = b$ é ângulo externo do triângulo OVA. Por isso, o ângulo *b* é igual à soma dos ângulos internos não adjacentes a ele:

$$b = \hat{V} + \hat{A} \Rightarrow b = a + a \Rightarrow b = 2a$$

Ou seja:

$$a = \frac{b}{2}$$

Como $b = \widehat{AB}$, podemos escrever também:

$$a = \frac{\widehat{AB}}{2}$$

2º caso: *O* é ponto interno do ângulo inscrito $A\hat{V}B$.

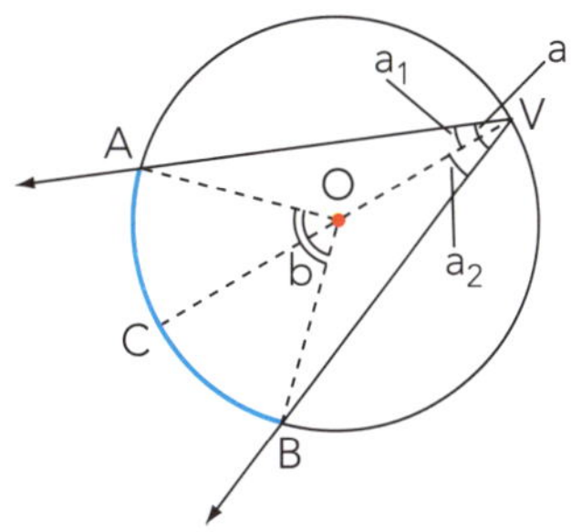

Traçamos a semirreta $\overrightarrow{VO}$, que determina um ponto *C* na circunferência.

O ângulo $A\hat{V}B$ fica dividido em dois ângulos:

- $A\hat{V}C$, de medida a_1;
- $B\hat{V}C$, de medida a_2.

O arco $\widehat{AB}$ fica também dividido em dois arcos: $\widehat{AC}$ e $\widehat{CB}$.

De acordo com o 1º caso, temos:

$$a_1 = \frac{\widehat{AC}}{2} \text{ e } a_2 = \frac{\widehat{CB}}{2}$$

Como $a_1 + a_2 = a$, vem:

$$a = a_1 + a_2 \Rightarrow a = \frac{\widehat{AC}}{2} + \frac{\widehat{CB}}{2} \Rightarrow a = \frac{\widehat{AC} + \widehat{CB}}{2} \Rightarrow a = \frac{\widehat{AB}}{2}$$

Sendo $\widehat{AB} = b$, temos também:

$$a = \frac{b}{2}$$

3º caso: *O* é ponto externo ao ângulo inscrito $A\hat{V}B$.

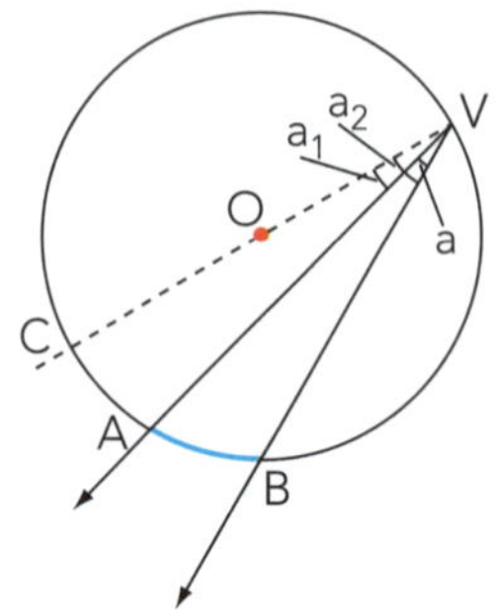

Traçamos a semirreta $\overrightarrow{VO}$, que determina um ponto *C* na circunferência.

Ficam caracterizados dois outros ângulos:

- $A\hat{V}C$, de medida a_1;
- $B\hat{V}C$, de medida a_2.

De acordo com o 1º caso, temos:

$$a_1 = \frac{\overset{\frown}{AC}}{2} \text{ e } a_2 = \frac{\overset{\frown}{CB}}{2}$$

Como $a = a_2 - a_1$, vem:

$$a = a_2 - a_1 \Rightarrow a = \frac{\overset{\frown}{CB}}{2} - \frac{\overset{\frown}{CA}}{2} \Rightarrow a = \frac{\overset{\frown}{CB} - \overset{\frown}{CA}}{2} \Rightarrow a = \frac{\overset{\frown}{AB}}{2}$$

Sendo $\overset{\frown}{AB} = b$, temos também:

$$a = \frac{b}{2}$$

Para os três casos apresentados, podemos concluir que:

> Um ângulo inscrito é metade do ângulo central correspondente.
> ou
> A medida de um ângulo inscrito é metade da medida do arco correspondente.

Exercícios

250. Observe as figuras e determine:

a) o ângulo x

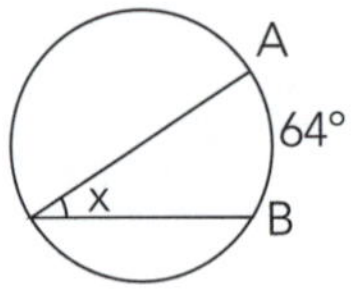

b) os ângulos x e y

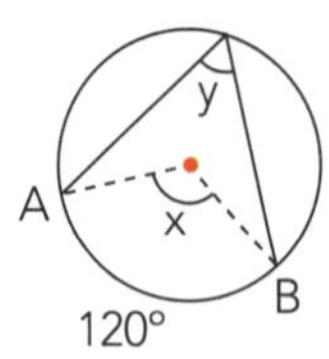

c) o arco $\overset{\frown}{AB}$

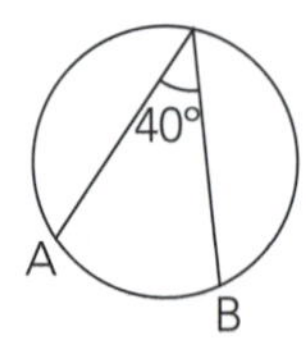

251. Observe as figuras e determine:

a) os arcos $\overset{\frown}{AB}$ e $\overset{\frown}{BC}$

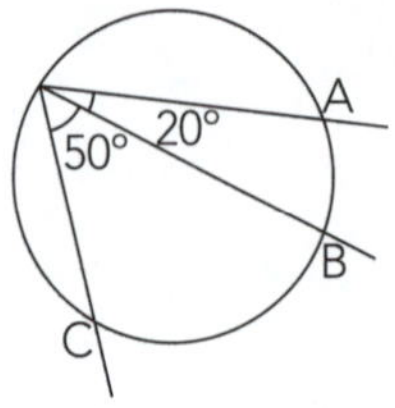

b) os ângulos x e y

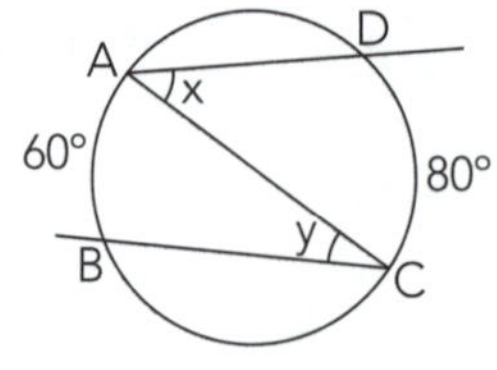

c) o ângulo x e o arco $\overset{\frown}{CD}$

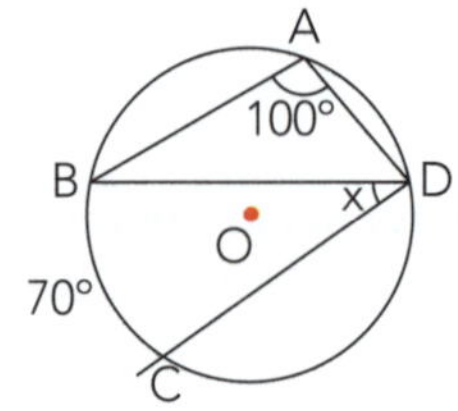

252. Observe a figura e determine:

a) os ângulos *x* e *y*;

b) os arcos $\widehat{AB}$, $\widehat{BC}$ e $\widehat{CD}$.

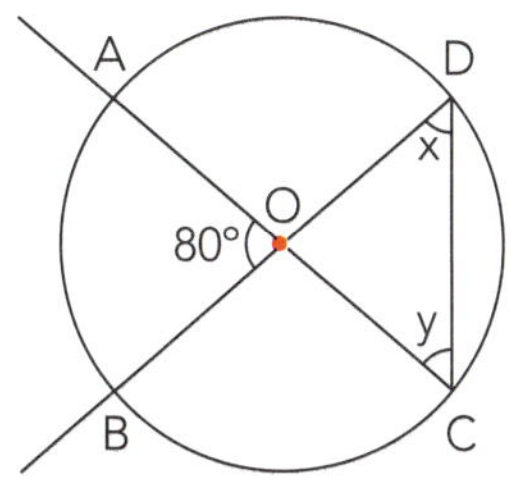

253. Determine *x* nos dois casos:

a)

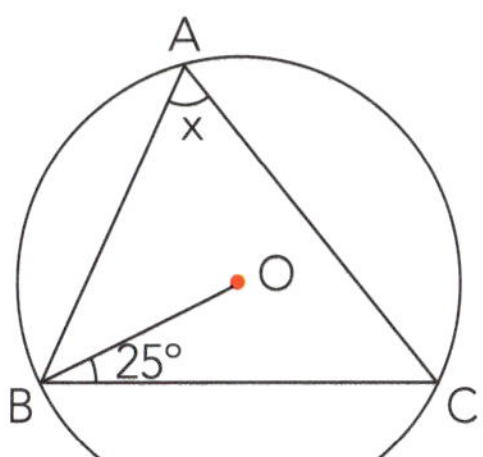

O é o centro

b)

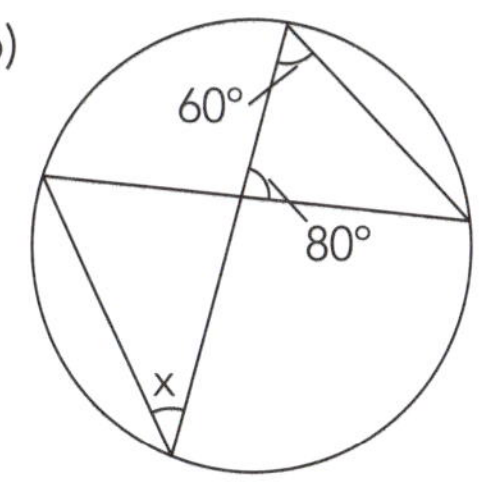

254. Determine as medidas dos ângulos de um triângulo cujos vértices são os pontos de tangência do círculo inscrito com os lados de um triângulo ABC, sendo $\hat{A} = 60°$, $\hat{B} = 40°$ e $\hat{C} = 80°$.

255. Na figura, a semicircunferência tem centro *O* e diâmetro $\overline{AB}$. $\overline{AD} // \overline{OC}$ e o arco $\widehat{DC} = 50°$. Determine $C\hat{O}B$.

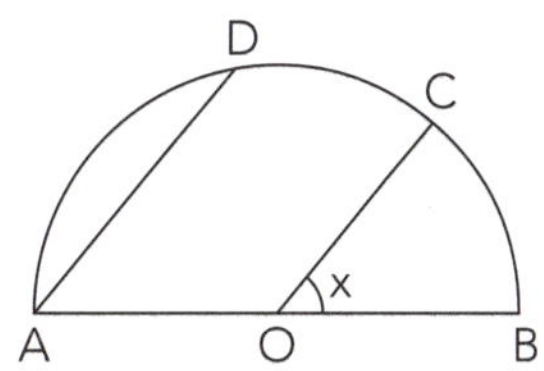

256. Determine o arco $\widehat{AB}$ e o ângulo *x* em cada figura:

a)

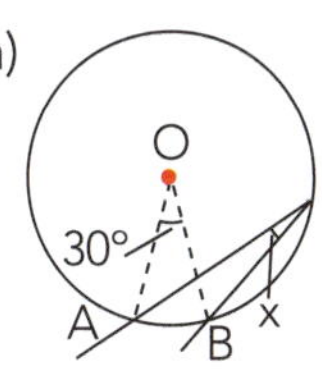

b)

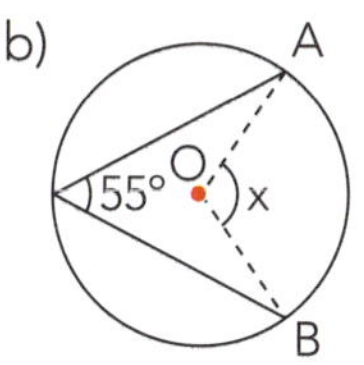

c)

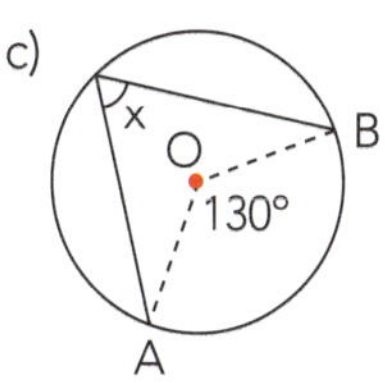

257. Determine *x*:

a)

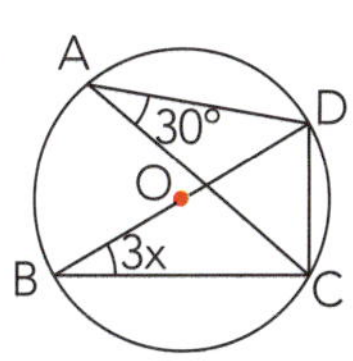

b)

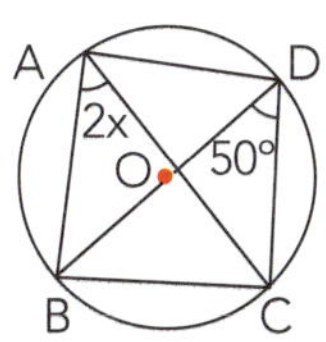

c)

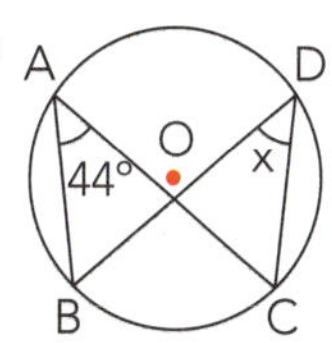

258. Determine *x* e *y*:

a)

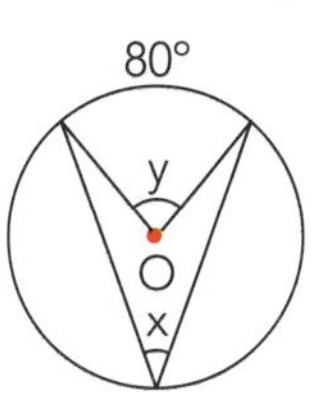

b)

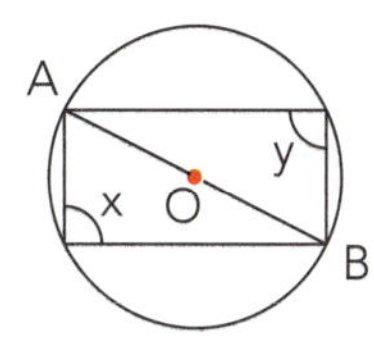

259. Determine o arco $\widehat{AB}$ e o ângulo x:

a)

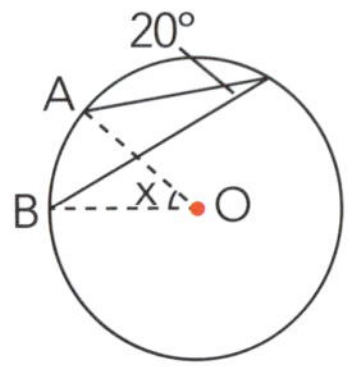

b)

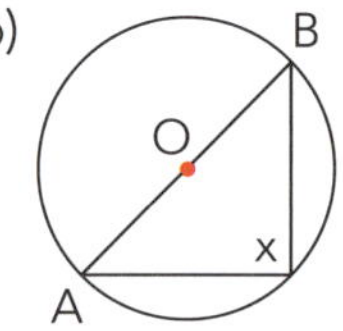

260. Determine o que se pede em cada item:

a) x e y

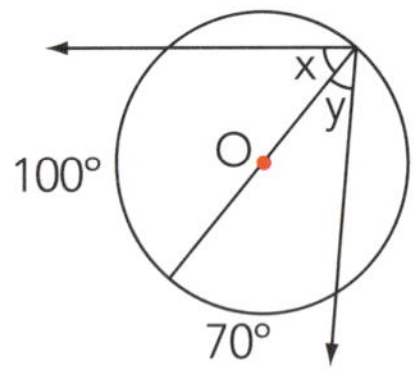

b) x, $\widehat{AD}$ e $\widehat{CD}$

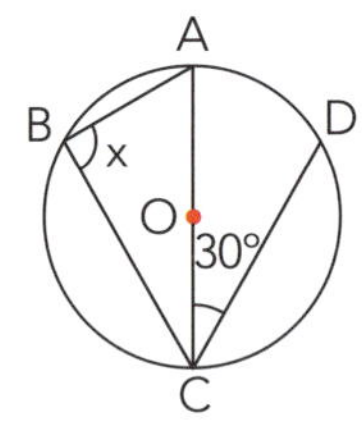

261. Determine x:

a)

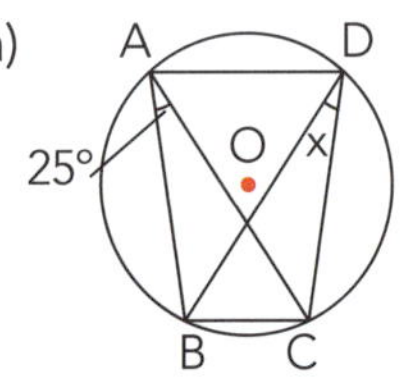

b)

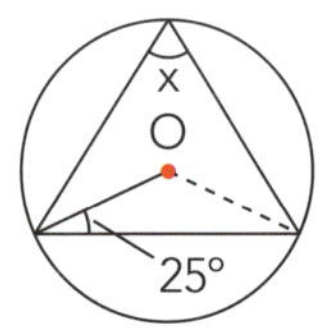

c)

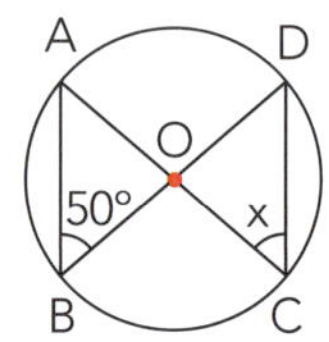

O que é arco capaz?

Observe a figura ao lado.

O ângulo central AÔB é igual a 2α. Dessa forma, qualquer dos ângulos inscritos no arco $\widehat{AXB}$ mede α, pois tem como ângulo central correspondente AÔB = 2α.

Nesse caso, o arco $\widehat{AXB}$ é chamado *arco capaz* do segmento $\overline{AB}$ referente ao ângulo α.

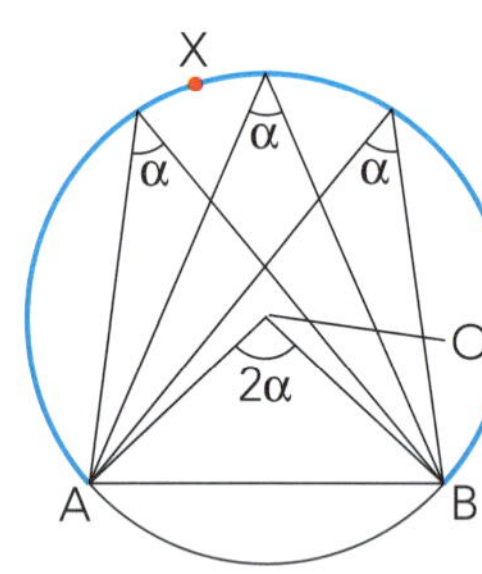

Exercício

262. Sabendo que AÔB = 120°, calcule x, y, z e t.

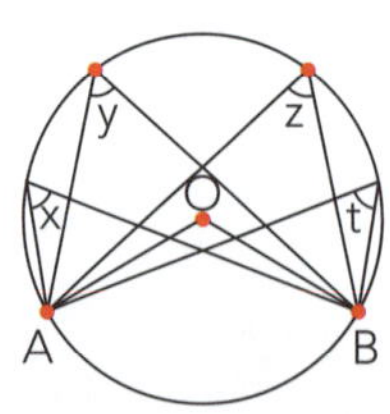

Ângulo inscrito numa semicircunferência

Um ângulo inscrito A$\hat{V}$B, tal que $\overline{AB}$ é um diâmetro, é chamado *ângulo inscrito numa semicircunferência.*

Propriedade

Observe a figura abaixo.

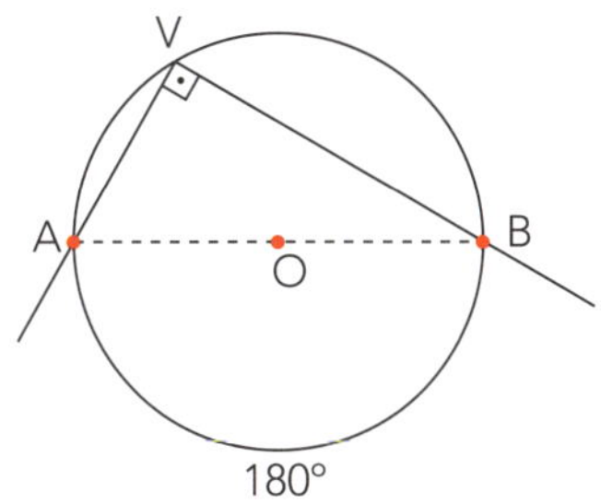

$A\hat{V}B$ é um ângulo inscrito numa semicircunferência.

Temos:

$$\widehat{AB} = 180^\circ \Rightarrow A\hat{V}B = \frac{\widehat{AB}}{2} = \frac{180^\circ}{2} = 90^\circ$$

Todo ângulo inscrito numa semicircunferência é reto.

Por outro lado, sendo dado um ângulo reto $a\hat{V}b$, podemos tomar *A* em Va e *B* em Vb e obter o ponto médio de $\overline{AB}$.

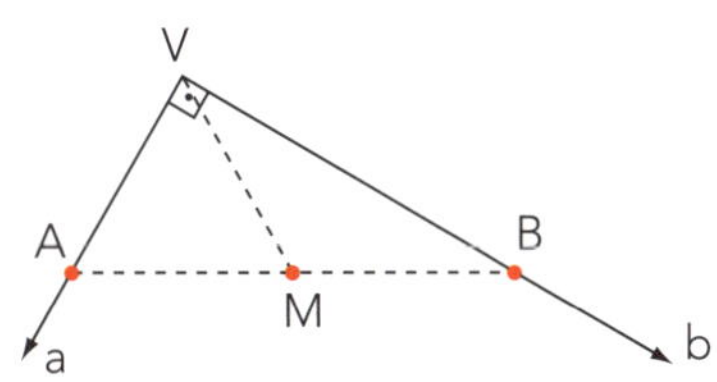

No triângulo retângulo AVB, a mediana $\overline{AM}$ é igual à metade da hipotenusa $\overline{AB}$. Então:

$$\overline{MA} \equiv \overline{MV} \equiv \overline{MB}$$

e daí, com centro em *M*, pode-se construir uma circunferência passando por *A*, *V* e *B*. O ângulo $A\hat{V}B$ fica inscrito numa semicircunferência.

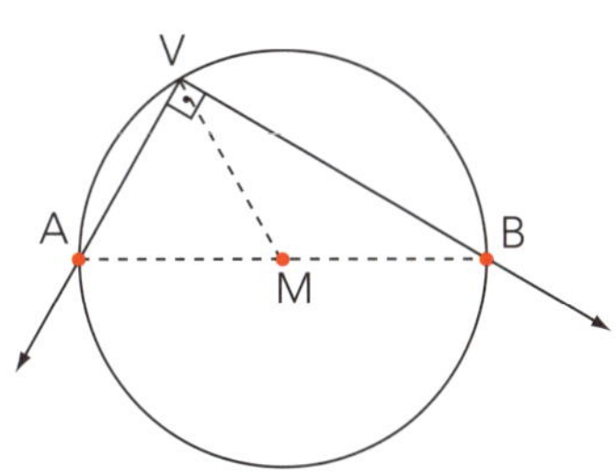

Todo ângulo reto é inscritível numa semicircunferência.

Ângulos excêntricos

Ângulo excêntrico interior

Duas cordas que se interceptam num ponto, distinto do centro da circunferência, determinam quatro ângulos. Cada um deles é chamado *ângulo excêntrico interior* relativo à circunferência.

Observe a figura:

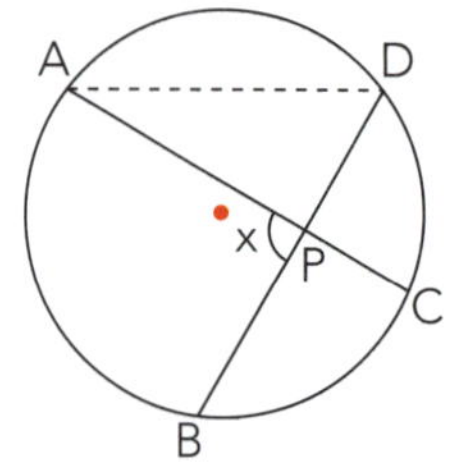

As cordas $\overline{AC}$ e $\overline{BD}$ interceptam-se no ponto *P*.

Os ângulos $A\hat{P}B$, $B\hat{P}C$, $C\hat{P}D$ e $D\hat{P}A$ são ângulos excêntricos interiores.

Vamos calcular o ângulo $A\hat{P}B = x$, supondo que são dados os arcos $\overset{\frown}{AB}$ e $\overset{\frown}{CD}$.

Ligando *A* com *D*, observamos que *x* é ângulo externo do $\triangle APD$.

Então:

$$x = \hat{A} + \hat{D}$$

Como $\hat{A}$ e $\hat{D}$ são ângulos inscritos:

$$\hat{A} = \frac{\overset{\frown}{CD}}{2} \text{ e } \hat{D} = \frac{\overset{\frown}{AB}}{2}$$

Então:

$$x = \frac{\overset{\frown}{CD}}{2} + \frac{\overset{\frown}{AB}}{2}$$

ou seja:

$$x = \frac{\overset{\frown}{AB} + \overset{\frown}{CD}}{2}$$

Ângulo excêntrico exterior

Duas secantes a uma circunferência, conduzidas por um ponto externo, determinam um ângulo chamado *ângulo excêntrico exterior* relativo à circunferência.

Observe a figura:

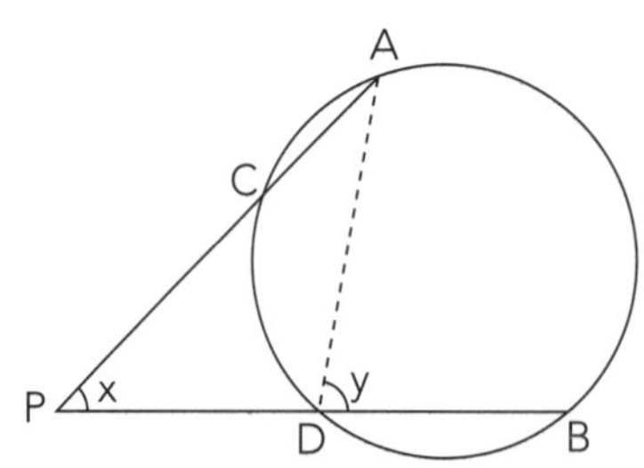

As secantes $\overline{PA}$ e $\overline{PB}$ determinam o ângulo excêntrico exterior $A\hat{P}B$.

Vamos calcular APB = x, supondo que são dados os arcos $\overset{\frown}{AB}$ e $\overset{\frown}{CD}$.

Ligando *A* com *D*, obtemos o triângulo APD. O ângulo *y* é externo ao triângulo APD, então:

$$y = x + \hat{A}, \text{ ou seja, } x = y - \hat{A}$$

Como *y* e $\hat{A}$ são ângulos inscritos, vem:

$$y = \frac{\overset{\frown}{AB}}{2} \text{ e } \hat{A} = \frac{\overset{\frown}{CD}}{2}$$

Então:

$$x = y - \hat{A} = \frac{\overset{\frown}{AB}}{2} - \frac{\overset{\frown}{CD}}{2}$$

ou seja:

$$x = \frac{\overset{\frown}{AB} - \overset{\frown}{CD}}{2}$$

Exercícios

263. Na figura, sendo $\widehat{ABC} = 260°$, calcule o valor de x.

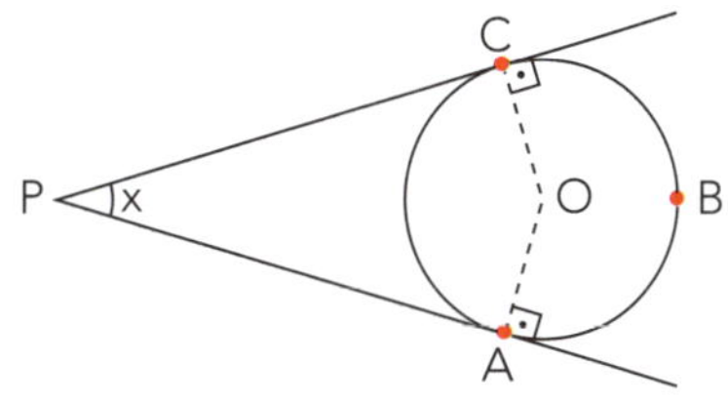

264. Na figura, o ângulo $A\hat{C}D$ é igual a 70° e o ângulo $A\hat{P}D$ é igual a 110°. Determine a medida do ângulo $B\hat{A}C$.

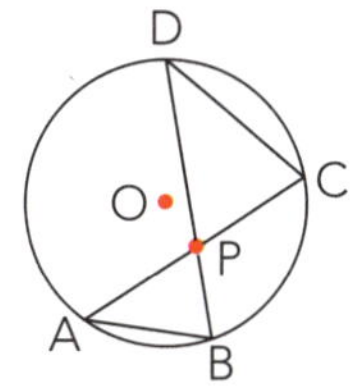

265. Na figura, o arco $\widehat{CMD}$ é igual a 100° e o arco $\widehat{ANB}$ mede 30°. Calcule o valor de x.

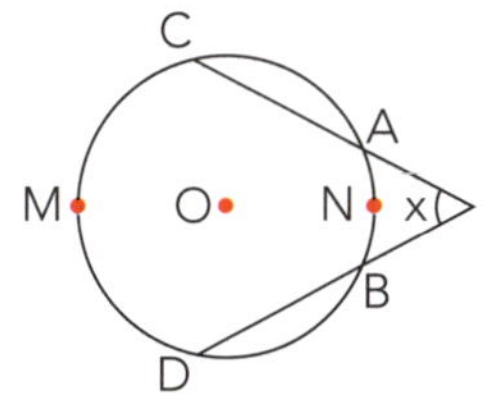

266. Calcule x nas figuras:

a)

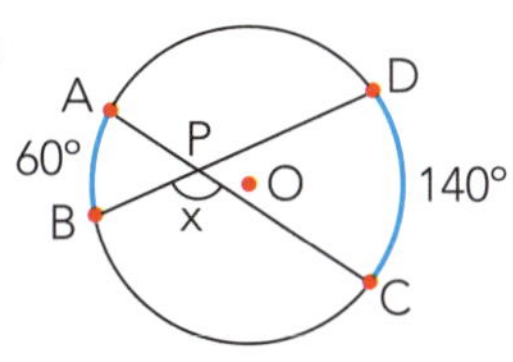

b)

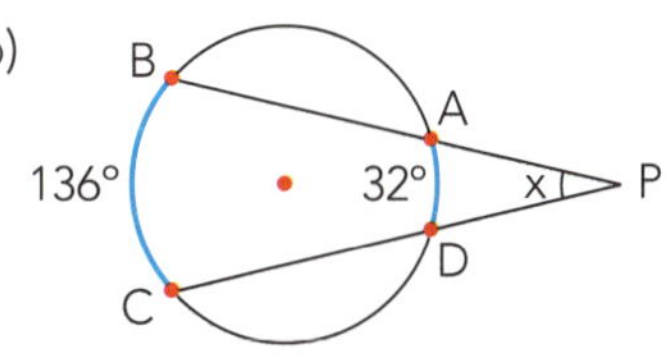

267. Na circunferência, o arco $\widehat{CFD}$ excede o arco $\widehat{AEB}$ em 50°. Determine suas medidas, sabendo que o ângulo x mede 70°.

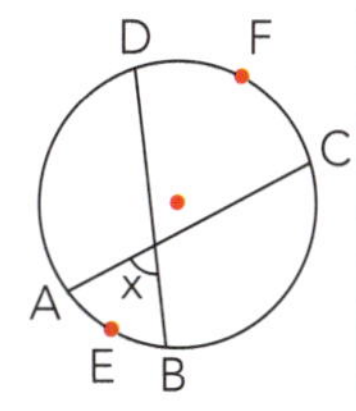

268. Determine x em cada item:

a)

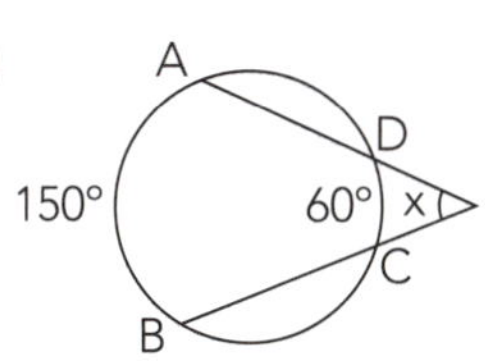

$\widehat{AB} = 150°$ $\widehat{CD} = 60°$

b)

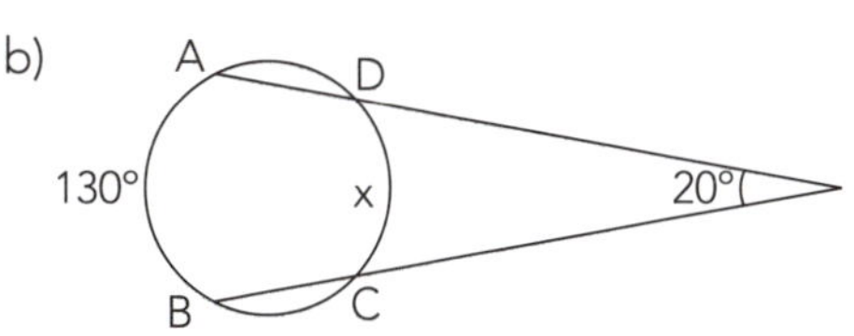

$\widehat{AB} = 130°$ $\widehat{CD} = x$

269. Determine *x* e *y*:

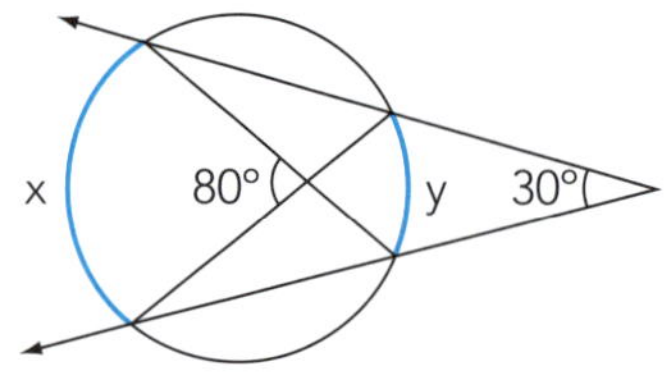

270. Sabendo que $\overline{AB}$ é um diâmetro, determine:

a) os ângulos *x* e *y*

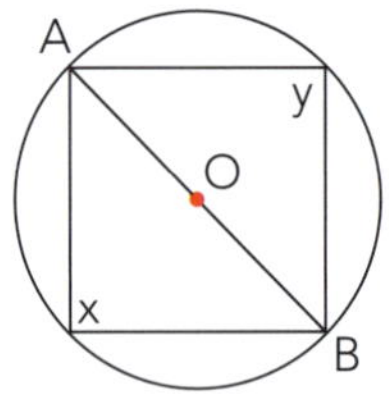

b) os ângulos *x*, *y* e *z*

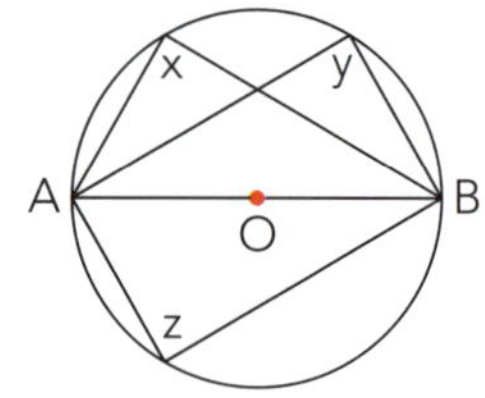

271. Calcule o valor de *x*:

a)

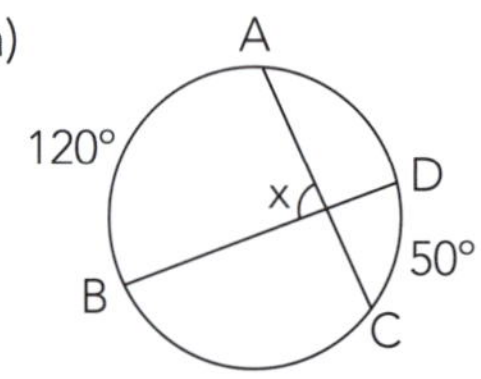

$\widehat{AB} = 120°$

$\widehat{CD} = 50°$

$A\hat{P}B = x$

b)

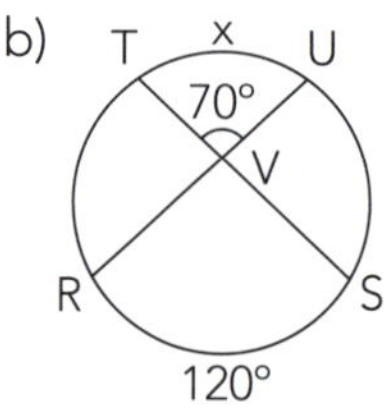

$T\hat{V}U = 70°$

$\widehat{RS} = 120°$

$\widehat{TU} = x$

272. Calcule o valor de *x*:

a)

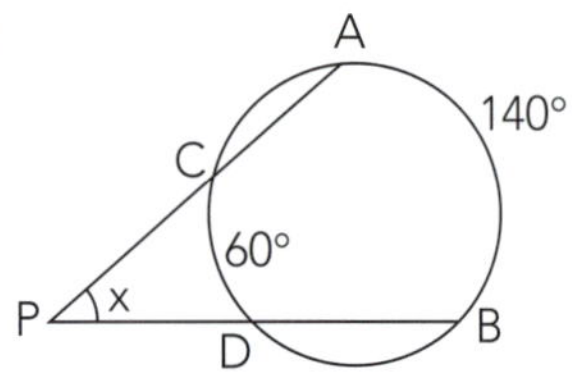

$\widehat{AB} = 140°$

$\widehat{CD} = 60°$

$A\hat{P}B = x$

b)

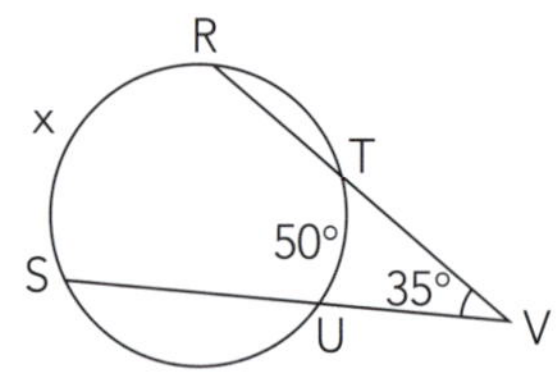

$\widehat{TU} = 50°$

$R\hat{V}S = 35°$

$\widehat{RS} = x$

273. Na figura, $\overline{AB}$ e $\overline{AC}$ são tangentes ao círculo de centro *O* e, *Q* é um ponto do arco menor $\widehat{BC}$, PQR é tangente ao círculo e $\hat{A} = 28°$. Ache $P\hat{O}R$.

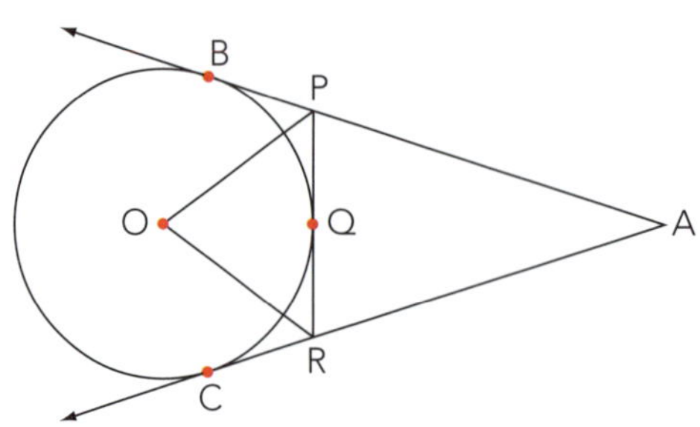

274. Consideremos um triângulo equilátero ABC inscrito em um círculo. Determine o menor ângulo formado pelas retas tangentes a esse círculo nos pontos *A* e *B*.

275. Determine o menor ângulo formado por duas retas secantes a uma circunferência, conduzidas por um ponto *P* externo, sabendo que essas secantes determinam na circunferência dois arcos cujas medidas são 30° e 90°.

276. Determine o valor do ângulo *x* nos casos:

a)

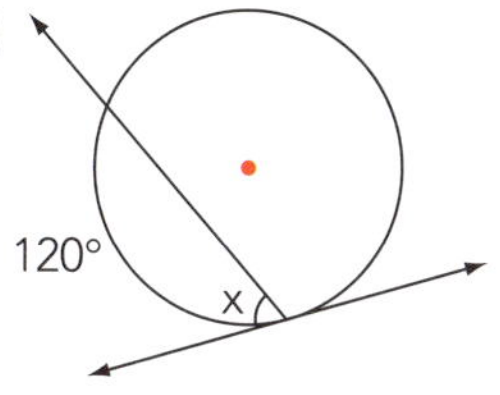

b)

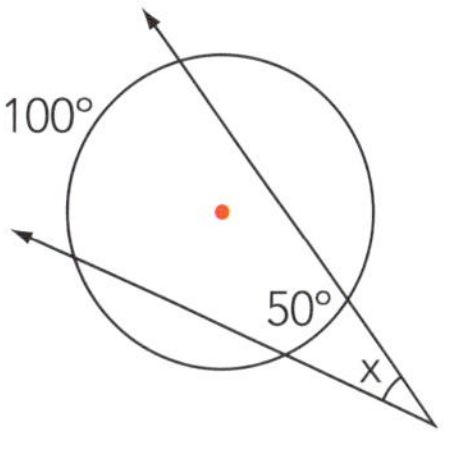

277. Por um ponto *P* externo a uma circunferência traçamos as tangentes $\overline{PA}$ e $\overline{PB}$, com *A* e *B* na circunferência. Um dos arcos, $\widehat{AB}$, é o quádruplo do outro. Calcule a medida do ângulo $A\hat{P}B$.

278. Mostre que se $\widehat{AB}$ e $\widehat{CD}$ são arcos de medidas iguais de uma circunferência, então as cordas $\overline{AB}$ e $\overline{CD}$ são congruentes.

279. Calcule *x*:

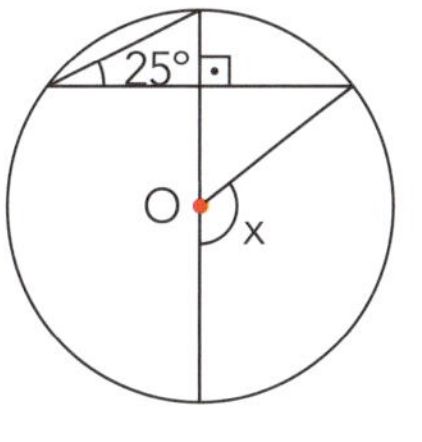

280. Determine *x*:

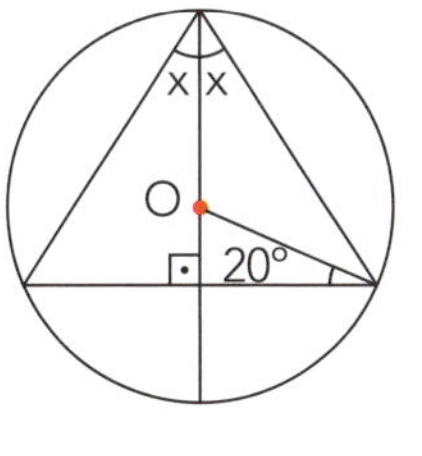

281. Determine os ângulos do triângulo ABC, sabendo que $\widehat{AB}$ = 90° e $\widehat{BC}$ = 130°.

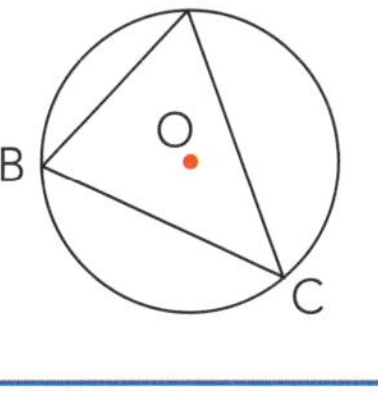

capítulo 17

Quadriláteros inscritíveis

Quadrilátero inscrito em circunferência

Se os quatro vértices de um quadrilátero convexo pertencem a uma circunferência, dizemos que o quadrilátero está *inscrito* na circunferência e também dizemos que a circunferência está *circunscrita* ao quadrilátero.

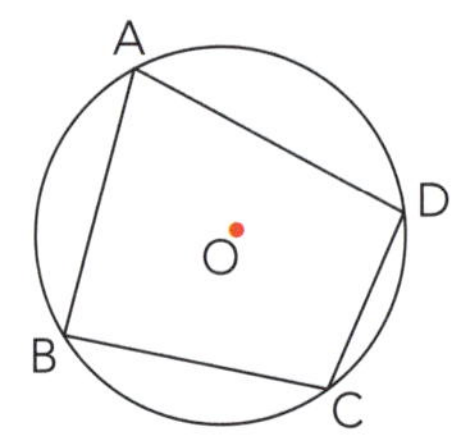

Na figura, observe que:

- o quadrilátero ABCD está inscrito na circunferência;
- a circunferência está circunscrita ao quadrilátero.

Propriedade

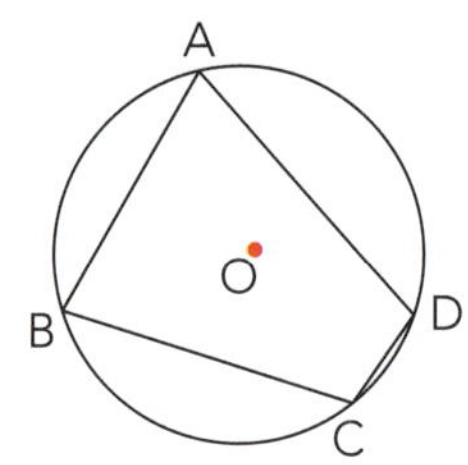

Vamos considerar um quadrilátero ABCD inscrito numa circunferência.

Usando a propriedade do ângulo inscrito, temos:

$$\hat{A} = \frac{\overset{\frown}{BCD}}{2},\ \hat{B} = \frac{\overset{\frown}{CDA}}{2},\ \hat{C} = \frac{\overset{\frown}{DAB}}{2} \text{ e } \hat{D} = \frac{\overset{\frown}{ABC}}{2}$$

Agora, vamos obter a soma de dois ângulos opostos: $\hat{A} + \hat{C}$ e $\hat{B} + \hat{D}$:

$$\hat{A} + \hat{C} = \frac{\overset{\frown}{BCD}}{2} + \frac{\overset{\frown}{DAB}}{2} = \frac{\overset{\frown}{DAB} + \overset{\frown}{DAB}}{2} = \frac{360^\circ}{2} = 180^\circ$$

$$\hat{B} + \hat{D} = \frac{\overset{\frown}{CDA}}{2} + \frac{\overset{\frown}{ABC}}{2} = \frac{\overset{\frown}{CDA} + \overset{\frown}{ABC}}{2} = \frac{360^\circ}{2} = 180^\circ$$

Concluímos que:

$$\hat{A} + \hat{C} = 180^\circ \text{ e } \hat{B} + \hat{D} = 180^\circ$$

Logo, $\hat{A}$ e $\hat{C}$ são suplementares e $\hat{B}$ e $\hat{D}$ também.

Assim, podemos enunciar que:

> Se um quadrilátero está inscrito numa circunferência, os seus ângulos opostos são suplementares.

A recíproca dessa propriedade é verdadeira.

> Se os ângulos opostos de um quadrilátero convexo são suplementares, o quadrilátero é *inscritível*.

Exercícios

282. Determine os ângulos *x* e *y*:

a) 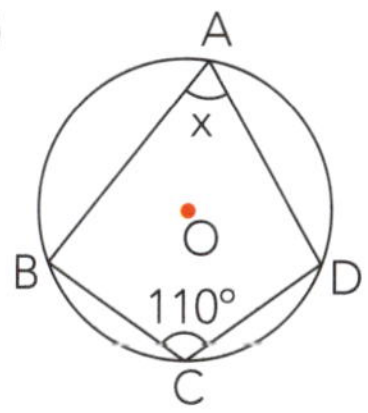

b) 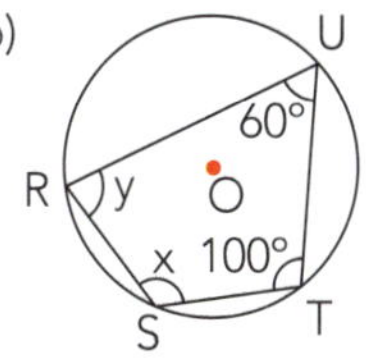

c) 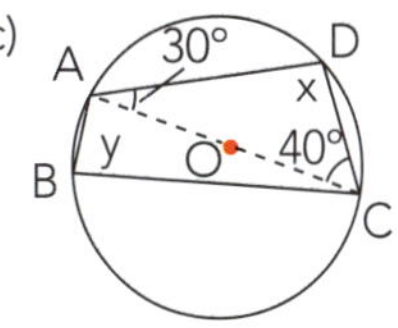

283. Um quadrilátero ABCD é inscritível. Determine *x* em cada item:

a) $\hat{A} = 2x - 30°$ e $\hat{C} = x + 45°$

b) $\hat{A} = 3x - 7°$ e $\hat{C} = x + 15°$

284. Um quadrilátero ABCD em que $\hat{A} = 120°$, $\hat{B} = 40°$, $\hat{C} = 90°$ e $\hat{D} = 110°$ é inscritível? Por quê?

285. Responda: certo ou errado?

a) Todo paralelogramo é inscritível.

b) Todo retângulo é inscritível.

c) Todo losango é inscritível.

286. Determine *x*:

a) 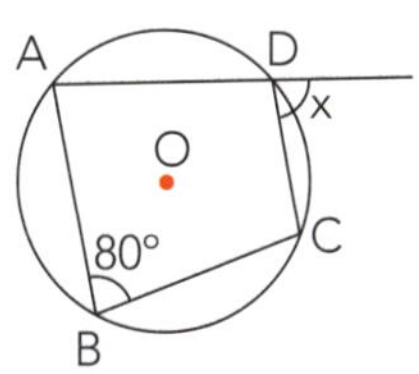

b) 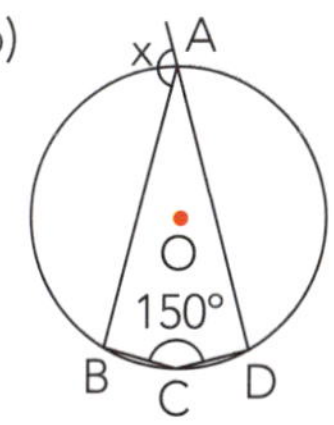

287. O arco $\widehat{CD}$ da figura mede 105°. Calcule o valor de x.

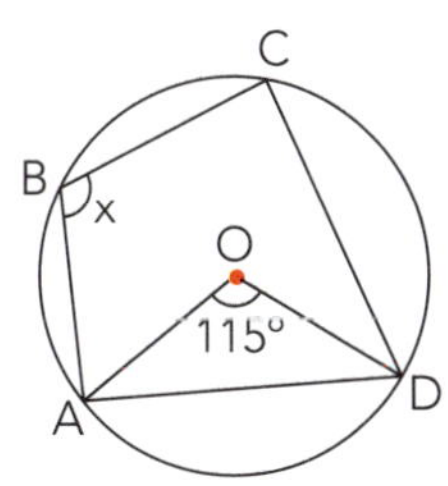

288. Um quadrilátero ABCD está inscrito numa circunferência. Sendo $\widehat{AB} = 80°$, $\widehat{BC} = 110°$, $\widehat{CD} = 90°$, ache os ângulos do quadrilátero.

289. Todo trapézio isósceles é inscritível? Por quê?

290. Responda: certo ou errado?

a) Todo quadrado é inscritível.

b) Todo quadrilátero é inscritível.

c) Todo paralelogramo inscritível é retângulo.

291. Quais os paralelogramos que sempre são inscritíveis?

capítulo 18

Teorema de Tales

Comparando grandezas

Uma boa maneira de comparar duas grandezas, como o comprimento de dois segmentos, é calcular o quociente entre suas medidas.

Por exemplo, consideremos os segmentos $\overline{AB}$, de 3 cm, e $\overline{CD}$, de 4 cm.

É claro que $\overline{AB}$ é menor que $\overline{CD}$, mas podemos dar uma informação mais detalhada se calcularmos o quociente $\frac{AB}{CD}$. Vamos verificar.

$$\frac{AB}{CD} = \frac{3 \text{ cm}}{4 \text{ cm}} = \frac{3}{4} = 0{,}75$$

Assim, $\overline{AB}$ é $\frac{3}{4}$ de $\overline{CD}$. Mas também podemos denominar essa relação de outra forma.

Razão de segmentos

Considerando o exemplo anterior, dizemos que a *razão* dos segmentos $\overline{AB}$ e $\overline{CD}$ é $\frac{3}{4}$.

Vejamos outros exemplos.

Consideremos os segmentos $\overline{EF}$ de 6 u e $\overline{FG}$ de 4 u, sendo *u* uma unidade qualquer (cm, dm, m, etc.).

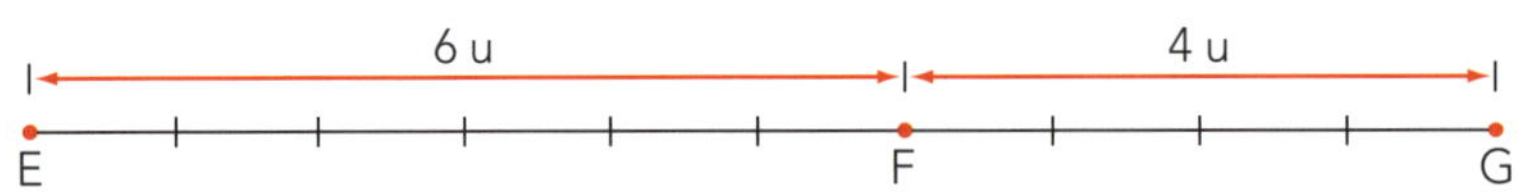

Vamos estabelecer a razão dos segmentos $\overline{EF}$ e $\overline{FG}$:

$$\frac{EF}{FG} = \frac{6 \text{ u}}{4 \text{ u}} = \frac{6}{4} = \frac{3}{2} = 1{,}5$$

Portanto, $\overline{EF}$ é 1,5 vez maior que $\overline{FG}$.

Dizemos que a *razão* dos segmentos $\overline{EF}$ e $\overline{FG}$ é $\frac{3}{2}$.

Vamos agora determinar a razão entre os segmentos $\overline{MN}$, de 0,2 m, e $\overline{PQ}$, de 50 cm. Inicialmente, devemos transformar as medidas dos segmentos para a mesma unidade:

$$MN = 0{,}2 \text{ m} = 20 \text{ cm}$$

Em seguida, estabelecemos a razão:

$$\frac{MN}{PQ} = \frac{20 \text{ cm}}{50 \text{ cm}} = \frac{20}{50} = \frac{2}{5} = 0{,}4$$

A razão entre os segmentos $\overline{MN}$ e $\overline{PQ}$ é $\frac{2}{5}$.

Podemos, então, definir o que é razão entre segmentos:

> A razão entre dois segmentos é a razão de suas medidas, tomadas na mesma unidade.
>
> Dados dois segmentos, $\overline{AB}$ e $\overline{CD}$, a razão entre eles é indicada por $\frac{AB}{CD}$.

Segmentos proporcionais

Consideremos os segmentos AB = 8 cm, CD = 20 cm, MN = 10 cm e PQ = 25 cm.

Vamos obter as razões $\frac{AB}{CD}$ e $\frac{MN}{PQ}$:

$$\frac{AB}{CD} = \frac{8\text{ cm}}{20\text{ cm}} \Rightarrow \frac{AB}{CD} = \frac{8}{20} \Rightarrow \frac{AB}{CD} = \frac{2}{5}$$

$$\frac{MN}{PQ} = \frac{10\text{ cm}}{25\text{ cm}} \Rightarrow \frac{MN}{PQ} = \frac{10}{25} \Rightarrow \frac{MN}{PQ} = \frac{2}{5}$$

As razões $\frac{AB}{CD}$ e $\frac{MN}{PQ}$ são iguais a $\frac{2}{5}$. Então, elas são iguais entre si.

Temos, então, a igualdade de duas razões:

$$\frac{AB}{CD} = \frac{MN}{PQ}$$

que é uma *proporção*. De modo geral, podemos afirmar o seguinte:

> Se quatro segmentos, $\overline{AB}$, $\overline{CD}$, $\overline{MN}$ e $\overline{PQ}$, formam a proporção:
>
> $$\frac{AB}{CD} = \frac{MN}{PQ}$$
>
> dizemos que $\overline{AB}$ e $\overline{CD}$ são proporcionais a $\overline{MN}$ e $\overline{PQ}$.

Exercícios

292. Qual é a razão entre os segmentos $\overline{AB}$ e $\overline{CD}$ da figura?

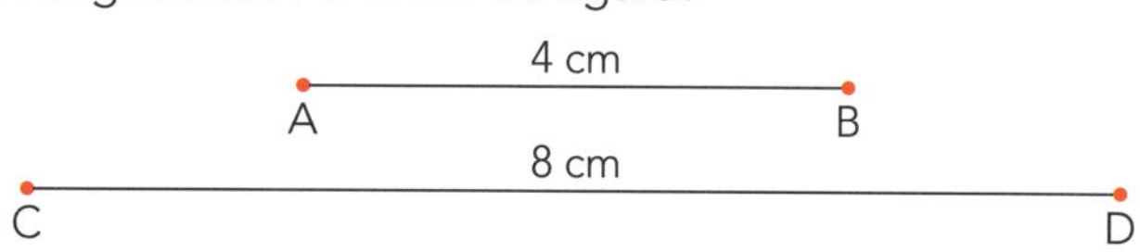

293. Sabendo que AB = 10 cm, RS = 16 cm e PQ = 30 cm, determine as razões:

a) $\frac{AB}{RS}$ b) $\frac{RS}{AB}$ c) $\frac{RS}{PQ}$ d) $\frac{PQ}{AB}$

294. Na figura, os segmentos $\overline{AB}$, $\overline{BC}$, $\overline{CD}$ e $\overline{DE}$ são congruentes.

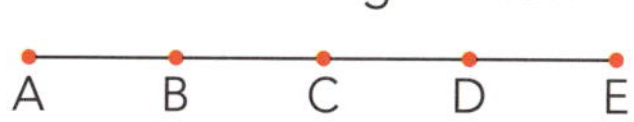

AB = BC = CD = DE = u

Estabeleça as razões:

a) $\frac{AB}{BC}$ b) $\frac{AB}{BE}$ c) $\frac{AC}{CE}$ d) $\frac{AD}{AB}$ e) $\frac{BC}{AE}$

295. Os segmentos $\overline{AB}$ e $\overline{CD}$ são proporcionais aos segmentos $\overline{CD}$ e $\overline{EF}$, respectivamente. Se AB = 2 cm e EF = 8 cm, determine a medida de CD.

296. Determine a medida dos segmentos AB e BC da figura, sabendo que $\frac{AB}{BC} = \frac{2}{3}$ e AC = 35 cm.

297. A razão entre a base e a altura de um retângulo é $\frac{5}{2}$. Se a base mede 15 m, determine o perímetro desse retângulo.

298. Qual é a razão entre o raio e o diâmetro da mesma circunferência?

299. Se *M* é o ponto médio de um segmento $\overline{AB}$, determine a razão $\frac{AM}{MB}$.

300. Na figura, $\frac{AB}{BC} = \frac{3}{7}$ e BC = 16 cm. Determine os valores de *x* e *y*.

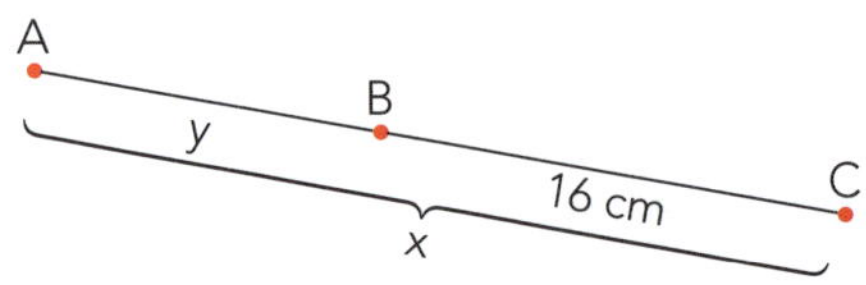

301. Os segmentos $\overline{AB}$, $\overline{CD}$, $\overline{MN}$ e $\overline{PQ}$ formam, nessa ordem, uma proporção. Se MN = 2 cm, PQ = 5 cm e AB + CD = 28 cm, determine $\overline{AB}$ e $\overline{CD}$.

302. A razão entre dois lados de um paralelogramo é $\frac{2}{3}$. Se o perímetro desse paralelogramo é 150 m, determine as medidas dos lados.

Feixe de paralelas

Um conjunto de retas de um plano, todas paralelas entre si, é chamado *feixe* de retas paralelas.

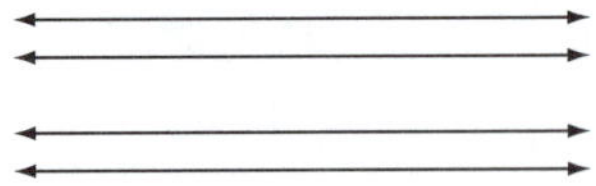

Transversal do feixe

Uma reta que concorre com todas as retas do feixe é chamada *transversal* desse feixe.

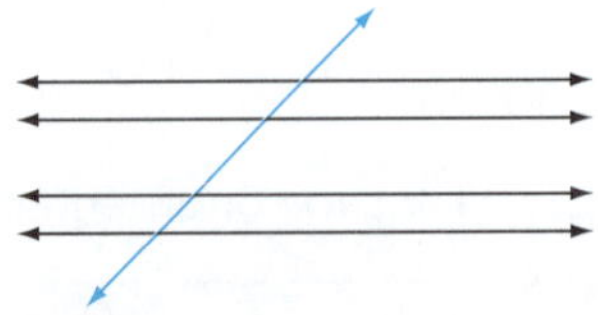

Paralelas igualmente espaçadas

Sobre uma reta *s* estão marcados os pontos *A*, *B*, *C*, *D*, *E*, ..., de modo que:

$$AB = BC = CD = DE = ... = h$$

Vamos traçar, passando por um a um desses pontos, uma reta perpendicular a *s*.

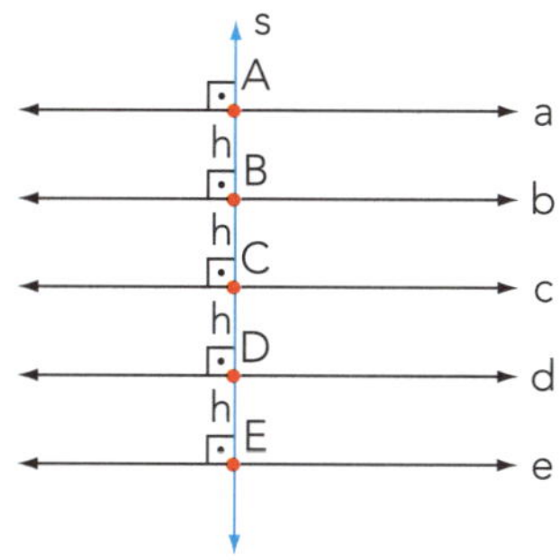

Percebemos que as retas *a*, *b*, *c*, *d*, *e*, ... são paralelas entre si. Dizemos, então, que elas são *retas paralelas igualmente espaçadas*.

Quando consideramos um feixe de paralelas igualmente espaçadas e uma transversal *t* qualquer, a reta *t* intercepta as retas do feixe em *A*', *B*', *C*', *D*', *E*', etc. Que podemos afirmar sobre A'B', B'C', C'D', D'E', etc.? Isso mesmo: são *iguais*, porque os triângulos destacados na figura são todos congruentes entre si.

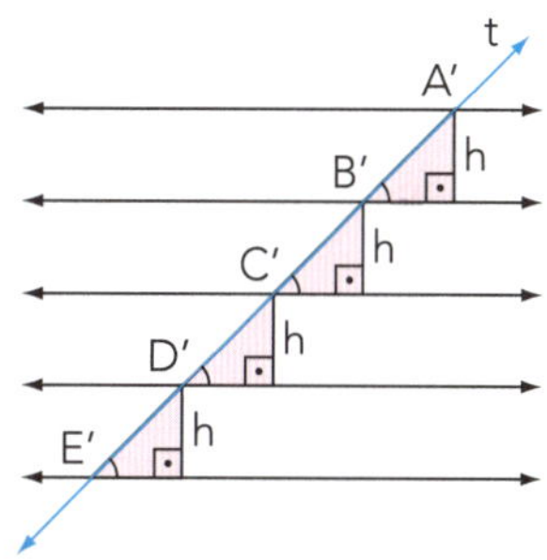

Também é verdade que, se considerarmos uma transversal *t* e marcarmos em *t* os pontos *A*, *B*, *C*, *D*, *E*, etc., de modo que AB = BC = CD = DE = ... = x, e traçarmos por esses pontos um feixe de paralelas, as retas do feixe (*a*, *b*, *c*, *d*, *e*, ...) serão igualmente espaçadas (o que se prova usando congruência de triângulos).

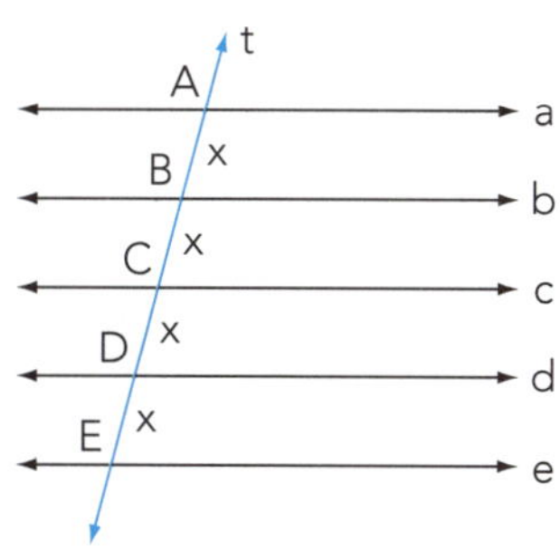

Finalmente, quando temos um feixe de paralelas igualmente espaçadas e duas transversais *s* e *t* quaisquer, o feixe determina em *s* segmentos todos congruentes entre si (com medida *x*) e também determina em *t* segmentos todos congruentes entre si (com medida *y*).

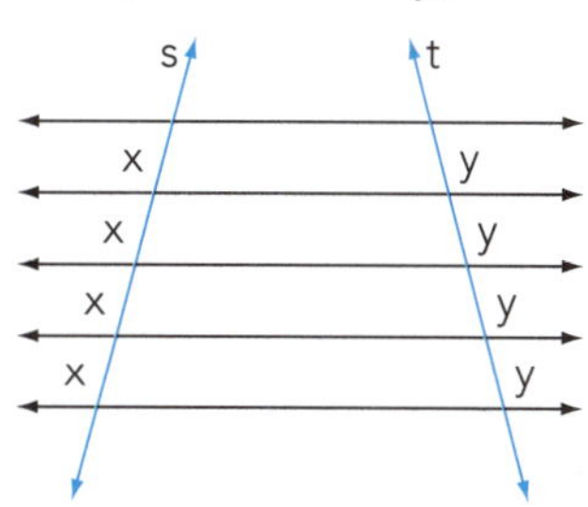

Podemos, então, generalizar:

Se um feixe de retas paralelas determina segmentos congruentes sobre uma transversal, então determina segmentos congruentes sobre qualquer outra transversal.

Teorema de Tales

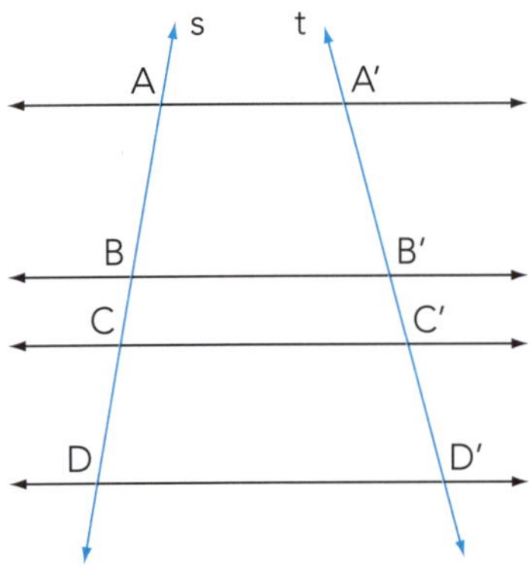

Ao observarmos a figura ao lado, que mostra um feixe de paralelas com duas transversais, podemos dizer que:

- são *correspondentes* os pontos: A e A', B e B', C e C', D e D';
- são *correspondentes* os segmentos: $\overline{AB}$ e $\overline{A'B'}$, $\overline{CD}$ e $\overline{C'D'}$, $\overline{AC}$ e $\overline{A'C'}$, etc.

Vamos supor que existe um segmento x que "cabe" p vezes em $\overline{AB}$ e q vezes em $\overline{CD}$, e que p e q são números inteiros. Na figura ao lado, p = 5 e q = 4.

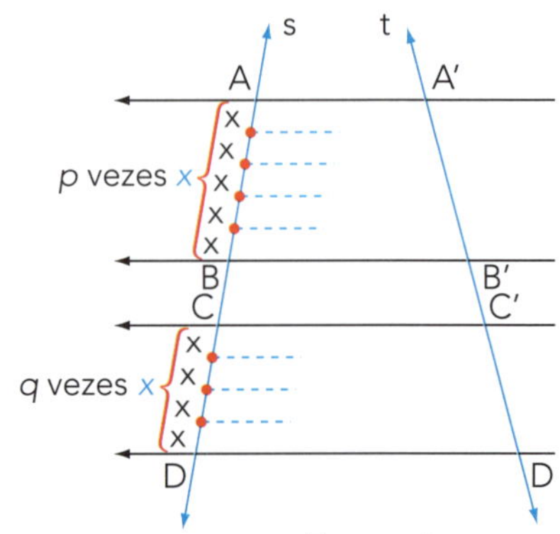

p = 5 e q = 4

Portanto, $\frac{AB}{CD} = \frac{5}{4}$.

Temos, então:

$$AB = p \cdot x \text{ e } CD = q \cdot x$$

Estabelecendo a razão $\frac{AB}{CD}$, temos:

$$\frac{AB}{CD} = \frac{p \cdot x}{q \cdot x} \Rightarrow \frac{AB}{CD} = \frac{p}{q} \quad ①$$

Conduzindo retas do feixe pelos pontos de divisão de $\overline{AB}$ e $\overline{CD}$ (veja linhas tracejadas na figura), observamos que:

- o segmento $\overline{A'B'}$ fica dividido em p partes congruentes (de medida x');
- o segmento $\overline{C'D'}$ fica dividido em q partes congruentes (também de medida x');

$$A'B' = p \cdot x' \text{ e } C'D' = q \cdot x'$$

- ao estabelecermos a razão $\frac{A'B'}{C'D'}$, temos:

$$\frac{A'B'}{C'D'} = \frac{p \cdot x'}{q \cdot x'} \Rightarrow \frac{A'B'}{C'D'} = \frac{p}{q} \quad ②$$

- comparando as igualdades ① e ②, vem:

$$\frac{AB}{CD} = \frac{A'B'}{C'D'}$$

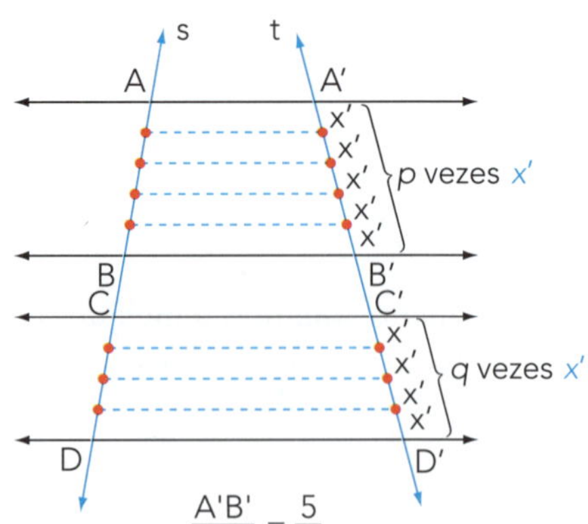

$\frac{A'B'}{C'D'} = \frac{5}{4}$

E daí concluímos:

> Um feixe de retas paralelas determina sobre duas transversais segmentos proporcionais.

Ou, de uma forma mais detalhada:

> Se duas retas são transversais de um feixe de retas paralelas, então a razão entre dois segmentos *quaisquer* de uma delas é igual à razão entre os segmentos correspondentes da outra.

Observe que se trata da razão entre dois segmentos *quaisquer* de uma transversal e seus correspondentes da outra.

Assim, na figura, temos:

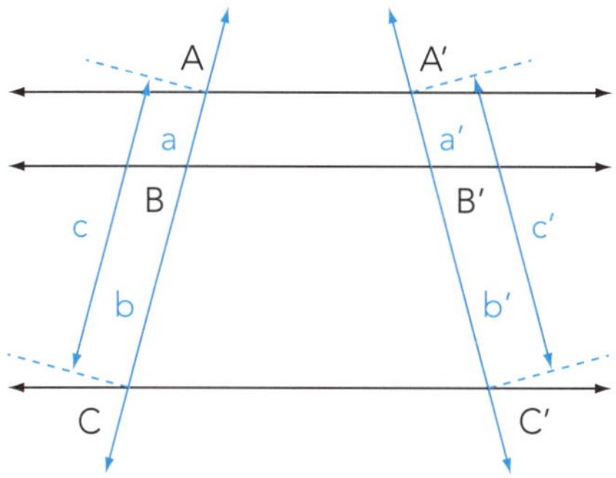

$$\frac{AB}{BC} = \frac{A'B'}{B'C'} \text{ ou } \frac{a}{b} = \frac{a'}{b'}$$

$$\frac{AB}{AC} = \frac{A'B'}{A'C'} \text{ ou } \frac{a}{c} = \frac{a'}{c'}$$

$$\frac{BC}{AC} = \frac{B'C'}{A'C'} \text{ ou } \frac{b}{c} = \frac{b'}{c'}, \text{ etc.}$$

Como consequência, *as razões entre segmentos correspondentes são iguais*:

$$\frac{a}{a'} = \frac{b}{b'} = \frac{c}{c'}$$

Exercícios

303. Nas figuras, a // b // c. Calcule *x*:

a)

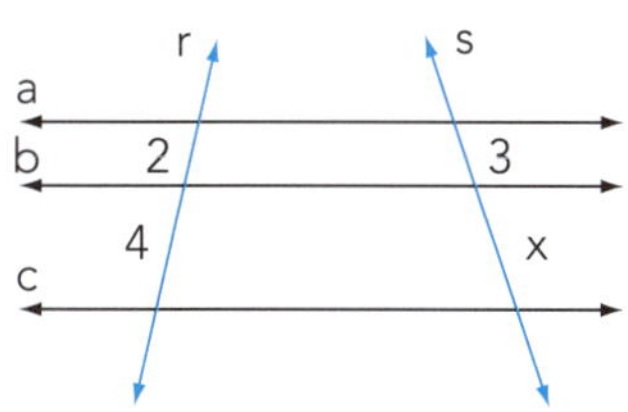

c)

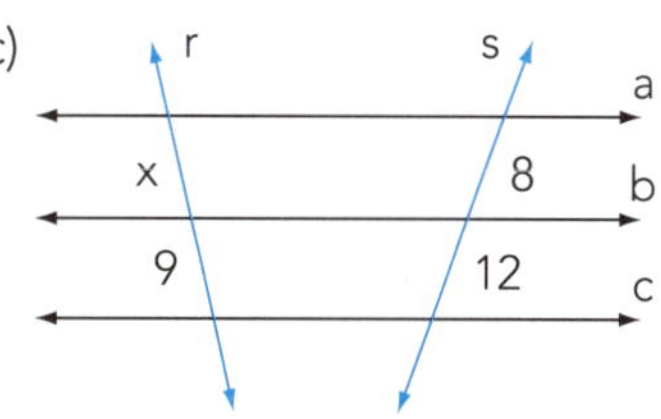

b)

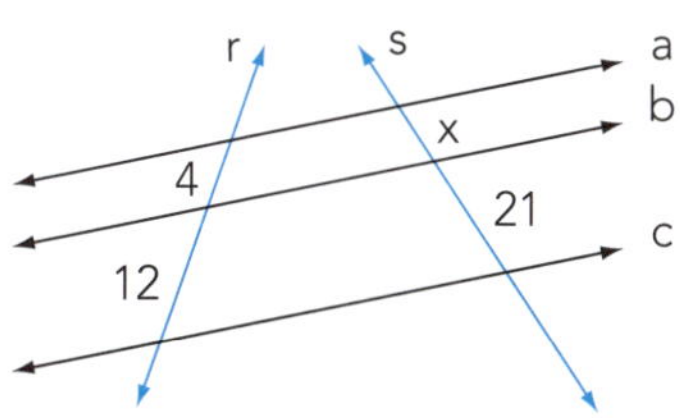

d)

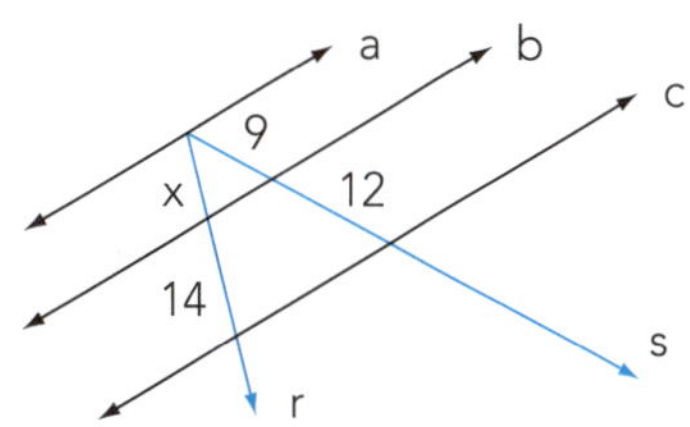

304. Sendo *r* e *s* transversais de um feixe de paralelas, calcule *x* e *y*:

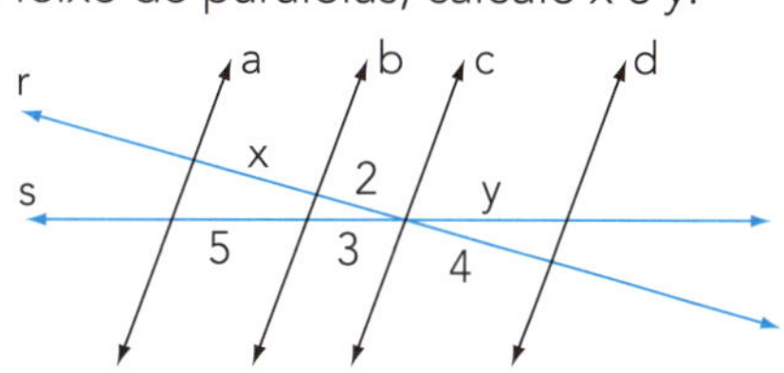

305. Sendo a // b // c // d, determine *x*, *y* e *z*:

a)

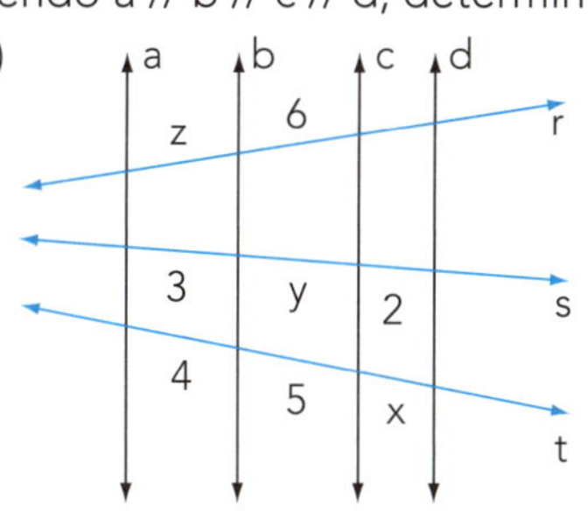

b)

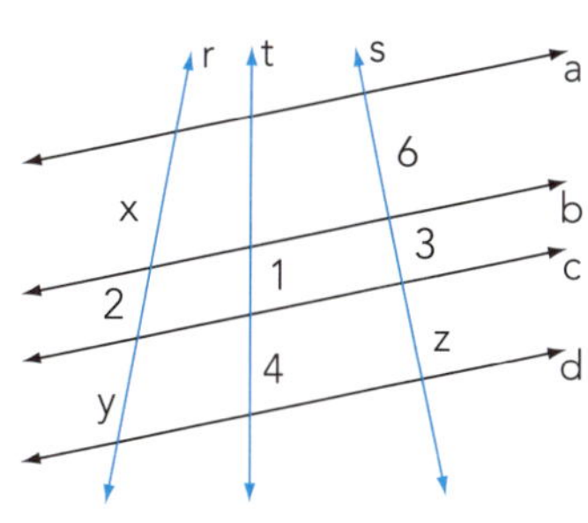

306. Sabendo que $\overline{DE} \,//\, \overline{BC}$, determine x:

a)

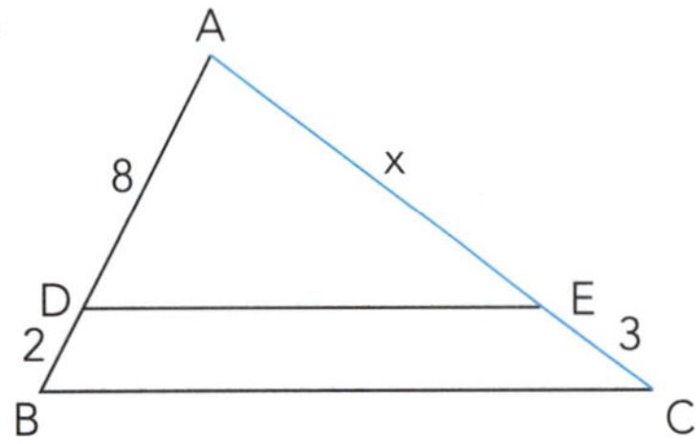

b)

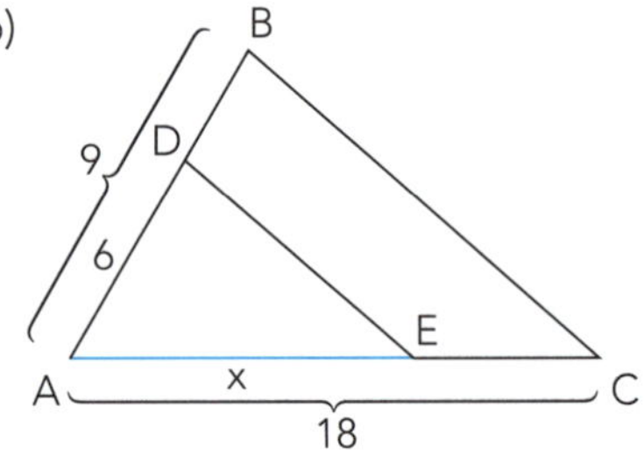

307. Um feixe de três paralelas determina, numa transversal, os pontos *A*, *B* e *C* e, numa outra transversal, os pontos correspondentes *A'*, *B'* e *C'*. Se AB = 4 cm, BC = 7 cm e A'B' = 12 cm, determine $\overline{B'C'}$.

308. Sendo *r* e *s* transversais de um feixe de paralelas, calcule *x*:

a)

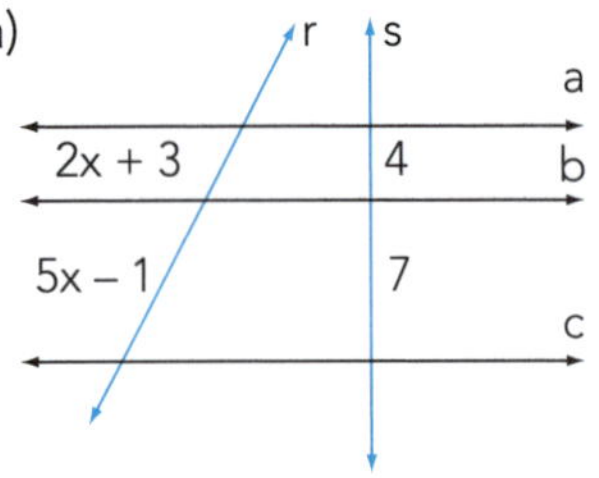

b)

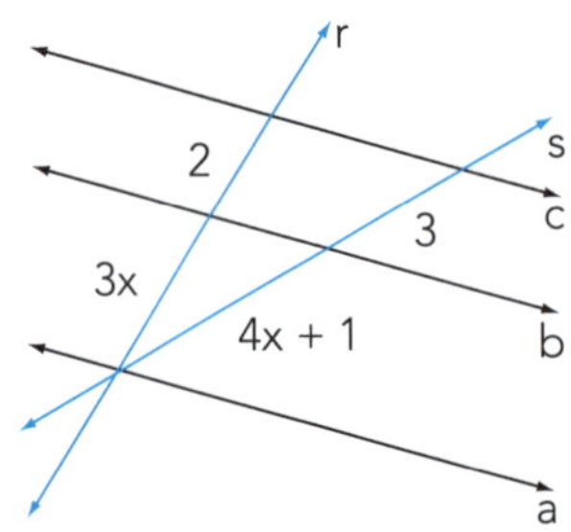

c)

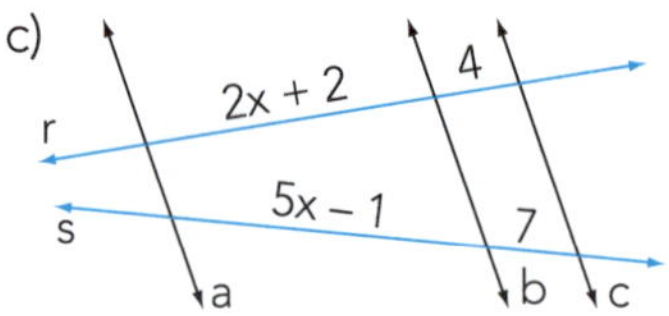

309. Um feixe de quatro paralelas determina sobre uma transversal três segmentos consecutivos, que medem 5 cm, 6 cm e 9 cm. Calcule os comprimentos dos segmentos determinados pelo feixe em outra transversal, sabendo que o segmento desta, compreendido entre a primeira e a quarta paralela, mede 60 cm.

310. Um triângulo ABC tem os lados $\overline{AC}$ e $\overline{BC}$ medindo 32 cm e 36 cm, respectivamente. Por um ponto *M*, do lado $\overline{AC}$, a 10 cm do vértice *C*, traçamos uma paralela ao lado $\overline{AB}$, que determina um ponto *N* em $\overline{BC}$. Qual é a medida de $\overline{CN}$?

311. Determine *x* e *y*, sendo *r*, *s* e *t* retas paralelas.

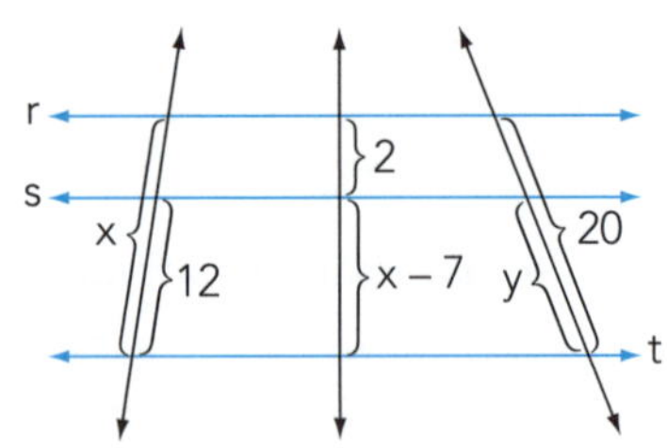

312. Uma reta paralela ao lado $\overline{BC}$ de um triângulo ABC determina o ponto *D* em $\overline{AB}$ e *E* em $\overline{AC}$. Sabendo que AD = x, BD = x + 6, AE = 3 e EC = 4, determine a medida do lado AB do triângulo.

313. A figura ao lado indica três lotes de terreno com frentes para a rua A e para a rua B. As divisas dos lotes são perpendiculares à rua A. As frentes dos lotes 1, 2 e 3 para a rua A medem, respectivamente, 15 m, 20 m e 25 m. A frente do lote 2 para a rua B mede 28 m. Qual é a medida da frente para a rua B dos lotes 1 e 3?

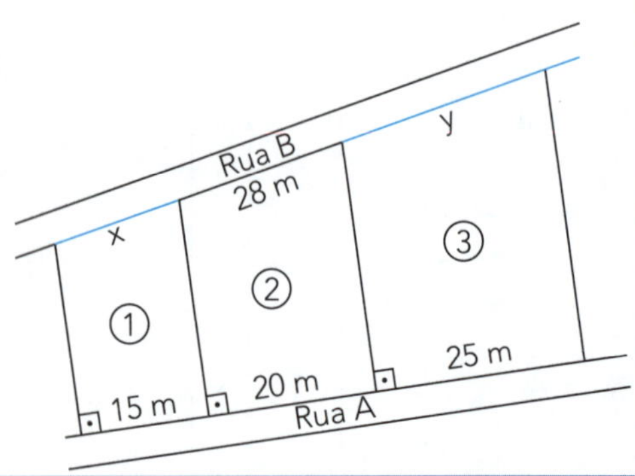

capítulo 19

Semelhança

Olhando para o mundo que nos rodeia, podemos encontrar facilmente objetos que têm a mesma forma. Por exemplo: as bolas usadas nos jogos de pingue-pongue, tênis, voleibol, futebol e basquetebol têm todas a mesma forma esférica, embora os tamanhos sejam diferentes.

Albany Estúdio

Quando olhamos para duas cópias da mesma foto, mesmo com tamanhos diferentes, estamos diante de duas figuras semelhantes. A figura maior é uma *ampliação* da menor. A figura menor é uma *redução* da maior.

Albany Estúdio

Às vezes, encontramos objetos de formas parecidas. Será que devemos considerá-los semelhantes?

Para a Matemática, dois cilindros são semelhantes somente se a razão entre o diâmetro das bases (de um e de outro) é igual à razão entre as alturas (de um e de outro). Veja um exemplo de cilindros semelhantes:

$$\frac{6}{10} = \frac{4,2}{7}$$

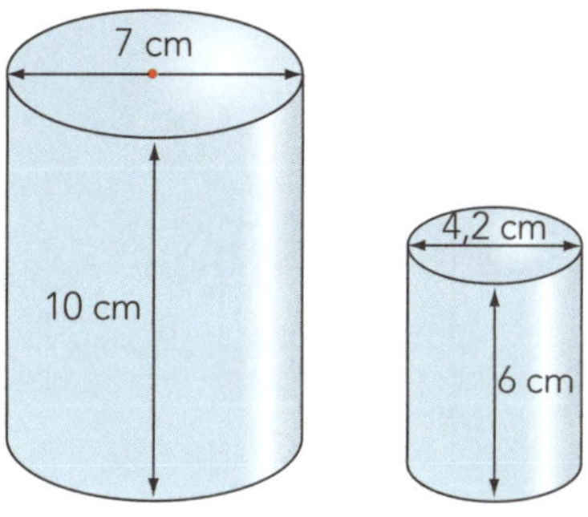

Dois paralelepípedos são semelhantes somente se a razão entre as três dimensões (em ordem crescente) de um e as correspondentes dimensões do outro for sempre a mesma. Observe:

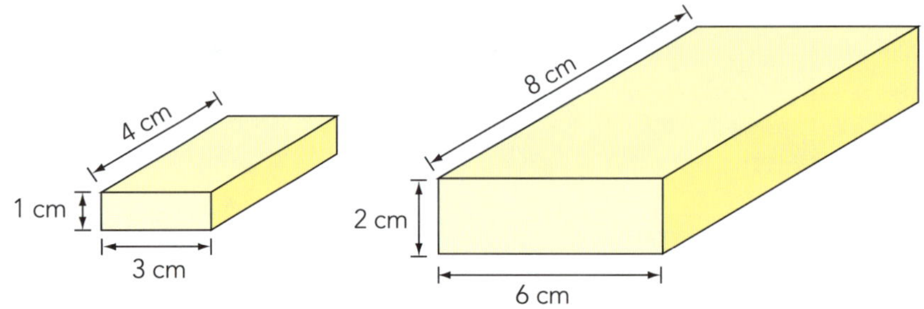

$$\frac{2}{1} = \frac{6}{3} = \frac{8}{4}$$

De um modo geral, em Matemática, dois objetos são semelhantes somente quando a razão entre um segmento de um e o segmento correspondente (ou homólogo) do outro é sempre a mesma (é constante), qualquer que seja o par de segmentos correspondentes considerado.

Exercícios

314. Compare as figuras abaixo e responda:

a) Quais são semelhantes à circunferência?

b) Quais são semelhantes ao quadrado?

c) Quais são semelhantes ao retângulo?

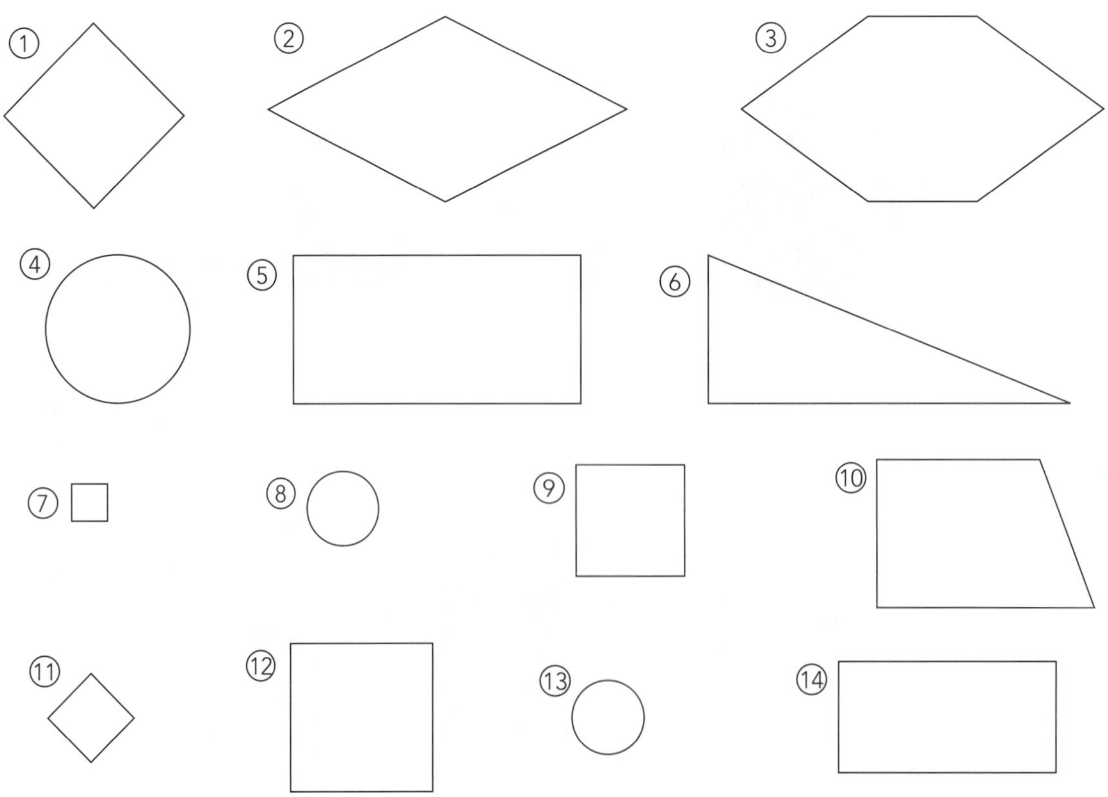

315. Copie a figura abaixo em seu caderno.

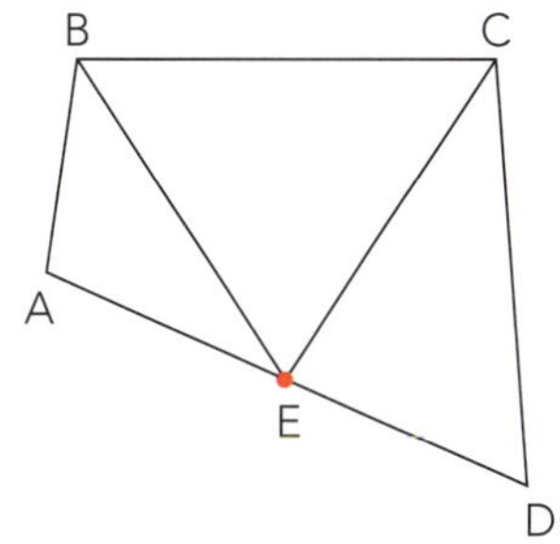

Em seguida, construa uma figura semelhante, de tamanho duas vezes maior, usando o método da homotetia:

a) tome um ponto *O* qualquer, próximo à figura;

b) trace as semirretas $\overrightarrow{OA}$, $\overrightarrow{OB}$, $\overrightarrow{OC}$, $\overrightarrow{OD}$ e $\overrightarrow{OE}$;

c) coloque a ponta-seca do compasso em *A*, abra até *O* e marque *A'* na semirreta $\overrightarrow{OA}$, de modo que *A* fique sendo o ponto médio de $\overrightarrow{OA'}$;

d) analogamente, construa *B'* em $\overrightarrow{OB}$, *C'* em $\overrightarrow{OC}$, *D'* em $\overrightarrow{OD}$ e *E'* em $\overrightarrow{OE}$;

e) ligue *A'*, *B'*, *C'*, *D'* e *E'*.

316. Construa uma figura semelhante à do exercício anterior, de tamanho três vezes maior, usando o método da homotetia.

317. Use papel quadriculado e amplie a figura abaixo para o dobro do seu tamanho. Em seguida, para o triplo.

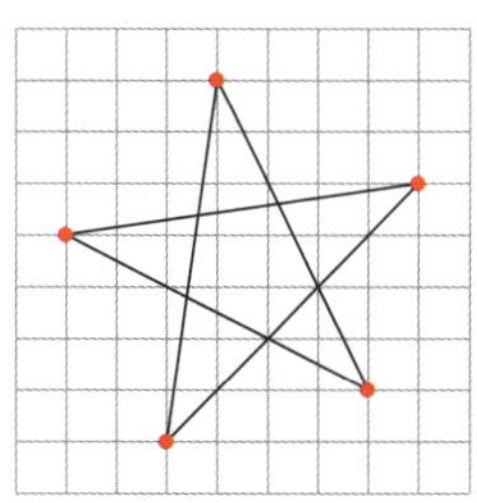

318. Use papel quadriculado e amplie cada figura abaixo para quatro vezes seu tamanho.

a) 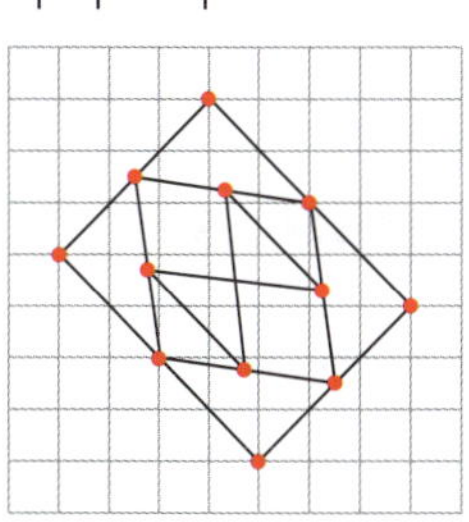

b) 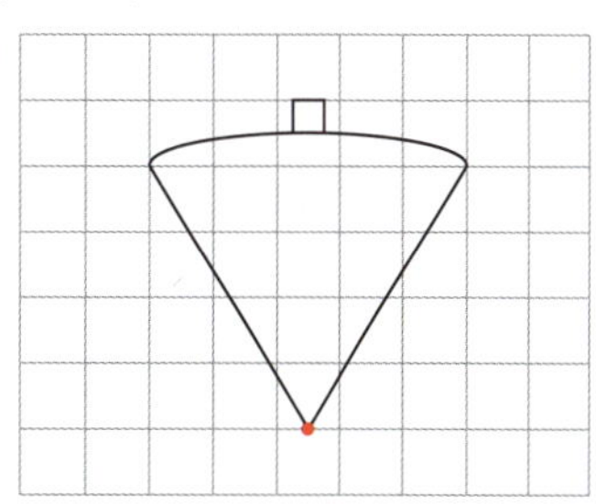

capítulo 20

Semelhança de triângulos

Comparando triângulos

Vamos estudar mais profundamente a semelhança das figuras mais simples: os triângulos.

Se desenharmos dois triângulos ao acaso, provavelmente obteremos triângulos **não** semelhantes.

Observe as coleções de triângulos abaixo organizadas por formas iguais.

Coleção 1 — triângulos equiláteros

Coleção 2 — triângulos retângulos e isósceles

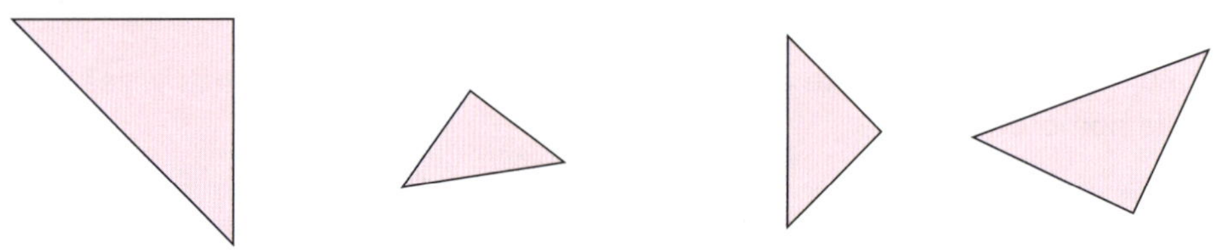

Coleção 3 — triângulos isósceles com ângulo de 120°

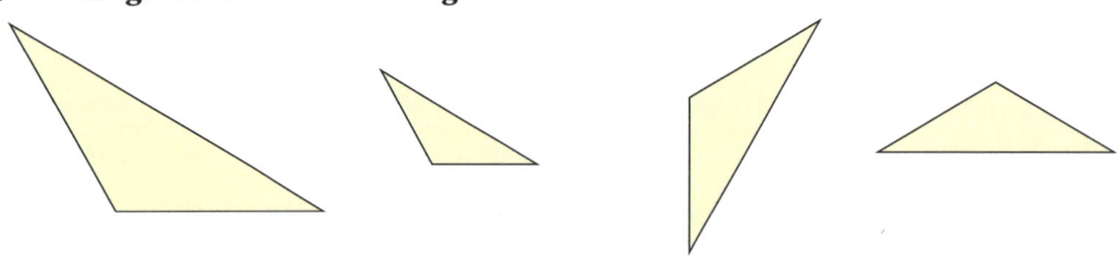

Aqui dois triângulos de cores iguais são semelhantes e dois triângulos de cores diferentes **não** são semelhantes.

Afinal, o que precisa acontecer com os ângulos e com os lados de dois triângulos para que eles sejam semelhantes?

Conceito de semelhança para triângulos

Observe os triângulos ABC e DEF, construídos de modo a terem a mesma forma.

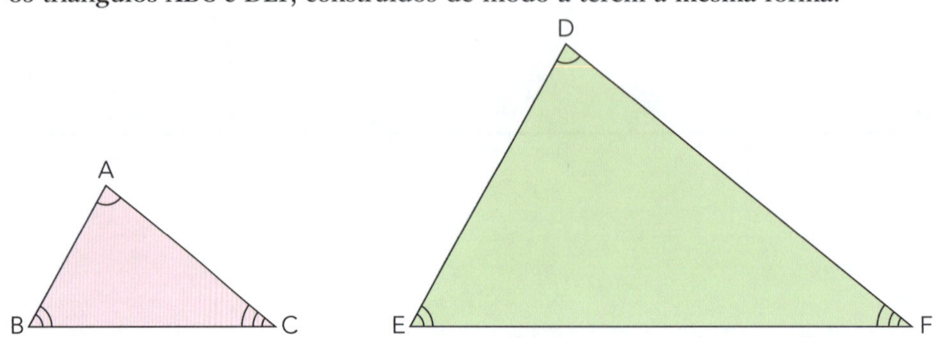

Como eles têm a mesma forma, é possível colocar o triângulo menor (ABC) dentro do maior (DEF), de maneira que seus lados fiquem respectivamente paralelos.

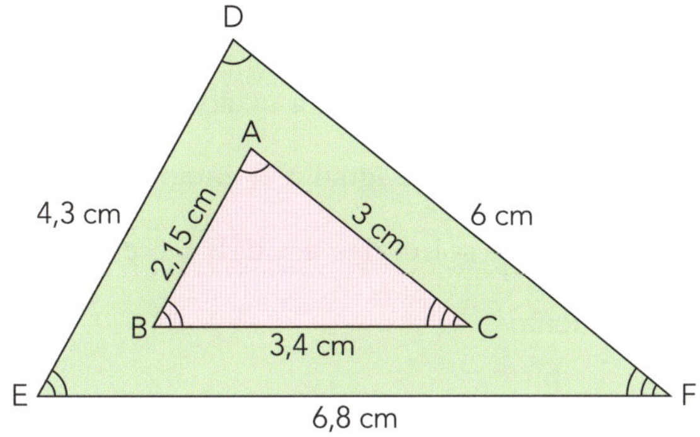

Podemos, então, notar que dois triângulos que têm formas iguais têm necessariamente ângulos correspondentes congruentes:

$$\hat{A} \equiv \hat{D} \qquad \hat{B} \equiv \hat{E} \qquad \hat{C} \equiv \hat{F}$$

Se medirmos os lados dos dois triângulos e calcularmos as razões entre os lados correspondentes, teremos:

$$\frac{AB}{DE} = \frac{2{,}15\ \text{cm}}{4{,}3\ \text{cm}} = \frac{1}{2} \qquad \frac{AC}{DF} = \frac{3\ \text{cm}}{6\ \text{cm}} = \frac{1}{2} \qquad \frac{BC}{EF} = \frac{3{,}4\ \text{cm}}{6{,}8\ \text{cm}} = \frac{1}{2}$$

Logo, as razões são todas iguais, ou seja, os lados correspondentes (homólogos) são proporcionais.

$$\frac{AB}{DE} = \frac{AC}{DF} = \frac{BC}{EF}$$

Vamos, então, estabelecer o seguinte conceito:

> Dois triângulos são semelhantes quando têm os ângulos correspondentes congruentes e os lados homólogos proporcionais.

Em símbolos matemáticos podemos escrever:

$$\triangle ABC \sim \triangle DEF \Leftrightarrow \begin{cases} \hat{A} \equiv \hat{D} \\ \hat{B} \equiv \hat{E} \\ \hat{C} \equiv \hat{F} \end{cases} \text{e} \quad \frac{a}{d} = \frac{b}{e} = \frac{c}{f}$$

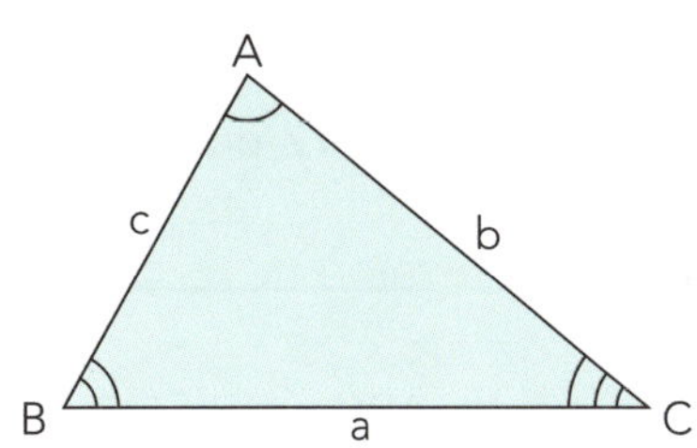

Símbolos
~ : semelhante
≡ : congruente

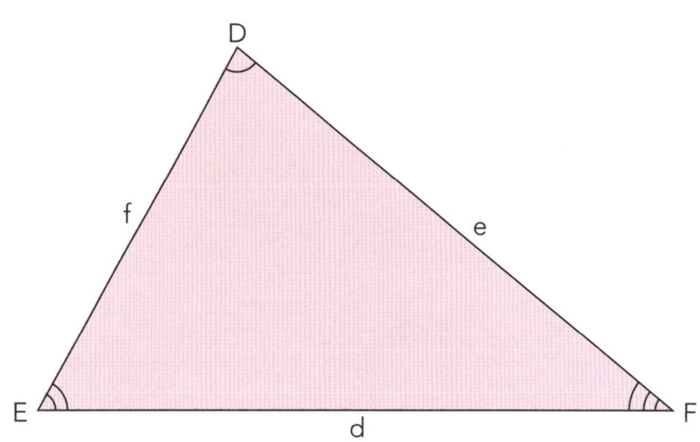

Razão de semelhança

Quando dois triângulos são semelhantes, a *razão entre dois lados correspondentes* é chamada *razão de semelhança*:

$$\frac{a}{d} = \frac{b}{e} = \frac{c}{f} = k, \text{ em que } k \text{ é a razão de semelhança}$$

Se a razão de semelhança de dois triângulos é igual a 1, então:

$$\frac{a}{d} = \frac{b}{e} = \frac{c}{f} = 1 \text{ e, daí, } a = d,\ b = e \text{ e } c = f$$

Portanto, os triângulos são congruentes.

Propriedades da semelhança

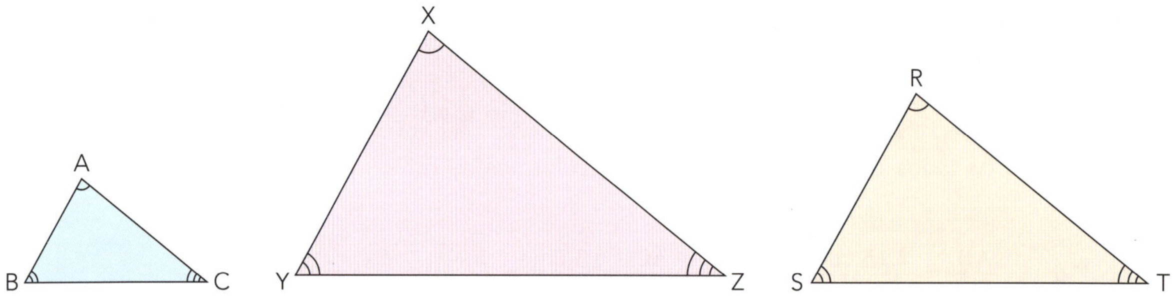

Propriedade reflexiva

Todo triângulo é semelhante a si mesmo.

$$\triangle ABC \sim \triangle ABC$$

Propriedade simétrica

Se um triângulo é semelhante a outro, então esse outro é semelhante ao primeiro.

$$\triangle ABC \sim \triangle XYZ \Rightarrow \triangle XYZ \sim \triangle ABC$$

Propriedade transitiva

Se um triângulo é semelhante a outro e esse outro é semelhante a um terceiro triângulo, então o primeiro é semelhante ao terceiro.

$$\triangle ABC \sim \triangle XYZ \text{ e } \triangle XYZ \sim \triangle RST \Rightarrow \triangle ABC \sim \triangle RST$$

Exercícios

319. Em cada item, os triângulos ABC e A'B'C' são semelhantes. Determine as medidas dos elementos indicados por letras:

a)

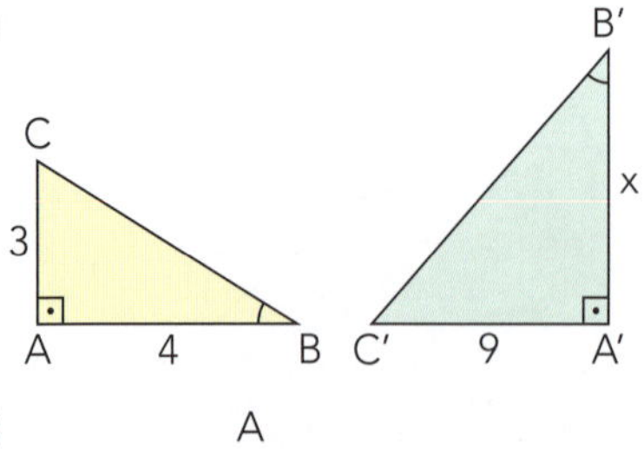

b)

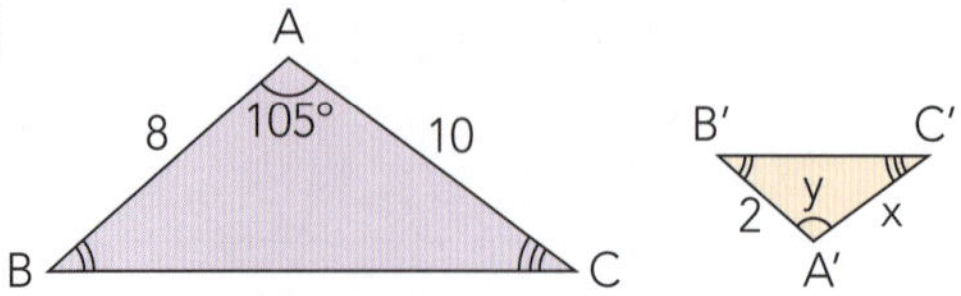

c)

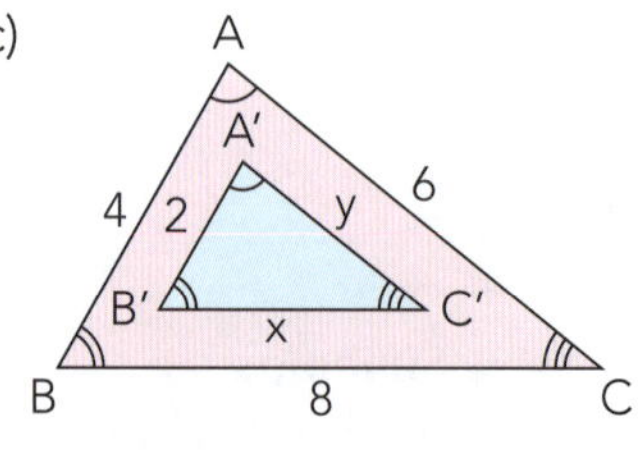

320. Compare os triângulos, meça seus lados e responda:

a) Quais são semelhantes a 1?

b) Quais são semelhantes a 4?

c) Quais são semelhantes a 5?

d) Quais são semelhantes a 8?

e) Quais são semelhantes a 11?

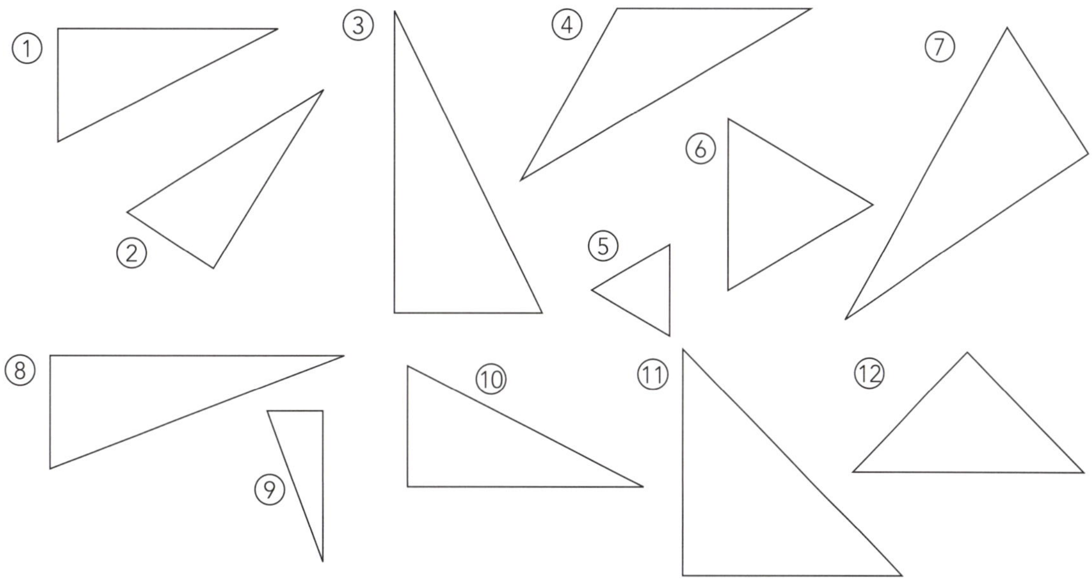

321. Os lados de um triângulo medem 7 cm, 5 cm e 4 cm. Determine os lados de um triângulo semelhante, sabendo que a razão de semelhança do primeiro para o segundo é $\frac{1}{3}$.

322. Os triângulos ABC e A'B'C' da figura são semelhantes ($\triangle ABC \sim \triangle A'B'C'$).

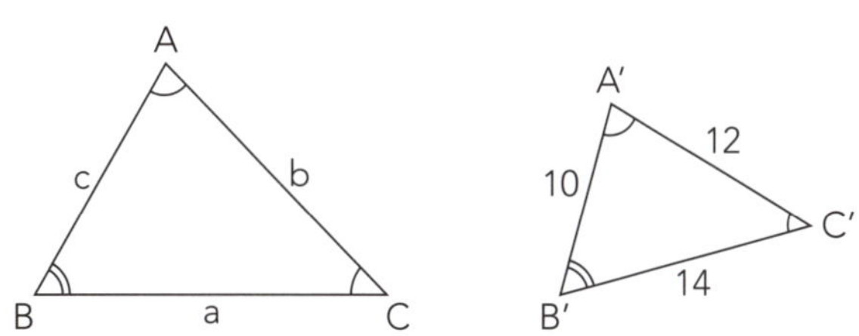

Se a razão de semelhança do primeiro para o segundo é $\frac{3}{2}$, determine:

a) *a*, *b* e *c*;

b) a razão entre os seus perímetros.

323. Mostre que, se a razão de semelhança entre dois triângulos é *k*, então a razão entre seus perímetros também é *k*.

324. Os lados de um triângulo medem 8 cm, 18 cm e 16 cm. Um triângulo semelhante a esse tem 63 cm de perímetro. Determine os lados do segundo triângulo.

325. Os lados de um triângulo medem 8,4 cm, 15,6 cm e 18 cm. Esse triângulo é semelhante a um triângulo cujo perímetro é 35 cm. Calcule o maior lado do segundo triângulo.

326. O perímetro de um triângulo é 60 m e um dos lados tem 25 m. Qual é o perímetro do triângulo semelhante cujo lado homólogo ao lado cuja medida foi dada mede 15 m?

Teorema fundamental

Vamos agora conhecer o teorema fundamental da semelhança de triângulos. Veja como chegamos a ele.

A figura mostra um triângulo ABC, e $\overline{DE}$ é um segmento paralelo ao lado $\overline{BC}$.

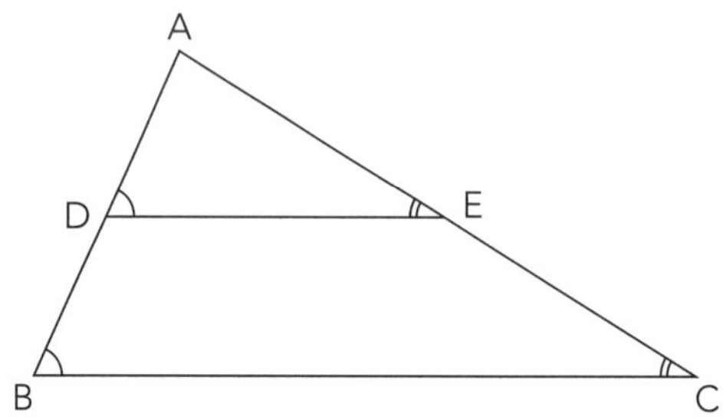

Observemos os ângulos dos triângulos ADE e ABC.

Do paralelismo de $\overline{DE}$ e $\overline{BC}$, temos:

$$\hat{D} \equiv \hat{B} \text{ e } \hat{E} \equiv \hat{C}$$

Então, os triângulos ADE e ABC têm os ângulos ordenadamente congruentes:

$$\hat{D} \equiv \hat{B},\ \hat{E} \equiv \hat{C} \text{ e } \hat{A} \text{ é comum } ①$$

Sendo $\overleftrightarrow{DE} \,//\, \overleftrightarrow{BC}$ e aplicando o teorema de Tales nas transversais $\overleftrightarrow{AB}$ e $\overleftrightarrow{AC}$, temos:

$$\frac{AD}{AB} = \frac{AE}{AC} \ ②$$

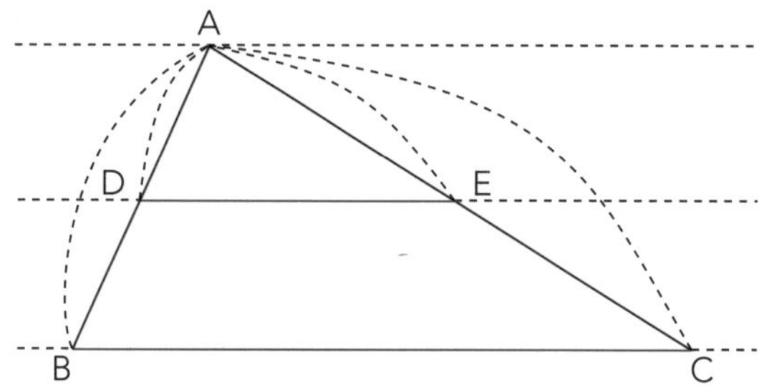

Pelo ponto *E*, vamos conduzir $\overleftrightarrow{EF}$, paralela a $\overleftrightarrow{AB}$.

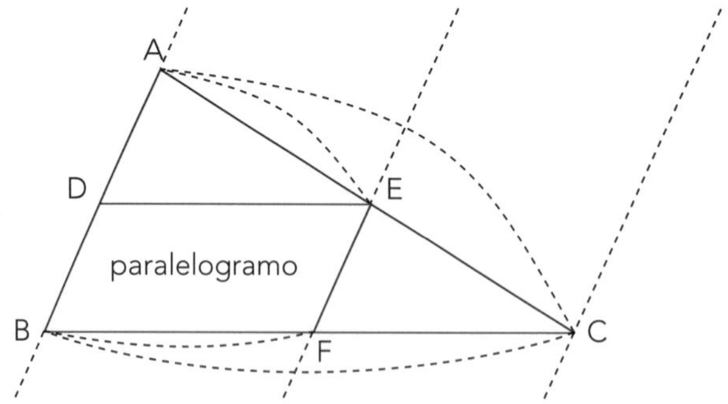

Sendo $\overleftrightarrow{EF} \,//\, \overleftrightarrow{AB}$ e aplicando o teorema de Tales, temos:

$$\frac{AE}{AC} = \frac{BF}{BC}$$

Mas $\overline{BF} \equiv \overline{DE}$, pois BDEF é um paralelogramo.

Substituindo BF por DE na última igualdade, vem:

$$\frac{AE}{AC} = \frac{DE}{BC} \ ③$$

Comparando ② e ③, temos:

$$\frac{AD}{AB} = \frac{AE}{AC} = \frac{DE}{BC} \ ④$$

Voltando aos triângulos ADE e ABC por ①, concluímos que eles têm *ângulos congruentes* e por ④ que eles têm *lados proporcionais*. Logo, eles são semelhantes.

$$\triangle ADE \sim \triangle ABC$$

> Toda paralela a um lado de um triângulo, que intercepta os outros dois lados em pontos distintos, determina um novo triângulo semelhante ao primeiro.

Exercícios

327. Sabendo que $\overline{BE} \mathbin{//} \overline{CD}$, AD = 20 cm, AC = 12 cm, CD = 16 cm e AE = 5 cm, determine AB = x e BE = y.

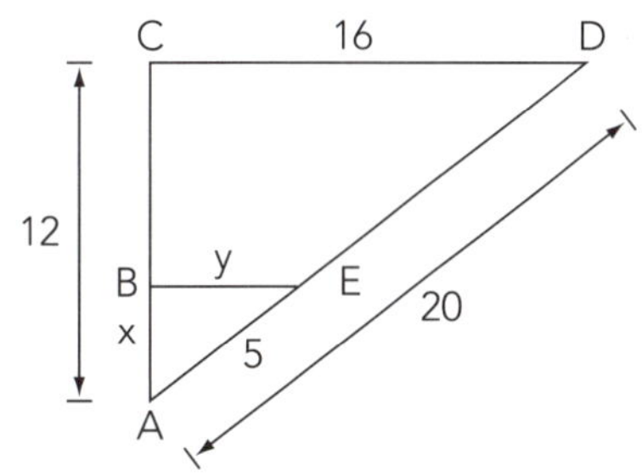

328. Na figura, os ângulos $\hat{R}$ e $\hat{C}$ são congruentes, AS = 6 cm, SB = 12 cm e BC = 30 cm. Determine RS = x.

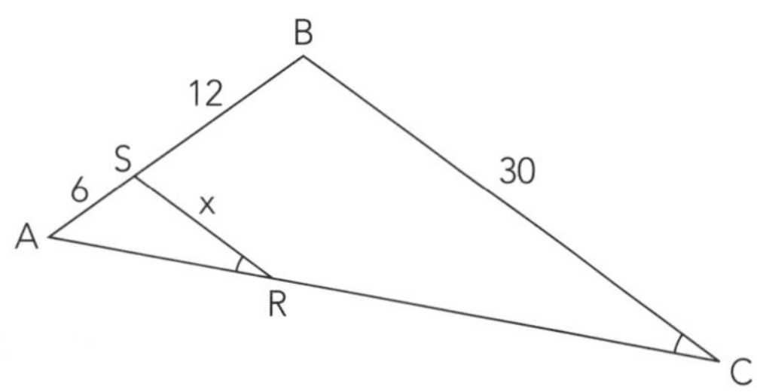

329. Na figura, $\overline{MN} \mathbin{//} \overline{BC}$, MN = x – 2, BC = x, AN = 2 e AC = 3. Determine x.

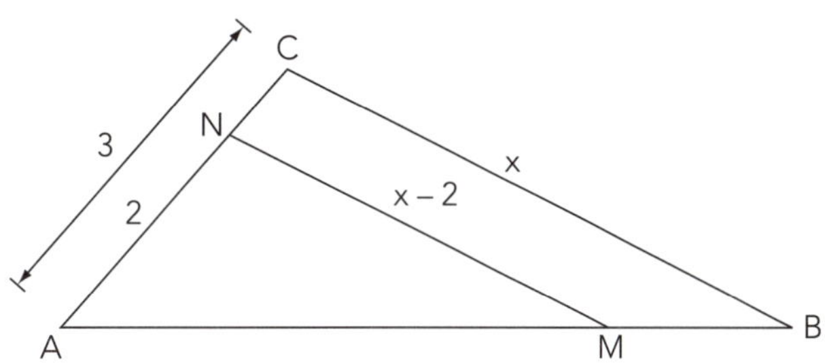

330. Sendo *r* e *s* retas paralelas, determine o valor de *x* nos casos:

a)

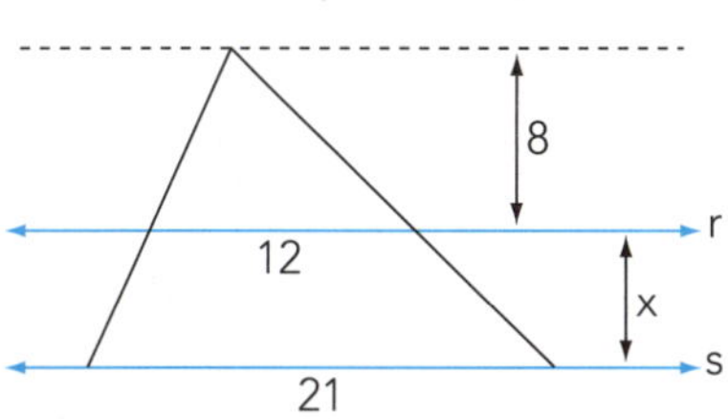

b)

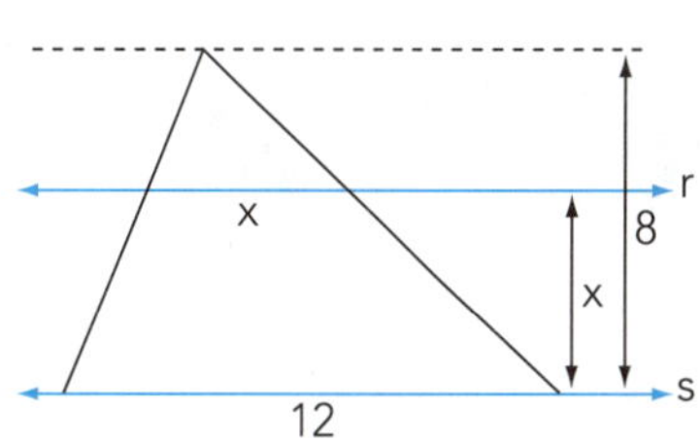

331. De um $\triangle ABC$ sabemos que AB = 20 m, BC = 30 m e AC = 25 m. Se *D* está em $\overline{AB}$, *E* em $\overline{AC}$, $\overline{DE}$ é paralelo a $\overline{BC}$ e DE = 18 m, determine x = DB e y = EC.

332. As bases de um trapézio medem 12 m e 18 m e os lados oblíquos às bases medem 5 m e 7 m. Determine os lados do menor triângulo que obtemos ao prolongar os lados oblíquos às bases.

333. Num triângulo isósceles de 21 cm de altura e 33 cm de base está inscrito um retângulo de 7 cm de altura, com a base na base do triângulo. Calcule a base do retângulo.

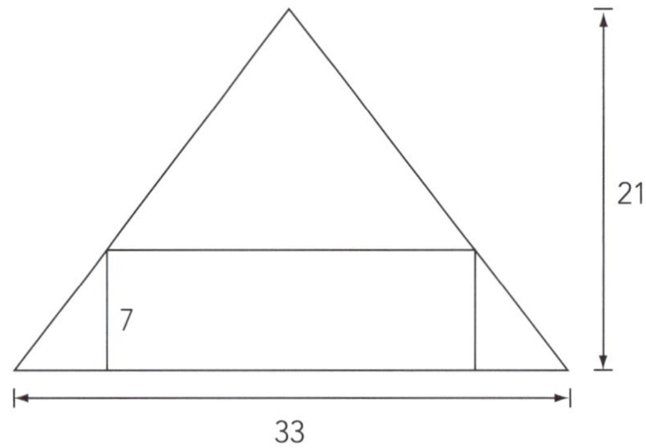

Jupiter Unlimited/Other Images

capítulo 21

Casos de semelhança

O conceito de triângulos semelhantes fixou as seguintes condições para um triângulo ABC ser semelhante a outro, A'B'C':

$$\underbrace{\hat{A} \equiv \hat{A}', \hat{B} \equiv \hat{B}', \hat{C} \equiv \hat{C}'}_{\text{três congruências de ângulos}} \text{ e } \underbrace{\frac{AB}{A'B'} = \frac{AC}{A'C'} = \frac{BC}{B'C'}}_{\text{proporcionalidade dos três lados}}$$

Entretanto, podem ser diminuídas essas exigências, reduzindo-se a uma quantidade bem menor. Os casos de semelhança (ou critérios de semelhança), que vamos ver em seguida, mostram quais são as condições mínimas para dois triângulos serem semelhantes.

1º caso: AA (Ângulo — Ângulo)

Observe dois triângulos, $\triangle ABC$ e $\triangle A'B'C'$, com dois ângulos respectivamente congruentes:

$$\hat{A} \equiv \hat{A}' \text{ e } \hat{B} \equiv \hat{B}'$$

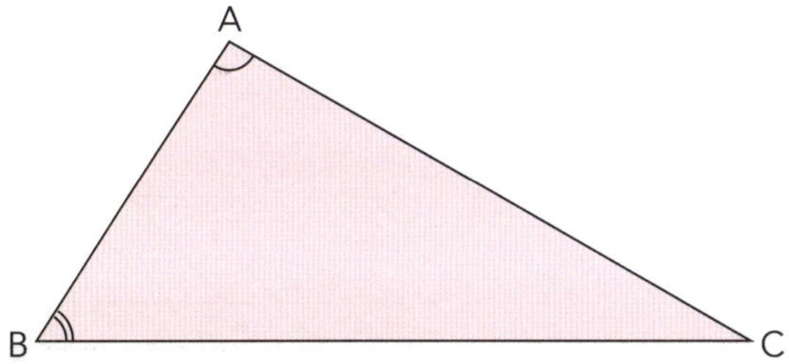

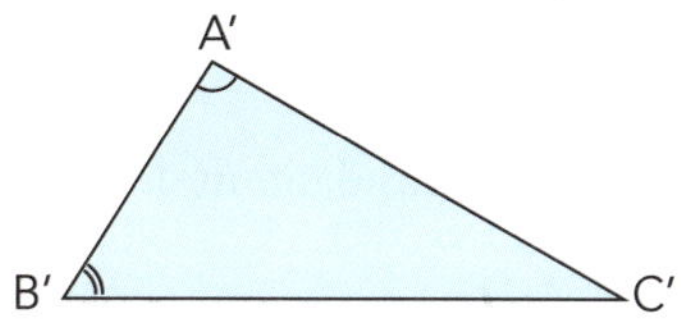

Se $\overline{AB} \equiv \overline{A'B'}$, então, $\triangle ABC \equiv \triangle A'B'C'$ e, daí, $\triangle ABC \sim \triangle A'B'C'$.

Vamos supor que os triângulos não são congruentes e que $AB > A'B'$.

Tomemos D em $\overline{AB}$, de modo que $\overline{AD} \equiv \overline{A'B'}$, e por D vamos traçar $\overline{DE} \parallel \overline{BC}$.

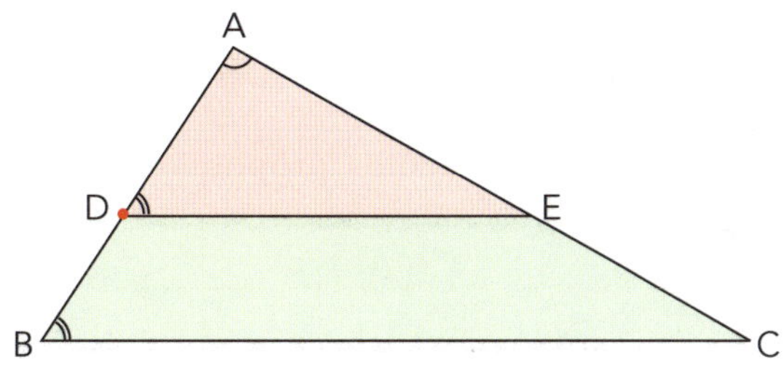

Pelo caso de congruência ALA, os triângulos ADE e A'B'C' são congruentes:

$$\triangle ADE \equiv \triangle A'B'C'$$

Pelo teorema fundamental, os triângulos ADE e ABC são semelhantes:

$$\triangle ADE \sim \triangle ABC$$

Então, os triângulos A'B'C' e ABC também são semelhantes.

$$\triangle A'B'C' \sim \triangle ABC$$

Se dois triângulos possuem *dois ângulos* respectivamente congruentes, então os triângulos são *semelhantes*.

2º caso: LAL (Lado — Ângulo — Lado)

Se dois triângulos têm dois lados correspondentes proporcionais e os ângulos compreendidos congruentes, então os triângulos são semelhantes. Observe a demonstração considerando os dois triângulos abaixo.

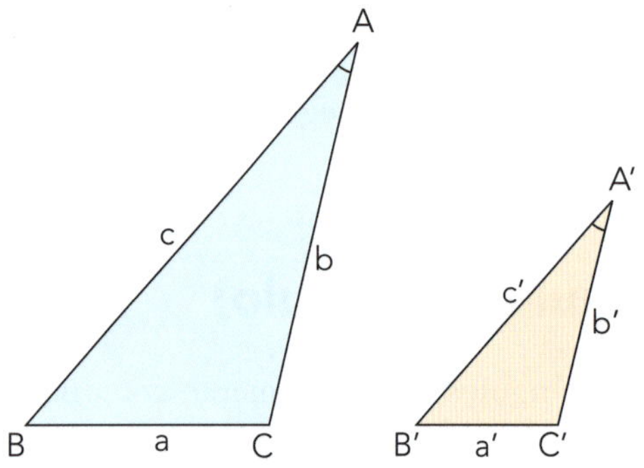

$$\left.\begin{array}{l}\dfrac{c}{c'} = \dfrac{b}{b'} \\ \hat{A} \equiv \hat{A}'\end{array}\right\} \Rightarrow \triangle ABC \sim \triangle A'B'C'$$

Note que:

- pelo caso de congruência LAL:

$$\triangle ADE \equiv \triangle A'B'C'$$

- pelo teorema fundamental:

$$\triangle ADE \sim \triangle ABC$$

Então, $\triangle A'B'C' \sim \triangle ABC$.

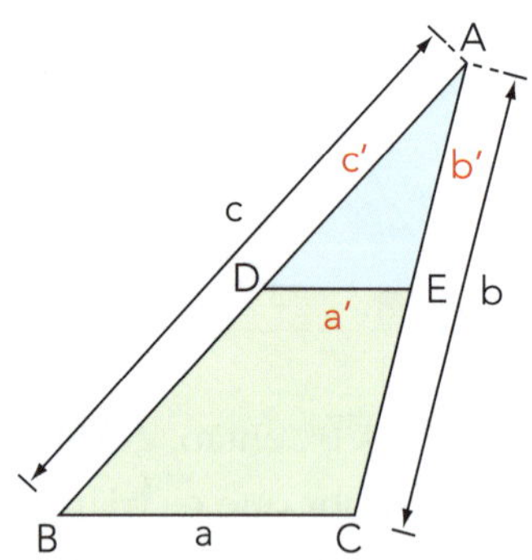

3º caso: LLL (Lado — Lado — Lado)

Se dois triângulos têm os lados correspondentes proporcionais, então os triângulos são semelhantes.

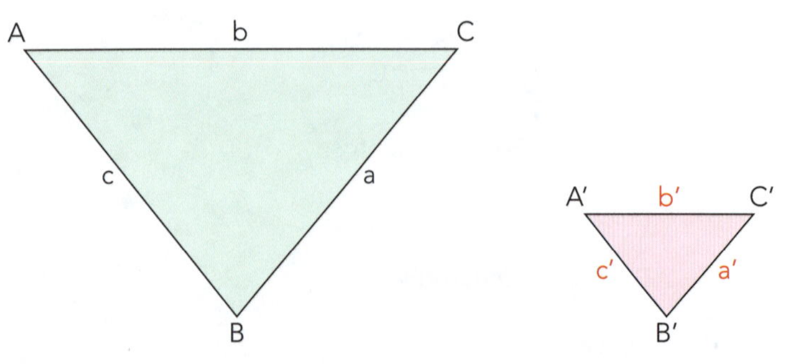

$$\frac{a}{a'} = \frac{b}{b'} = \frac{c}{c'} \Rightarrow \triangle ABC \sim \triangle A'B'C'$$

Note que:

- pelo caso de congruência LLL:

$$\triangle ADE \equiv \triangle A'B'C'$$

- pelo teorema fundamental:

$$\triangle ADE \sim \triangle ABC$$

Então, $\triangle A'B'C' \sim \triangle ABC$.

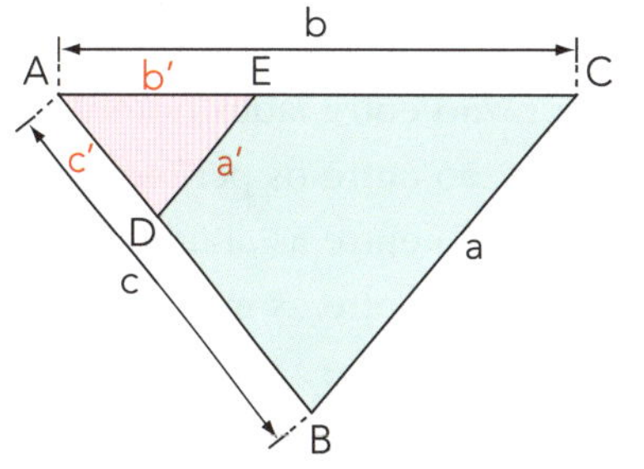

Consequência: base média de um triângulo

Observe um triângulo ABC em que *M* e *N* são os pontos médios de $\overline{AB}$ e $\overline{AC}$.

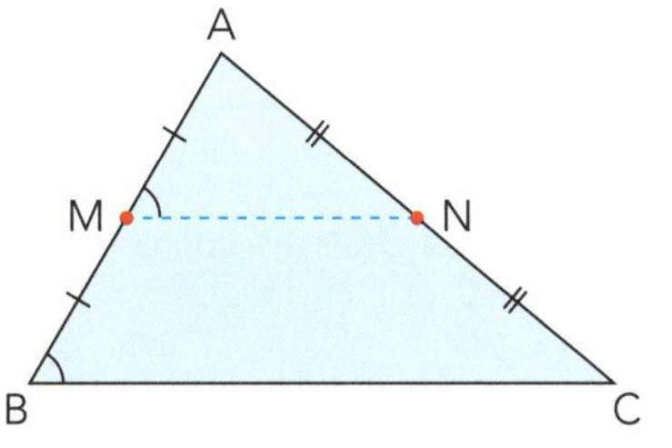

Observe os triângulos AMN e ABC. Eles têm $\hat{A}$ em comum e $\frac{AM}{AB} = \frac{AN}{AC} = \frac{1}{2}$.
De acordo com o 2º caso de semelhança, temos:

$$\triangle AMN \sim \triangle ABC$$

e, portanto, $\hat{M} \equiv \hat{B}$ e $\frac{MN}{BC} = \frac{1}{2}$.

Assim, podemos concluir que $\overline{MN} \parallel \overline{BC}$ e $MN = \frac{BC}{2}$.

Podemos resumir da seguinte forma:

> Se um segmento une os pontos médios de dois lados de um triângulo, então *ele é paralelo ao terceiro lado* e *é metade do terceiro lado.*

Agora, veja a figura ao lado.

Tomamos um triângulo ABC e marcamos *M*, ponto médio do lado $\overline{AB}$. Em seguida, traçamos por *M* a reta *r*, paralela ao lado $\overline{BC}$.

Pelo teorema fundamental, temos $\triangle AMN \sim \triangle ABC$; portanto, $\frac{AM}{AB} = \frac{AN}{AC} = \frac{MN}{BC} = \frac{1}{2}$, ou seja, *N* é ponto médio de $\overline{AC}$ e MN é a metade de BC.

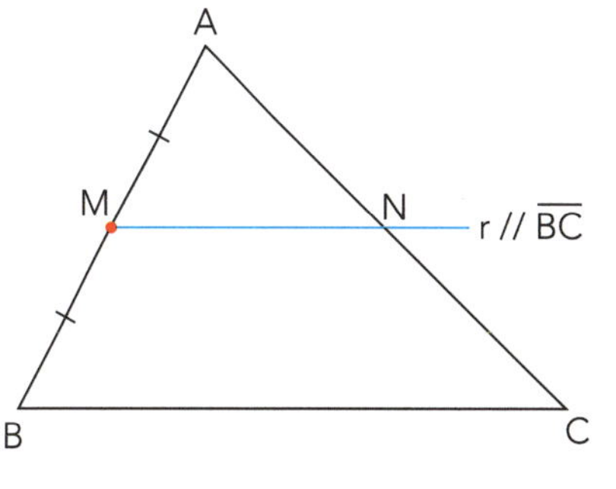

Vale a recíproca:

> Se pelo ponto médio de um lado de um triângulo traçarmos uma reta paralela a outro lado, então ela encontra o terceiro lado em seu ponto médio.

Com base nos casos de semelhança, se a razão de semelhança de dois triângulos é *k*, então, podemos ter os seguintes resultados:

- a razão entre lados homólogos é *k*;
- a razão entre os perímetros é *k*;
- a razão entre as alturas homólogas é *k*;
- a razão entre as medianas homólogas é *k*;
- a razão entre as bissetrizes internas homólogas é *k*;
- a razão entre os raios dos círculos inscritos é *k*;
- a razão entre os raios dos círculos circunscritos é *k*;

⋮

- a razão entre dois elementos lineares homólogos é *k*, e os ângulos homólogos são congruentes.

Exercícios

334. São dados 8 triângulos. Indique os pares de triângulos semelhantes e o caso de semelhança correspondente:

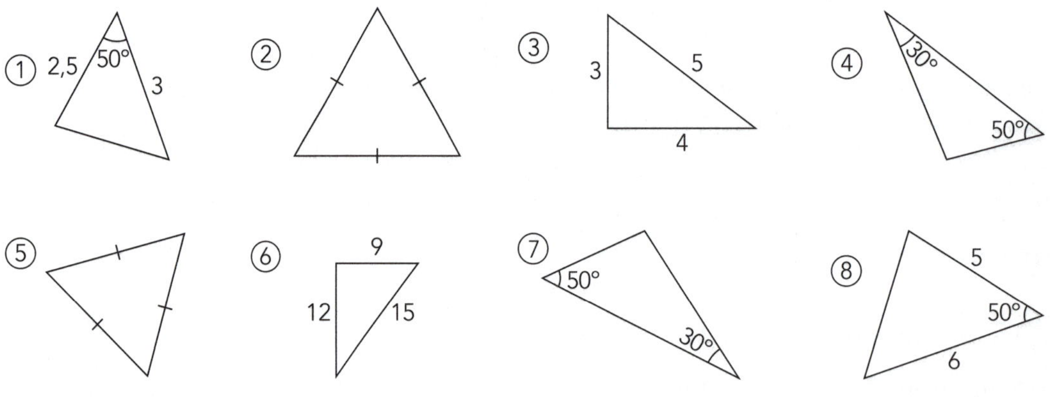

335. Determine x e y nas figuras:

a)

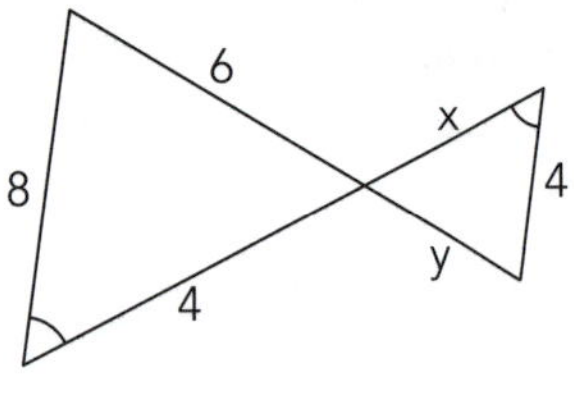

b)

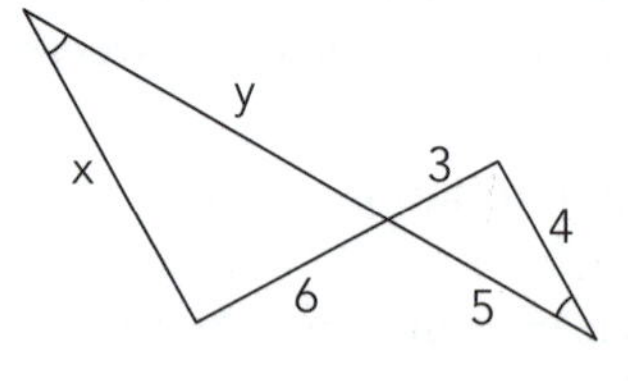

336. Determine a altura de um prédio cuja sombra tem 15 m no mesmo instante em que uma vara de 6 m fincada em posição vertical tem uma sombra de 2 m.

337. Se $\alpha = \beta$, determine x e y nos casos:

a)

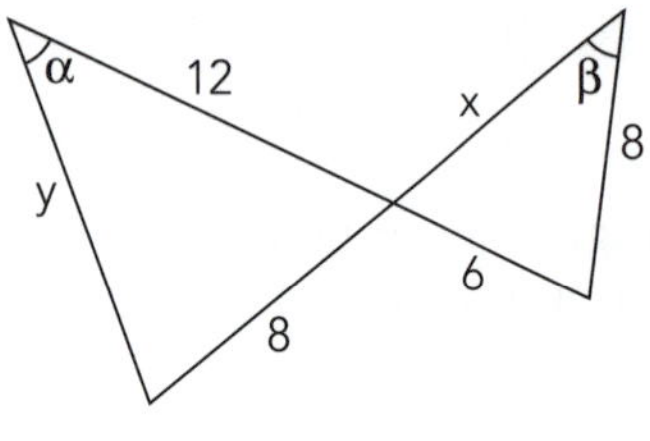

b)

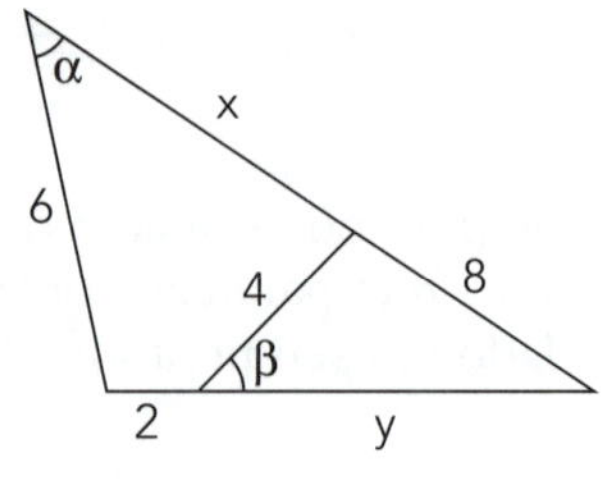

338. Na figura, as medidas são AB = 8 cm, BC = 3 cm e AE = 5 cm. Calcule DE = x, sabendo que $A\hat{C}E \equiv A\hat{D}B$.

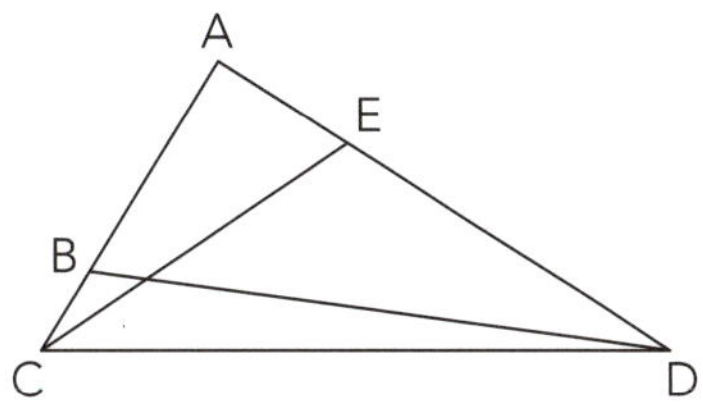

339. Dada a figura, determine o valor de x.

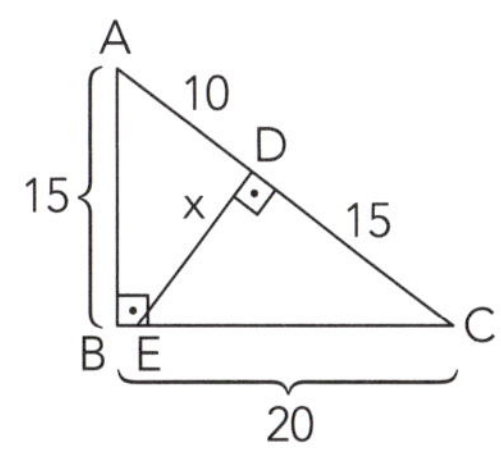

340. Na figura, temos:

- $\hat{S} \equiv \hat{B}$
- AR = 7 cm
- AS = 5 cm
- SR = 4 cm
- AB = 10 cm

Determine AC = x e BC = y.

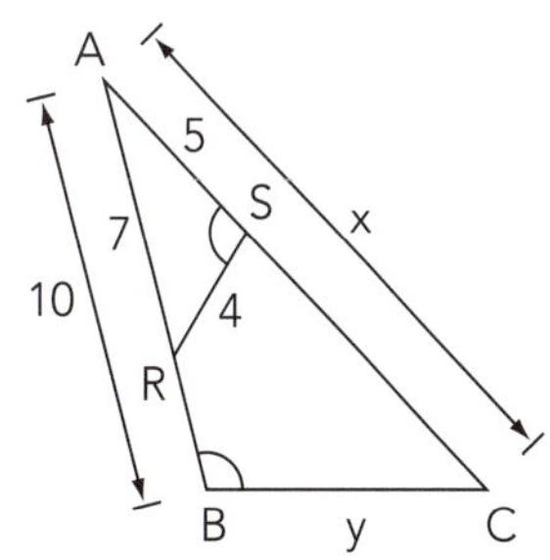

341. Determine *x* e *y*.

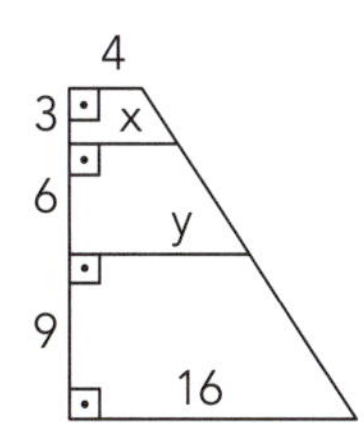

342. Na figura abaixo, o quadrado DEFG está inscrito no triângulo retângulo ABC. Sendo BD = 8 cm e CE = 2 cm, calcule o perímetro do quadrado.

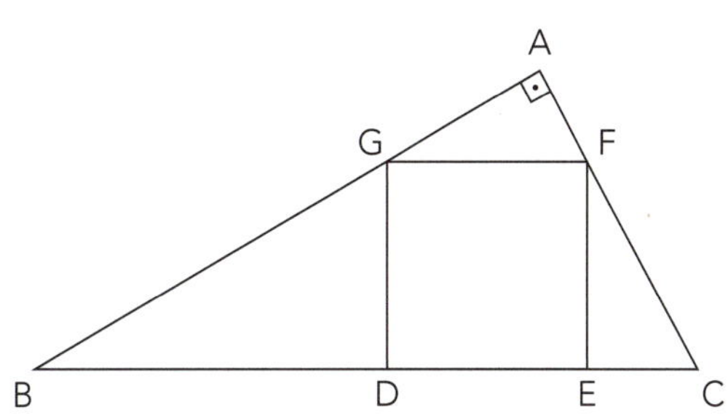

343. Na figura abaixo, consideremos os quadrados de lados x, 6 e 9. Determine o perímetro do quadrado de lado x.

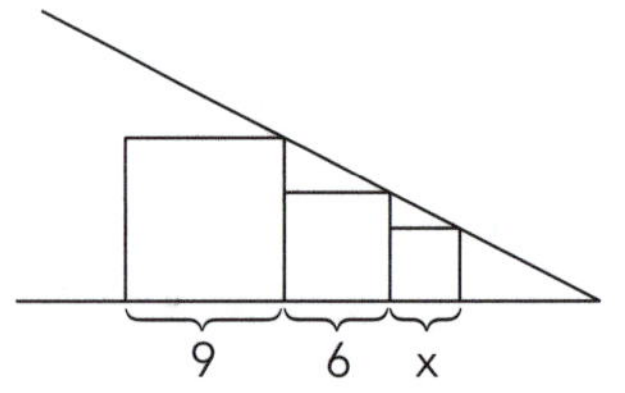

344. Determine a medida dos lados do quadrado da figura abaixo.

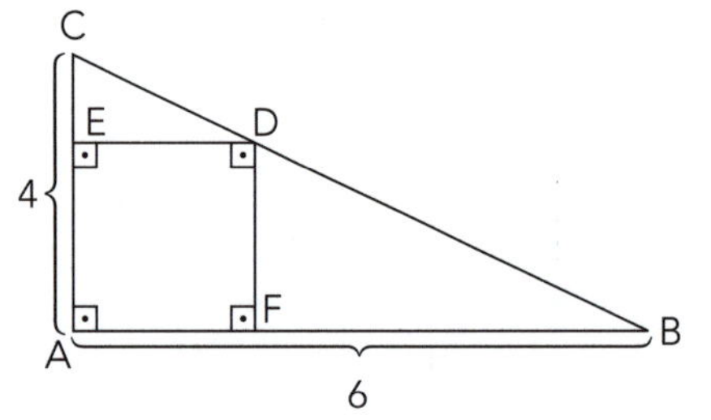

345. Dois círculos de raios 6 cm e 4 cm são tangentes exteriormente no ponto *A*. Sendo *C* e *D* os pontos de tangência de uma reta *t* externa, com os dois círculos, determine a altura do triângulo ACD relativa ao lado $\overline{CD}$.

346. Na figura, temos: AB = 8, BC = 15, AC = 17 e EC = 4. Determine DE = x e CD = y.

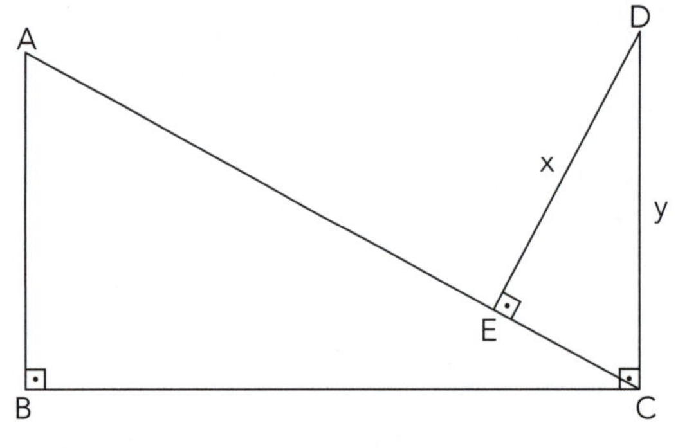

capítulo 22 Relações métricas no triângulo retângulo

Elementos de um triângulo retângulo

Os elementos de um triângulo retângulo recebem denominações especiais; assim, para um triângulo ABC retângulo em *A* temos:

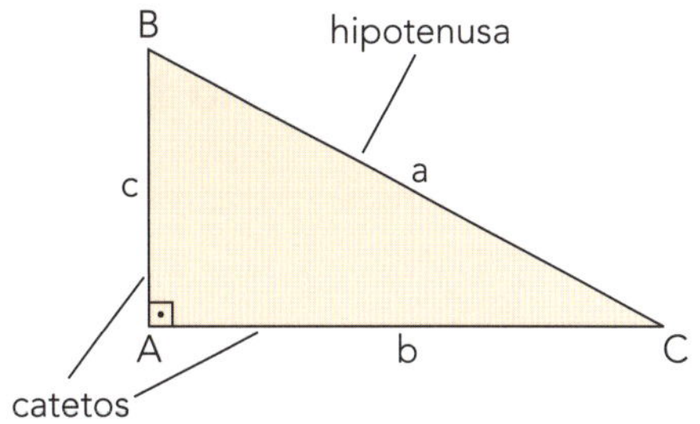

- o lado *a* (ou de medida *a*), oposto ao ângulo $\hat{A}$, é a *hipotenusa*;
- os lados *b* e *c* (ou de medidas *b* e *c*), opostos, respectivamente, aos ângulos $\hat{B}$ e $\hat{C}$, são os *catetos*.

Vamos traçar a altura $\overline{AD}$ relativa à hipotenusa e observar as figuras de um mesmo triângulo retângulo em duas posições diferentes.

Temos:

- m = projeção do cateto *b* sobre a hipotenusa
- n = projeção do cateto *c* sobre a hipotenusa
- h = altura relativa à hipotenusa

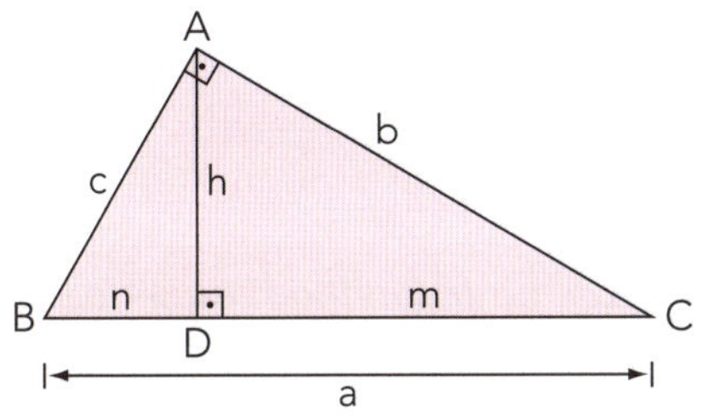

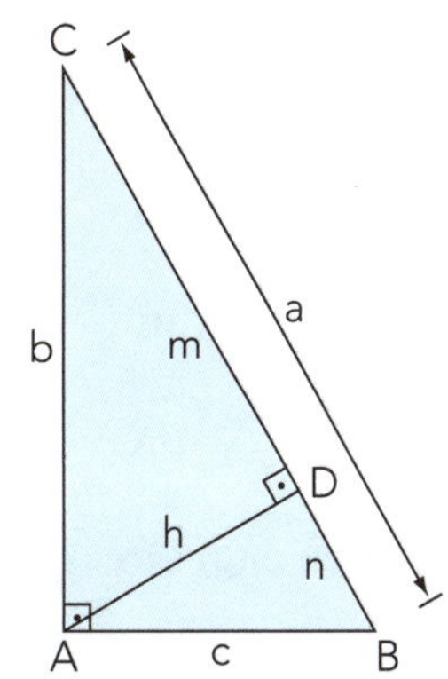

Semelhanças no triângulo retângulo

O triângulo ABC é retângulo em *A*.

No triângulo ABC, os ângulos $\hat{1}$ e $\hat{2}$ são complementares (a soma deles é 90°).

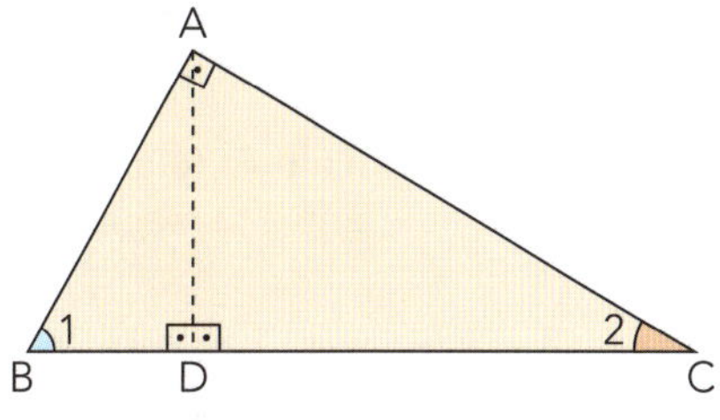

Conduzindo a altura $\overline{AD}$ relativa à hipotenusa do $\triangle ABC$, obtemos dois outros triângulos retângulos: $\triangle DBA$ e $\triangle DAC$.

O ângulo $\hat{3}$ do triângulo DBA é complemento do ângulo $\hat{1}$. Então, é congruente ao ângulo $\hat{2}$.

$$\hat{3} \equiv \hat{2}$$

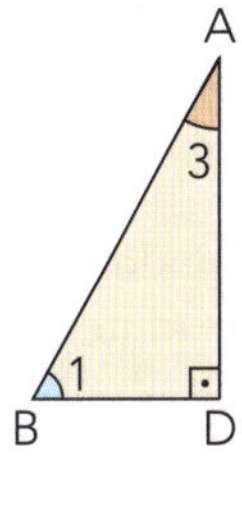

O ângulo $\hat{4}$ do triângulo DAC é complemento do ângulo $\hat{2}$. Então, é congruente ao ângulo $\hat{1}$.

$$\hat{4} \equiv \hat{1}$$

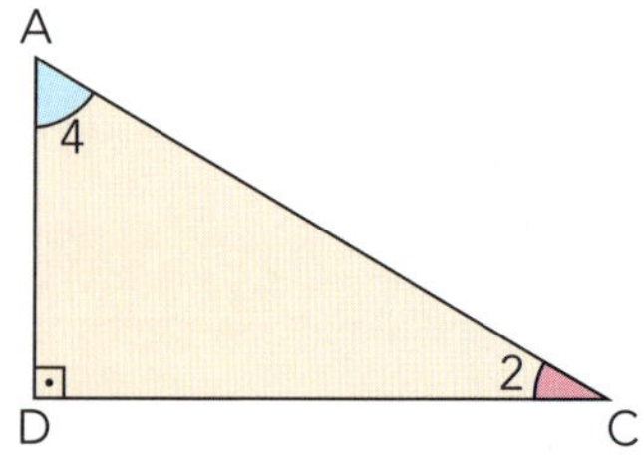

Os triângulos ABC, DBA e DAC têm os ângulos respectivamente congruentes e, portanto, são semelhantes.

$$\triangle ABC \sim \triangle DBA \sim \triangle DAC$$

Relações métricas no triângulo retângulo

Voltemos ao triângulo ABC, retângulo em *A*, com a altura $\overline{AD}$.

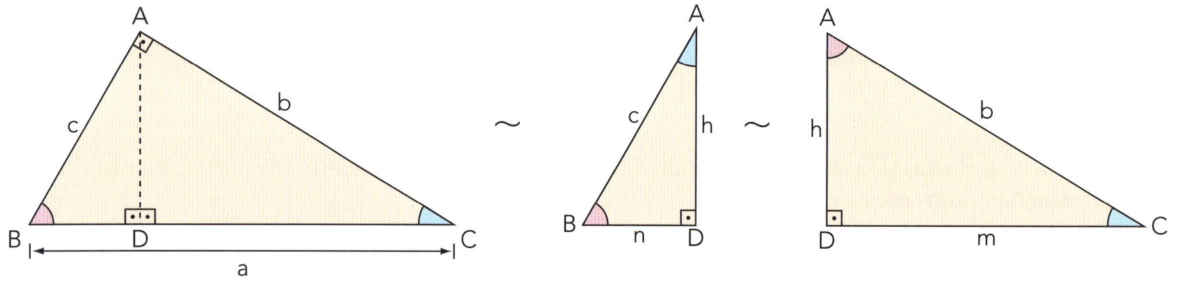

Explorando a semelhança dos triângulos, temos:

$$\triangle ABC \sim \triangle DBA \Rightarrow \frac{BC}{AB} = \frac{AB}{BD} \Rightarrow \frac{a}{c} = \frac{c}{n} \Rightarrow c^2 = a \cdot n \quad ①$$

$$\triangle ABC \sim \triangle DAC \Rightarrow \frac{BC}{AC} = \frac{AC}{DC} \Rightarrow \frac{a}{b} = \frac{b}{m} \Rightarrow b^2 = a \cdot m \quad ②$$

$$\triangle DBA \sim \triangle DAC \Rightarrow \frac{AD}{DC} = \frac{BD}{AD} \Rightarrow \frac{h}{m} = \frac{n}{h} \Rightarrow h^2 = m \cdot n \quad ③$$

As relações ①, ② e ③ são as principais *relações métricas* no *triângulo retângulo*.

Em qualquer triângulo retângulo:

- cada cateto é média proporcional (ou média geométrica) entre sua projeção sobre a hipotenusa e a hipotenusa:

$$b^2 = a \cdot m \quad \text{e} \quad c^2 = a \cdot n$$

- a altura relativa à hipotenusa é média geométrica (ou média proporcional) entre os segmentos que determina na hipotenusa:

$$h^2 = m \cdot n$$

Dessas três relações, decorrem outras. Vamos destacar duas:

- Multiplicando membro a membro as relações ① e ② e, em seguida, usando a ③, obtemos:

$$\left.\begin{matrix} b^2 = a \cdot m \\ c^2 = a \cdot n \end{matrix}\right\} \Rightarrow b^2 \cdot c^2 = a^2 \cdot \underbrace{m \cdot n}_{③} \Rightarrow b^2 \cdot c^2 = a^2 \cdot h^2 \Rightarrow b \cdot c = a \cdot h$$

Em qualquer triângulo retângulo o produto dos catetos é igual ao produto da hipotenusa pela altura relativa a ela:

$$b \cdot c = a \cdot h$$

• Somando membro a membro as relações ① e ② e observando que m + n = a, obtemos:

$$\left.\begin{array}{l} b^2 = a \cdot m \\ c^2 = a \cdot n \end{array}\right\} \Rightarrow b^2 + c^2 = a \cdot m + a \cdot n \Rightarrow b^2 + c^2 = a \cdot \underbrace{(m + n)}_{a} \Rightarrow b^2 + c^2 = a^2$$

> **Em qualquer triângulo retângulo a soma dos quadrados dos catetos é igual ao quadrado da hipotenusa:**
>
> $$b^2 + c^2 = a^2$$

Essa relação é conhecida como *teorema de Pitágoras*.

Podemos resumir as relações métricas em um triângulo retângulo da seguinte maneira:

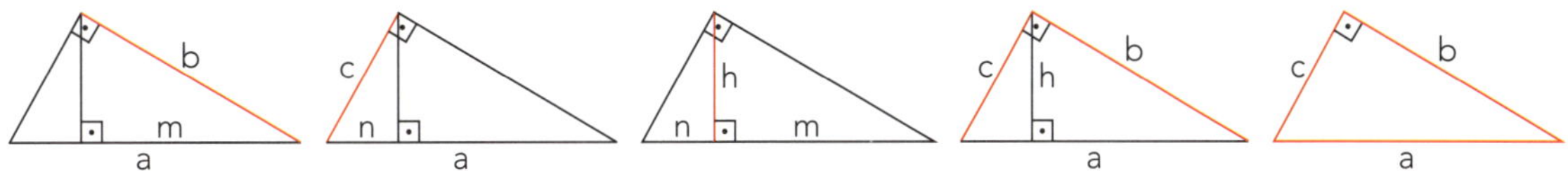

$b^2 = a \cdot m$ $\qquad$ $c^2 = a \cdot n$ $\qquad$ $h^2 = m \cdot n$ $\qquad$ $b \cdot c = a \cdot h$ $\qquad$ $b^2 + c^2 = a^2$

Exercícios

347. Para cada item, use as relações métricas no triângulo retângulo, copie as sentenças e complete-as, substituindo os ? pelos elementos corretos:

a)

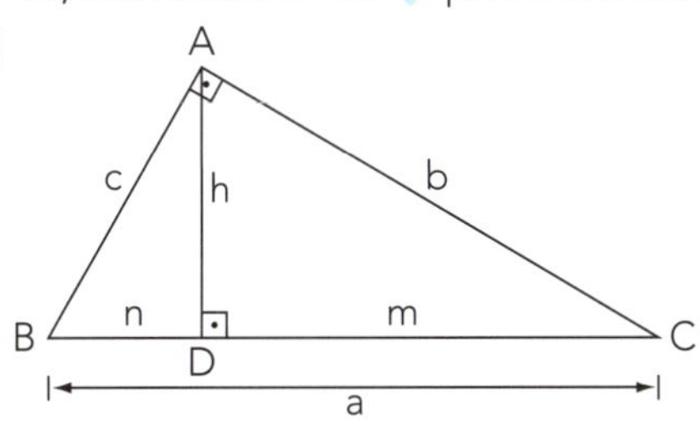

$b^2 = a \cdot$?

$c^2 =$? $\cdot\, n$

$h^2 =$? $\cdot$?

$b \cdot c =$? $\cdot$?

$b^2 + c^2 =$?

b)

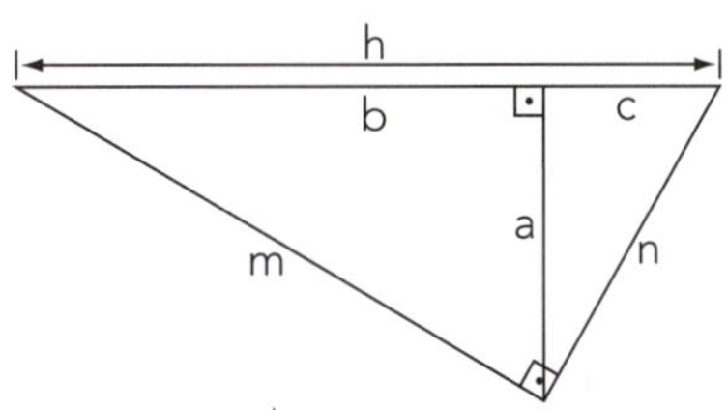

$c \cdot h =$?

$b \cdot h =$?

$b \cdot c =$?

$h \cdot a =$?

$m^2 + n^2 =$?

$a^2 + b^2 =$?

$a^2 + c^2 =$?

c)

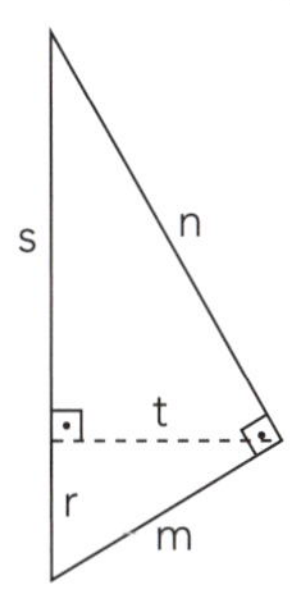

$r \cdot s =$?

$(r + s) \cdot s =$?

$m \cdot n =$?

$(r + s) \cdot r =$?

$t^2 + r^2 =$?

$t^2 + s^2 =$?

$m^2 + n^2 =$?

348. Determine o valor de *x* em cada item:

a)

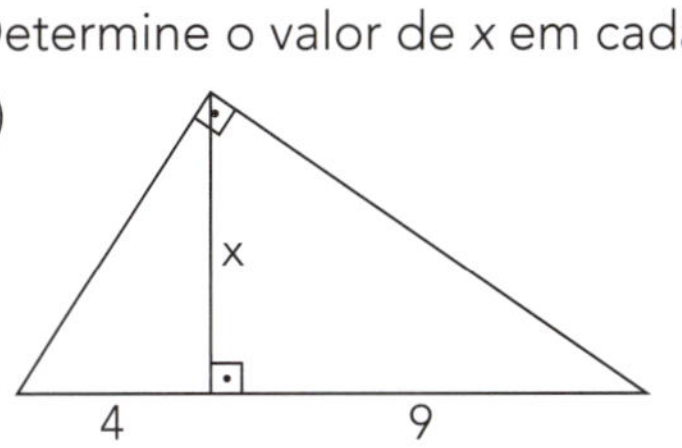

b)

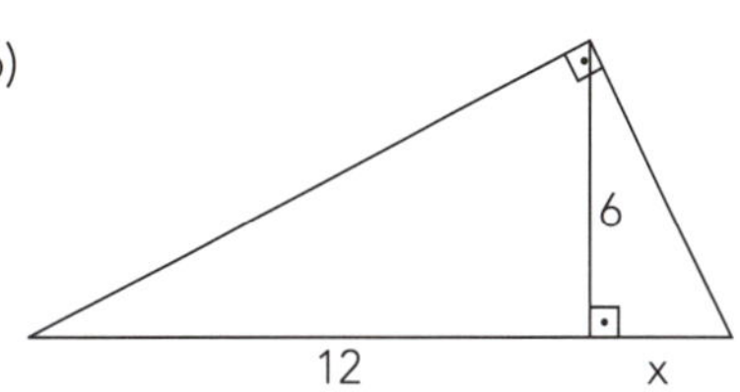

c)

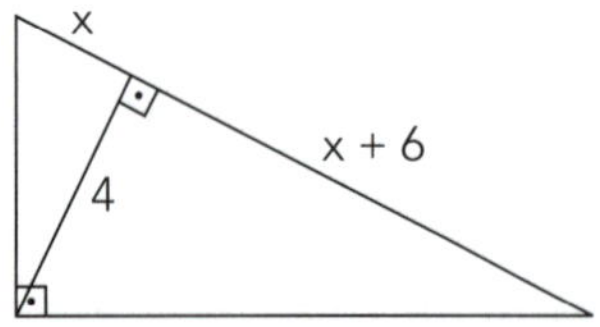

d)

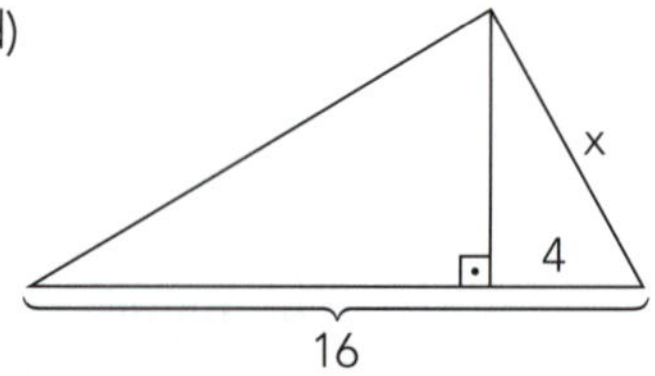

349. Calcule o valor de *x* em cada item:

a)

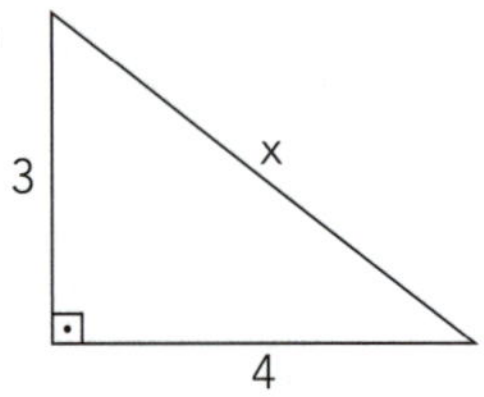

c)

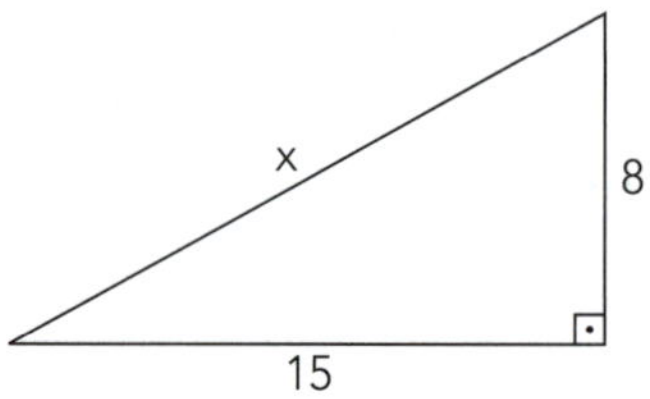

b)

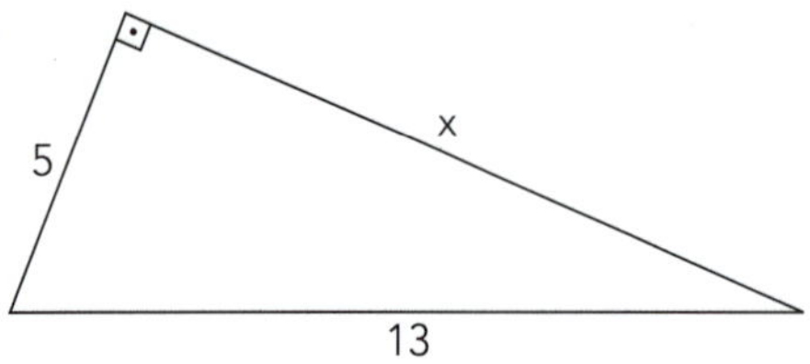

d)

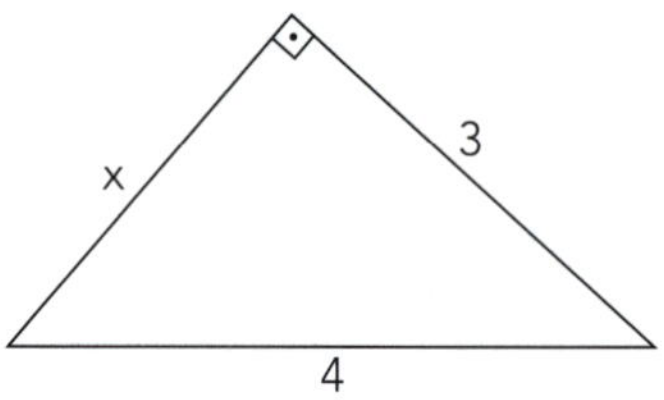

350. Uma escada de 2,5 m de altura está apoiada em uma parede e seu pé dista 1,5 m da parede. Determine a altura em que a escada atinge a parede nessas condições.

351. Determine *x* nos casos:

a)

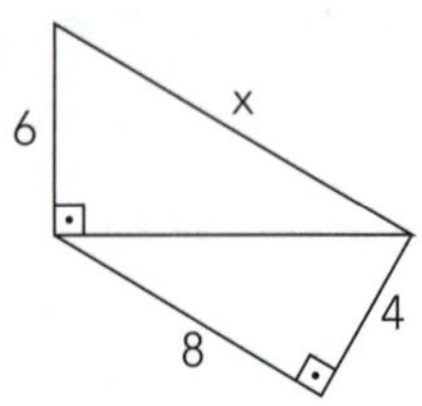

c)

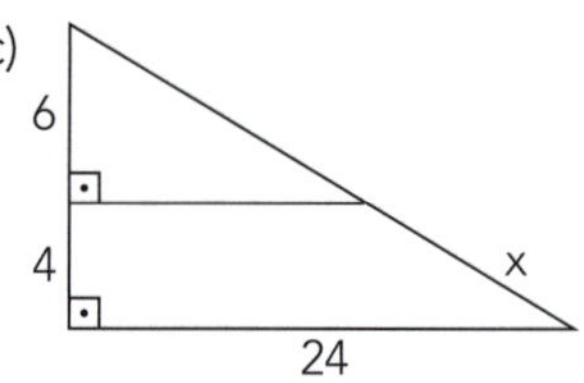

b)

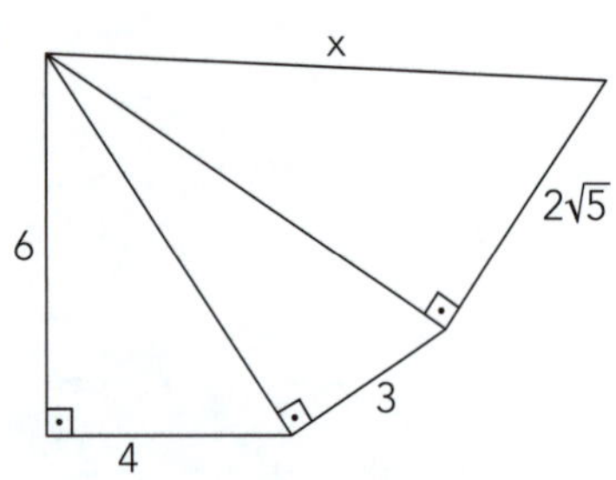

d)

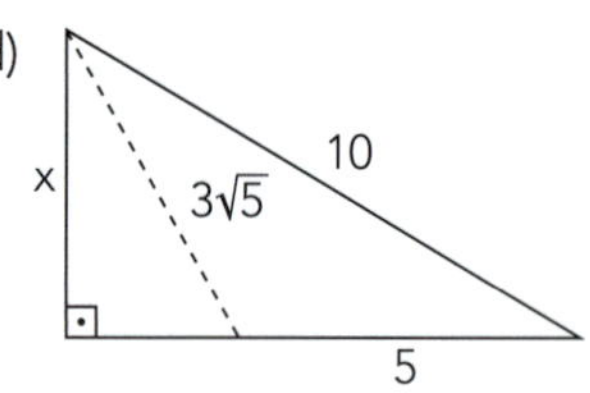

352. Num triângulo retângulo, os catetos medem 8 cm e 15 cm. Determine a hipotenusa, as projeções dos catetos sobre a hipotenusa e a altura relativa à hipotenusa.

353. A altura relativa à hipotenusa de um triângulo retângulo mede 12 m e a hipotenusa mede 25 m. Calcule as medidas dos catetos.

354. Num triângulo retângulo, a altura determina na hipotenusa dois segmentos de medidas 9 cm e 16 cm. Calcule a hipotenusa, os catetos e a altura.

355. Lembre-se de que:
Se uma reta *t* é tangente a uma circunferência de centro *O* e *T* é o ponto de tangência, então *t* é perpendicular ao raio $\overline{OT}$.

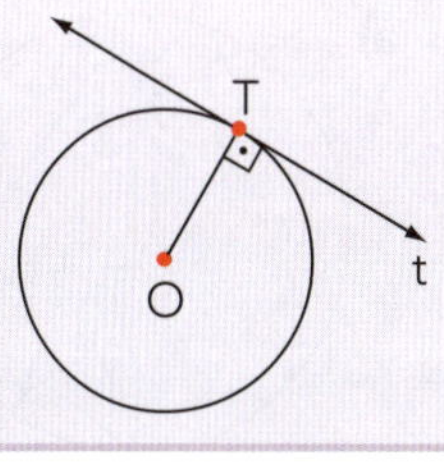

Agora, observe a figura e calcule $\overline{PT}$, sabendo que OT = 2 cm e OP = 4 cm.

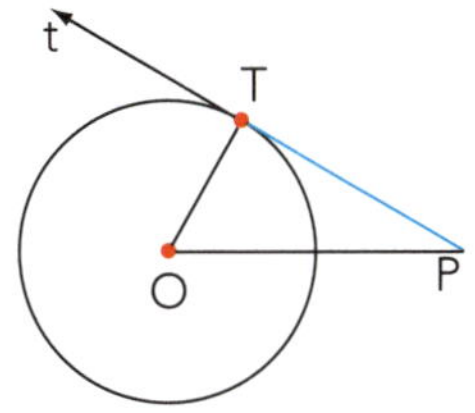

356. Sabendo que $\overline{PA}$ e $\overline{PB}$ são tangentes à circunferência de centro *O* e raio 6 cm, calcule o perímetro do quadrilátero OAPB cuja diagonal OP = 10 cm.

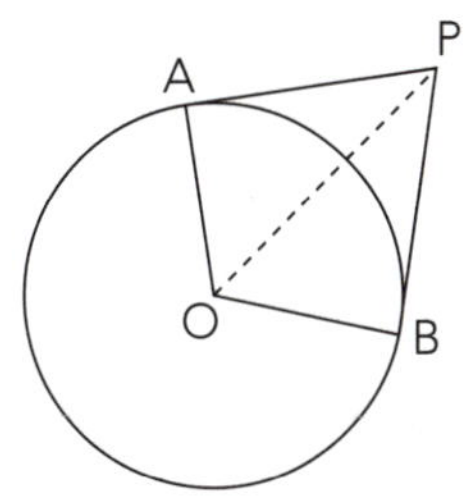

357. Um círculo de 4,5 cm de raio é tangente a um segmento $\overline{AB}$ de 6 cm no ponto *A*. Calcule o raio de outro círculo tangente ao primeiro e ao segmento $\overline{AB}$ no ponto *B*. Lembre-se de que O_1, O_2 e *T* estão alinhados.

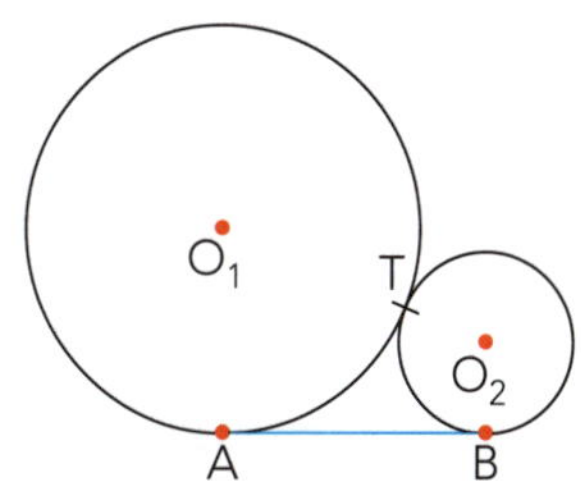

358. Lembre-se de que:
Quando tomamos uma circunferência de centro *O* e marcamos um diâmetro $\overline{BC}$ e duas cordas $\overline{AB}$ e $\overline{AC}$, o triângulo ABC é retângulo em *A*, porque BÂC está inscrito numa semicircunferência.

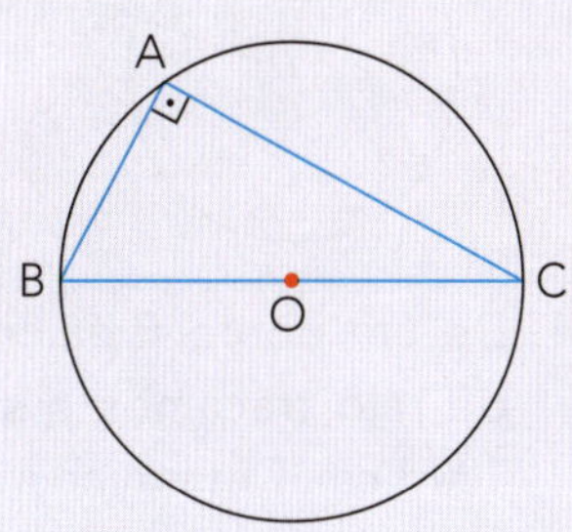

Agora, em seu caderno, complete as figuras terminando de desenhar um triângulo retângulo ABC e determine *x* em cada caso:

a)

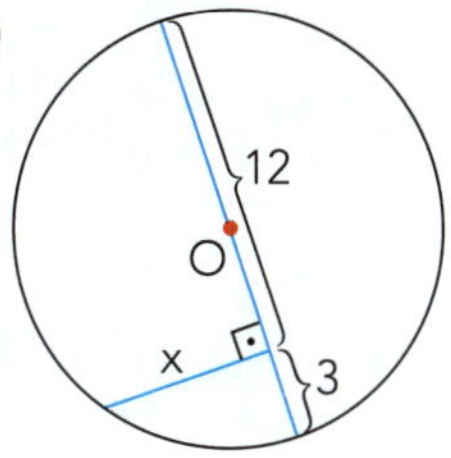

b)

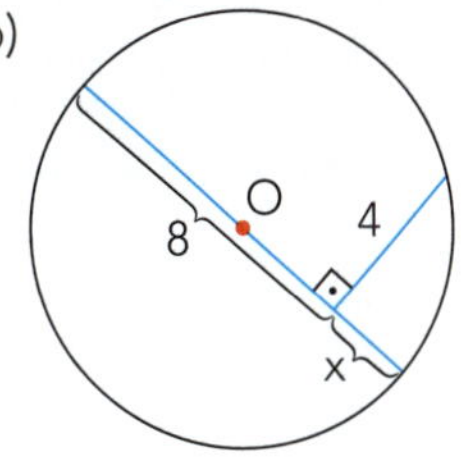

359. Determine x, y, z e t nas figuras abaixo, sabendo que O é o centro da circunferência:

a)

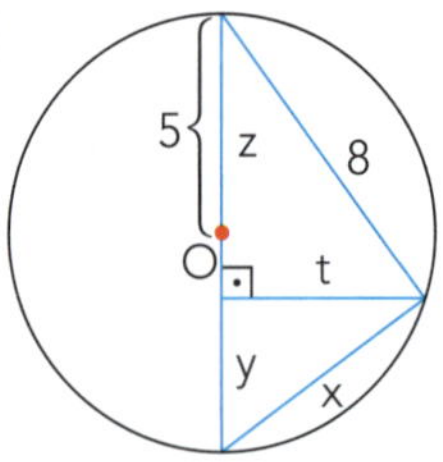

b)

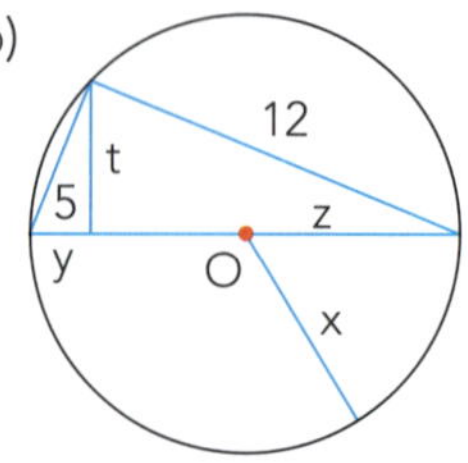

360. Calcule x, y, z e t no triângulo retângulo da figura.

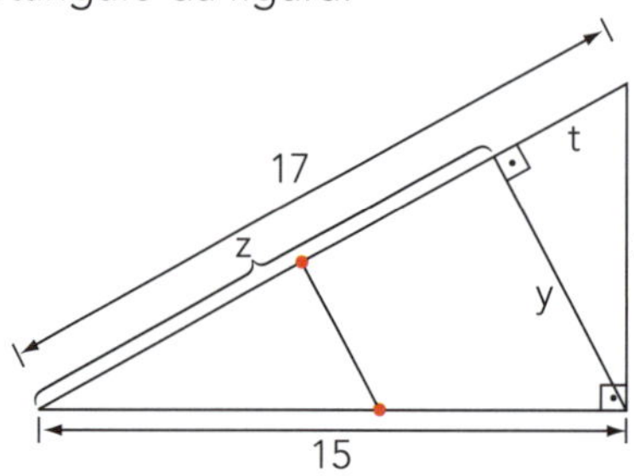

361. Dois ciclistas partem de uma mesma cidade em direção reta; um em direção leste e outro em direção norte. Determine a distância que os separa depois de duas horas, sabendo que a velocidade dos ciclistas é de 30 km/h e 45 km/h, respectivamente.

362. Dois teleféricos, T_1 e T_2, partem de uma estação E situada num plano horizontal em direção aos picos P_1 e P_2 de duas montanhas. Determine a distância entre P_1 e P_2, sabendo que os teleféricos fazem percursos de 1 500 m e 2 900 m, respectivamente, que a primeira montanha tem 900 m de altura e a segunda 2 000 m e que os pés das montanhas e E estão em linha reta.

Diego Uchitel/Getty Images

363. Calcule x em cada figura:

a)

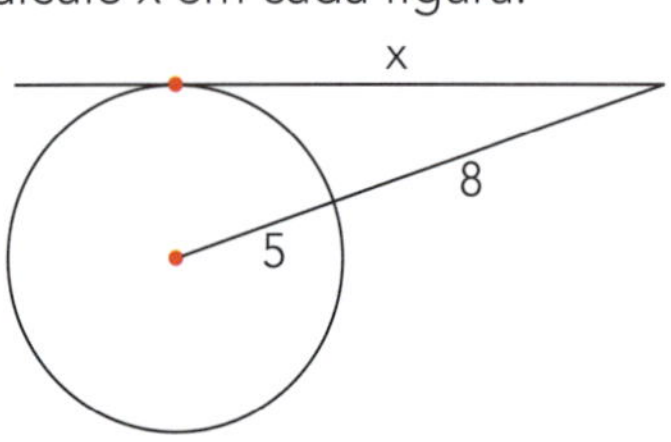

b)

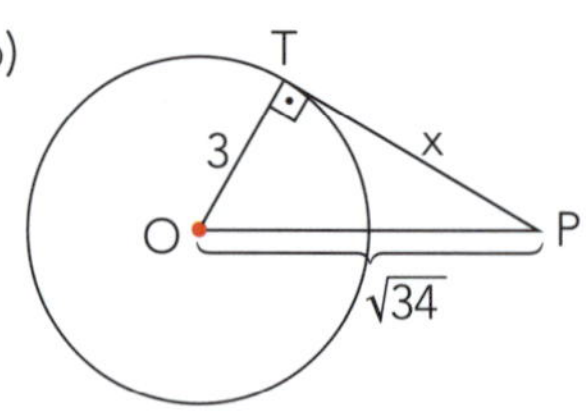

364. De um ponto P externo a uma circunferência de $\sqrt{6}$ cm de raio traçamos o segmento $\overline{PT}$ tangente, que mede $10\sqrt{3}$ cm. Determine a distância de P ao centro O da circunferência.

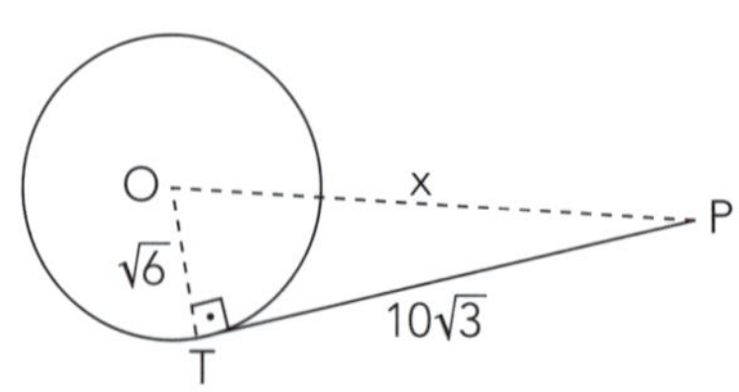

365. Uma corda $\overline{AB}$ de um círculo mede 6 cm e a distância dessa corda ao centro do círculo é de 3 cm. Quanto mede o raio do círculo em centímetros?

366. Na figura ao lado, $\overline{PT}$ é tangente à circunferência de centro O e raio r e $\overline{PA}$ é a distância de P à circunferência. Dado r e sabendo que PT = 2r, determine $\overline{PA}$.

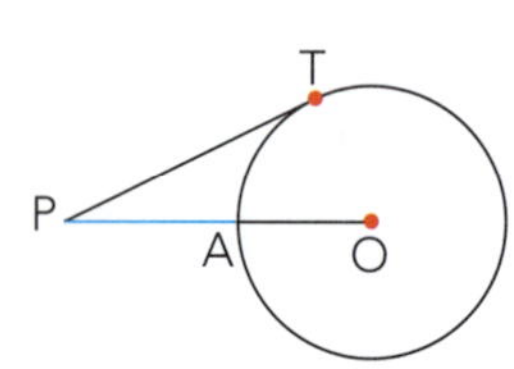

367. Um ponto P dista 2 cm de uma circunferência de raio r, e a tangente à circunferência $\overline{PT}$ traçada desse ponto é congruente ao raio. Calcule o valor do raio.

368. Um ponto P dista PA = 12 cm de uma circunferência de centro O e de 3 cm de raio. $\overline{PT}$ é tangente à circunferência em T e $\overline{TB}$ é perpendicular a $\overline{OP}$ em B. Determine a medida do segmento $\overline{AB}$.

369. Determine o valor de x nos casos:

a)

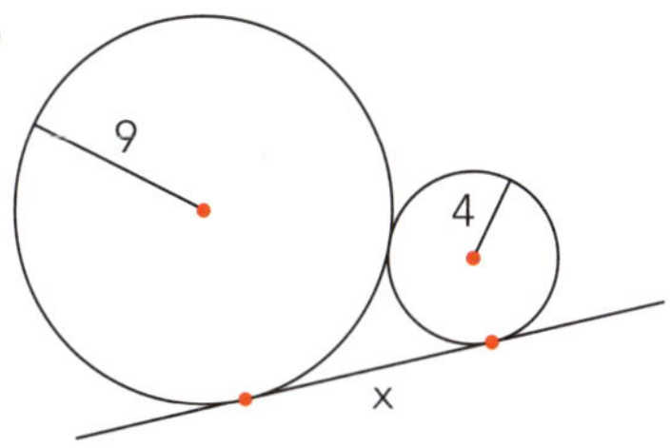

b) Dado: AB = 15

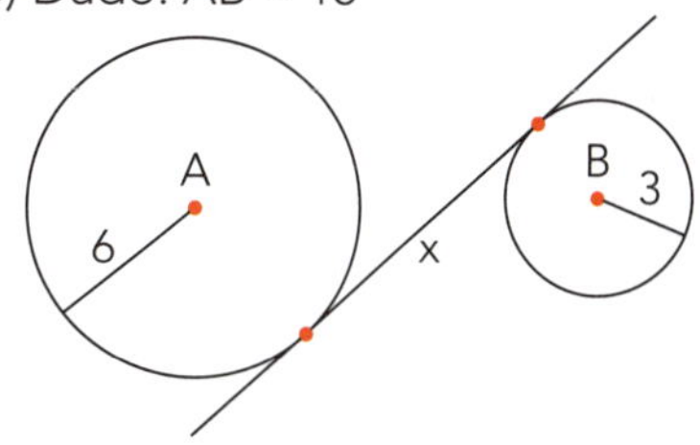

370. Seja um ponto P, externo a uma circunferência. A menor distância desse ponto à circunferência vale 6 cm e a maior, 24 cm. Determine o comprimento do segmento tangente à circunferência por esse ponto.

371. Dois círculos de raios 12 cm e 20 cm são tangentes externamente. Determine o comprimento do segmento $\overline{PQ}$, tangente comum aos dois círculos, sendo P e Q pontos de tangência.

372. Determine o valor de x nos casos a seguir:

a) $\overline{AB}$ é diâmetro, $\overline{CD} \perp \overline{AB}$

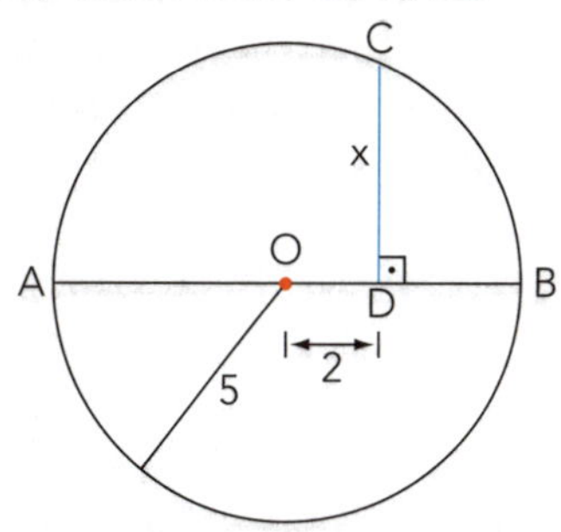

b) $\overline{AB}$ é diâmetro, $\overline{CD} \perp \overline{AB}$

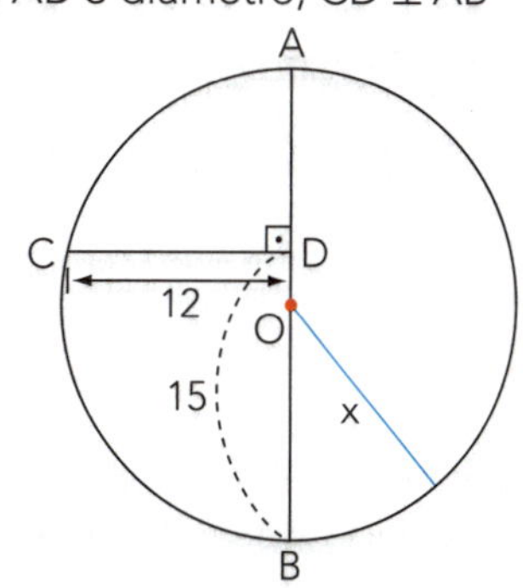

373. Determine x.

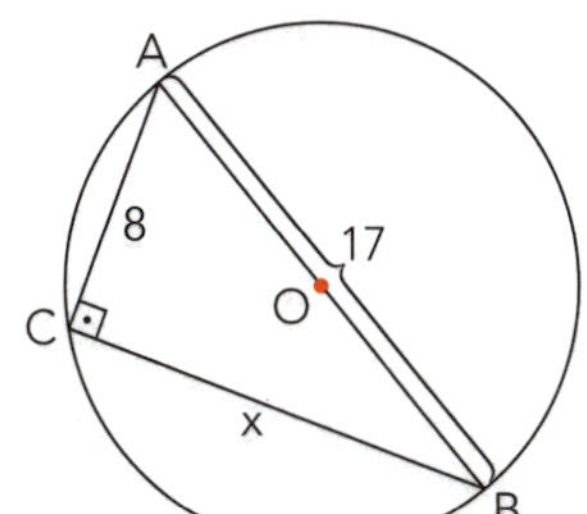

374. Determine x nos casos abaixo:

a)

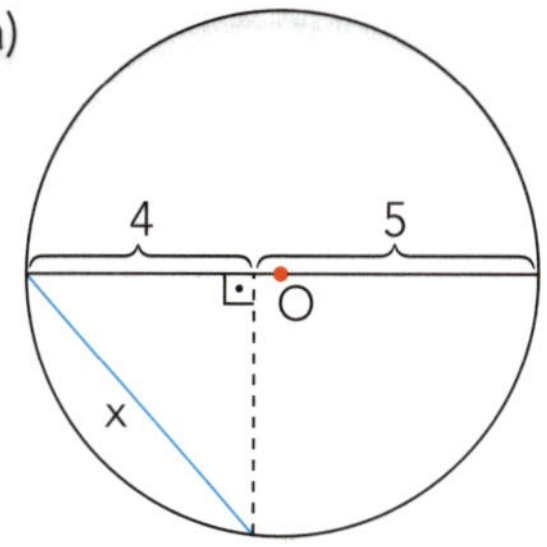

b)

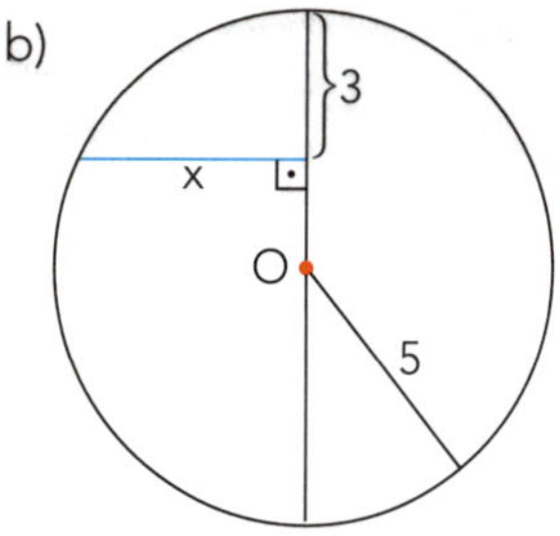

375. Numa circunferência de 5 cm de raio, uma corda perpendicular a um diâmetro separa-o em duas partes, uma das quais mede 1 cm. Calcule o comprimento da corda.

376. Uma circunferência tem 5 cm de raio. Uma corda traçada da extremidade de um diâmetro mede $4\sqrt{5}$ cm. Determine a projeção dessa corda sobre o diâmetro.

377. Um triângulo retângulo e isósceles está inscrito numa circunferência de 9 cm de raio. Determine a medida dos lados congruentes do triângulo.

Aplicações notáveis do teorema de Pitágoras

O teorema de Pitágoras permite obter algumas expressões para cálculos mais rápidos. Observe os casos a seguir.

Diagonal do quadrado

Na figura, ABCD é um quadrado cujo lado mede ℓ.

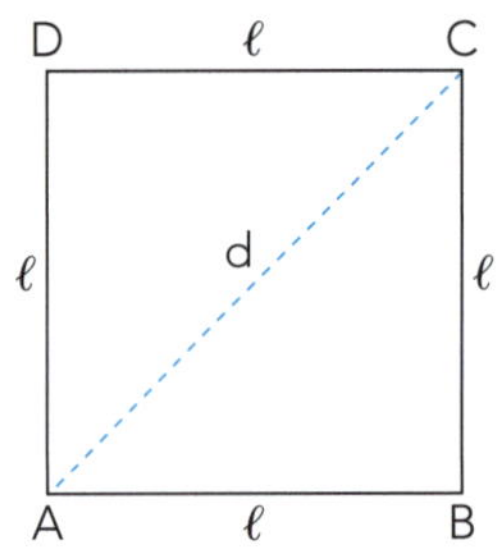

Vamos calcular a diagonal *d* do quadrado em função do lado ℓ.

O problema pode ser formulado também assim: tendo o lado ℓ, calcule a diagonal *d*.

Aplicando o teorema de Pitágoras no $\triangle ABC$, temos:

$$d^2 = \ell^2 + \ell^2 \Rightarrow d^2 = 2\ell^2$$

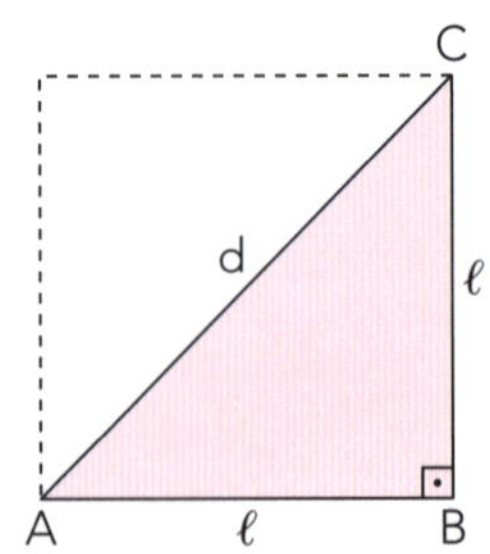

Daí:

$$d = \ell\sqrt{2} \quad \left(\sqrt{2} \cong 1,4142\right)$$

Por exemplo, vamos calcular a diagonal de um quadrado de 6 cm de lado:

$$d = \ell\sqrt{2} \Rightarrow d = 6\sqrt{2}$$

A diagonal de um quadrado de 6 cm de lado mede $6\sqrt{2}$ cm (aproximadamente 8,485 cm).

Altura de um triângulo equilátero

Na figura, ABC é um triângulo equilátero de lado ℓ.

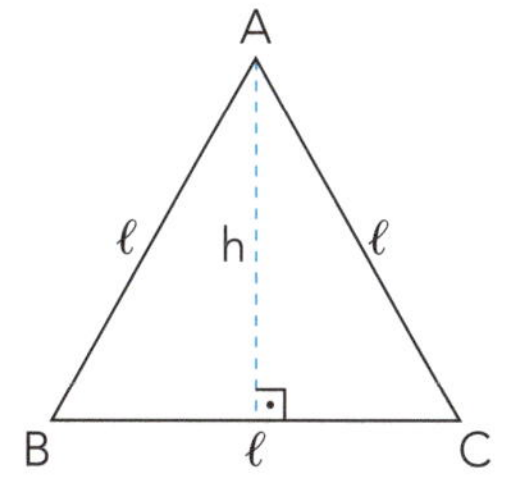

Vamos calcular a altura *h* do triângulo em função de ℓ.
Aplicando o teorema de Pitágoras no $\triangle$AMC, temos:

$$h^2 + \left(\frac{\ell}{2}\right)^2 = \ell^2 \Rightarrow h^2 = \ell^2 - \left(\frac{\ell}{2}\right)^2$$

$$h^2 = \ell^2 - \frac{\ell^2}{4} = \frac{3\ell^2}{4}$$

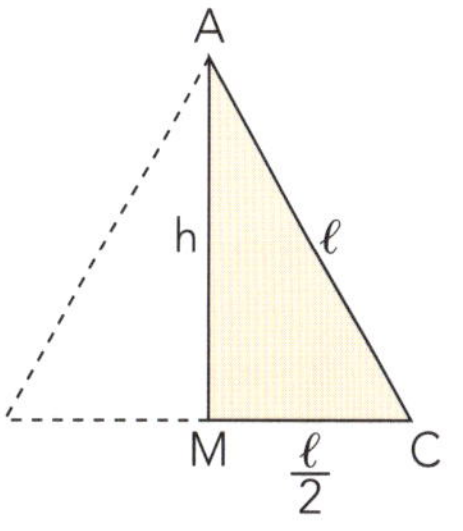

Daí:

$$h = \frac{\ell\sqrt{3}}{2} \quad \left(\sqrt{3} \cong 1{,}732\right)$$

Vamos calcular, por exemplo, a altura de um triângulo equilátero de 6 cm de lado.

$$h = \frac{\ell\sqrt{3}}{2} \Rightarrow h = \frac{6\sqrt{3}}{2} = 3\sqrt{3}$$

A altura do triângulo mede $3\sqrt{3}$ (aproximadamente 5,196 cm).

Exercícios

378. Determine o valor de *x* nos casos a seguir:

a) retângulo

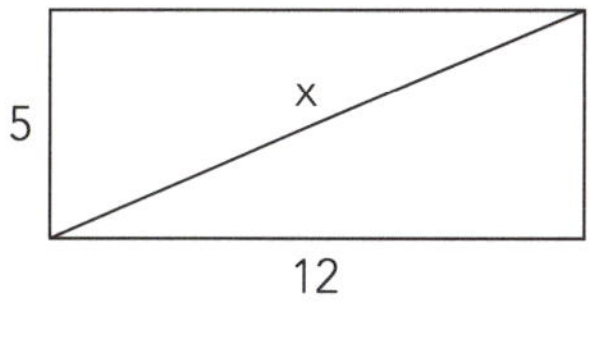

b) quadrado

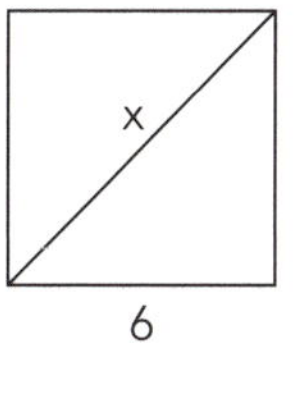

c) quadrado

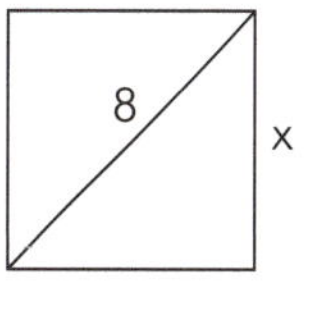

379. A diagonal de um quadrado tem $5\sqrt{2}$ cm. Determine o perímetro do quadrado.

380. O perímetro de um retângulo é 34 cm. Um dos lados mede 5 cm. Determine a diagonal.

381. O perímetro de um triângulo equilátero é 18 cm. Calcule a altura do triângulo.

382. Determine x nos seguintes casos:

a) triângulo equilátero

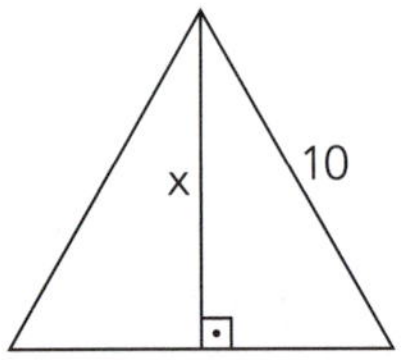

b) triângulo equilátero

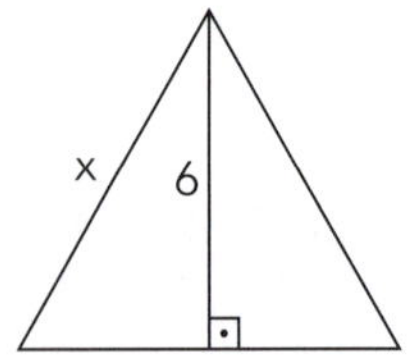

383. Calcule a altura de um triângulo isósceles, sabendo que os lados congruentes medem 25 cm cada um e a base do triângulo tem 14 cm.

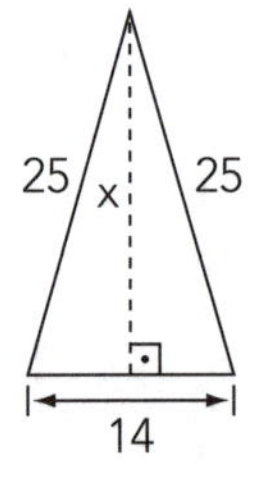

384. Calcule o perímetro do triângulo isósceles de 16 cm de base e 6 cm de altura.

385. Nas figuras abaixo, determine os elementos indicados:

a)

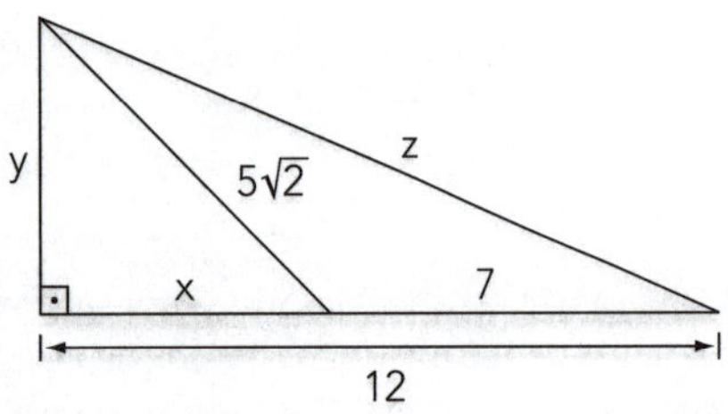

b)

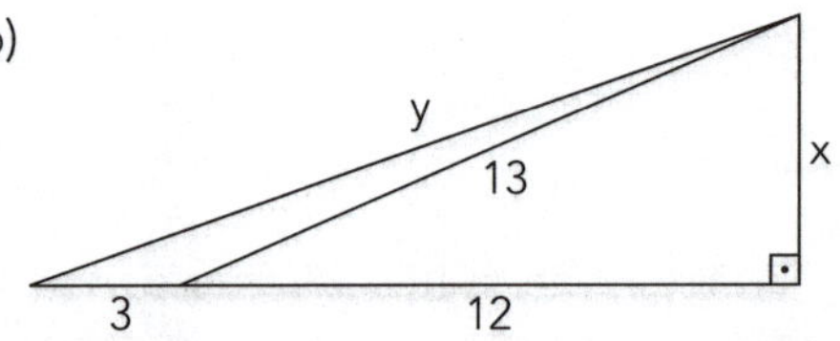

386. Determine a menor altura de um triângulo cujos lados medem 4 m, 5 m e 6 m.

387. Determine o valor de x nos paralelogramos:

a)

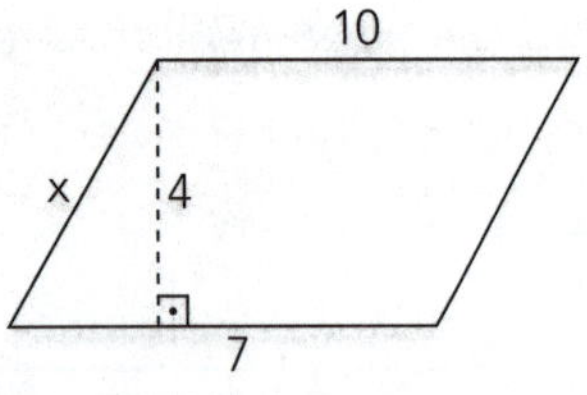

b)

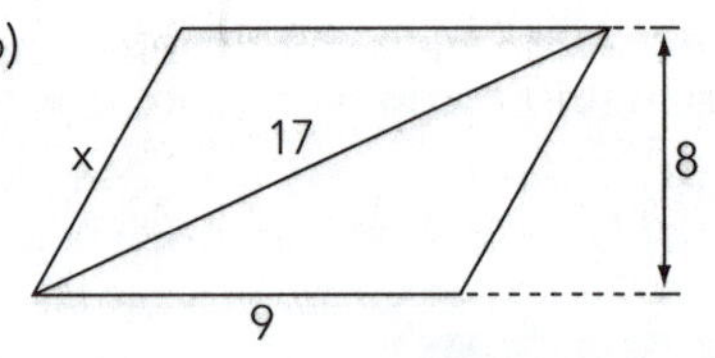

388. As diagonais de um losango medem 10 cm e 24 cm. Determine o perímetro do losango.

389. Um trapézio retângulo de 15 cm de altura tem as bases medindo 10 cm e 18 cm. Determine a medida do lado oblíquo às bases.

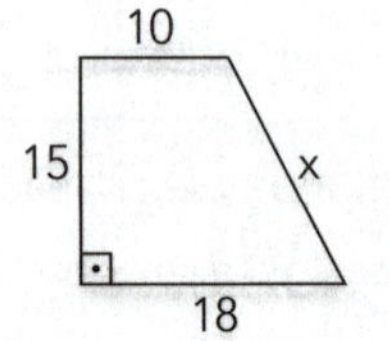

390. Determine a altura do trapézio abaixo.

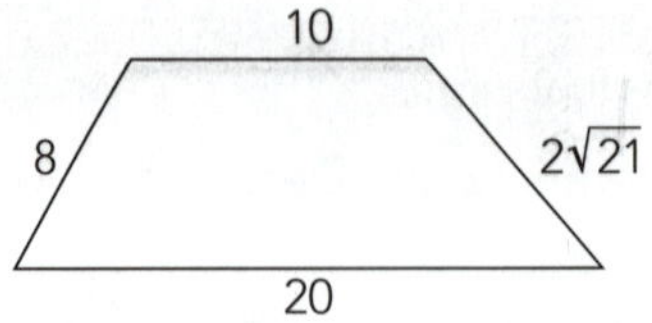

391. As bases de um trapézio isósceles medem 7 cm e 19 cm e os lados não paralelos, 10 cm. Calcule a altura desse trapézio.

392. Na figura, determine o raio da circunferência, sabendo que $\overline{AC}$ e $\overline{AD}$ tangenciam a circunferência nos pontos *C* e *D*, respectivamente, e que BE = 12 cm e AE = 54 cm.

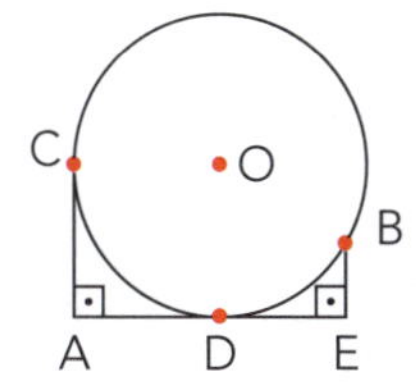

393. Calcule o raio da circunferência inscrita num trapézio retângulo de bases 10 m e 15 m.

394. Na figura, o círculo de centro *O* é inscrito no quadrado ABCD; o círculo de centro *E* tangencia externamente o primeiro e tangencia dois lados consecutivos do quadrado. Dado o lado ℓ do quadrado, determine o raio do círculo de centro *E*.

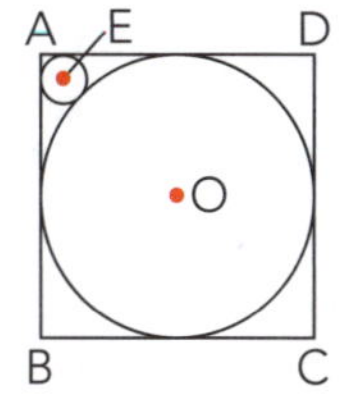

395. Do mesmo lado de uma reta são traçados três círculos tangentes à reta e tangentes entre si dois a dois. Sabendo que dois deles têm o mesmo raio *r* (dado), determine o raio *x* do terceiro círculo.

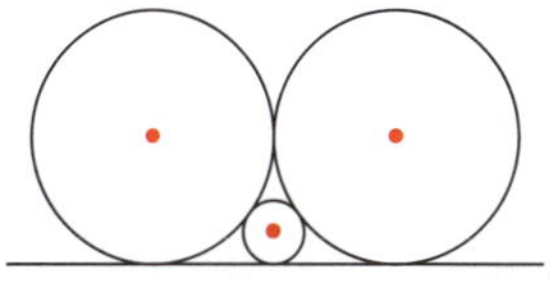

396. Com aproximação até centésimo de milímetro, calcule a medida da altura de um triângulo que tem os três lados medindo 12 mm.

397. Um quebra-cabeça de 1 000 peças vai ser montado sobre uma mesa circular. Qual é o diâmetro mínimo que a mesa deve ter, se a montagem pronta mede 48 cm × 68 cm?

398. Determine a altura não relativa à base de um triângulo isósceles de lados 10 m, 10 m e 12 m.

399. Num triângulo isósceles de altura 8, inscreve-se uma circunferência de raio 3. Calcule a medida da base do triângulo.

400. Na figura, calcule a altura do trapézio retângulo ABCD.

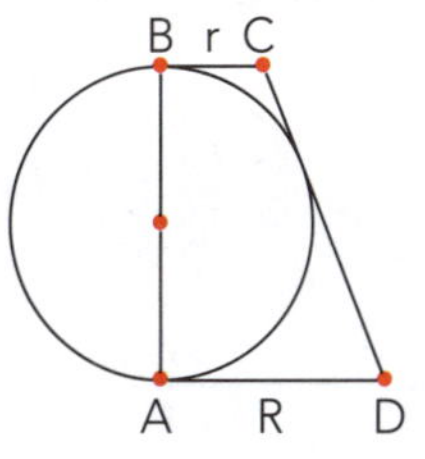

401. Calcule a medida do raio da circunferência, na figura abaixo, sabendo que AD = 12 cm, AE = 15 cm e AB = 8 cm.

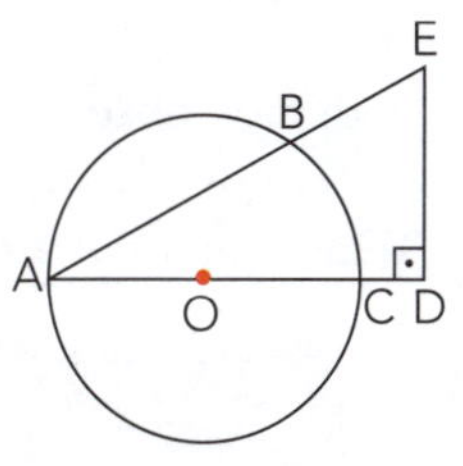

402. Calcule o raio da circunferência inscrita num triângulo retângulo de catetos medindo 6 m e 8 m.

403. Na figura, a circunferência é tangente às semicircunferências. Sendo MN = NP = r e *r* dado, calcule o raio da circunferência.

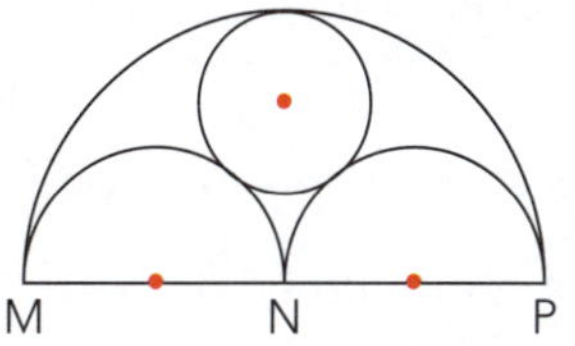

capítulo 23 Razões trigonométricas no triângulo retângulo

Observe a figura ao lado.

Uma escada com seis degraus está apoiada, em *C*, num muro de 2 m de altura.

A distância entre dois degraus vizinhos é 40 cm. Logo, o comprimento da escada é 2,80 m.

A distância da base da escada (*B*) à base do muro (*A*) é 1,96 m.

Assim, o triângulo ABC formado é retângulo em $\hat{A}$ em que $\overline{AB}$ e $\overline{AC}$ são os catetos e $\overline{BC}$ é a hipotenusa.

Ao meio-dia, com o Sol a pino, um pedreiro sobe a escada, degrau por degrau. A sombra de seu pé no chão também vai mudar de posição.

Vamos ver como este exemplo simples nos permite tirar conclusões importantes em matemática.

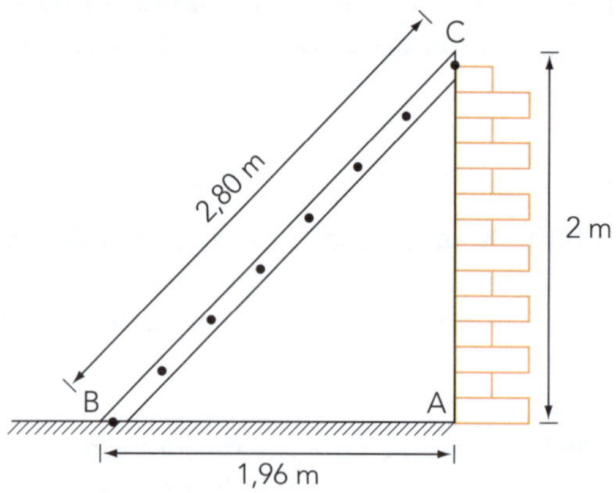

Relações em triângulos retângulos semelhantes

A figura ao lado mostra de maneira simplificada:

- as posições do pé do pedreiro: C_1, C_2, C_3, C_4, C_5 e C_6;
- as posições da sombra do pé no chão: A_1, A_2, A_3, A_4, A_5 e A_6.

Os triângulos BA_1C_1, BA_2C_2, BA_3C_3, etc. são todos semelhantes entre si. Observe a razão:

altura do pé → numerador; distância percorrida → denominador

$$\frac{A_1C_1}{BC_1} = \frac{A_2C_2}{BC_2} = \frac{A_3C_3}{BC_3} = \ldots = \frac{AC}{BC} = \frac{2,00}{2,80} = 0,71429$$

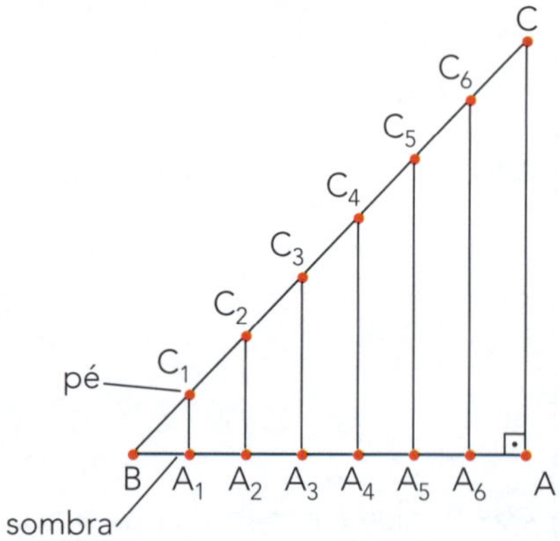

Podemos observar que a altura do pé do pedreiro em relação ao chão é *diretamente proporcional* à distância que ele percorreu na escada.

Temos também a razão:

distância da sombra à base da escada → numerador; distância percorrida → denominador

$$\frac{BA_1}{BC_1} = \frac{BA_2}{BC_2} = \frac{BA_3}{BC_3} = \ldots = \frac{BA}{BC} = \frac{1,96}{2,80} = 0,70000$$

Da mesma forma, a distância da sombra do pé do pedreiro à base da escada é *diretamente proporcional* à distância que ele percorreu na escada.

Temos ainda:

altura do pé → numerador; distância da sombra à base da escada → denominador

$$\frac{A_1C_1}{BA_1} = \frac{A_2C_2}{BA_2} = \frac{A_3C_3}{BA_3} = \ldots = \frac{AC}{BA} = \frac{2,00}{1,96} = 1,02041$$

A altura do pé do pedreiro em relação ao chão é diretamente proporcional à distância da sombra do seu pé à base da escada.

Acabamos de ver que, *fixado o ângulo* ($\hat{B}$) que a escada faz com o chão, as razões:

$$\frac{\text{cateto oposto a } \hat{B}}{\text{hipotenusa}}, \frac{\text{cateto adjacente a } \hat{B}}{\text{hipotenusa}} \text{ e } \frac{\text{cateto oposto a } \hat{B}}{\text{cateto adjacente a } \hat{B}}$$

não dependem do tamanho do triângulo considerado. Em qualquer dos triângulos, BA_1C_1, BA_2C_2, BA_3C_3, etc., essas razões valem, respectivamente: 0,71429; 0,70000; 1,02041.

Esses números estão diretamente ligados à medida do ângulo $\hat{B}$.

Se colocarmos a escada numa outra posição, como mostra a figura abaixo, formando com o chão um outro ângulo, $\hat{B}'$, encontraremos as seguintes razões:

$$\frac{\text{cateto oposto a } \hat{B}'}{\text{hipotenusa}} = \frac{2{,}00}{2{,}40} = 0{,}83333$$

$$\frac{\text{cateto adjacente a } \hat{B}'}{\text{hipotenusa}} = \frac{1{,}33}{2{,}40} = 0{,}55417$$

$$\frac{\text{cateto oposto a } \hat{B}'}{\text{cateto adjacente a } \hat{B}'} = \frac{2{,}00}{1{,}33} = 1{,}50376$$

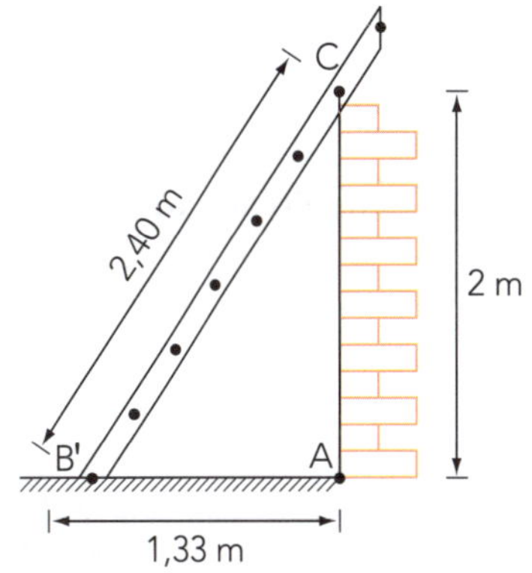

Para cada ângulo agudo $\hat{B}$, essas três razões, que só dependem da medida do ângulo $\hat{B}$, vão agora receber um nome.

Razões trigonométricas

Sendo dado um ângulo agudo $\hat{B}$, vamos construir um triângulo ABC retângulo em *A* e que tenha $\hat{B}$ como um de seus ângulos.

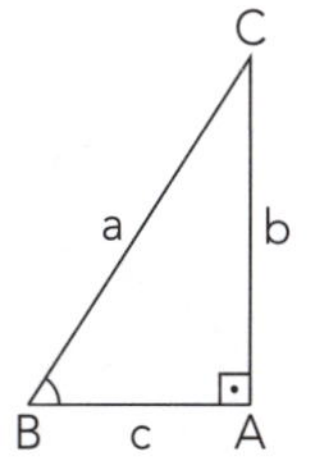

- Chama-se *seno* de um ângulo agudo a razão entre o cateto oposto ao ângulo e a hipotenusa:

$$\text{sen } \hat{B} = \frac{b}{a}$$ (sen $\hat{B}$ leia "seno de $\hat{B}$")

- Chama-se *cosseno* de um ângulo agudo a razão entre o cateto adjacente ao ângulo e a hipotenusa:

$$\cos \hat{B} = \frac{c}{a}$$ (cos $\hat{B}$ leia "cosseno de $\hat{B}$")

- Chama-se *tangente* de um ângulo agudo a razão entre o cateto oposto ao ângulo e o cateto adjacente ao ângulo:

$$\text{tg } \hat{B} = \frac{b}{c}$$ (tg $\hat{B}$ leia "tangente de $\hat{B}$")

O seno, o cosseno e a tangente de um ângulo são chamados *razões trigonométricas* desse ângulo.

Veja alguns exemplos:

- Considerando o exemplo inicial com o triângulo formado pela escada, pelo muro e pelo chão, temos:

$$\text{sen } \hat{B} = \frac{b}{a} = \frac{2{,}00}{2{,}80} = 0{,}71429$$

$$\cos \hat{B} = \frac{c}{a} = \frac{1{,}96}{2{,}80} = 0{,}70000$$

$$\text{tg } \hat{B} = \frac{b}{c} = \frac{2{,}00}{1{,}96} = 1{,}02041$$

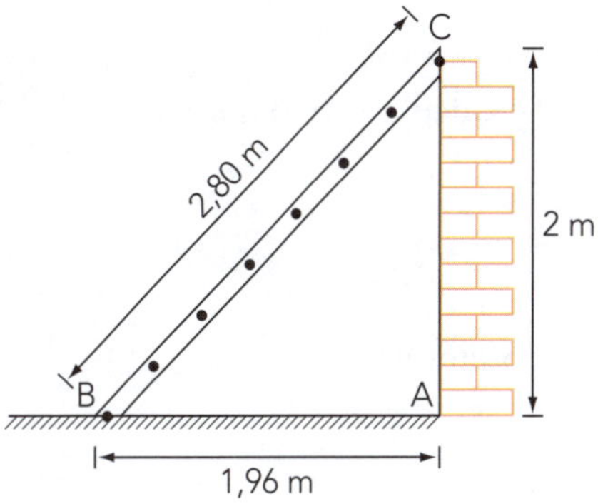

- Agora vamos considerar a escada apoiada no muro na segunda posição apresentada:

$$\text{sen } \hat{B}' = \frac{b}{a} = \frac{2{,}00}{2{,}40} = 0{,}83333$$

$$\cos \hat{B}' = \frac{c}{a} = \frac{1{,}33}{2{,}40} = 0{,}55417$$

$$\text{tg } \hat{B}' = \frac{b}{c} = \frac{2{,}00}{1{,}33} = 1{,}50376$$

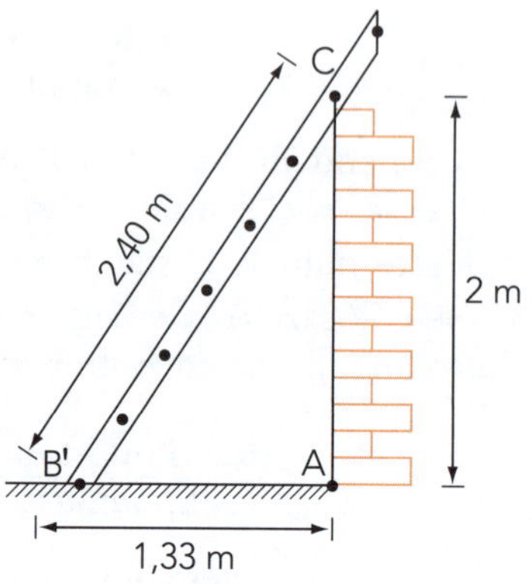

- No triângulo ao lado, temos:

$$\text{sen } \hat{B} = \frac{\text{cateto oposto a } \hat{B}}{\text{hipotenusa}} = \frac{AC}{BC} = \frac{3}{5} = 0{,}6$$

$$\cos \hat{B} = \frac{\text{cateto adjacente a } \hat{B}}{\text{hipotenusa}} = \frac{AB}{BC} = \frac{4}{5} = 0{,}8$$

$$\text{tg } \hat{B} = \frac{\text{cateto oposto}}{\text{cateto adjacente}} = \frac{AC}{AB} = \frac{3}{4} = 0{,}75$$

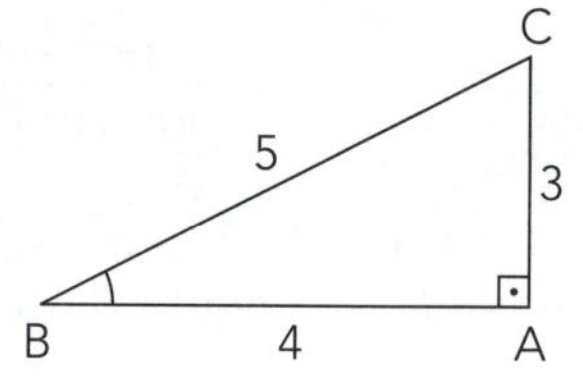

- No exemplo anterior, o ângulo $\hat{C}$ também é agudo. Calculemos as razões trigonométricas de $\hat{C}$.

$$\text{sen } \hat{C} = \frac{AB}{BC} = \frac{4}{5} = 0{,}80$$

$$\cos \hat{C} = \frac{AC}{BC} = \frac{3}{5} = 0{,}60$$

$$\text{tg } \hat{C} = \frac{AB}{AC} = \frac{4}{3} = 1{,}33$$

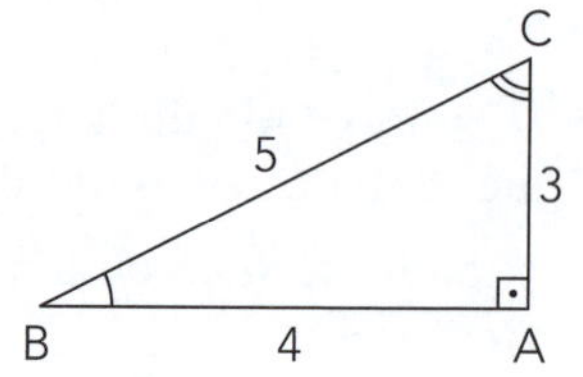

Relações entre as razões trigonométricas

As razões trigonométricas de um mesmo ângulo têm relações entre si. Veja:

$$\text{sen } \hat{B} = \frac{b}{a}, \text{ então } b = a \cdot \text{sen } \hat{B}$$

$$\cos \hat{B} = \frac{c}{a}, \text{ então } c = a \cdot \cos \hat{B}$$

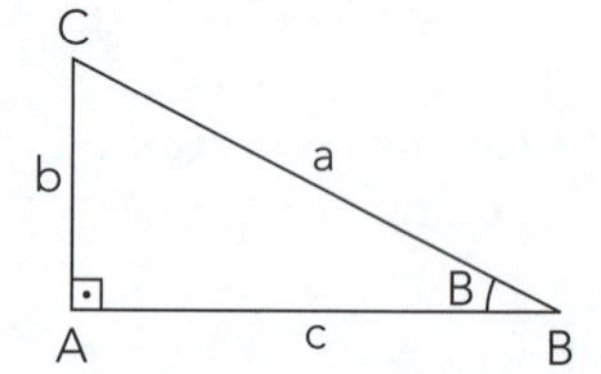

De acordo com o teorema de Pitágoras, temos:

$$b^2 + c^2 = a^2 \Rightarrow (a \cdot \text{sen } \hat{B})^2 + (a \cdot \cos \hat{B})^2 = a^2 \Rightarrow a^2 \cdot \text{sen}^2 \hat{B} + a^2 \cdot \cos^2 \hat{B} = a^2$$

Portanto:

$$\text{sen}^2 \hat{B} + \cos^2 \hat{B} = 1$$

Se calcularmos o quociente $\frac{\text{sen } \hat{B}}{\cos \hat{B}}$, teremos:

$$\frac{\text{sen } \hat{B}}{\cos \hat{B}} = \frac{\frac{b}{a}}{\frac{c}{a}} = \frac{b}{a} \cdot \frac{a}{c} = \frac{b}{c} = \text{tg } \hat{B}$$

Portanto:

$$\text{tg } \hat{B} = \frac{\text{sen } \hat{B}}{\cos \hat{B}}$$

Exercícios

404. Determine sen x nos casos:

a)
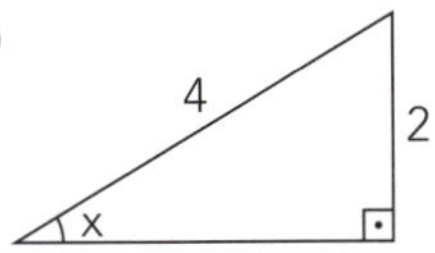

b)
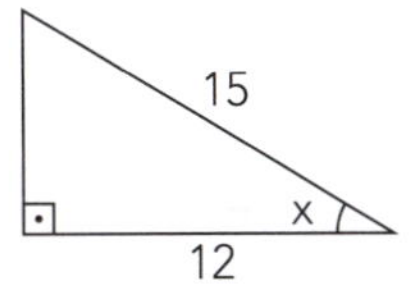

c)
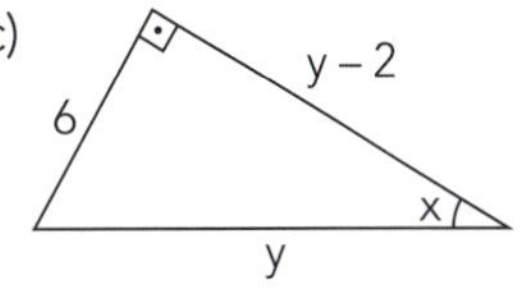

405. Determine cos x nos casos:

a)
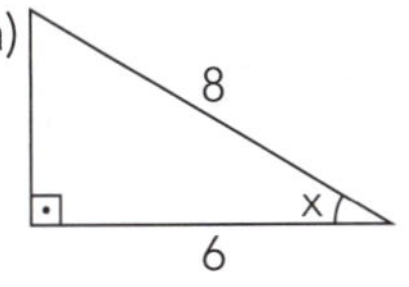

b)
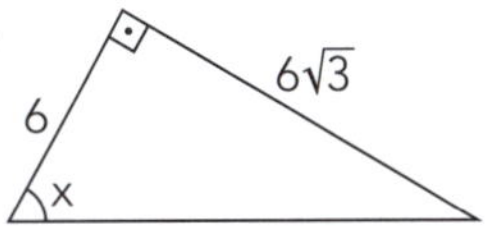

c)
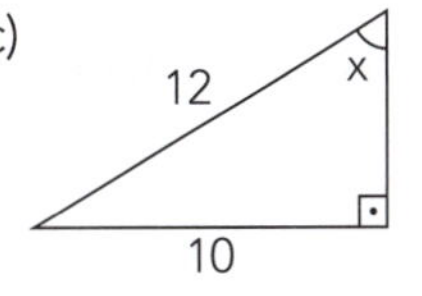

406. Obtenha tg x nos casos:

a)
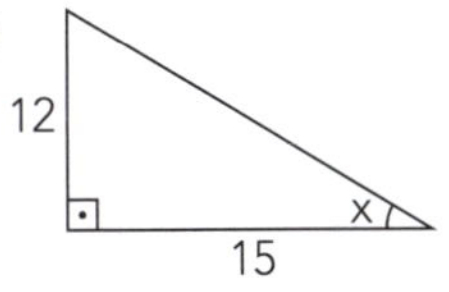

b)
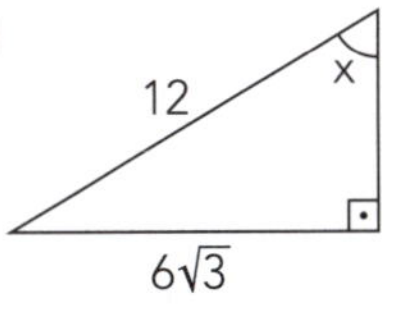

c)
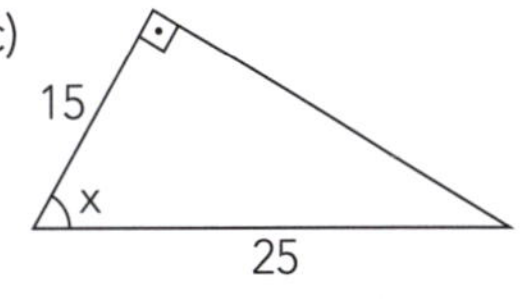

407. Calcule sen $\hat{B}$, cos $\hat{B}$ e tg $\hat{B}$ para o triângulo ao lado.

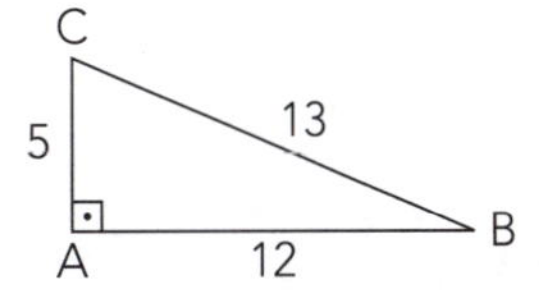

408. Para o mesmo triângulo do exercício anterior, calcule sen $\hat{C}$, cos $\hat{C}$ e tg $\hat{C}$.

409. Calcule a medida da hipotenusa $\overline{RS}$ do triângulo retângulo da figura. Em seguida, determine sen $\hat{R}$, cos $\hat{R}$ e tg $\hat{S}$.

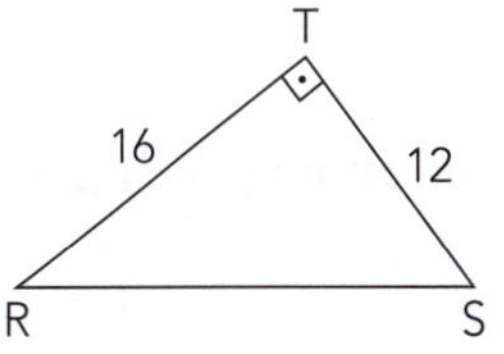

410. Num triângulo ABC, retângulo em *A*, de hipotenusa 15 cm, sabe-se que sen $\hat{B} = \frac{4}{5}$. Determine:

a) o cateto AC = x;

b) o outro cateto;

c) cos $\hat{B}$ e tg $\hat{B}$;

d) sen $\hat{C}$, cos $\hat{C}$ e tg $\hat{C}$.

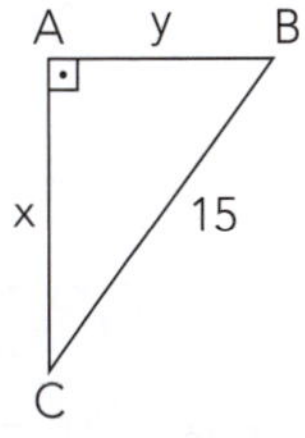

411. Um triângulo RST, retângulo em *R*, tem RS = 10 cm e tg $\hat{S} = \frac{5}{2}$.
Determine RT = x.

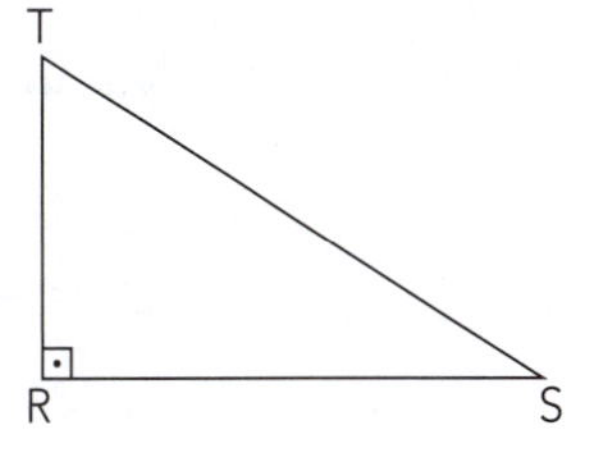

412. Num triângulo ABC, retângulo em A, de hipotenusa 25 cm, sabe-se que sen $\hat{C} = \frac{3}{5}$. Determine:

a) o cateto AB = x;

b) o outro cateto;

c) cos $\hat{C}$ e tg $\hat{C}$;

d) sen $\hat{B}$, cos $\hat{B}$ e tg $\hat{B}$.

Seno, cosseno e tangente de 45°

Na figura inicial temos um quadrado de lado ℓ. Ao traçarmos sua diagonal (que mede $\ell\sqrt{2}$), indicamos um triângulo retângulo, como mostra a figura central. Observe que os ângulos agudos valem 45°.

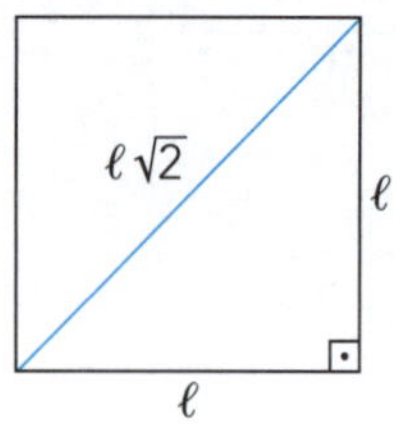

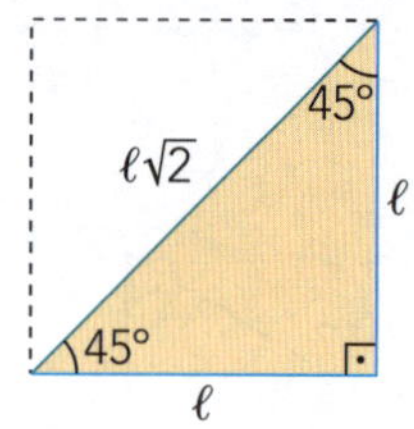

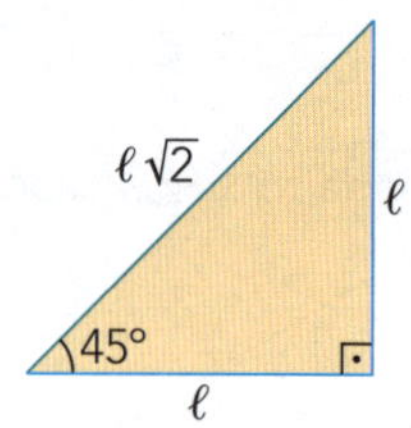

$$\text{sen } 45^\circ = \frac{\ell}{\ell\sqrt{2}} \Rightarrow \text{sen } 45^\circ = \frac{1}{\sqrt{2}} \Rightarrow \boxed{\text{sen } 45^\circ = \frac{\sqrt{2}}{2}} \text{ ou sen } 45^\circ = 0{,}707...$$

$$\cos 45^\circ = \frac{\ell}{\ell\sqrt{2}} \Rightarrow \cos 45^\circ = \frac{1}{\sqrt{2}} \Rightarrow \boxed{\cos 45^\circ = \frac{\sqrt{2}}{2}} \text{ ou cos } 45^\circ = 0{,}707...$$

$$\text{tg } 45^\circ = \frac{\ell}{\ell} \Rightarrow \boxed{\text{tg } 45^\circ = 1}$$

Seno, cosseno e tangente de 30° e de 60°

Na figura inicial temos um triângulo equilátero de lado ℓ cujos três ângulos são iguais a 60°. Ao traçarmos sua altura $\left(\text{que mede } \frac{\ell\sqrt{3}}{2}\right)$, indicamos um triângulo retângulo, como mostra a figura central.

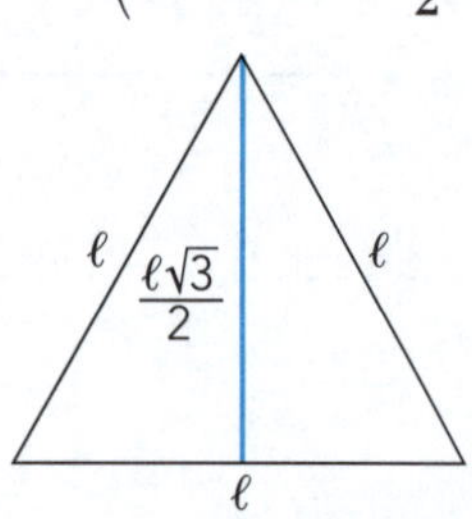

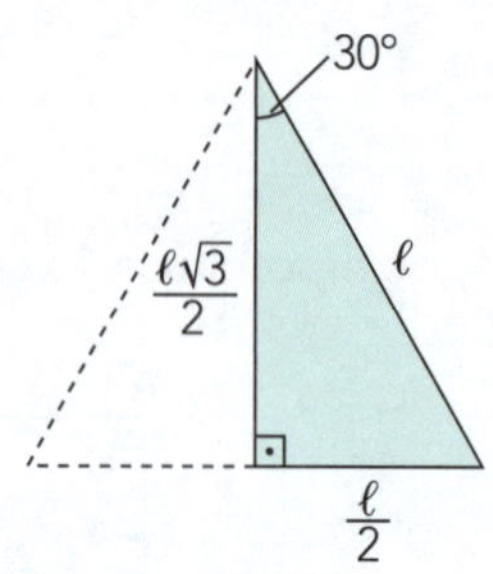

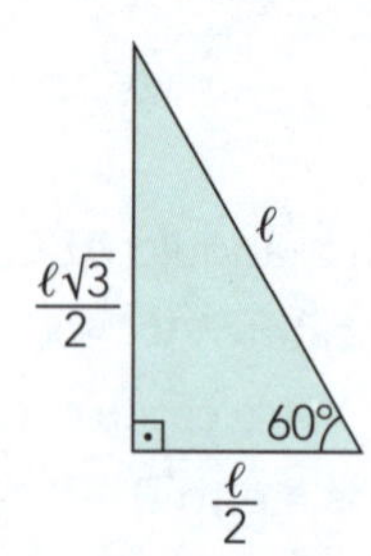

Para o ângulo de 30°, temos:

$$\text{sen } 30^\circ = \frac{\frac{\ell}{2}}{\ell} \Rightarrow \boxed{\text{sen } 30^\circ = \frac{1}{2}} \text{ ou sen } 30^\circ = 0{,}5$$

$$\cos 30^\circ = \frac{\frac{\ell\sqrt{3}}{2}}{\ell} \Rightarrow \boxed{\cos 30^\circ = \frac{\sqrt{3}}{2}} \text{ ou cos } 30^\circ = 0{,}866...$$

$$\text{tg } 30^\circ = \frac{\frac{\ell}{2}}{\frac{\ell\sqrt{3}}{2}} = \frac{1}{\sqrt{3}} \Rightarrow \boxed{\text{tg } 30^\circ = \frac{\sqrt{3}}{3}} \text{ ou tg } 30^\circ = 0{,}577...$$

Para o ângulo de 60°, temos:

$$\text{sen } 60° = \frac{\frac{\ell\sqrt{3}}{2}}{\ell} \Rightarrow \boxed{\text{sen } 60° = \frac{\sqrt{3}}{2}} \text{ ou sen } 60° = 0{,}866...$$

$$\cos 60° = \frac{\frac{\ell}{2}}{\ell} \Rightarrow \boxed{\cos 60° = \frac{1}{2}} \text{ ou } \cos 60° = 0{,}5$$

$$\text{tg } 60° = \frac{\frac{\ell\sqrt{3}}{2}}{\frac{\ell}{2}} \Rightarrow \boxed{\text{tg } 60° = \sqrt{3}} \text{ ou tg } 60° = 1{,}732...$$

Agora podemos construir uma tabela com o seno, o cosseno e a tangente de alguns dos principais ângulos:

	x		
	30°	**45°**	**60°**
sen x	$\frac{1}{2}$	$\frac{\sqrt{2}}{2}$	$\frac{\sqrt{3}}{2}$
cos x	$\frac{\sqrt{3}}{2}$	$\frac{\sqrt{2}}{2}$	$\frac{1}{2}$
tg x	$\frac{\sqrt{3}}{3}$	1	$\sqrt{3}$

Seno, cosseno e tangente de outros ângulos

Quando queremos obter uma das razões trigonométricas de um ângulo não especial, como 37°, por exemplo, como fazemos? Teoricamente podemos fazer assim:

- com a ajuda de um transferidor, construímos um ângulo de 37°:

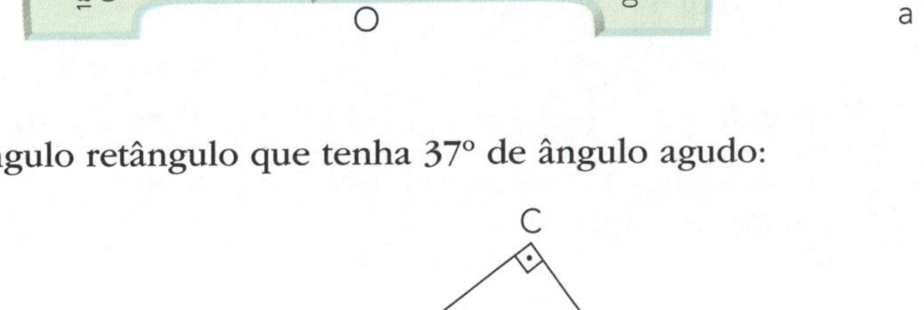

- construímos um triângulo retângulo que tenha 37° de ângulo agudo:

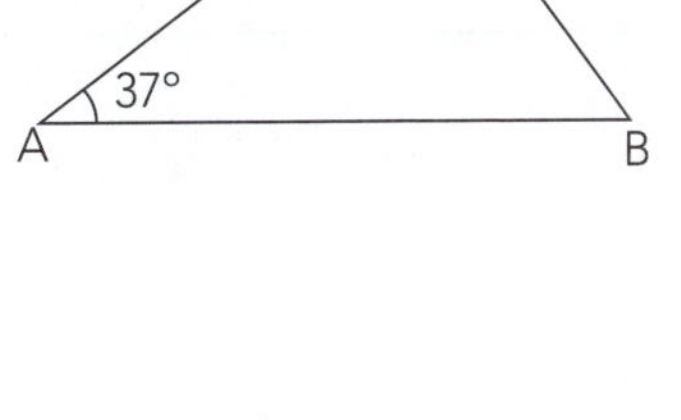

• medimos os lados desse triângulo:

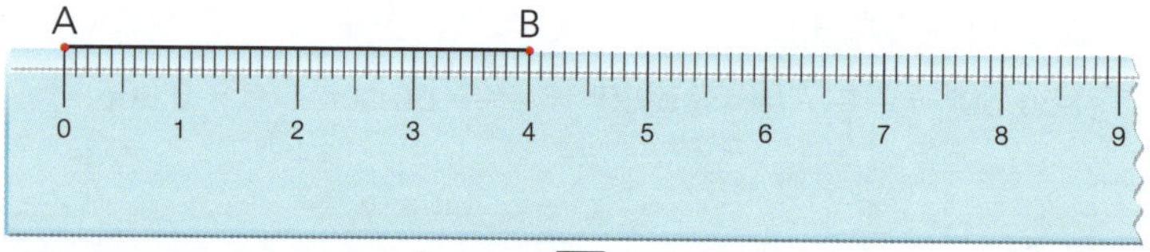

distância $\overline{AB}$ = 4 cm

• calculamos a razão trigonométrica que queremos.

Na prática, consultamos tabelas já existentes e que dão as razões trigonométricas dos ângulos de 0° a 90°, de grau em grau. Ou, então, utilizamos calculadoras que dão as razões trigonométricas.

Aplicações das razões trigonométricas

Conhecendo os valores do seno, do cosseno e da tangente de um ângulo agudo podemos efetuar vários cálculos em geometria, muitos deles envolvendo situações do cotidiano. Vejamos os exemplos seguintes:

Exemplo 1

Por segurança, vai ser necessário ligar a ponta de um poste de 12 m de altura a um gancho no chão por um cabo. Quando esticado, o cabo deverá fazer ângulo de 45° com o chão.

Qual é o comprimento do cabo? A que distância do poste está o gancho?

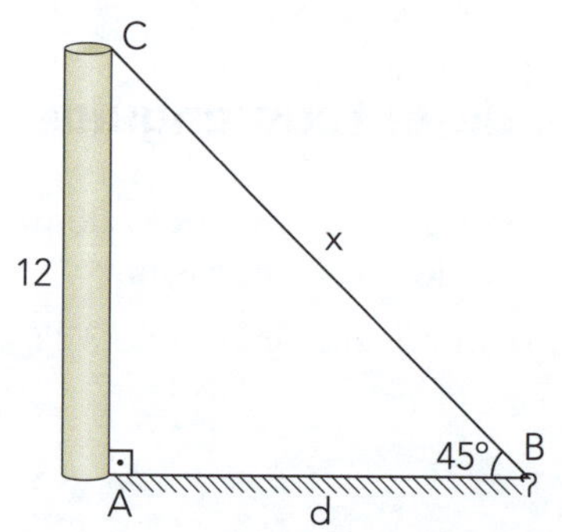

Temos:

$$\text{sen } \hat{B} = \frac{AC}{BC} = \frac{12}{x} \text{ e tg } \hat{B} = \frac{AC}{AB} = \frac{12}{d}$$

Como $\hat{B} = 45°$ e sen $45° = \frac{\sqrt{2}}{2}$ e tg $45° = 1$, vem:

$$\frac{\sqrt{2}}{2} = \frac{12}{x} \text{ e, então, } x = \frac{2 \cdot 12}{\sqrt{2}} = 12\sqrt{2} = 12 \cdot (1{,}41) \Rightarrow x = 16{,}92$$

$$1 = \frac{12}{x} \text{ e, então, } d = 12$$

Resposta: O comprimento do cabo é 16,92 m e a distância do gancho ao poste é 12 m.

Exemplo 2

Um garoto estava empinando pipa. Quando ele soltou os 50 m de linha, o vento estava tão forte que a linha ficou inclinada 60° em relação ao chão.

Nesse momento, qual era a altura da pipa?

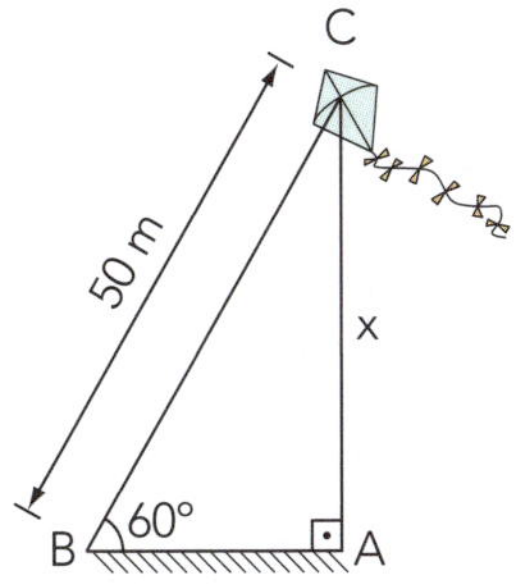

Temos:

$$\text{sen } \hat{B} = \frac{AC}{BC} = \frac{x}{50}$$

Como $\hat{B} = 60°$ e $\text{sen } 60° = \frac{\sqrt{3}}{2}$, vem:

$$\frac{\sqrt{3}}{2} = \frac{x}{50} \text{ e, então, } x = \frac{50\sqrt{3}}{\sqrt{2}} = 25\sqrt{3} = 25 \cdot (1{,}73) = 43{,}25 \Rightarrow x = 43{,}25$$

Resposta: A altura da pipa era 43,25 m.

Exemplo 3

Qual é o comprimento da sombra de uma árvore de 5 m de altura quando o Sol está 30° acima do horizonte?

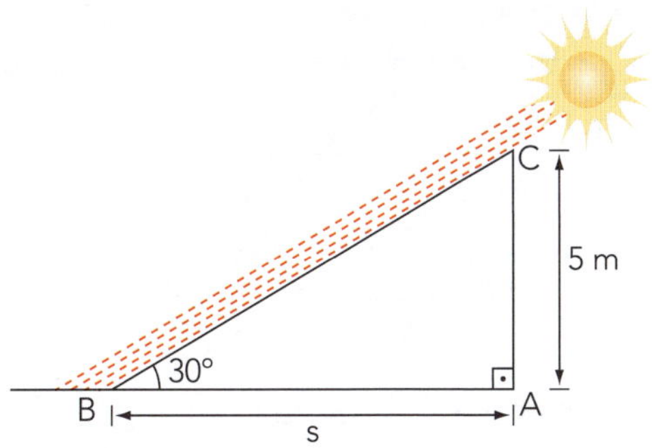

Temos:

$$\text{tg } \hat{B} = \frac{AC}{AB} = \frac{5}{s}$$

Como $\hat{B} = 30°$, $\text{tg } \hat{B} = \text{tg } 30° = \frac{\sqrt{3}}{3} = 0{,}577$, então:

$$0{,}577 = \frac{5}{s} \text{ e, daí, } s = \frac{5}{0{,}577} = 8{,}67 \Rightarrow s = 8{,}67$$

Resposta: O comprimento da sombra é 8,67 m.

Exercícios

413. Calcule o valor de *x* em cada item:

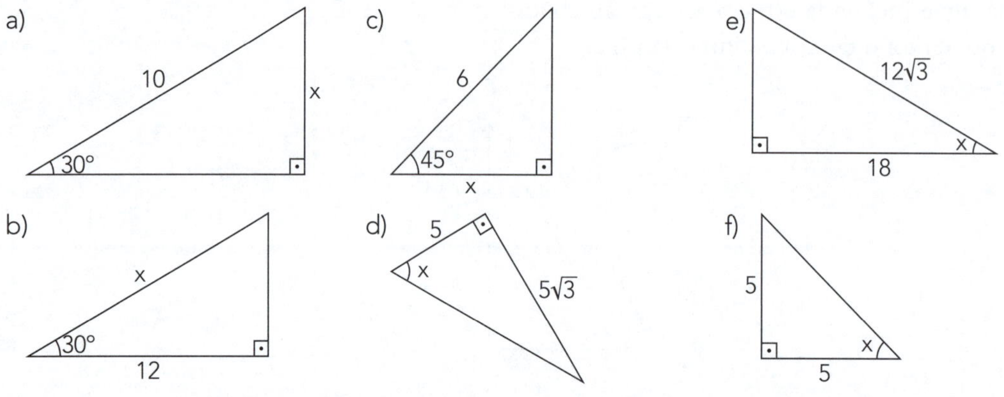

414. Determine *x* nos casos:

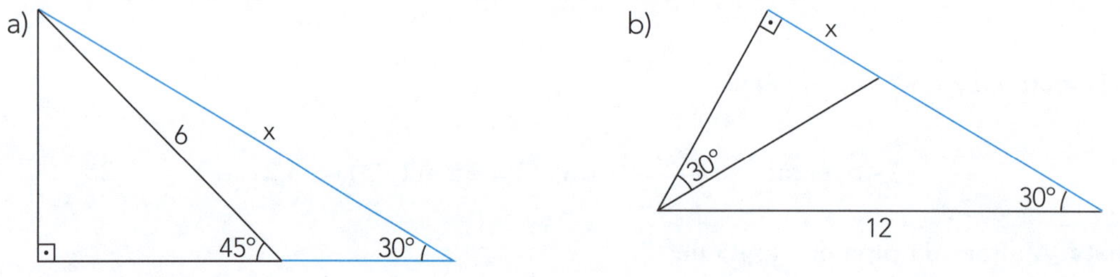

415. Um triângulo retângulo ABC, com $\hat{A} = 90°$, tem AB = 6 cm, AC = $6\sqrt{3}$ cm e BC = 12 cm. Determine os valores de $\hat{B}$ e de $\hat{C}$.

416. A base maior de um trapézio isósceles mede 100 cm e a base menor 60 cm. Sendo 60° a medida de cada um de seus ângulos agudos, determine a altura e o perímetro do trapézio.

417. Determine os valores de *x* e *y* nos seguintes casos:

a) retângulo b) paralelogramo c) paralelogramo

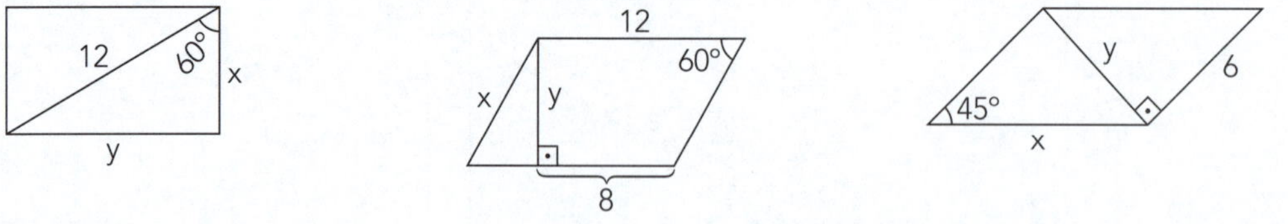

418. Um observador vê um edifício, construído em terreno plano, sob um ângulo de 60°. Se ele se afastar do edifício mais 30 m, passará a vê-lo sob ângulo de 45°. Calcule a altura do edifício.

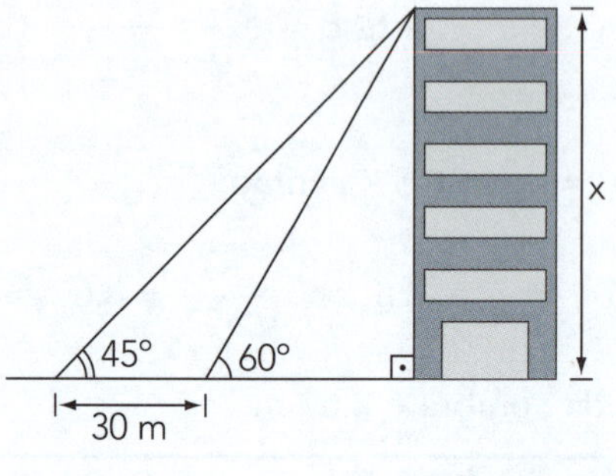

419. Para determinar a largura de um rio, marcou-se a distância entre dois pontos, *A* e *B*, numa margem: AB = 100 m. Numa perpendicular às margens pelo ponto *A* visou-se um ponto *C* na margem oposta e se obteve o ângulo $A\hat{B}C = 30°$. Calcule a largura do rio.

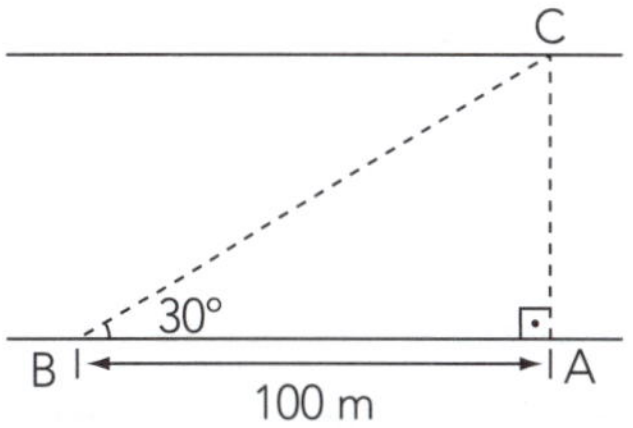

420. Um avião está a 7 000 m de altura e inicia a aterrissagem em aeroporto ao nível do mar. O ângulo de descida é 6°. A que distância da pista está o avião? Qual é a distância que o avião vai percorrer?
Dados: sen 6° = 0,10453, cos 6° = 0,99452 e tg 6° = 0,10510

421. A sombra de um poste vertical, projetada pelo sol sobre um chão plano, mede 12 m. No mesmo instante, a sombra de um bastão vertical de 1 m de altura mede 0,6 m. Qual é a altura do poste?

422. Determine, de acordo com o caso indicado, os valores de *x* e *y*:

a) losango

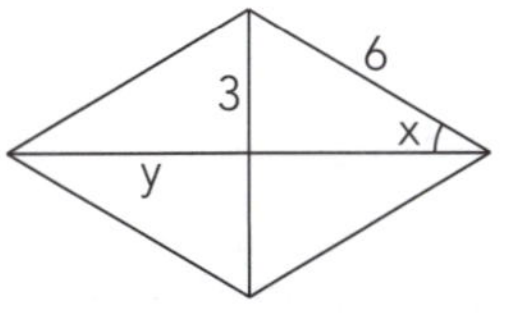

b) trapézio retângulo

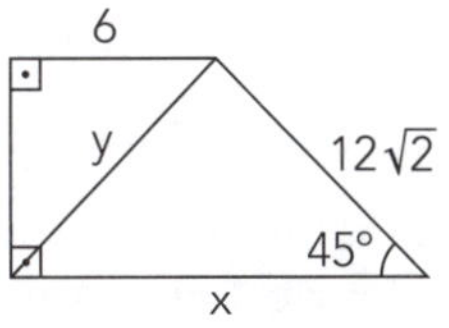

c) trapézio isósceles

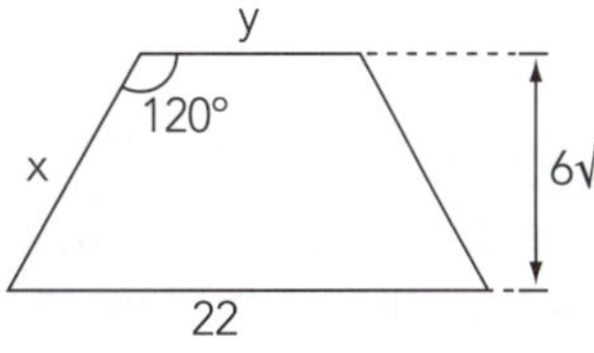

423. Uma pipa é presa a um fio esticado que forma um ângulo de 45° com o solo. O comprimento do fio é 80 m. Determine a altura da pipa em relação ao solo.

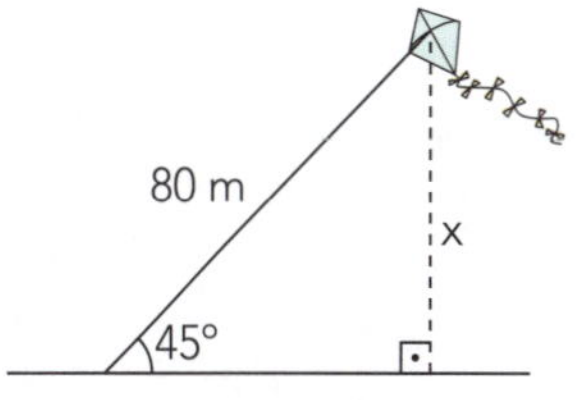

424. Uma escada está encostada na parte superior de um prédio de 54 m de altura e forma com o solo um ângulo de 60°. Determine o comprimento da escada.

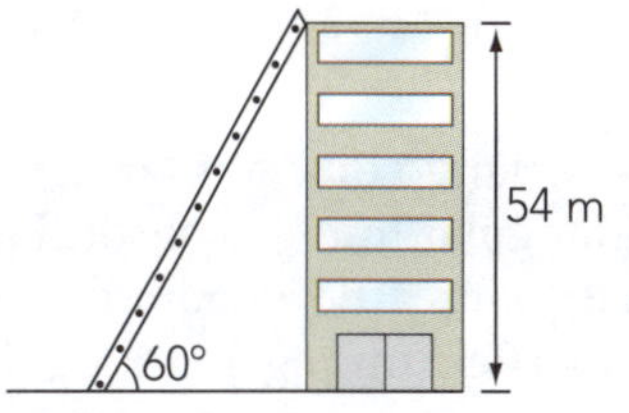

425. Um prédio projeta uma sombra de 6 m no mesmo instante em que uma baliza de 1 m projeta uma sombra de 40 cm. Se cada andar desse prédio tem 3 m de altura, qual é o número de andares?

426. Um barco atravessa um rio, num trecho onde a largura é 100 m, seguindo uma direção que forma 45° com uma das margens. Calcule a distância percorrida pelo barco para atravessar o rio.

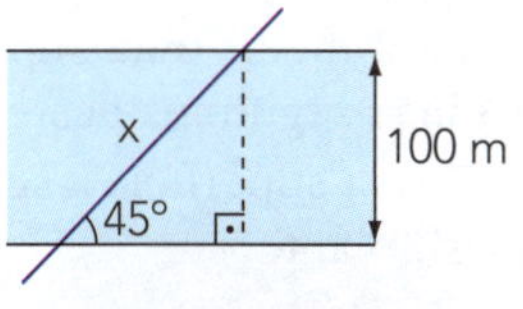

427. Uma escada de bombeiro pode ser estendida até um comprimento máximo de 25 m, formando um ângulo de 70° com a base, que está apoiada sobre um caminhão, a 2 m do solo. Qual é a altura máxima que a escada atinge?
Dados: sen 70° = 0,940, cos 70° = 0,342 e tg 70° = 2,47.

Jupiter Unlimited/Other Images

capítulo 24 Área do retângulo, do quadrado e do paralelogramo

Área

A superfície plana ocupa uma certa porção do plano, que pode ser medida. A medida da extensão ocupada por uma superfície plana é um número chamado *área* da superfície, que expressa o número de vezes que a unidade-padrão de área cabe na superfície.

Para medir uma superfície plana é usada uma das unidades de área. As principais unidades de área são:

- centímetro quadrado (cm^2), que é um quadrado com lados de 1 centímetro;
- metro quadrado (m^2), que é um quadrado com lados de 1 metro;
- quilômetro quadrado (km^2), que é um quadrado com lados de 1 quilômetro.

O retângulo é uma superfície plana. Se um retângulo tem, por exemplo, 4 cm de base e 3 cm de altura, então pode ser dividido em 12 quadrados com lados de 1 cm. A unidade cm^2 cabe 12 vezes no retângulo. A área do retângulo é 12 cm^2.

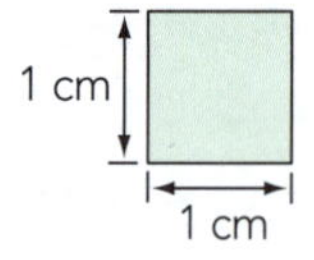

1 cm^2

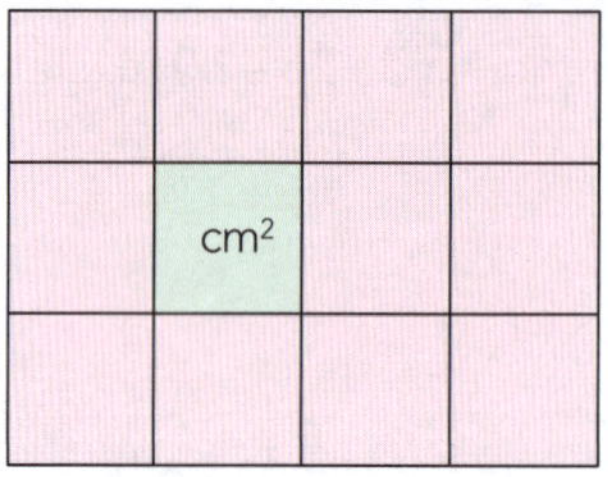

12 cm^2

Quando dizemos "área do retângulo", estamos nos referindo à área da superfície retangular ou região retangular, que é constituída pelo retângulo e seu interior. O mesmo dizemos para outros polígonos. Assim, área do quadrado é a área da superfície ou região quadrada, área de um triângulo é a área da superfície ou região triangular, etc.

Não é usual medir diretamente a área de uma superfície. Quando queremos saber a área de um terreno, não é usual pegar uma placa de 1 m^2 e verificar quantas vezes ela cabe no terreno. Do mesmo modo, quando desejamos medir a superfície de uma folha de caderno, não vamos pegar uma plaquinha de 1 cm^2 e verificar quantas vezes ela cabe na folha.

Para medir uma superfície plana com forma simples, em geral, usa-se uma fórmula matemática. Nas páginas seguintes deste livro, você encontrará algumas dessas fórmulas.

E se a superfície a ser medida tiver um contorno mais complicado? Também veremos muitos exemplos mais adiante.

Área do retângulo

Área do retângulo é igual ao produto da medida da base pela altura.

Indicamos: área = A, base = b, altura = h.

Temos:

$$A = b \times h$$

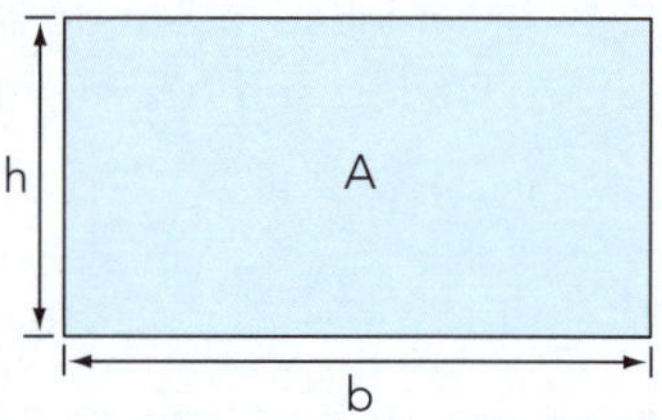

A base e a altura devem ter medidas na mesma unidade. Se essa unidade for o centímetro, a área será dada em centímetros quadrados; se for o metro, ela será dada em metros quadrados, etc.

Vejamos um exemplo.

Exemplo

Deseja-se gramar uma área para fazer um campo de futebol que meça 70 m × 120 m. Qual a área a ser coberta?

Vamos calcular a área do campo de futebol, que é um retângulo de base (ou comprimento) 120 m e altura (ou largura) 70 m:

$$\left.\begin{array}{l} b = 120 \\ h = 70 \end{array}\right\} \Rightarrow A = b \times h = 120 \times 70 = 8\,400$$

Resposta: A área do campo de futebol a ser coberta com grama é de 8 400 m².

Delfim Martins/Pulsar

Área do quadrado

Vamos representar por ℓ o lado do quadrado, como mostra a figura. Aplicando a fórmula da área do retângulo, para $b = \ell$ e $h = \ell$, temos:

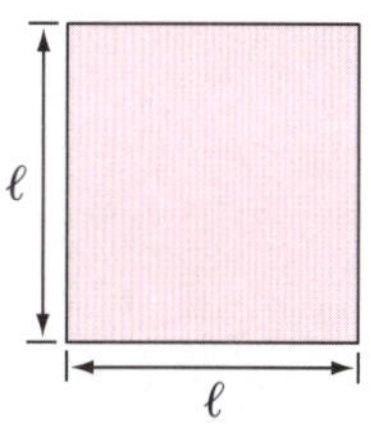

$$A = b \times h = \ell \times \ell = \ell^2$$

Logo, a área do quadrado é igual ao quadrado da medida do lado:

$$A = \ell^2$$

Assim, para um quadrado de lado 2,5 cm, temos:

$$A = \ell^2 = (2{,}5)^2 = 6{,}25$$

Portanto, a área é 6,25 cm².

Exercícios

428. Determine a área em cada um dos seguintes itens:

a) quadrado

b) retângulo

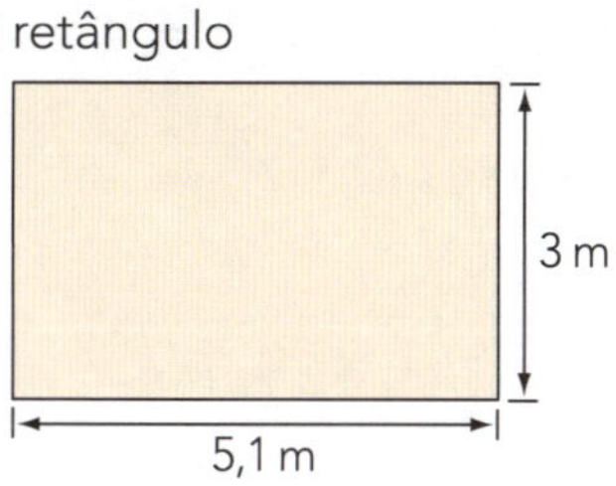

c) quadrado

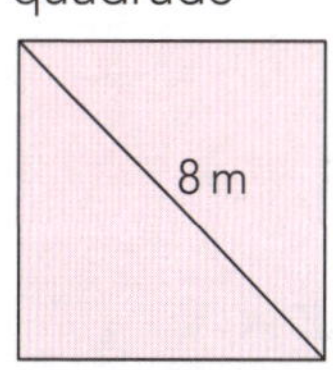

d) retângulo

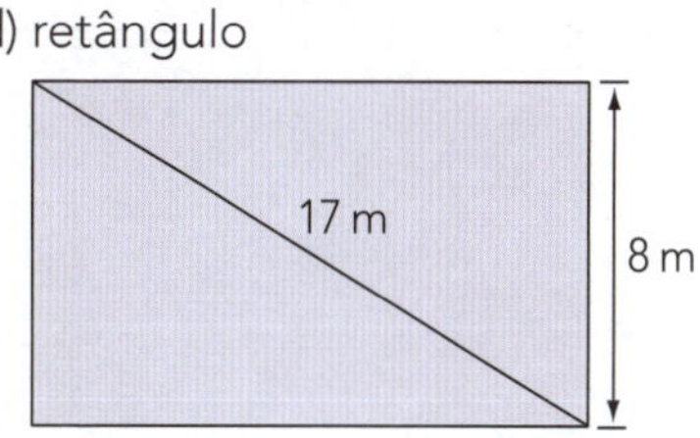

429. Calcule a área do:

a) retângulo de base 9 cm e altura 17 cm;

b) retângulo de dimensões 13 cm e 15 cm;

c) quadrado de lado 11 cm;

d) quadrado de lado 15 m;

e) quadrado cujo perímetro é igual a 80 cm;

f) quadrado de diagonal 10 cm.

430. Determine a área do retângulo nos casos a seguir, sendo a unidade das medidas o metro.

a)
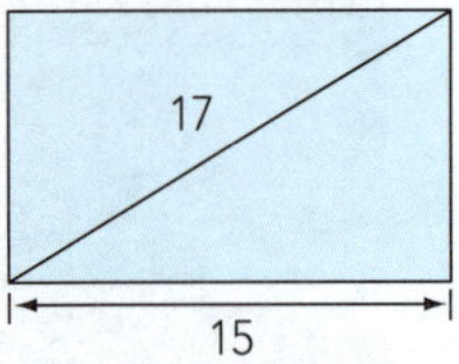

b)
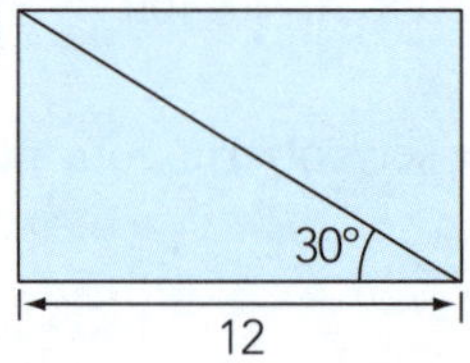

c)
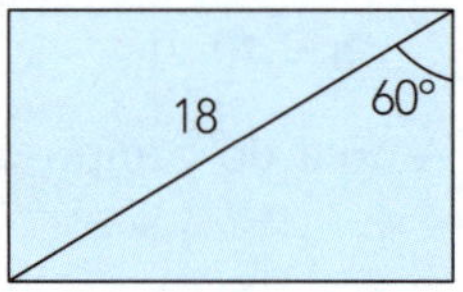

431. A figura abaixo é a planificação de um bloco retangular de dimensões 3 m, 4 m e 5 m. Qual é a área dessa superfície?

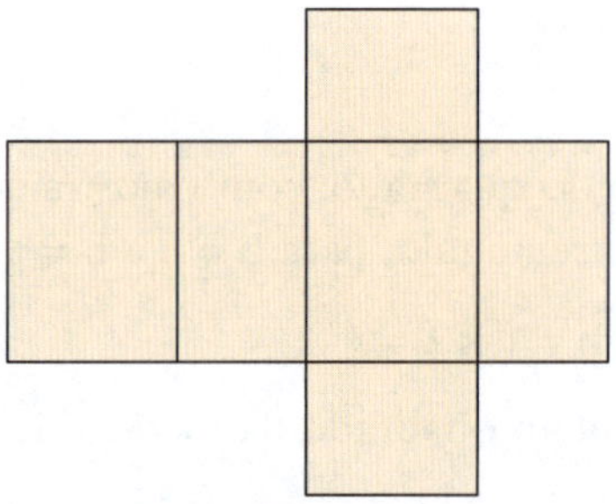

432. Os lados de um terreno retangular estão na razão 2 : 3 e a área é 150 m^2. Calcule o perímetro do terreno.

433. A base de um retângulo é 2 cm maior do que a altura, e a área é 48 cm^2. Calcule as dimensões do retângulo.

434. Calcule a área da superfície colorida:

a) ABCD é quadrado.

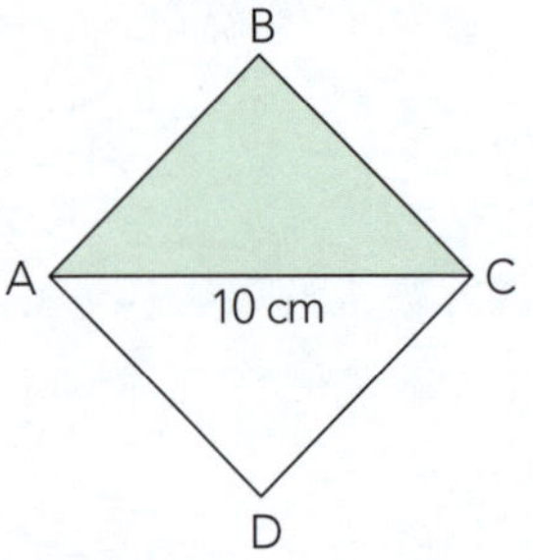

b) ABCD e EFGH são quadrados.

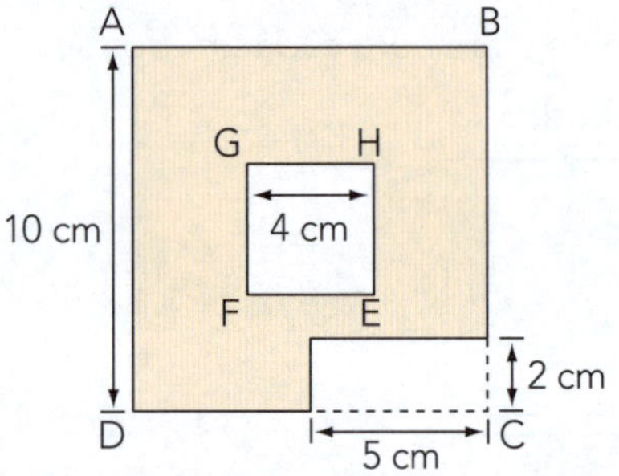

435. Na figura temos dois quadrados. Determine a área do maior deles.

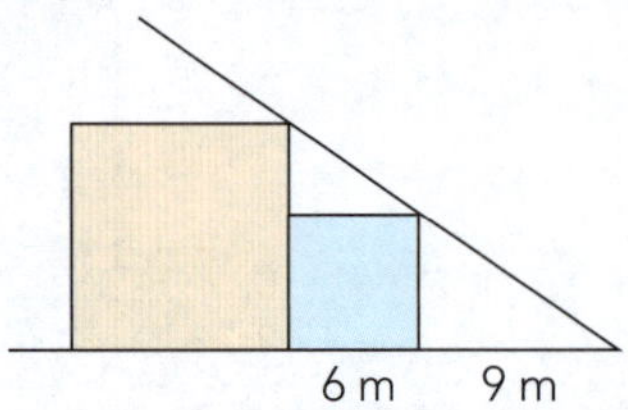

436. Calcule a área de um terreno quadrado que está totalmente cercado por um muro de 96 m de extensão.

437. Calcule a área da superfície colorida:

a) ABCD é retângulo.

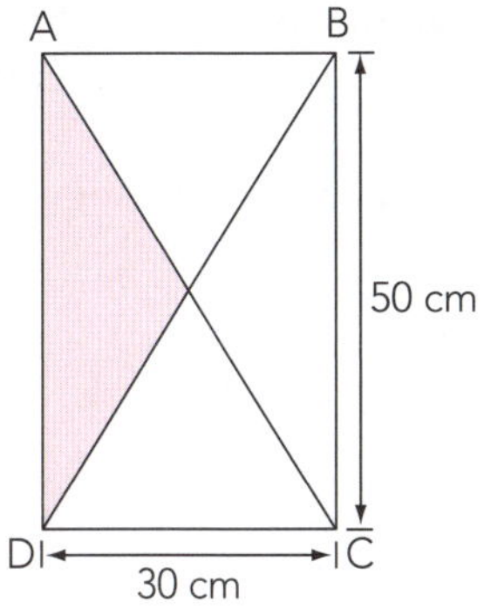

b) ABCD é retângulo.

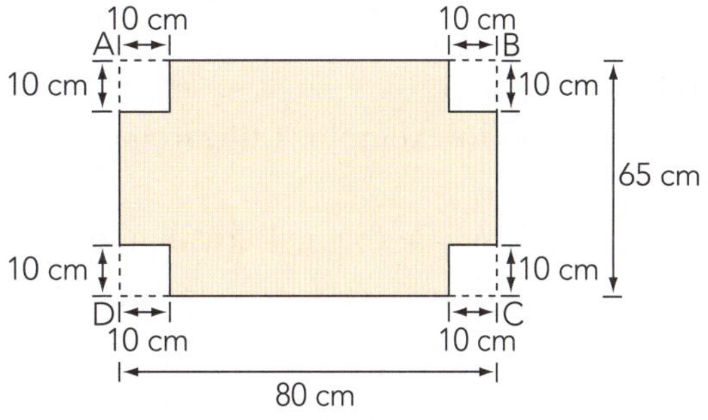

438. Determine a área de um retângulo de diagonal 15 m e perímetro 42 m.

439. A área de um retângulo é 40 cm^2 e sua base excede em 6 cm sua altura. Determine a altura do retângulo.

440. A base de um retângulo é o dobro de sua altura. Determine suas dimensões, sendo 72 cm^2 sua área.

441. O perímetro de um retângulo é 42 cm e a base mede 5 cm a mais do que a altura. Calcule a área do retângulo.

442. Se aumentarmos em 3 cm os lados de um quadrado, sua área aumentará em 261 cm^2. Quanto mede cada lado do quadrado?

443. Qual é o aumento porcentual na área de um retângulo quando sua base é aumentada em 30% e sua altura em 40%?

Equivalência

Observe as figuras planas a seguir que montamos utilizando 12 cartões quadrados com lado de 1 cm.

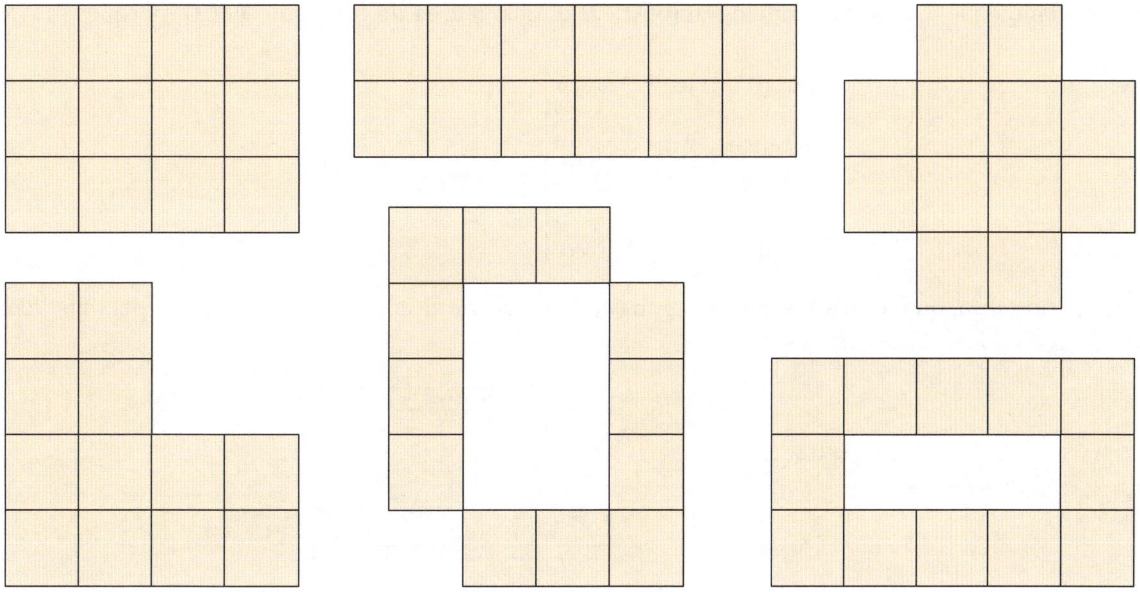

Nesse conjunto não há duas figuras iguais. Cada figura tem forma diferente das demais, mas todas têm a mesma área (12 cm^2) e por isso são *equivalentes* entre si.

Dizemos que duas figuras são equivalentes quando elas possuem áreas iguais.

No exemplo que acabamos de ver as figuras são equivalentes por serem todas elas compostas por 12 cartões iguais. Dizemos que essas figuras são *equicompostas* (compostas por partes iguais em igual quantidade).

Veja agora outro exemplo. Utilizaremos três cartões de cores diferentes com as seguintes características:

- 2 cartões em forma de triângulo retângulo com catetos de 1,5 cm;
- 1 cartão em forma de retângulo de 2 cm por 1,5 cm.

Vamos montar três figuras equivalentes:

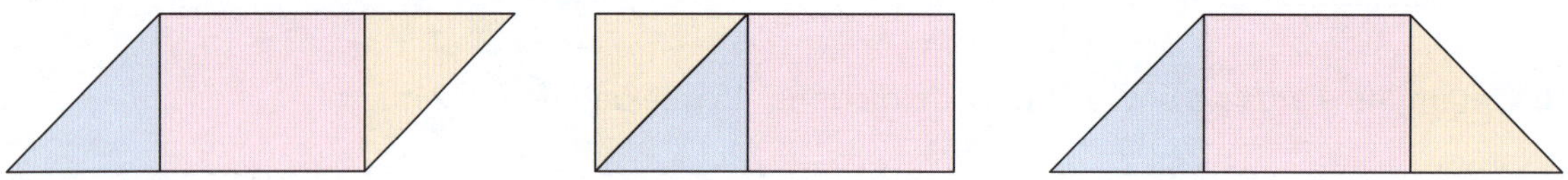

Essas figuras são equivalentes porque são *equicompostas* (compostas por três partes, duas a duas iguais). "E qual é a área de cada uma?", alguém pode perguntar. Para responder, basta olhar a figura do meio (retângulo 3,5 cm por 1,5 cm): 5,25 cm^2.

A seguir, vamos usar muitas vezes essa idéia de calcular a área de uma figura "complicada", transformando-a em uma figura equivalente mais "simples".

Área do paralelogramo

Vamos representar por *b* a base e por *h* a altura do paralelogramo.

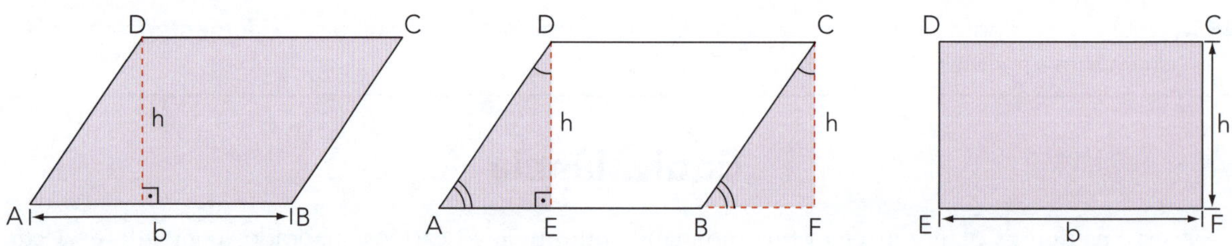

Observemos que a área do paralelogramo ABCD é igual à área do retângulo EFCD, porque:

$$A_{\square ABCD} = A_{\triangle AED} + A_{\square EBCD}$$

iguais porque $\triangle AED \equiv \triangle BFC$ — iguais $\Rightarrow A_{\square ABCD} = A_{\square EFCD}$

$$A_{\square EFCD} = A_{\triangle BFC} + A_{\square EBCD}$$

Segue, portanto, que a área do paralelogramo é igual ao produto da medida da base pela medida da altura:

$$A = b \times h$$

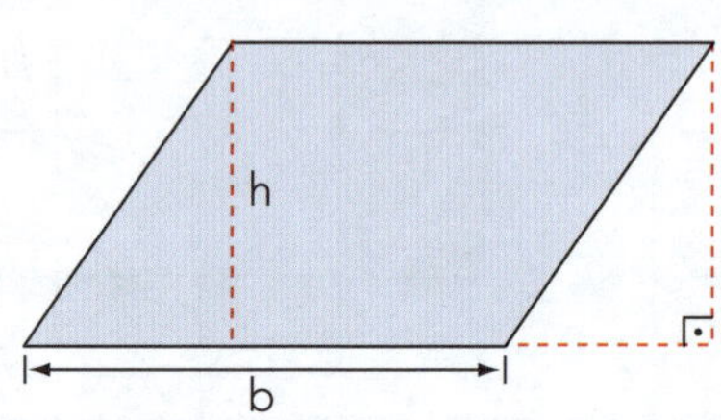

Vejamos um exemplo.

A área de um paralelogramo de base b = 8 cm e altura h = 4 cm é:

$$A = b \times h = 8 \times 4 = 32$$

Portanto, a área desse paralelogramo é igual a 32 cm^2.

Exercícios

444. Os triângulos usados para compor as figuras a seguir são todos congruentes entre si. Quais são as figuras equivalentes?

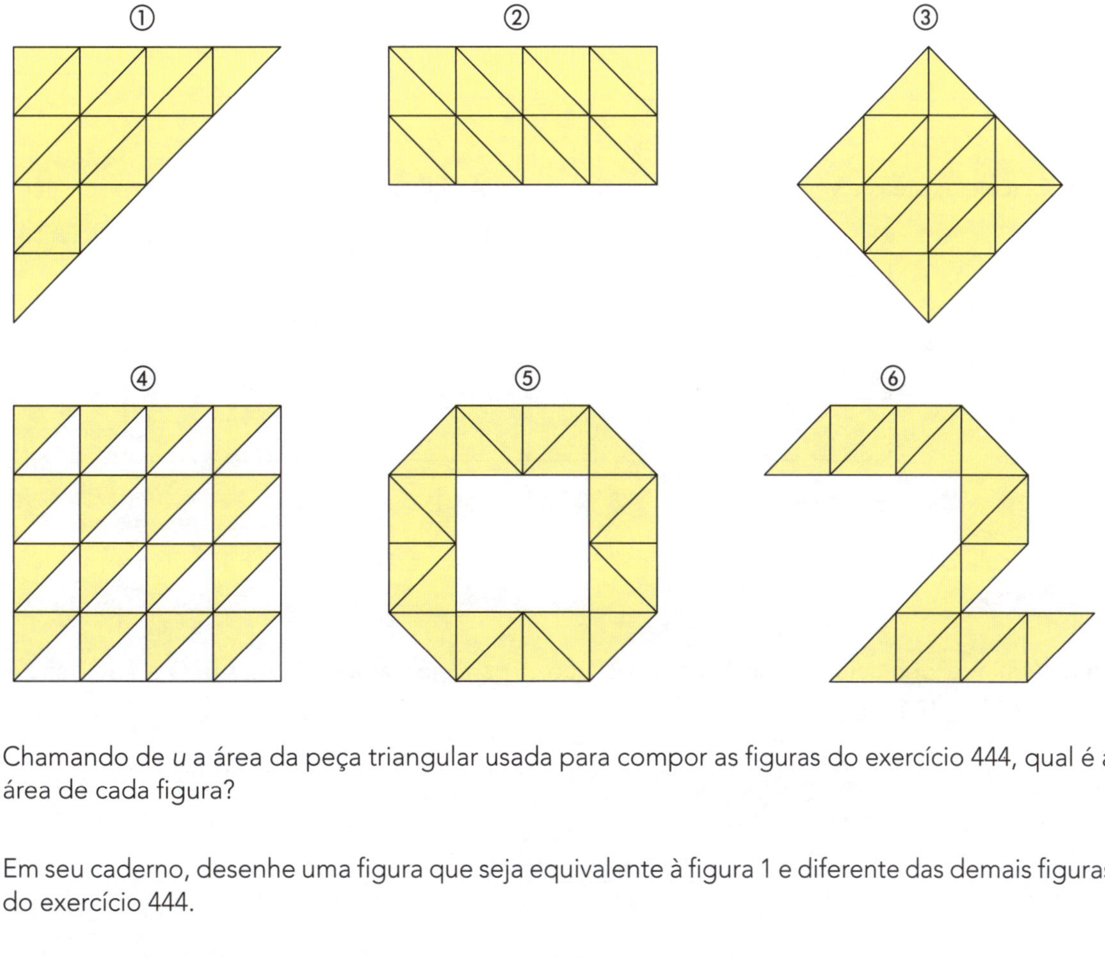

445. Chamando de *u* a área da peça triangular usada para compor as figuras do exercício 444, qual é a área de cada figura?

446. Em seu caderno, desenhe uma figura que seja equivalente à figura 1 e diferente das demais figuras do exercício 444.

447. Calcule a área dos paralelogramos:

a)

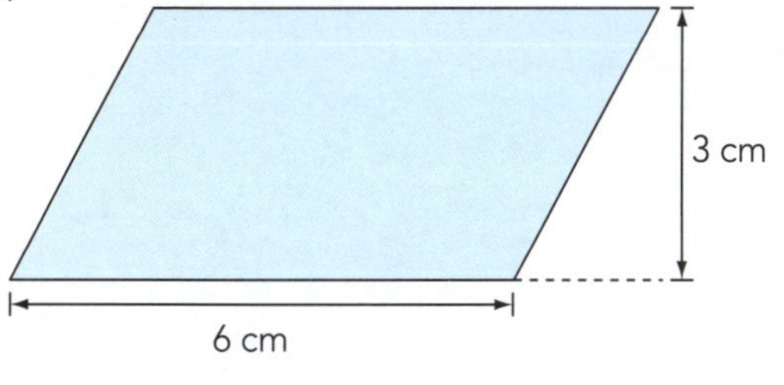

b)

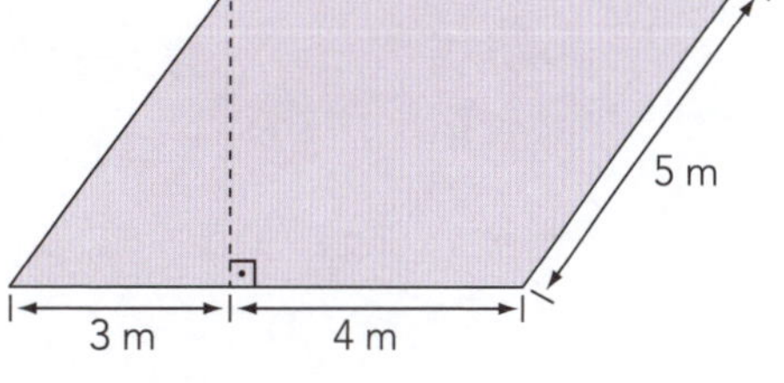

c)

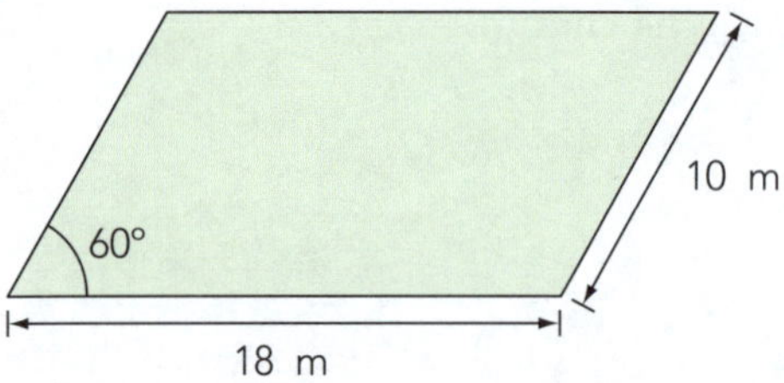

d)

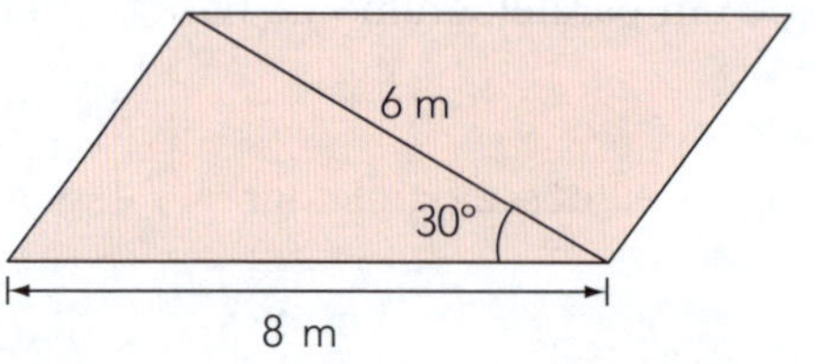

448. Determine a área da superfície colorida, sabendo que ela é um paralelogramo.

a)

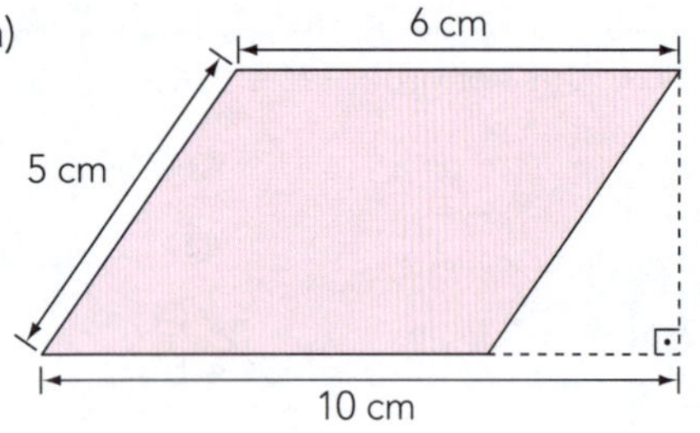

b)

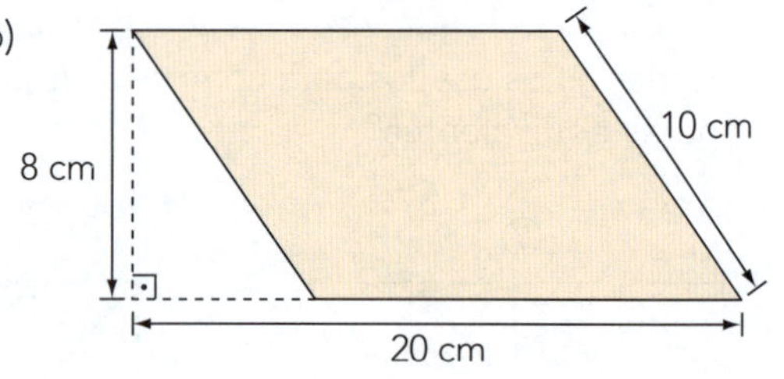

449. Calcule as áreas e verifique que o paralelogramo ABCD e o retângulo ABEF são equivalentes.

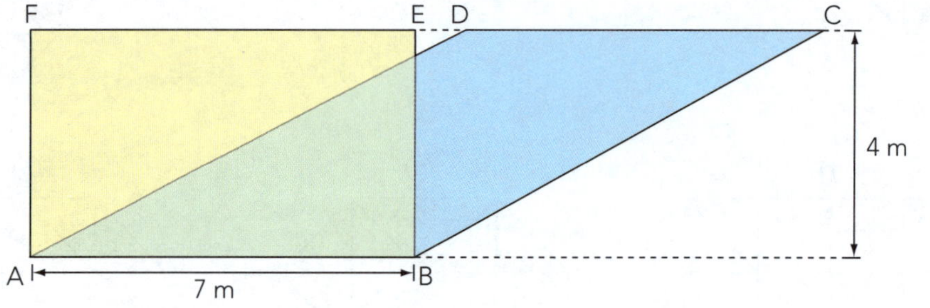

450. Calcule o lado de um quadrado que é equivalente ao retângulo e ao paralelogramo do exercício anterior.

451. Verifique, por meio do cálculo de áreas, que os paralelogramos ABDC, ABED e ABGF são equivalentes entre si.

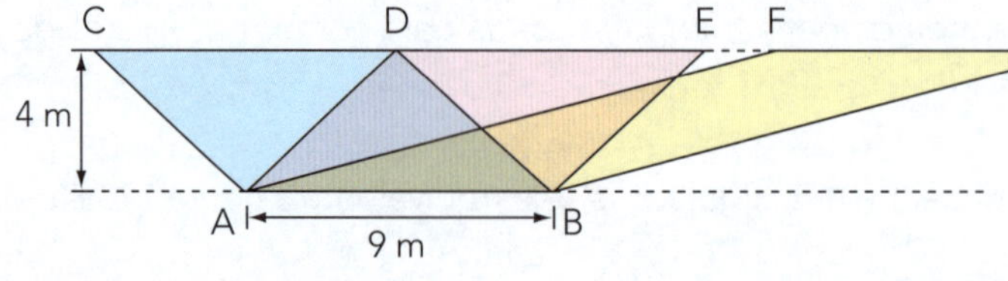

452. Calcule o lado de um quadrado que é equivalente aos paralelogramos do exercício anterior.

capítulo 25

Relações métricas em um triângulo qualquer

Quando um triângulo não é retângulo, nem equilátero, nem isósceles, as relações entre as medidas de seus lados podem ser mais complicadas.

Há, entretanto, duas relações métricas entre lados e ângulos de um triângulo qualquer que resolvem inúmeros problemas. Essas relações são conhecidas por *lei dos cossenos* e *lei dos senos*.

Além de serem válidas para triângulos não especiais, essas relações também valem para triângulos retângulos, equiláteros ou isósceles.

Lei dos cossenos

O objetivo da *lei dos cossenos* é calcular a medida de um lado (a) do triângulo quando são conhecidas as medidas dos outros dois lados (b e c) e a medida do ângulo ($\hat{A}$) que os lados conhecidos formam entre si.

Vamos ver como é a lei dos cossenos em três casos: $\hat{A}$ é reto, $\hat{A}$ é agudo ou $\hat{A}$ é obtuso.

- $\hat{A}$ reto

Nesse caso, o triângulo ABC é retângulo e vale a relação de Pitágoras:

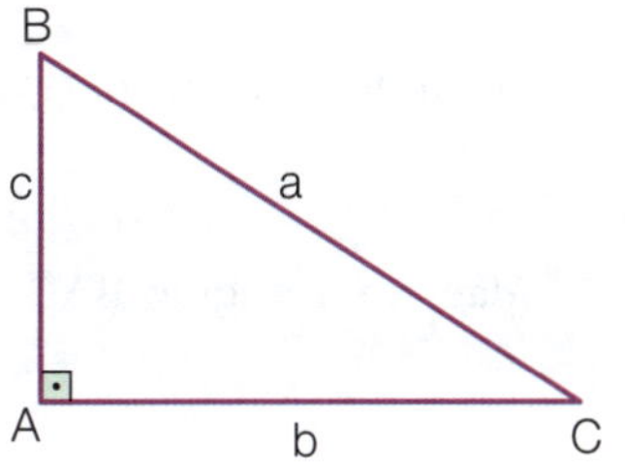

$$a^2 = b^2 + c^2$$

- $\hat{A}$ agudo

ABC é um triângulo com $\hat{A}$ agudo.
No triângulo BCD, que é retângulo:

$$a^2 = n^2 + h^2 \quad ①$$

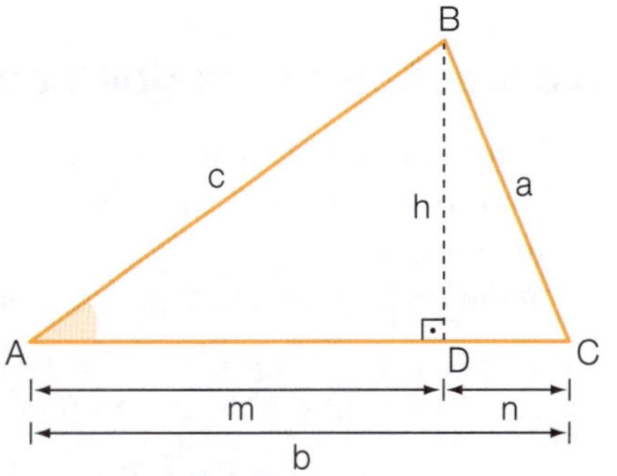

No triângulo BAD, que é retângulo:

$$c^2 = h^2 + m^2$$
$$h^2 = c^2 - m^2 \quad ②$$

Temos também:

$$b = m + n$$
$$n = b - m \quad ③$$

Levando ③ e ② em ①:

$$a^2 = (b - m)^2 + c^2 - m^2 \Rightarrow a^2 = b^2 + c^2 - 2bm$$

Mas, no triângulo BAD:

$$\cos \hat{A} = \frac{m}{c} \Rightarrow m = c \cdot \cos \hat{A}$$

Logo:

$$a^2 = b^2 + c^2 - 2bc \cdot \cos \hat{A}$$

- *Â* obtuso

ABC é um triângulo com *Â* obtuso.
No triângulo BCD, que é retângulo:

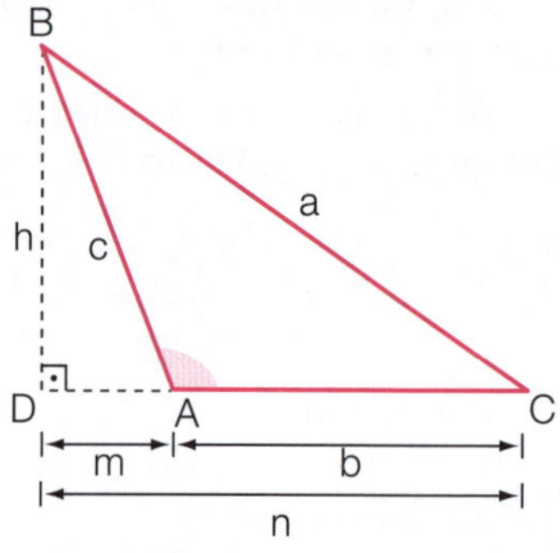

$$a^2 = n^2 + h^2 \quad ①$$

No triângulo BAD, que é retângulo:

$$c^2 = h^2 + m^2$$
$$h^2 = c^2 - m^2 \quad ②$$

Temos também:

$$n = b + m \quad ③$$

Levando ③ e ② em ①:

$$a^2 = (b + m)^2 + c^2 - m^2 \Rightarrow a^2 = b^2 + c^2 + 2bm$$

Mas, no triângulo BAD:

$$\cos (180° - \hat{A}) = \frac{m}{c} \Rightarrow m = c \cdot \cos (180° - \hat{A})$$

Logo:

$$a^2 = b^2 + c^2 + 2bc \cdot \cos (180° - \hat{A})$$

Aplicações da lei dos cossenos

Vamos ver alguns exemplos de aplicação da lei dos cossenos.

Num triângulo, dois lados medem 10 m e 7 m e formam entre si um ângulo de 60°. Calcule a medida do terceiro lado.

Temos b = 10 m, c = 7 m e Â = 60°. Como *Â* é agudo, vem:

$$a^2 = b^2 + c^2 - 2 \cdot b \cdot c \cdot \cos \hat{A} =$$
$$= 10^2 + 7^2 - 2 \cdot 10 \cdot 7 \cdot \underbrace{\cos 60°}_{\frac{1}{2}} =$$
$$= 100 + 49 - 70 = 79$$

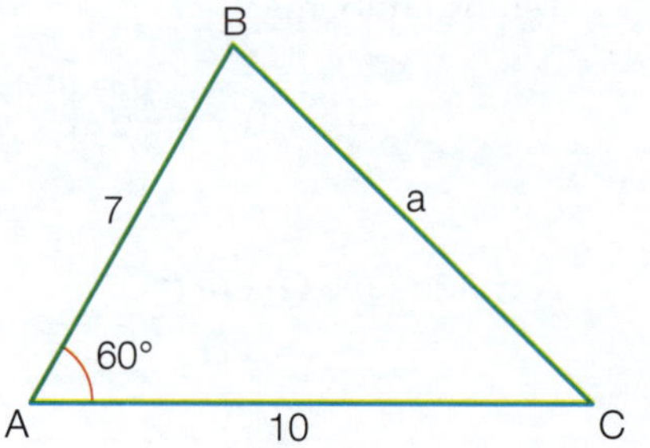

Então, $a = \sqrt{79}$ m ≅ 8,888 m.

Dois lados de um triângulo medem 8 m e 12 m e formam entre si um ângulo de 120°. Calcule o terceiro lado.

Temos b = 8 m, c = 12 m e $\hat{A}$ = 120°.

Como $\hat{A}$ é obtuso, vem:

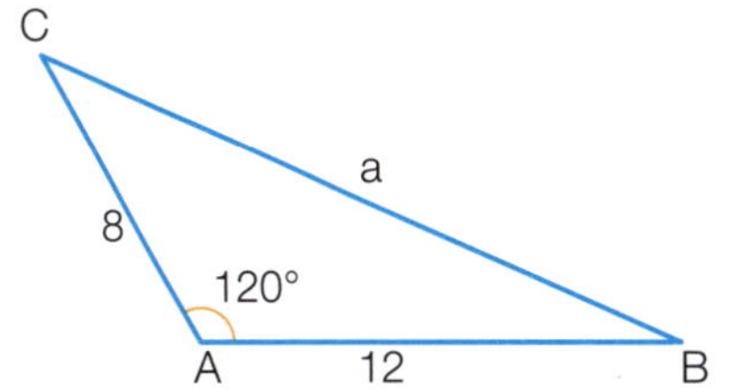

$$a^2 = b^2 + c^2 + 2 \cdot b \cdot c \cdot \cos(180° - \hat{A}) =$$
$$= 8^2 + 12^2 + 2 \cdot 8 \cdot 12 \cdot \underbrace{\cos(180° - 120°)}_{\frac{1}{2}} =$$
$$= 64 + 144 + 96 = 304$$

Então, $a = \sqrt{304}$ m $\cong$ 17,436 m.

Exercícios

453. Num triângulo, dois lados medem 10 m e 7 m e formam entre si um ângulo de 45°. Calcule a medida do terceiro lado.

454. Sabendo que cos 35° = 0,81915, calcule *x* na figura.

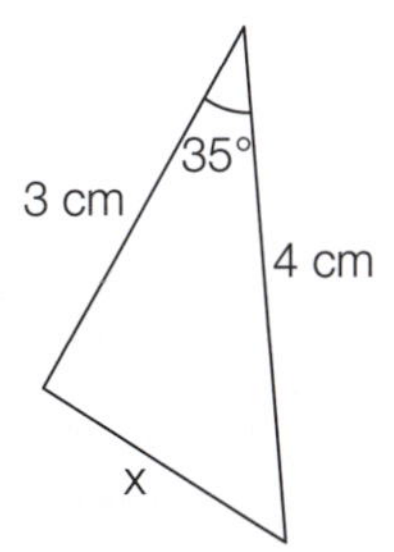

455. Determine o valor de *x* nos casos a seguir.

a)

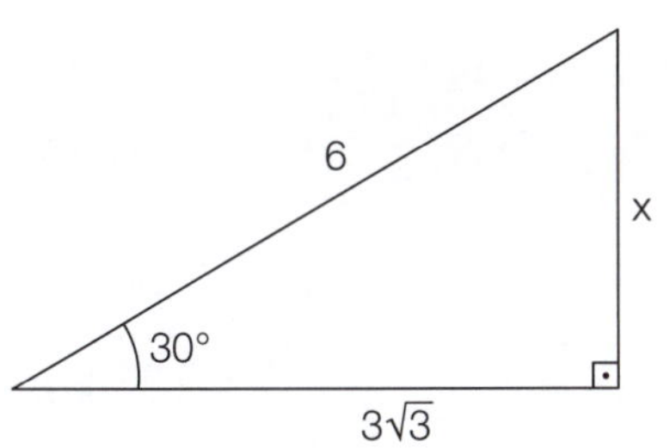

b)

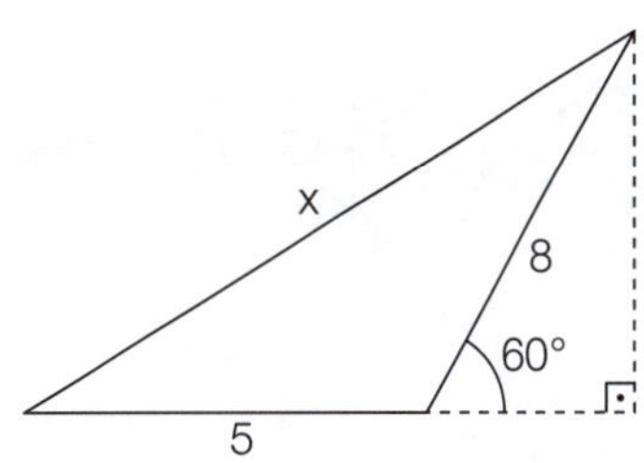

456. Na figura abaixo, determine o valor de *x* e o perímetro do triângulo.

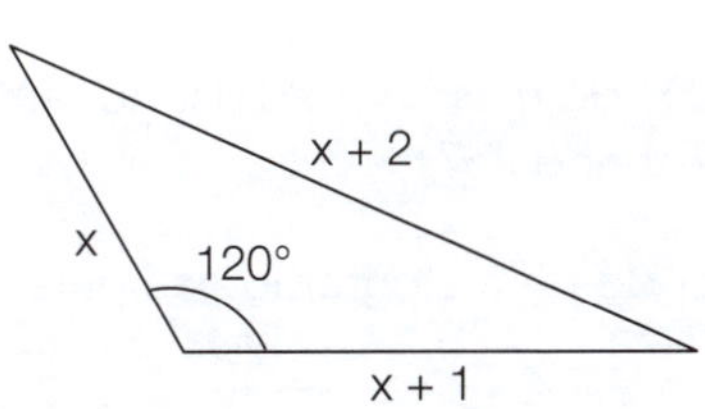

457. Adapte a lei dos cossenos para calcular o lado *b* de um triângulo do qual são conhecidos *a*, *c* e $\hat{B}$.

458. Um triângulo ABC possui $\hat{A}$ = 15°, $\hat{C}$ = 120°, BC = 6 cm e AB = $2\sqrt{2}$ cm. Calcule a medida de $\overline{AC}$.

459. Dois lados consecutivos de um paralelogramo medem 3 cm e 6 cm e formam um ângulo de 60°. Calcule as diagonais.

460. Para ir de um ponto *A* a um ponto *B*, um automóvel percorre uma rua de 510 m. Para ir de *B* a *C*, o mesmo veículo percorre uma rua de 340 m. As ruas $\overline{AB}$ e $\overline{BC}$ formam um ângulo de 70°.

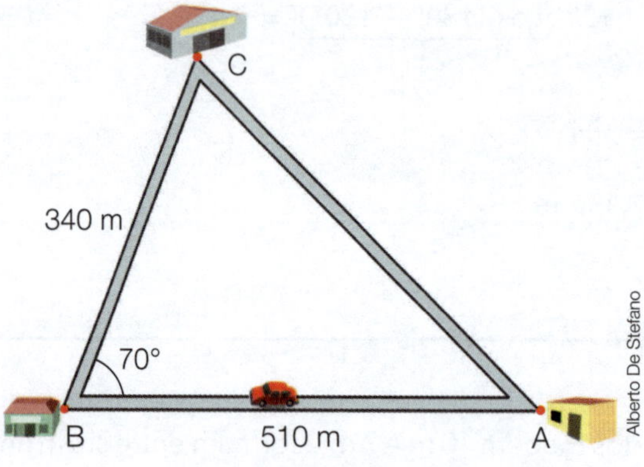

Em linha reta, qual é a distância de *A* até *C*? Dado: cos 70° = 0,34202.

461. Determine x nas figuras abaixo.

a)

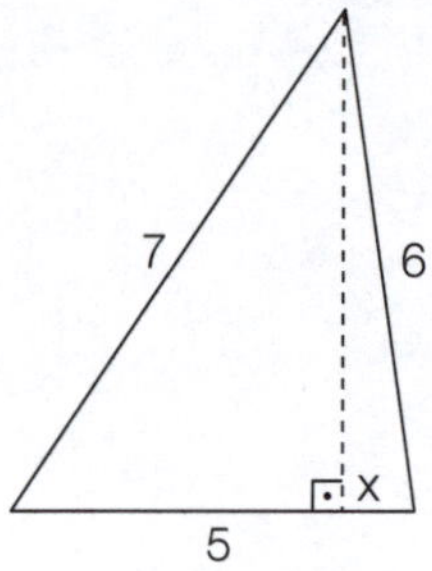

c)

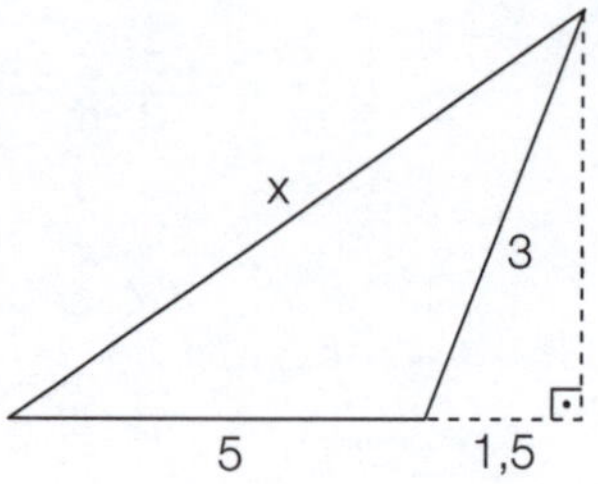

b)

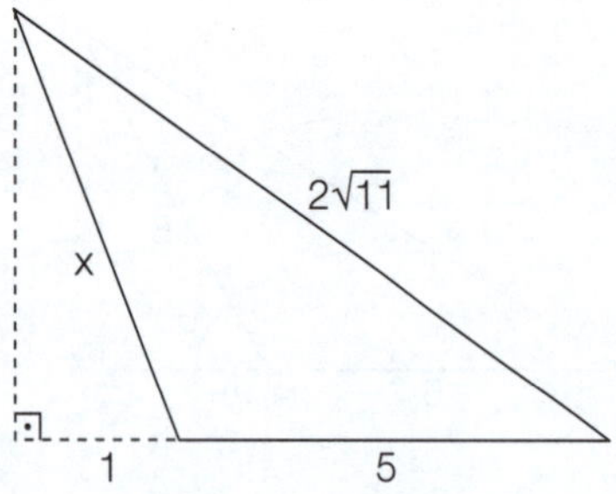

d)

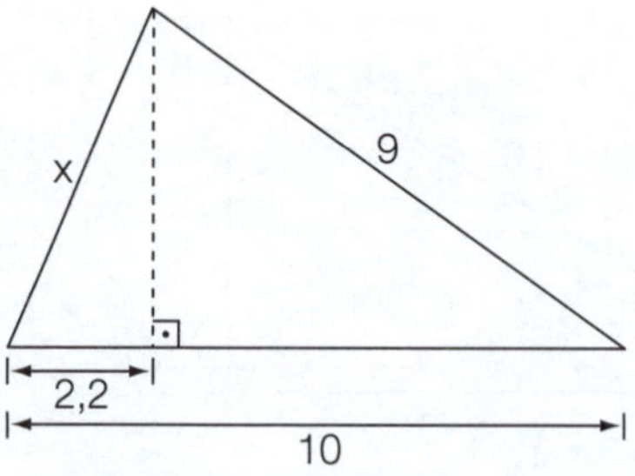

462. Calcule o lado c de um triângulo ABC no qual $\hat{A} = 120°$, b = 1 cm e a = 2c.

463. Num triângulo isósceles, os lados de mesma medida medem 2 cm, e o ângulo formado por eles mede 120°. Qual é a área desse triângulo?

464. Quanto mede a diagonal menor do paralelogramo da figura?

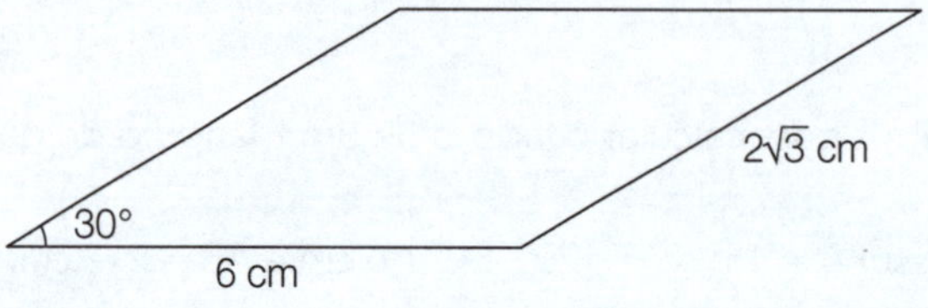

Classificação de um triângulo quanto aos ângulos

Já vimos que, quanto às medidas de seus ângulos, um triângulo ABC pode ser:

- acutângulo — quando $\hat{A}$, $\hat{B}$ e $\hat{C}$ são agudos;
- retângulo — quando $\hat{A}$ ou $\hat{B}$ ou $\hat{C}$ é reto;
- obtusângulo — quando $\hat{A}$ ou $\hat{B}$ ou $\hat{C}$ é obtuso.

Como podemos classificar um triângulo quanto aos ângulos quando conhecemos apenas as medidas de seus lados?

Vamos admitir que *a* seja o maior lado do triângulo. Então:

$$a \geqslant b \quad \text{e} \quad a \geqslant c$$

Sabemos que ao maior lado opõe-se o maior ângulo. Então:

$$\hat{A} \geqslant \hat{B} \quad \text{e} \quad \hat{A} \geqslant \hat{C}$$

Concluímos, portanto, que, se *a* é o maior lado do triângulo ABC, então $\hat{A}$ é o maior ângulo. Nessa situação, temos:

> Quanto aos ângulos:
>
> - $\triangle ABC$ é retângulo somente se $\hat{A} = 90°$;
> - $\triangle ABC$ é acutângulo somente se $\hat{A} < 90°$;
> - $\triangle ABC$ é obtusângulo somente se $\hat{A} > 90°$.

Quando $\hat{A} = 90°$, pelo teorema de Pitágoras, temos:

$$a^2 = b^2 + c^2$$

Quando $\hat{A} < 90°$, pela lei dos cossenos, temos:

$$a^2 = b^2 + c^2 - 2bc \cdot \cos \hat{A} \text{ e, daí, } \left.\begin{array}{l} 2bc \cdot \cos \hat{A} = b^2 + c^2 - a^2 \\ 2bc \cdot \cos \hat{A} \text{ é positivo} \end{array}\right\} \Rightarrow b^2 + c^2 - a^2 > 0$$

Portanto, $a^2 < b^2 + c^2$.

Quando $\hat{A} > 90°$, pela lei dos cossenos, temos:

$$a^2 = b^2 + c^2 + 2bc \cdot \cos (180° - \hat{A}) \text{ e, daí, } \left.\begin{array}{l} 2bc \cdot \cos (180° - \hat{A}) = a^2 - b^2 - c^2 \\ 2bc \cdot \cos (180° - \hat{A}) \text{ é positivo} \end{array}\right\} \Rightarrow$$

$$\Rightarrow a^2 - b^2 - c^2 > 0$$

Portanto, $a^2 > b^2 + c^2$.

Podemos então concluir que:

> Quanto às medidas dos lados:
>
> - $\triangle ABC$ é retângulo somente se $a^2 = b^2 + c^2$;
> - $\triangle ABC$ é acutângulo somente se $a^2 < b^2 + c^2$;
> - $\triangle ABC$ é obtusângulo somente se $a^2 > b^2 + c^2$,
>
> sendo *a* a medida do maior lado do triângulo.

Exercícios

465. Classifique, com relação aos ângulos, o triângulo de lados:

a) 6, 12 e 13
b) 6, 12 e 10
c) 13, 5 e 12
d) 5, 7 e 6
e) 24, 25 e 7

466. Um triângulo *T* tem lados iguais a 4 cm, 5 cm e 6 cm. Qual é o cosseno do maior ângulo de *T*?

467. Se 8 cm, 10 cm e 12 cm são as medidas dos lados de um triângulo, qual é o cosseno de seu menor ângulo?

468. Os lados de um triângulo medem a = 8 cm, b = 7 cm e c = 5 cm. Prove que um ângulo desse triângulo mede 60°.

469. Os lados de um triângulo medem a = 7 cm, b = 5 cm e c = 3 cm. Prove que um dos ângulos desse triângulo mede 120°.

Lei dos senos

A *lei dos senos* permite calcular a medida de dois lados (*b* e *c*) de um triângulo quando são conhecidas as medidas do terceiro lado (*a*) e de dois ângulos.

É claro que, conhecendo as medidas de dois ângulos e sabendo que a soma das três medidas é 180°, calculamos facilmente a medida do ângulo que falta.

Em resumo, a lei dos senos torna possível calcular dois lados quando são dados os três ângulos e o terceiro lado do triângulo.

Vejamos como é a lei dos senos.

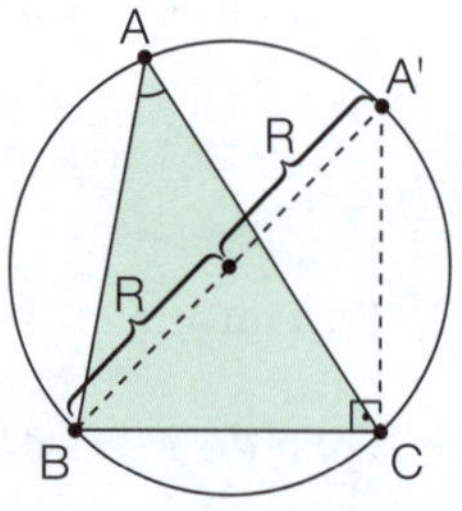

ABC é um triângulo qualquer, inscrito em uma circunferência de raio *R*. Por um dos vértices do triângulo (*B*), traçamos o diâmetro correspondente $\overline{BA'}$ e ligamos *A'* com *C*.

Sabemos que $\hat{A} \equiv \hat{A}'$ por determinarem na circunferência a mesma corda $\overline{BC}$. O triângulo A'BC é retângulo em *C* por estar inscrito em uma semicircunferência.

Temos, então:

$$\text{sen}\ \hat{A}' = \frac{a}{2R} \Rightarrow a = 2R \cdot \text{sen}\ \hat{A}' \Rightarrow a = 2R \cdot \text{sen}\ \hat{A} \Rightarrow \frac{a}{\text{sen}\ \hat{A}} = 2R$$

Analogamente:

$$\frac{b}{\text{sen}\ \hat{B}} = 2R \text{ e } \frac{c}{\text{sen}\ \hat{C}} = 2R$$

Daí concluímos que:

$$\frac{a}{\text{sen}\ \hat{A}} = \frac{b}{\text{sen}\ \hat{B}} = \frac{c}{\text{sen}\ \hat{C}} = 2R$$

Aplicação da lei dos senos

Vejamos um exemplo:

Calcule o lado *b* de um triângulo ABC no qual a = 12 cm, $\hat{B} = 60°$ e $\hat{C} = 45°$, sabendo que sen 75° = 0,96593.

Como $\hat{A} + \hat{B} + \hat{C} = 180°$, temos:

$$\hat{A} = 180° - \hat{B} - \hat{C} = 180° - 60° - 45° = 75°$$

Da lei dos senos, temos:

$$\frac{a}{\text{sen}\ \hat{A}} = \frac{b}{\text{sen}\ \hat{B}}$$

Então:

$$b = \frac{a \cdot \text{sen}\ \hat{B}}{\text{sen}\ \hat{A}} = \frac{12 \cdot \text{sen}\ 60°}{\text{sen}\ 75°} = \frac{12 \cdot 0{,}86603}{0{,}96593} \cong 10{,}7588 \text{ cm}$$

Portanto, b ≅ 10,7588 cm.

Exercícios

470. Num triângulo ABC, sabe-se que a = 10 m, $\hat{A} = 80°$ e $\hat{B} = 40°$. Calcule *b* e *c*.

(Dados: sen 80° = 0,985 e sen 40° = 0,643.)

471. A diagonal maior de um paralelogramo mede 7 m. Os lados do quadrilátero medem 5 m e 3 m. Qual é o ângulo *x* que essa diagonal forma com o menor lado do paralelogramo? Calcule sen x e consulte a tabela ao lado.

x	37°	38°	39°	40°
sen x	0,602	0,616	0,629	0,643

472. Num triângulo ABC sabe-se que $\hat{A} = 45°$, $\hat{B} = 60°$ e a = 5 cm. Calcule o perímetro do triângulo. (Dado: sen 75° = 0,966.)

473. Num paralelogramo, os lados medem 4 m e 3 m, e a diagonal menor mede $\sqrt{13}$ m. Calcule o ângulo *x* que essa diagonal forma com o maior lado do quadrilátero. Calcule sen x e consulte a tabela ao lado.

x	45°	46°	47°	48°
sen x	0,707	0,719	0,731	0,743

capítulo 26

Área do triângulo, do losango e do trapézio

Área do triângulo: fórmula geral

Podemos considerar qualquer um dos três lados como base do triângulo, que será representada por *b*. A altura relativa à base será indicada por *h*.

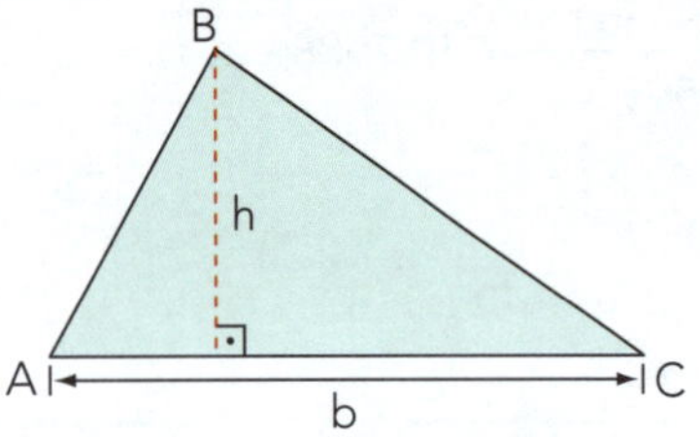

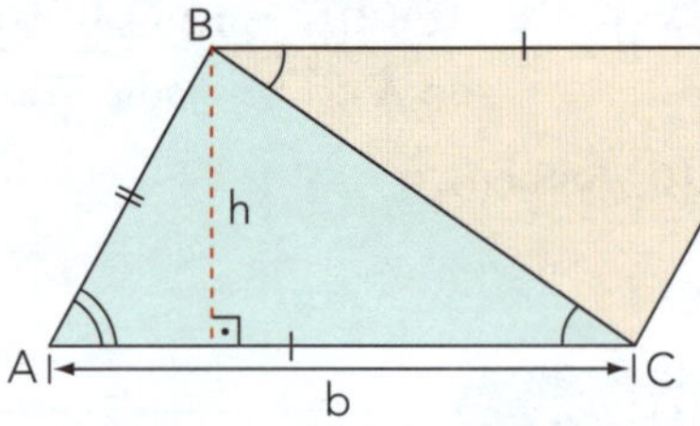

Notemos que os triângulos ABC e DCB são congruentes; logo, possuem áreas iguais. Segue daí que a área do triângulo ABC é igual à metade da área do paralelogramo ABDC:

$$A_{\triangle ABC} = \frac{A_{\square ABDC}}{2} = \frac{b \times h}{2}$$

Concluímos que a área de um triângulo é igual ao produto da medida da base pela medida da altura dividido por dois:

$$A = \frac{b \times h}{2}$$

Observe um exemplo.

A área do triângulo desenhado ao lado é:

$$A = \frac{b \times h}{2} = \frac{4 \times 3}{2} = 6$$

Portanto, 6 cm^2.

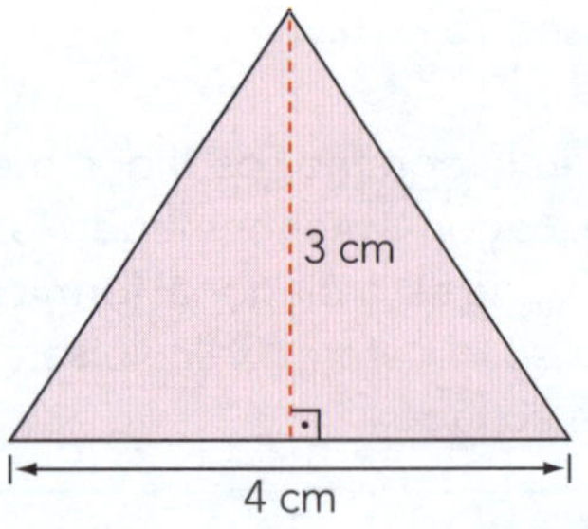

Caso particular: triângulo retângulo

Considerando a hipotenusa como base, a área do triângulo é dada por:

$$A = \frac{a \times h}{2}$$

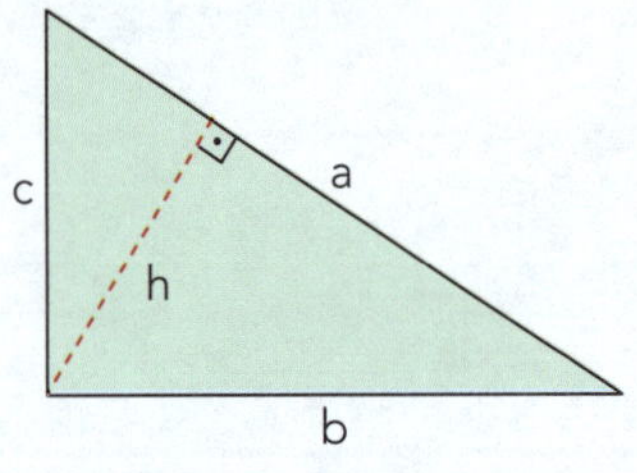

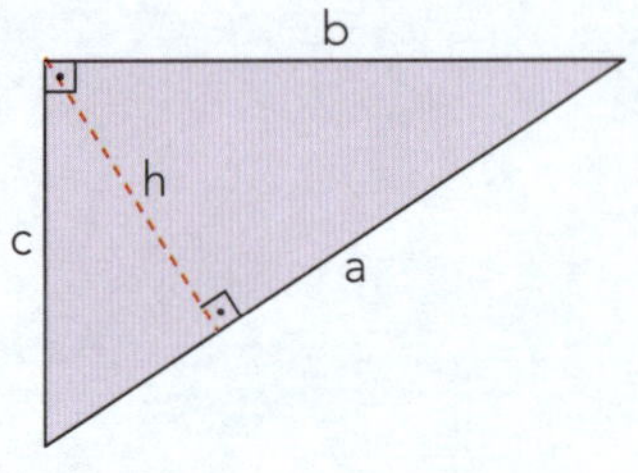

Considerando um dos catetos como base, a altura é igual ao outro cateto. Então, a área é dada por:

$$A = \frac{b \times c}{2}$$

A área de um triângulo retângulo é metade do produto das medidas dos catetos.

Se os catetos de um triângulo retângulo medem 6 cm e 8 cm, então a área é:

$$A = \frac{b \times c}{2} = \frac{6 \times 8}{2} = 24$$

Portanto, 24 cm².

Caso particular: triângulo equilátero

Considere o triângulo equilátero de lado ℓ e altura h a seguir.

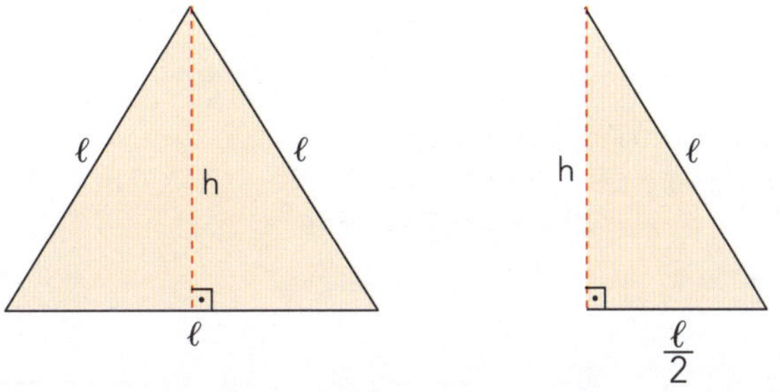

Já vimos no capítulo 22 que a altura de um triângulo equilátero de lado ℓ é $h = \frac{\ell\sqrt{3}}{2}$.

Assim, a área do triângulo equilátero é dada por:

$$A = \frac{b \times h}{2} = \frac{\ell \times \frac{\ell\sqrt{3}}{2}}{2} = \frac{\ell^2\sqrt{3}}{4}$$

Portanto:

$$A = \frac{\ell^2\sqrt{3}}{4}$$

Outras fórmulas da área do triângulo

- Fórmula de Heron — Permite calcular a área A de um triângulo, conhecendo-se as medidas dos três lados: a, b, c.

$$A = \sqrt{p(p - a)(p - b)(p - c)}$$

em que $p = \frac{a + b + c}{2}$ é o semiperímetro do triângulo.

- Fórmula baseada no raio r da circunferência inscrita no triângulo de semiperímetro p — Ligando cada vértice do triângulo PQR ao centro O da circunferência, dividimos $\triangle$PQR em três triângulos — PQO, QRO e RPO (todos de altura r). Então:

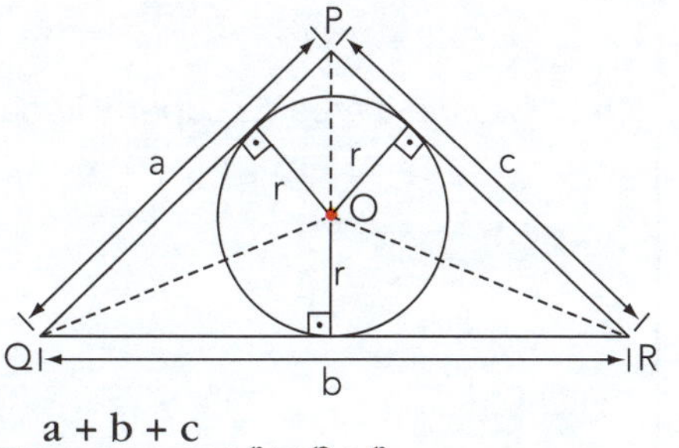

$$A_{PQR} = A_{PQO} + A_{QRO} + A_{RPO} = \frac{a \cdot r}{2} + \frac{b \cdot r}{2} + \frac{c \cdot r}{2} = \frac{a + b + c}{2} \cdot r = p \cdot r$$

Exercício

474. Calcule a área de cada um dos seguintes triângulos:

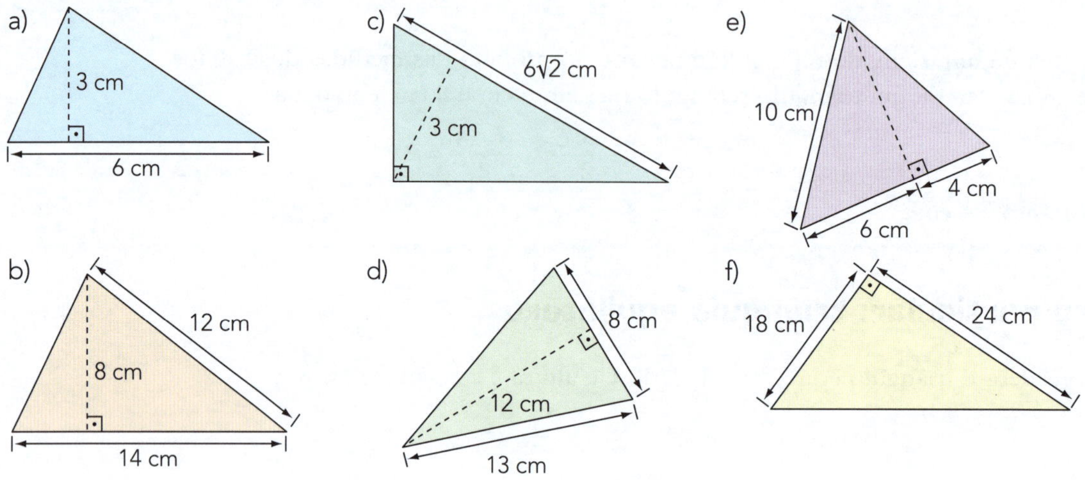

475. Determine a área do triângulo ABC ao lado, sendo AE = 10 m, AD = 8 m e EB = 5 m.

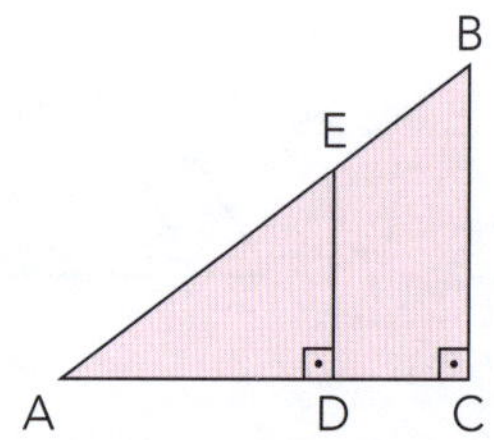

476. Determine a área de um triângulo retângulo, sabendo que um dos catetos mede 10 cm e o ângulo agudo oposto a esse cateto, 30°.

477. Calcule a área de um triângulo equilátero cujo perímetro é 30 m.

478. Determine a área de um triângulo equilátero cuja altura mede 6 m.

479. Determine a área de um triângulo isósceles de perímetro igual a 32 cm, sabendo que sua base excede em 2 cm cada um dos lados congruentes.

480. Determine a área de um triângulo isósceles de perímetro 36 m cuja altura relativa à base mede 12 m.

481. Calcule a área do terreno cuja planta é dada na figura ao lado.

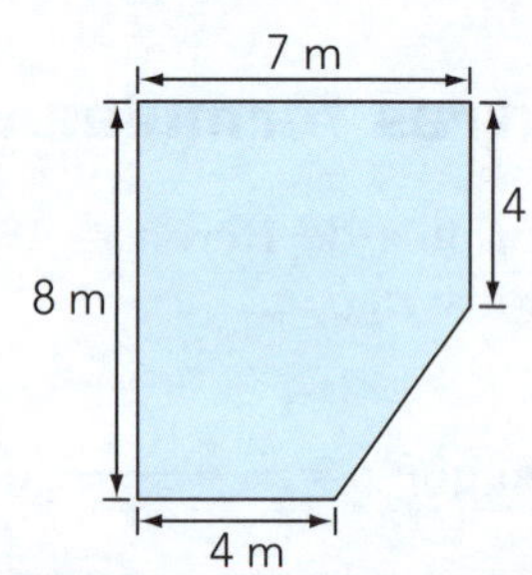

482. Calcule a área da superfície da figura abaixo.

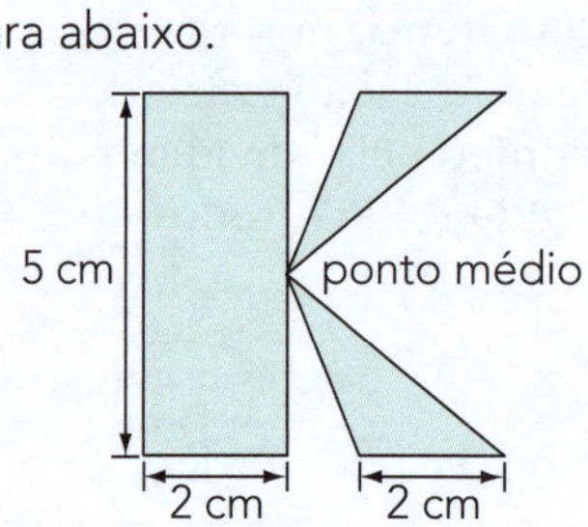

483. Verifique, por meio do cálculo de áreas, que os triângulos ABC e ABD são equivalentes. Sabe-se que *r* é paralela a $\overleftrightarrow{AB}$.

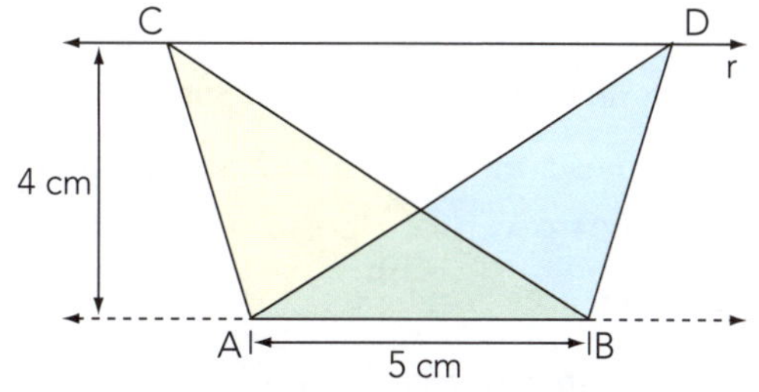

484. Use a fórmula de Heron para calcular a área de um triângulo cujos lados medem 5 m, 7 m e 8 m. Em seguida, calcule a medida da maior altura desse triângulo.

485. Calcule a área de um triângulo:

a) retângulo de hipotenusa 15 cm e um dos catetos igual a 12 cm;

b) isósceles de lados 6 cm, 5 cm e 5 cm;

c) equilátero de perímetro 5 cm.

486. Calcule a altura do triângulo equilátero de área igual a $4\sqrt{3}$ cm^2.

487. A área de um triângulo retângulo isósceles é 8 cm^2. Calcule o perímetro do triângulo.

488. A base $\overline{AB}$ de um triângulo ABC, de base *b* e altura *h*, foi dividida em quatro partes congruentes pelos pontos *D*, *E* e *F*.

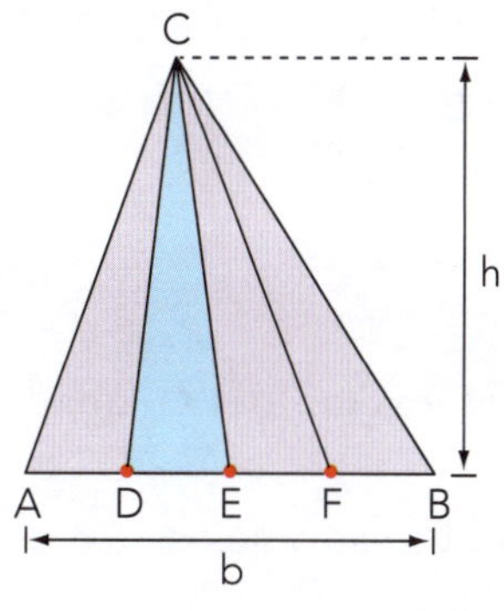

Calcule:

a) as áreas dos triângulos ADC, AEC, AFC e ABC;

b) a razão entre as áreas do triângulo CDE e do triângulo ABC.

489. Determine a área do triângulo colorido em função da área *S* do triângulo ABC nos casos a seguir, sabendo que os pontos assinalados em cada lado o dividem em partes iguais (congruentes).

a) 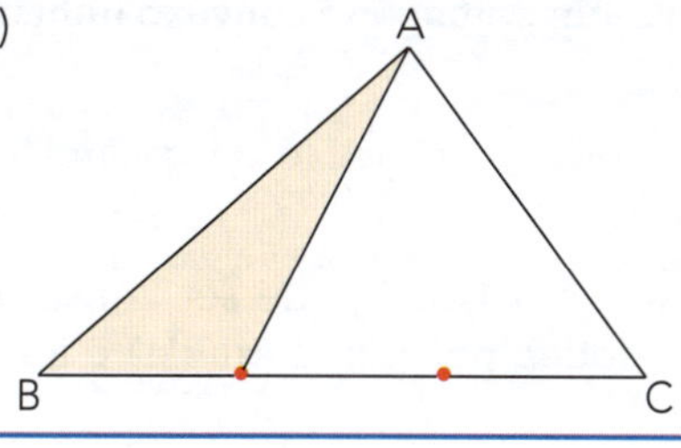

b) 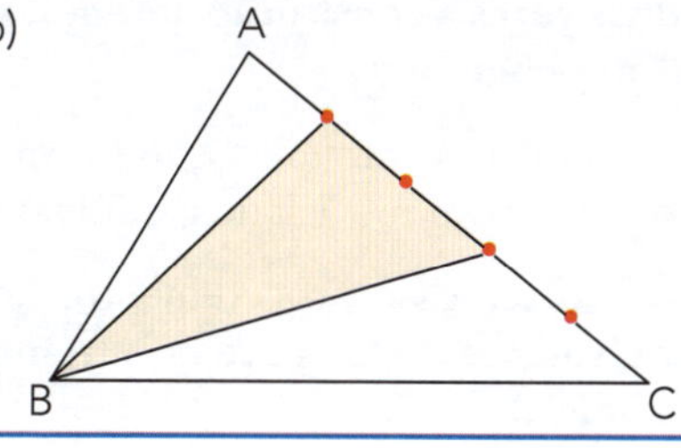

Redução dos lados com equivalência

O fato de a área de um triângulo depender apenas das medidas da base e da altura leva a alguns resultados notáveis.

- Suponhamos que um triângulo tenha base *b* e altura *h*. Sua área será $A = \frac{bh}{2}$.

  Vamos traçar pelo vértice que não está na base uma reta *r* paralela à base.

  Se mantivermos a base *b* e fizermos o vértice oposto a ela deslocar-se sobre *r*, obteremos triângulos todos com altura *h* e, portanto, com área $A = \frac{bh}{2}$.

  Esses triângulos são todos equivalentes ao triângulo inicial.

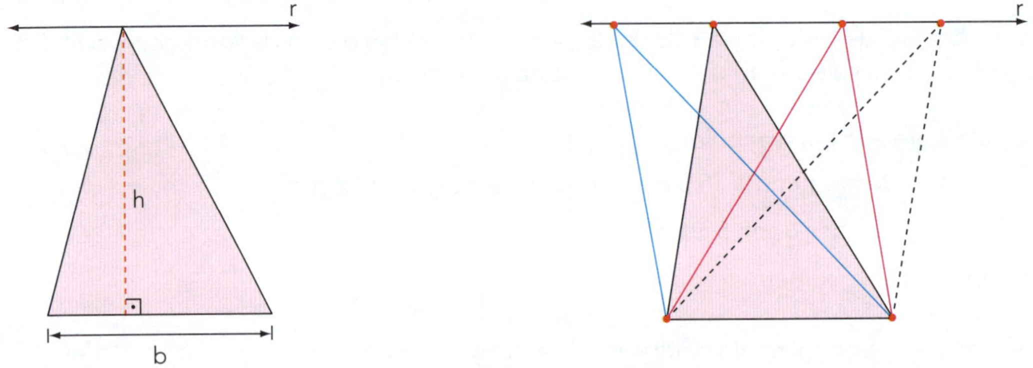

- Utilizando a observação anterior, podemos reduzir um quadrilátero convexo a um triângulo equivalente ao quadrilátero. Observe:

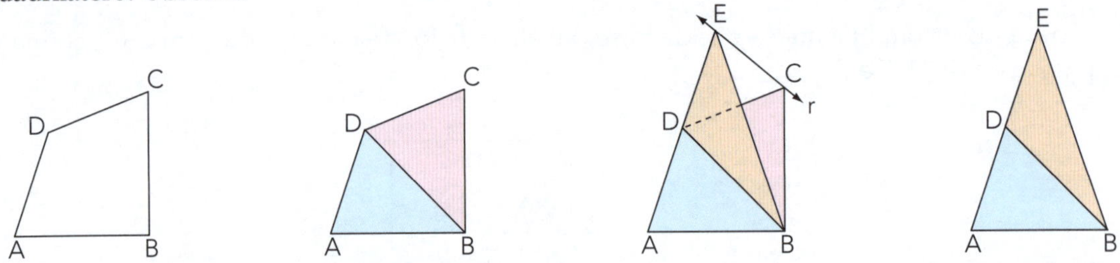

- Partimos do quadrilátero ABCD.
- Traçamos uma diagonal ($\overline{BD}$, por exemplo). O quadrilátero fica dividido em duas regiões: $\triangle ABD$ e $\triangle BCD$.
- Traçamos por *C* a reta *r* paralela a $\overline{BD}$ e chamamos de *E* o ponto em que *r* corta a reta $\overleftrightarrow{AD}$. Os triângulos BCD e BED são equivalentes.
- Descartando $\triangle BCD$, obtemos o triângulo ABE, equivalente ao quadrilátero ABCD, pois:

$$\left.\begin{matrix} \triangle ABD \approx \triangle ABD \\ \triangle BCD \approx \triangle BED \end{matrix}\right\} \Rightarrow \triangle ABD + \triangle BCD \approx \triangle ABD + \triangle BED$$

  ou seja:

$$ABCD \approx \triangle ABE \quad (\approx \text{ leia "é equivalente a"}).$$

- Utilizando duas vezes a construção anterior, podemos transformar um pentágono convexo num triângulo, equivalente ao pentágono.
- Temos, então, um procedimento que permite transformar um polígono convexo de *n* lados em outro polígono convexo com n – 1 lados, equivalente ao de *n* lados.

  Usando várias vezes esse procedimento, um polígono convexo de *n* lados pode ser convertido num triângulo equivalente a ele. A área do triângulo (que pode ser obtida por uma fórmula) é igual à área do polígono inicial.

Área do losango

Vamos representar por D a diagonal maior e por d a diagonal menor do losango.

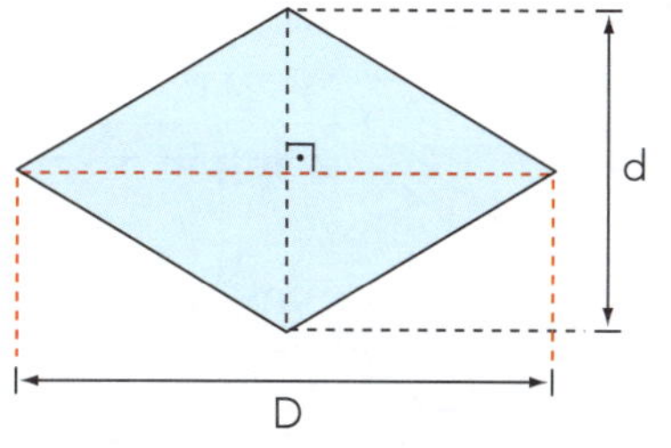

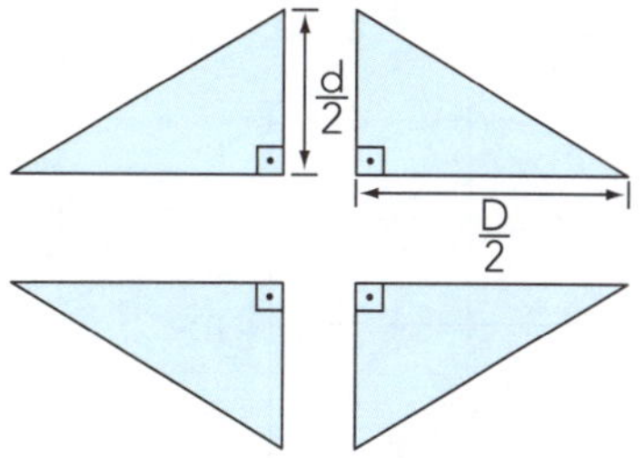

A área do losango é quatro vezes a área do triângulo retângulo de catetos $\frac{D}{2}$ e $\frac{d}{2}$:

$$A = 4 \times \frac{\frac{D}{2} \times \frac{d}{2}}{2} = 4 \times \frac{D \times d}{8} = \frac{D \times d}{2}$$

Logo, a área do losango é igual ao produto das medidas das diagonais dividido por dois:

$$A = \frac{D \times d}{2}$$

Vejamos um exemplo.

A área do losango cujas diagonais medem 3 m e 1,20 m é:

$$A = \frac{D \times d}{2} = \frac{3 \times 1{,}20}{2} = 1{,}80$$

Portanto, 1,80 m^2.

Área do trapézio

Vamos representar as bases do trapézio por B e b e a altura por h.

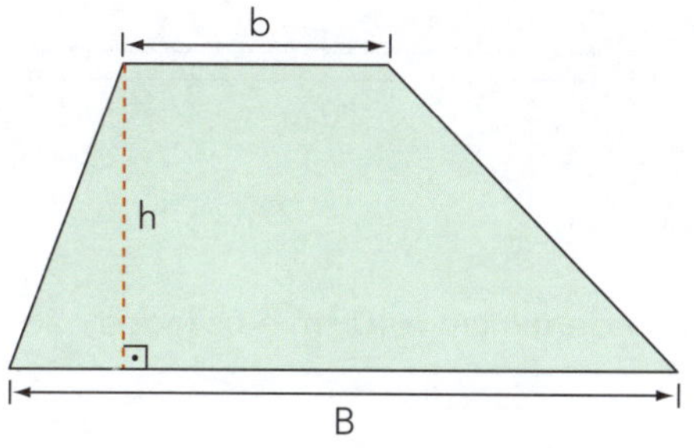

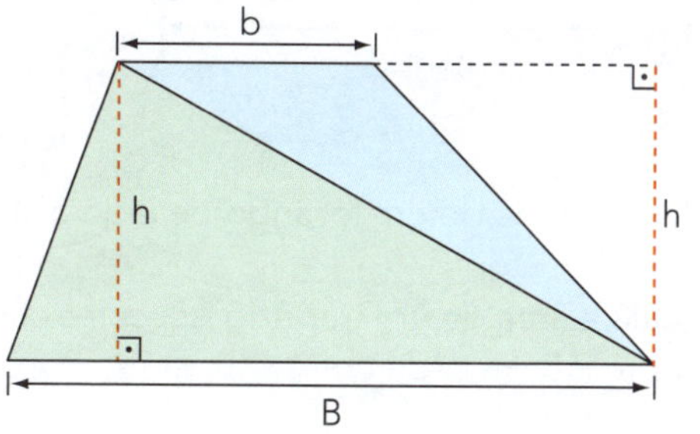

A área do trapézio é igual à soma das áreas dos dois triângulos, um de base B e altura h, e outro de base b e altura h:

$$A = \frac{B \times h}{2} + \frac{b \times h}{2} = \frac{B \times h + b \times h}{2} = \frac{(B + b) \times h}{2}$$

Logo, a área do trapézio é igual ao produto da soma das bases pela altura dividido por dois:

$$A = \frac{(B + b) \times h}{2}$$

Assim, a área do trapézio de bases 6 cm e 4 cm e altura 3 cm é:

$$A = \frac{(B + b) \times h}{2} = \frac{(6 + 4) \times 3}{2} = \frac{10 \times 3}{2} = \frac{30}{2} = 15$$

Portanto, 15 cm^2.

Exercício

490. Calcule a área de cada polígono:

a) losango

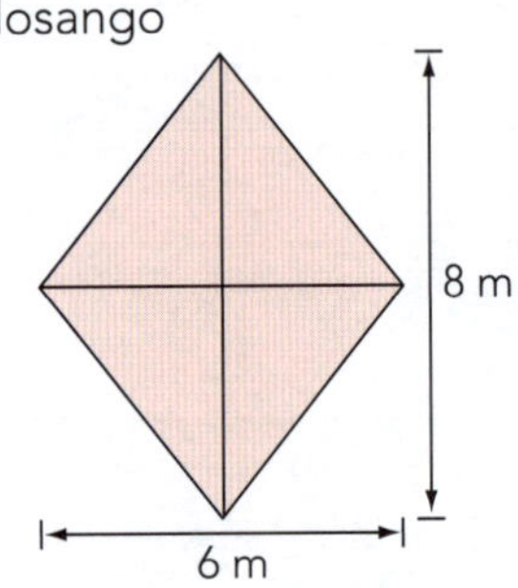

b) losango

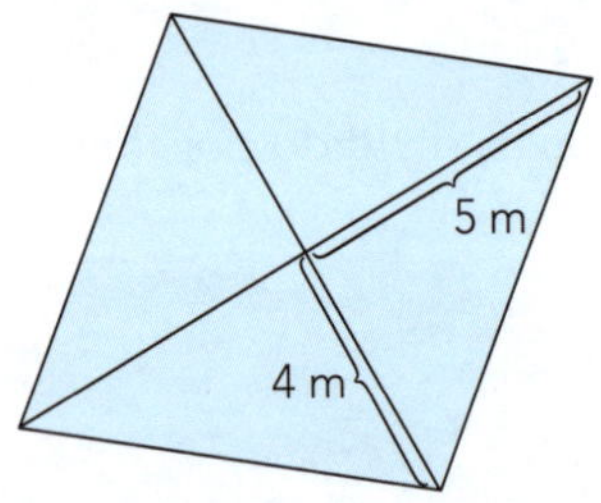

c) trapézio

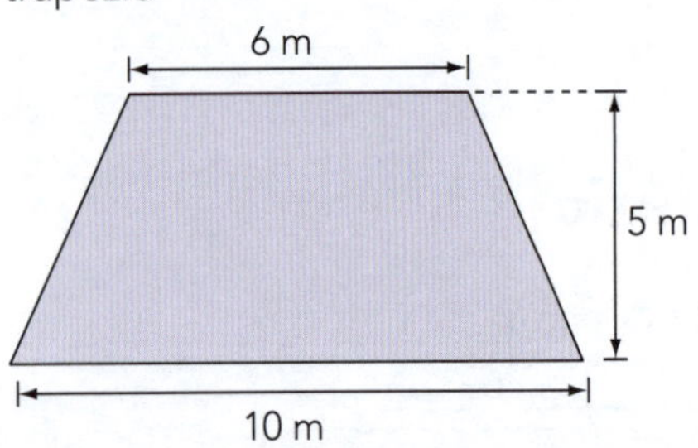

d) trapézio

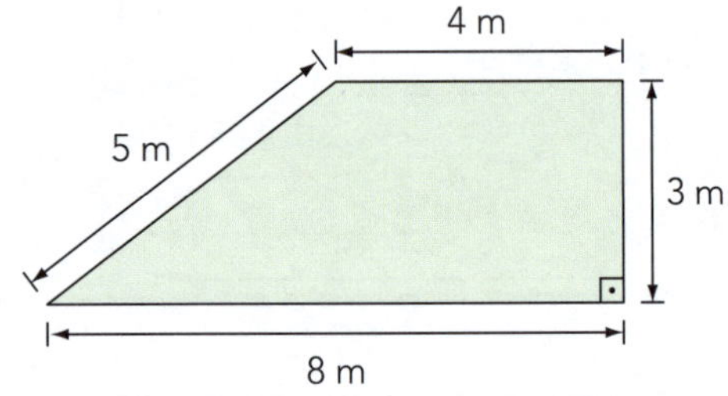

e) trapézio

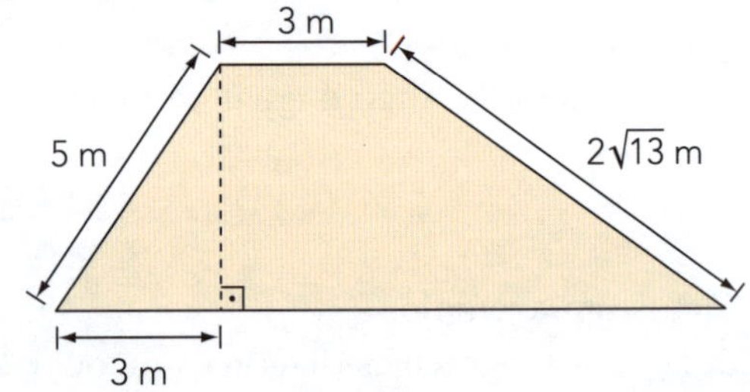

f) trapézio

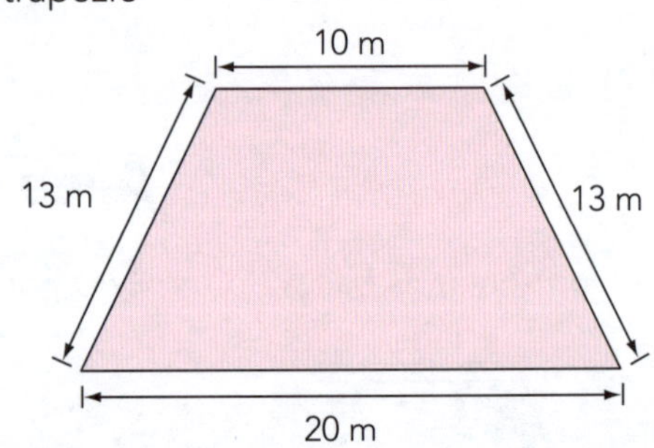

491. Calcule a área de um losango de lado 5 cm e diagonal 8 cm.

492. Calcule a área de um trapézio isósceles cujas bases medem 6 cm e 10 cm e os lados não paralelos medem 2,5 cm cada um.

493. Determine a área de um trapézio isósceles com bases de 4 m e 16 m e perímetro de 40 m.

494. Determine a área do quadrilátero da figura. Dados: AB = 12 m, BD = 18 m e CD = $12\sqrt{2}$ m.

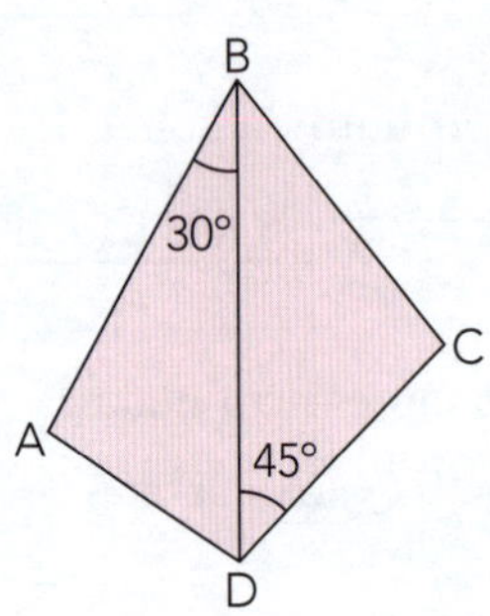

495. Calcule, em cada item, a área da superfície colorida:

a)

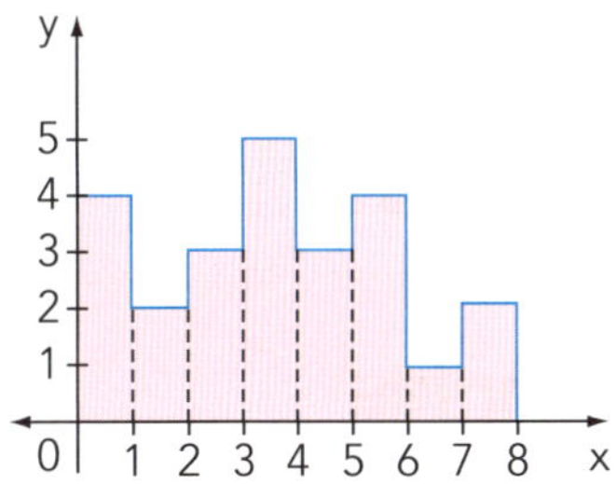

b)

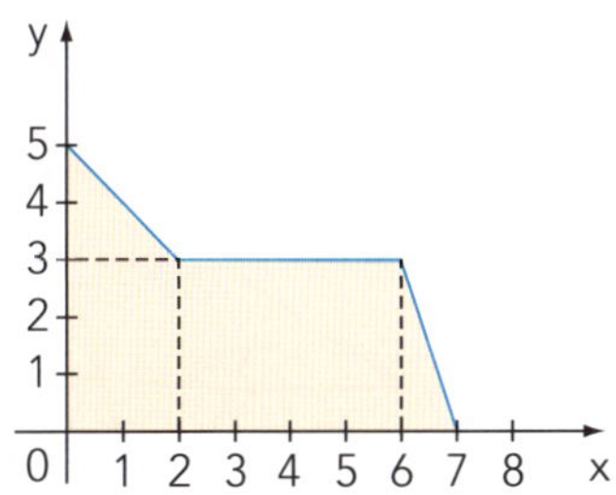

c)

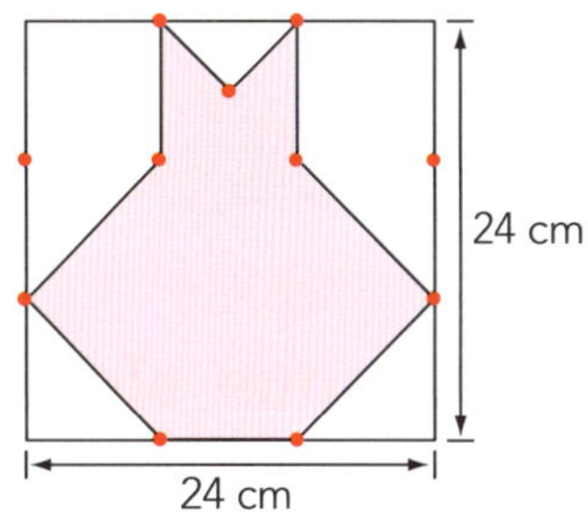

496. Calcule a área de um losango que tem 40 cm de perímetro e uma diagonal medindo 12 cm.

497. As bases de um trapézio retângulo medem 3 m e 18 m e o perímetro, 46 m. Determine a área.

498. A altura de um trapézio isósceles mede $3\sqrt{3}$ m, a base maior, 14 m e o perímetro, 34 m. Determine a área desse trapézio.

499. As bases de um trapézio medem 4 m e 25 m e os lados oblíquos medem 10 m e 17 m. Determine a área desse trapézio.

500. Determine a área dos quadriláteros nos casos:

a)

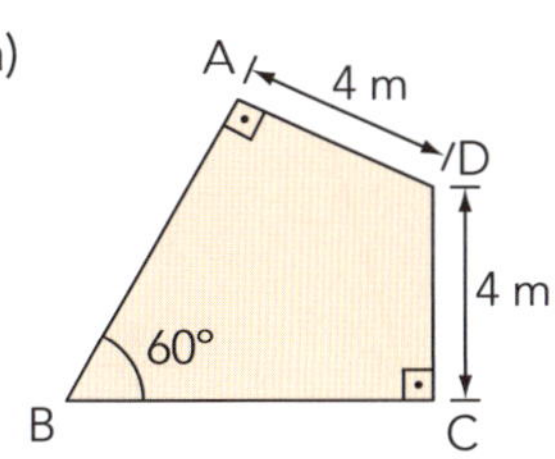

b)

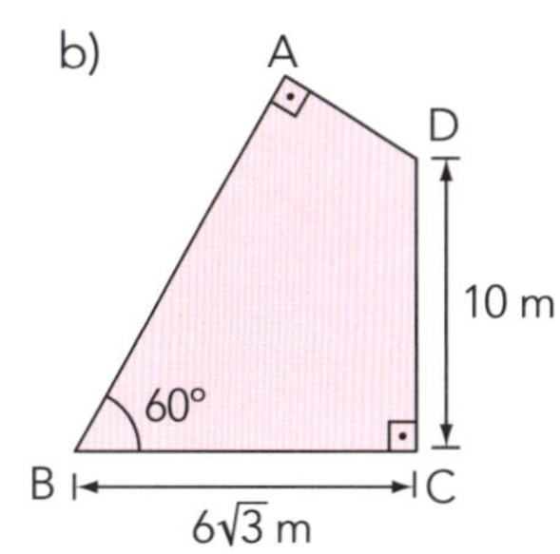

capítulo 27

Polígonos regulares

Polígonos simples e não simples

Um polígono é *simples* se quaisquer dois lados não consecutivos não têm ponto comum. Ao contrário, se existem dois lados não consecutivos que têm um ponto comum, então o polígono é chamado de *não simples*.

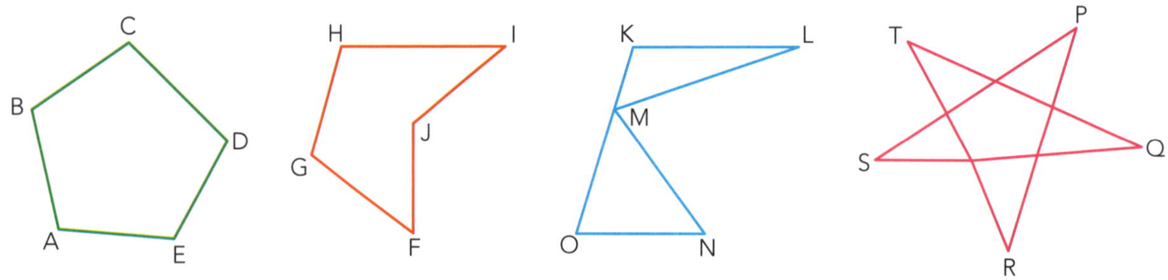

Dos exemplos acima:

- ABCDE e FGHIJ são polígonos simples.
- KLMNO e PQRST são polígonos não simples.

Polígonos convexos e côncavos

Um polígono simples pode ser côncavo ou convexo. Um polígono é *convexo* se a reta que contém qualquer de seus lados deixa todos os demais lados no mesmo semiplano (em um dos dois semiplanos que ela determina).

Observe que o polígono ABCDE é um polígono convexo.

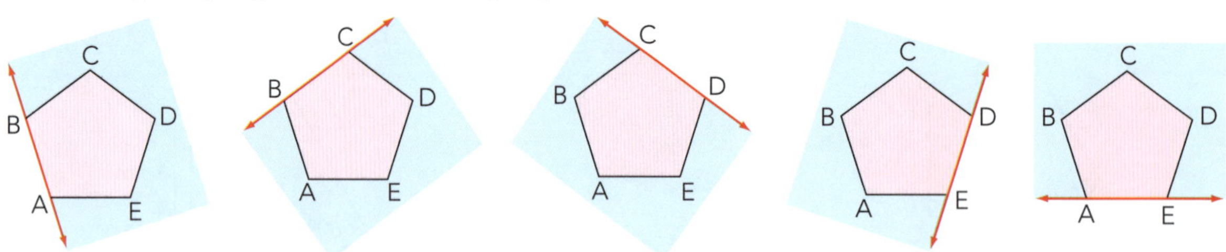

Ao contrário, um polígono é *côncavo* se existe uma reta que contém um de seus lados e deixa parte dos demais lados num semiplano e parte no outro semiplano (semiplanos por ela determinados).

Veja como o exemplo FGHIJ é um polígono côncavo.

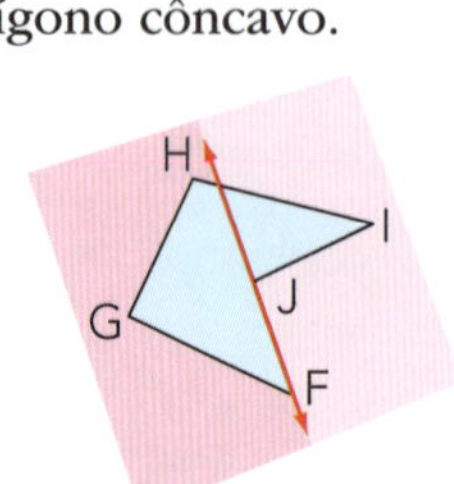

A reta $\overleftrightarrow{FJ}$ deixa parte dos lados num semiplano e parte no outro.

Neste momento, interessa-nos o estudo dos *polígonos convexos*.

Número de diagonais de um polígono

Diagonal de um polígono é um segmento cujas extremidades são vértices não consecutivos do polígono. Observe os polígonos a seguir e suas diagonais, indicadas em vermelho.

Quadrilátero ABCD

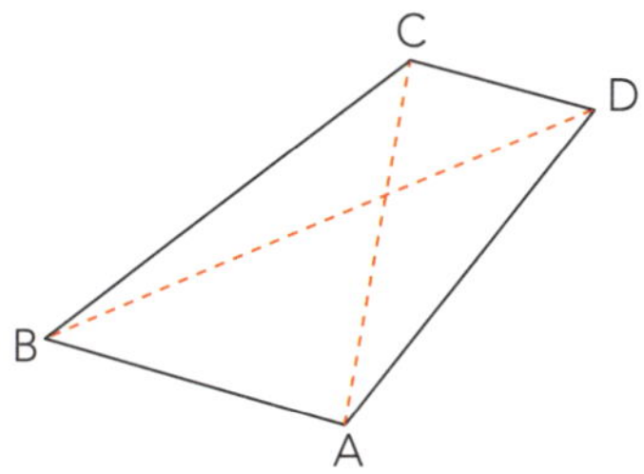

Diagonais: $\overline{AC}$ e $\overline{BD}$

Pentágono ABCDE

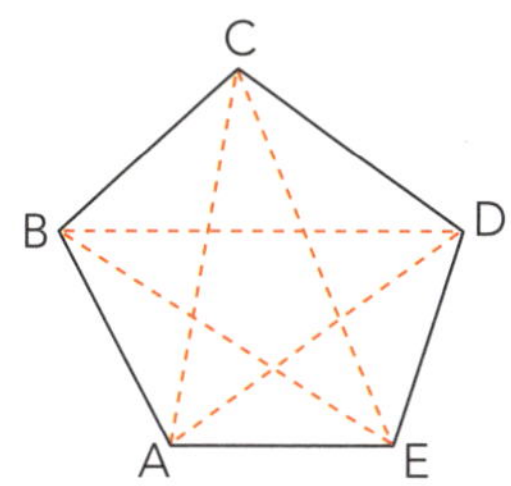

Diagonais: $\overline{AD}$, $\overline{AC}$, $\overline{BD}$, $\overline{BE}$ e $\overline{CE}$

Quadrilátero côncavo ABCD

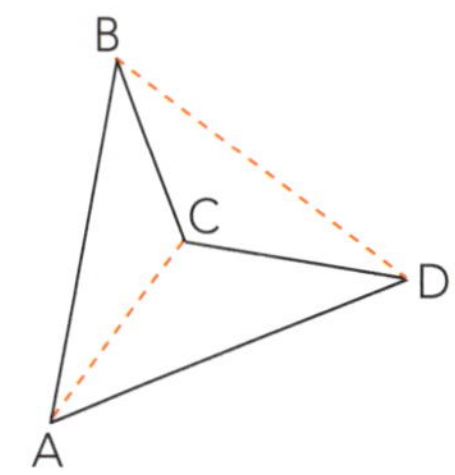

Diagonais: $\overline{AC}$ e $\overline{BD}$

Agora preste atenção nestas informações sobre o número de diagonais de um polígono:

- Um triângulo não tem diagonal alguma.
- Um quadrilátero tem 2 (duas) diagonais.
- Um pentágono tem 5 (cinco) diagonais.

Então, quantas diagonais tem um polígono de *n* lados?

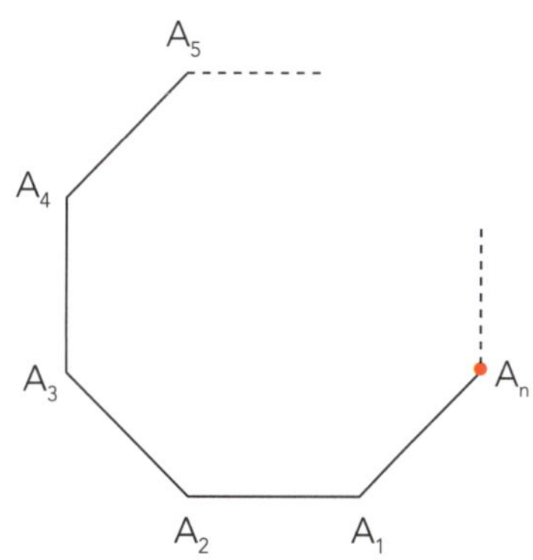

Para responder a essa pergunta, vamos chamar de A_1, A_2, A_3, ..., A_n aos vértices de um polígono de *n* lados.

Com extremidade num dos vértices do polígono (vértice A_1, por exemplo), há (n – 3) diagonais, porque ligando A_1 com cada um dos demais vértices — com exceção de A_1, A_2 e A_n — obtemos diagonais.

Se temos (n – 3) diagonais com extremidade em cada vértice, então com extremidades nos *n* vértices teremos n(n – 3) diagonais.

Nesse processo de contagem, cada diagonal é contada duas vezes, pois tem extremidades em dois vértices. Por exemplo, a diagonal $\overline{A_1A_3}$ (com extremidade em A_1) e a diagonal $\overline{A_3A_1}$ (com extremidade em A_3) foram contadas como duas diagonais, quando na realidade, $\overline{A_1A_3} = \overline{A_3A_1}$, são uma única diagonal.

Concluindo, o número de diagonais, *d*, de um polígono com *n* lados é:

$$d = \frac{n(n-3)}{2}$$

Soma dos ângulos internos de um polígono

Observe na tabela a seguir como é calculada a soma S_i das medidas dos ângulos internos dos polígonos convexos de 3, 4, 5 e 6 lados.

Polígono	Figura	Características	Soma dos ângulos internos S_i
triângulo	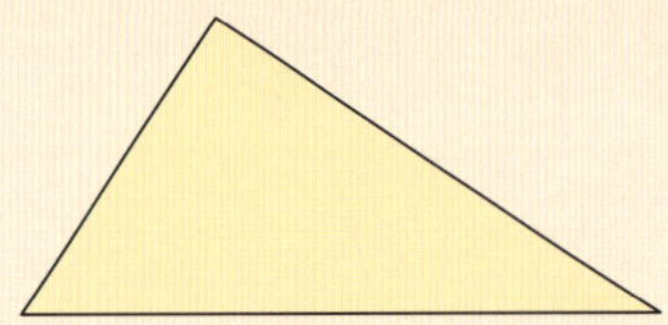	3 lados (1 triângulo)	180°
quadrilátero	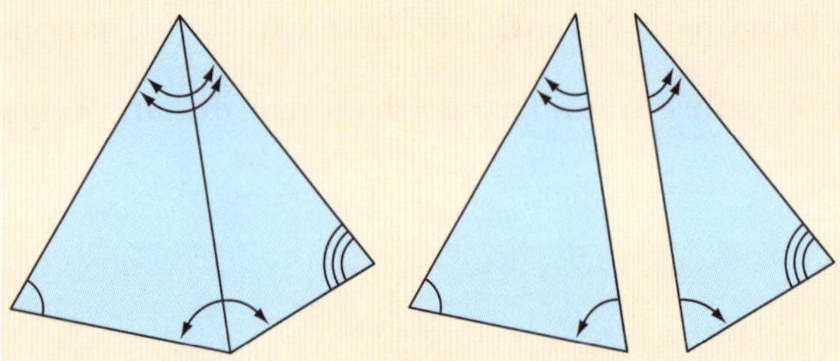	4 lados (2 triângulos)	$2 \times 180° = 360°$
pentágono		5 lados (3 triângulos)	$3 \times 180° = 540°$
hexágono	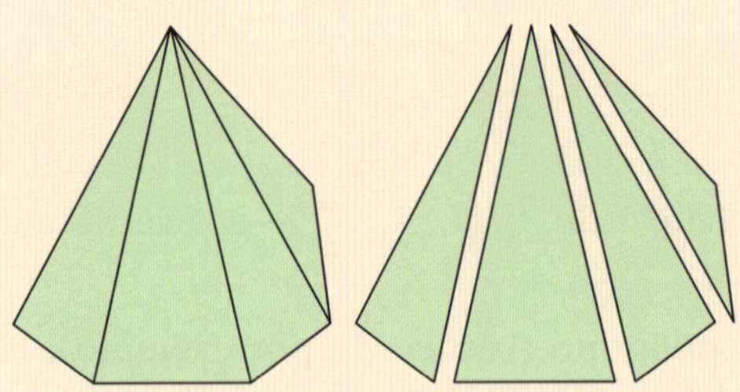	6 lados (4 triângulos)	$4 \times 180° = 720°$

Qual é a soma S_i das medidas dos ângulos internos de um polígono convexo com *n* lados?

Nesse caso, procedemos assim:

- Traçamos todas as diagonais que têm uma extremidade num mesmo vértice do polígono.
- Contamos o número de triângulos em que o polígono foi repartido por essas diagonais:

$$(n - 2) \text{ triângulos}$$

- Calculamos a soma das medidas dos ângulos internos desses (n – 2) triângulos:

$$(n - 2) \cdot 180°$$

- Como a soma das medidas dos ângulos internos dos (n – 2) triângulos é igual à soma das medidas dos ângulos internos do polígono inicial, temos:

$$S_i = (n - 2) \cdot 180°$$

Soma dos ângulos externos de um polígono

Num polígono convexo, chama-se ângulo externo ao ângulo formado por um lado com o prolongamento de um lado consecutivo.

Em cada vértice (por exemplo, A_1), o ângulo externo (e) é suplementar do ângulo interno (i) adjacente:

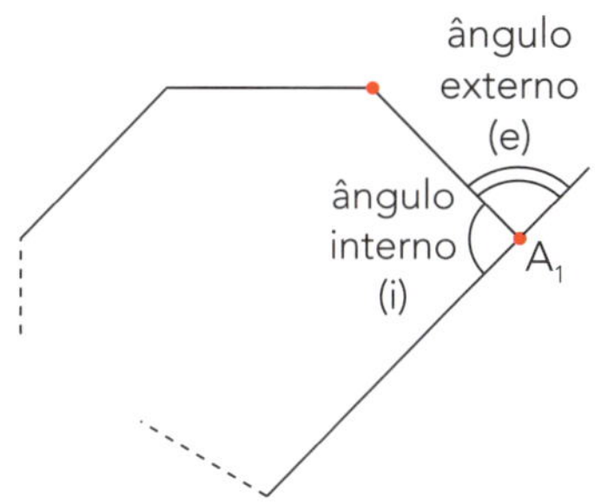

$$e + i = 180°$$

Vamos calcular a soma de todos os ângulos internos e externos de um polígono convexo $A_1A_2A_3...A_n$, tomando em cada vértice um ângulo interno (i) e um ângulo externo (e):

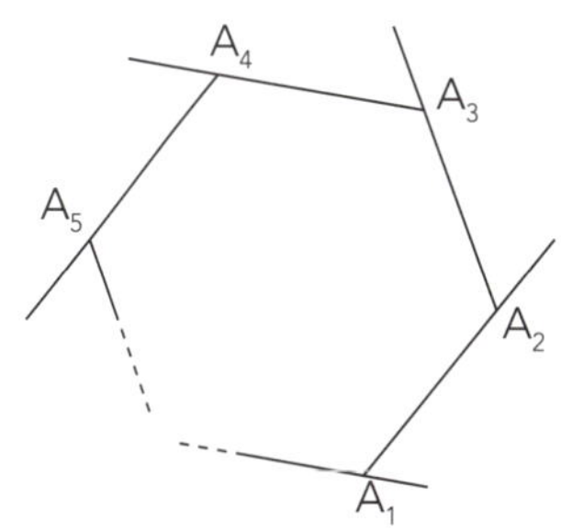

$$\underbrace{(i_1 + e_1)}_{\text{em } A_1} + \underbrace{(i_2 + e_2)}_{\text{em } A_2} + \underbrace{(i_3 + e_3)}_{\text{em } A_3} + \ldots + \underbrace{(i_n + e_n)}_{\text{em } A_n} =$$

$$= \underbrace{180° + 180° + 180° + \ldots + 180°}_{n \text{ parcelas}} = n \cdot 180°$$

Então:

$$\underbrace{(i_1 + i_2 + i_3 + \ldots + i_n)}_{S_i} + \underbrace{(e_1 + e_2 + e_3 + \ldots + e_n)}_{S_e} = n \cdot 180°$$

Como $S_i = (n - 2) \cdot 180°$, vem:

$$(n - 2) \cdot 180° + S_e = n \cdot 180°$$
$$n \cdot 180° - 360° + S_e = n \cdot 180°$$

$$S_e = 360°$$

Esse é um resultado surpreendente: a soma das medidas dos ângulos externos de um polígono convexo é 360°, qualquer que seja o número de lados do polígono.

Exercícios

501. Cada vértice de um decágono é extremidade de quantas diagonais desse polígono? Ao todo, quantas diagonais tem um decágono?

502. Calcule o número de diagonais de um eneágono.

503. Calcule o número de diagonais de um polígono que tem 25 lados.

504. Um polígono simples tem 44 diagonais. Qual é o número de lados desse polígono?

505. Qual é a soma dos ângulos internos de um polígono convexo com 12 lados?

506. Qual é a soma dos ângulos internos de um eneágono?

507. Qual é o polígono em que a soma dos ângulos internos é 900°?

508. Qual é a soma dos ângulos internos do polígono da figura?

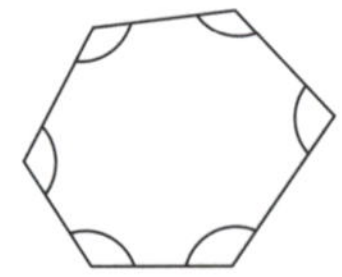

509. Determine o valor de x.

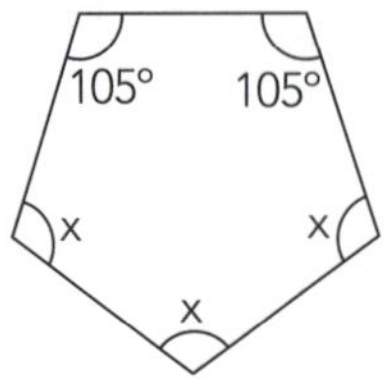

Polígono regular

Observe os quadriláteros abaixo:

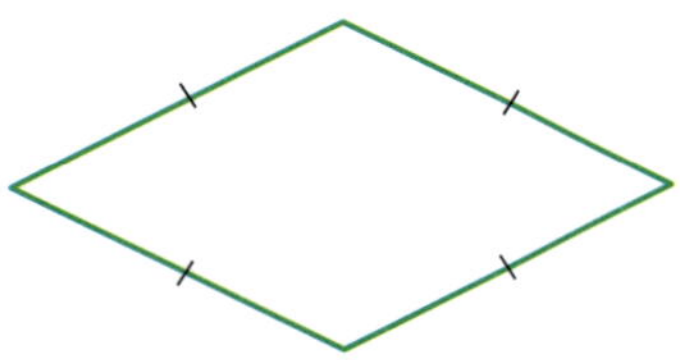

losango
O losango tem os lados congruentes.
O losango é equilátero.

retângulo
O retângulo tem os ângulos congruentes.
O retângulo é equiângulo.

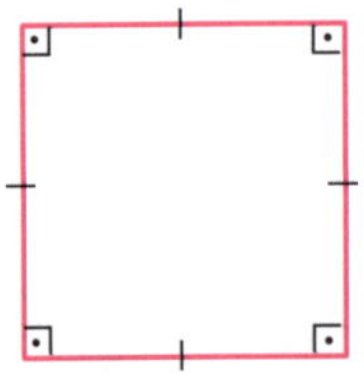

quadrado
O quadrado tem os lados congruentes e os ângulos congruentes.
O quadrado é equilátero e equiângulo.

Dos três quadriláteros acima, só o quadrado tem lados congruentes e ângulos congruentes.
O quadrado é o quadrilátero regular.

Chama-se polígono regular a um polígono convexo que tem todos os lados congruentes e todos os ângulos internos congruentes.

Observe os exemplos a seguir. Todos eles são polígonos regulares.

3 lados

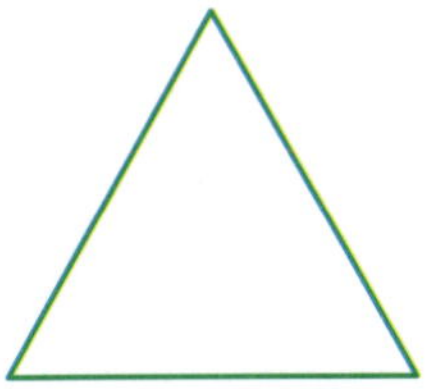

triângulo regular (triângulo equilátero)

4 lados

quadrilátero regular (quadrado)

5 lados

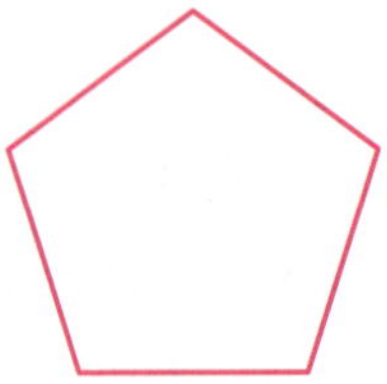

pentágono regular

6 lados

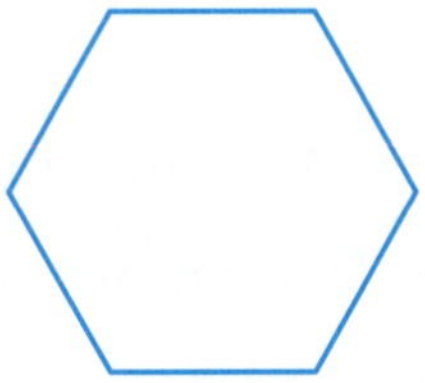

hexágono regular

Um polígono regular é equilátero e equiângulo.

Polígonos inscritíveis em uma circunferência

Quando existe uma circunferência que contém todos os vértices de um polígono, dizemos que o polígono é *inscritível* nessa circunferência. Nesse caso, a circunferência está *circunscrita* ao polígono.

Observe os exemplos a seguir:

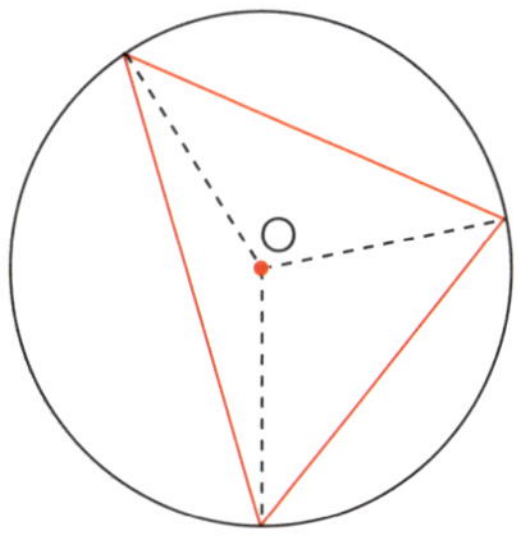

O triângulo tem os três vértices na circunferência: *o triângulo está inscrito na circunferência*.

O centro da circunferência dista igualmente dos três vértices do triângulo. Portanto, o ponto *O* é a interseção das mediatrizes do triângulo.

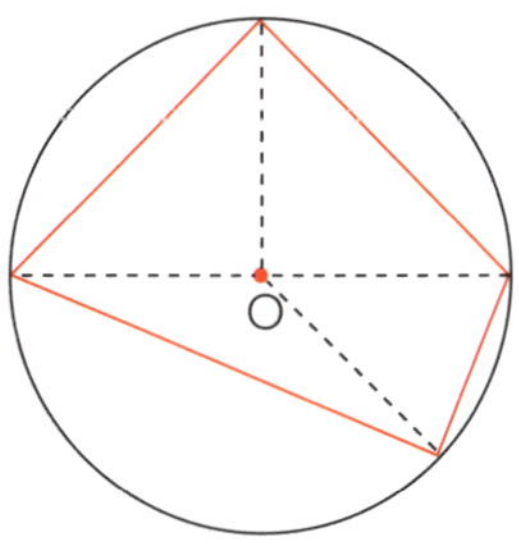

O quadrilátero tem os quatro vértices na circunferência: *o quadrilátero está inscrito na circunferência*. O centro da circunferência dista igualmente dos quatro vértices do quadrilátero.

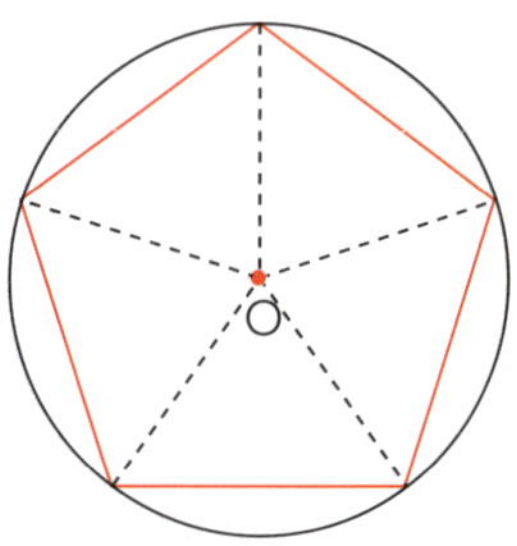

O pentágono tem os cinco vértices na circunferência: *o pentágono está inscrito na circunferência*. O centro da circunferência dista igualmente dos cinco vértices do pentágono.

Podemos notar que:

> Um polígono é inscritível somente se existe um ponto *O* igualmente distante de todos os vértices do polígono.

Nem todos os polígonos são inscritíveis. Os polígonos inscritíveis mais importantes são:

- os triângulos em geral, porque todo triângulo tem um ponto *O* (circuncentro) igualmente distante dos três vértices;
- alguns quadriláteros (aqueles em que os ângulos opostos são suplementares);
- os polígonos regulares com qualquer número de lados.

Veja estes exemplos:

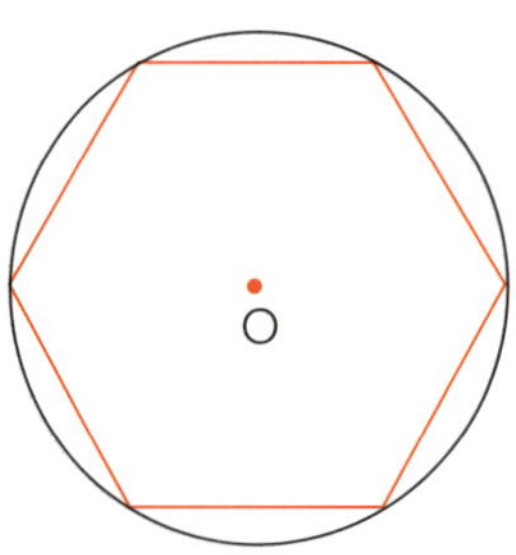

hexágono regular inscrito

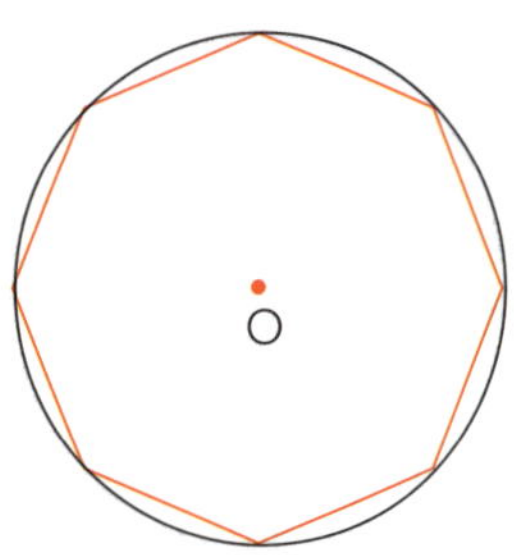

octógono regular inscrito

Polígonos circunscritíveis a uma circunferência

Quando existe uma circunferência que é tangente a todos os lados de um polígono, dizemos que o polígono é *circunscritível* a essa circunferência. Nesse caso, a circunferência está *inscrita* no polígono.

Observe os exemplos:

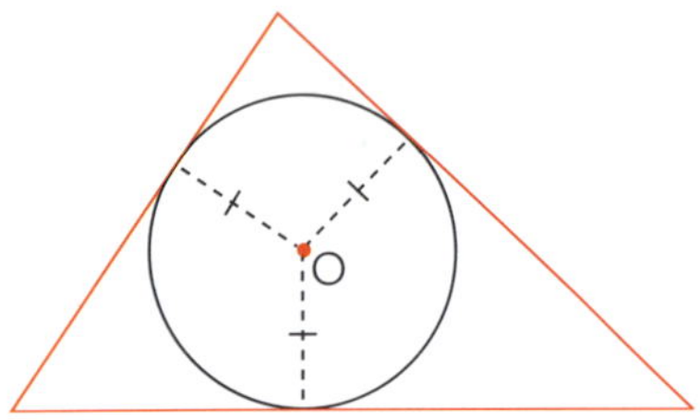

O triângulo tem os três lados tangentes à circunferência: *o triângulo está circunscrito à circunferência (ou ao círculo).*

O centro da circunferência dista igualmente dos três lados do triângulo. Portanto, *O* é a interseção das bissetrizes do triângulo.

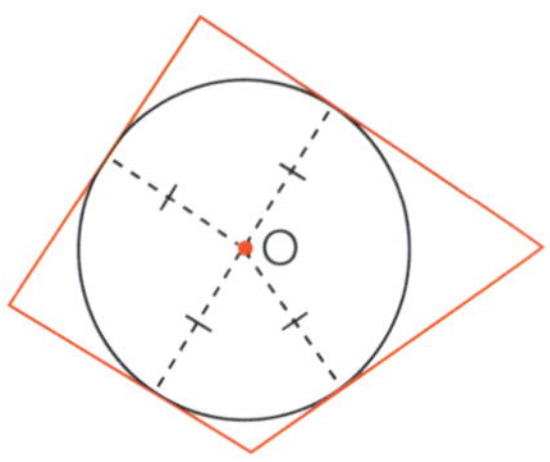

O quadrilátero tem os quatro lados tangentes à circunferência: *o quadrilátero está circunscrito à circunferência.*

O centro da circunferência dista igualmente dos quatro lados do quadrilátero.

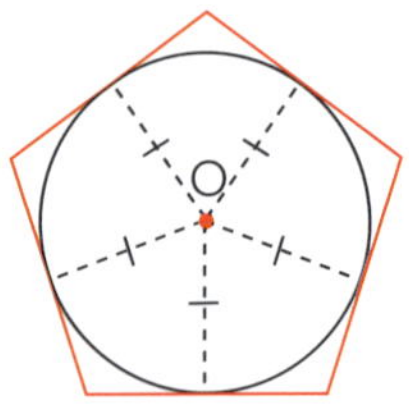

O pentágono tem os cinco lados tangentes à circunferência: *o pentágono está circunscrito à circunferência.*

O centro da circunferência dista igualmente dos cinco lados do pentágono.

Podemos notar que:

> Um polígono é circunscritível somente se existe um ponto *O* igualmente distante de todos os lados do polígono.

Nem todos os polígonos são circunscritíveis. Os mais importantes polígonos circunscritíveis são:

- os triângulos em geral, porque todo triângulo tem um ponto *O* (incentro) igualmente distante dos três lados;
- alguns quadriláteros (aqueles em que as somas das medidas dos lados opostos são iguais);
- os polígonos regulares com qualquer número de lados.

Veja:

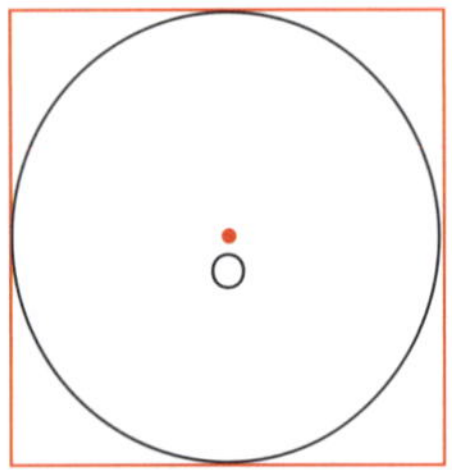

quadrado circunscrito

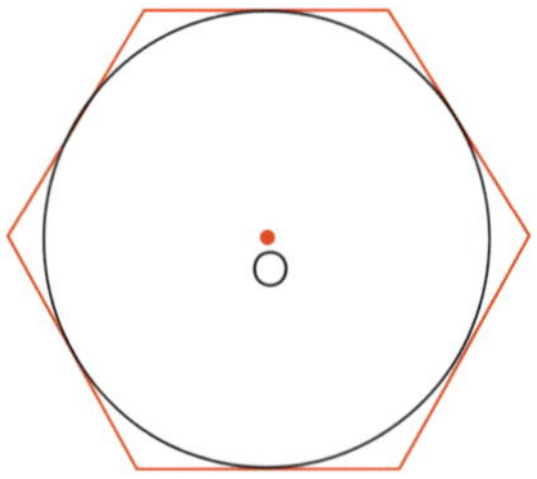

hexágono regular circunscrito

Elementos notáveis de um polígono regular

No estudo dos polígonos regulares é importante conhecer alguns elementos. Vejamos:

- **Centro:** É o centro comum das circunferências inscrita e circunscrita.
  O centro é o ponto onde concorrem as mediatrizes dos lados e as bissetrizes dos ângulos internos.
- **Apótema:** É o segmento perpendicular ao lado com uma extremidade no centro e a outra no ponto médio do lado.

Veja o hexágono regular:

O é o centro
M é o ponto médio do lado
$\overline{OM}$ é o apótema = a_n
a_c é o ângulo central
a_i é o ângulo interno
a_e é o ângulo externo

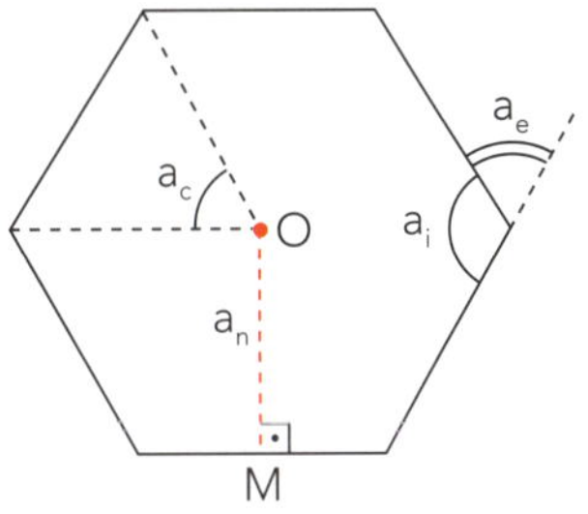

Se o polígono regular tem *n* lados, valem as seguintes expressões:

- Ângulo central: $a_c = \dfrac{360^\circ}{n}$
- Soma dos ângulos internos: $S_i = (n - 2) \cdot 180^\circ$
- Ângulo interno: $a_i = \dfrac{S_i}{n}$ ou $a_i = \dfrac{(n - 2) \cdot 180^\circ}{n}$
- Soma dos ângulos externos: $S_e = 360^\circ$
- Ângulo externo: $a_e = \dfrac{S_e}{n}$ ou $a_e = \dfrac{360^\circ}{n}$
- $a_i + a_e = 180^\circ$

Área do polígono regular

Vamos indicar por:

- *n*: número de lados do polígono
- ℓ: lado
- *a*: apótema
- 2p: perímetro ($2p = n \times \ell$)

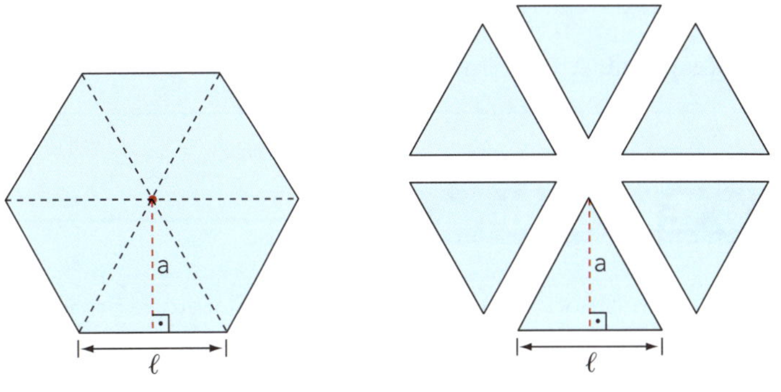

Se o polígono tem *n* lados, então a área é igual a *n* vezes a área do triângulo de base ℓ e altura *a*:

$$A = n \times \frac{\ell \times a}{2} = \frac{n \times \ell \times a}{2} = \frac{2p \times a}{2} = p \times a$$

Logo, a área do polígono regular é igual ao semiperímetro multiplicado pelo apótema:

$$A = p \times a$$

Exemplo

A Prefeitura quer fazer um jardim em uma praça que tem a forma de um hexágono regular de 56 m de lado. Sabendo que o paisagista vai cobrar R$ 35,00 o metro quadrado do jardim, qual será o custo para a Prefeitura?

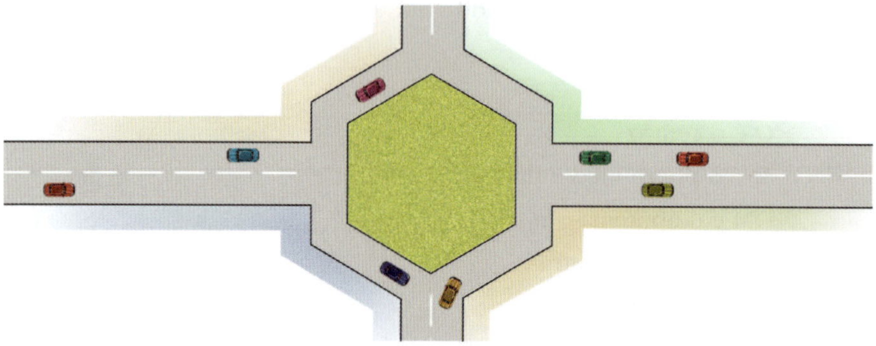

A praça tem a forma de um hexágono regular com lado igual a 56 m. Assim, $\ell = 56$ m e n = 6. Portanto, temos o semiperímetro *p*:

$$2p = 56 \times 6 \Rightarrow p = 56 \times 3 \Rightarrow p = 168 \text{ m}$$

Lembrando que o apótema do hexágono é igual à altura do triângulo equilátero, temos:

$$a = \frac{\ell\sqrt{3}}{2} = \frac{56\sqrt{3}}{2} \Rightarrow a = 28\sqrt{3} \text{ m}$$

Então, a área do hexágono regular é:

$$A = p \times a = 168 \times 28\sqrt{3} = 4 \times 704\sqrt{3}$$

ou fazendo $\sqrt{3} = 1{,}73$:

$$A = 8\,137{,}92 \text{ m}^2$$

Sendo R$ 35,00 o preço por metro quadrado, temos o preço final:

$$8\,137{,}92 \times 35{,}00 = 284\,827{,}20$$

Resposta: A Prefeitura vai pagar R$ 284 872,20.

Exercícios

510. Lembrando que no triângulo equilátero o ortocentro, o baricentro, o incentro (centro da circunferência inscrita) e o circuncentro (centro da circunferência circunscrita) são coincidentes e que o baricentro divide a mediana em duas partes que medem $\frac{1}{3}$ e $\frac{2}{3}$ desta, sendo 6 m o lado do triângulo equilátero da figura ao lado, determine:

a) a altura do triângulo;
b) o raio *R* da circunscrita;
c) o raio *r* da inscrita;
d) o apótema do triângulo.

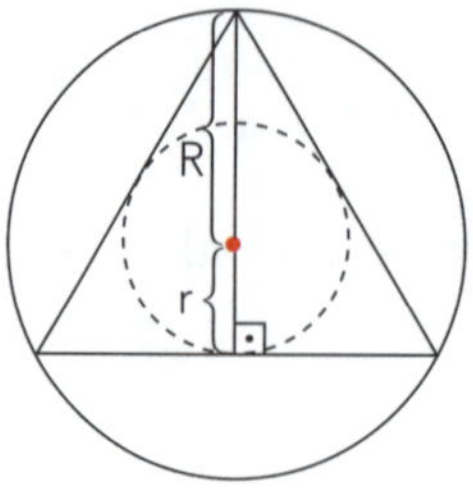

511. No quadrado a diagonal passa pelo centro. Sendo 8 m o lado do quadrado ilustrado, determine:

a) a diagonal;

b) o raio *R* da circunscrita;

c) o raio *r* da inscrita;

d) o apótema do quadrado.

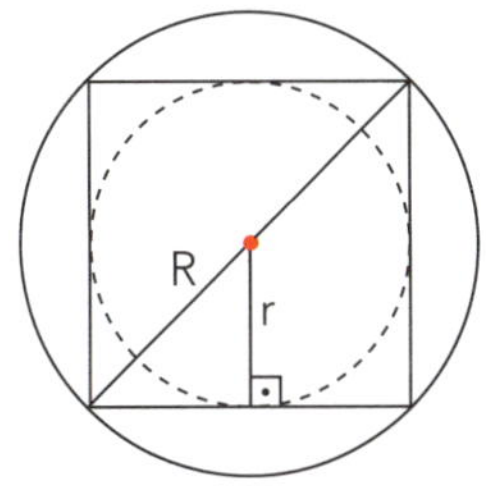

512. Calcule a medida do ângulo central dos seguintes polígonos regulares:

a) triângulo

b) pentágono

c) octógono

d) decágono

513. Qual é o polígono regular em que a medida do ângulo central é 18°?

514. Sabendo que ABCDEF é um hexágono regular, determine *x*, *y* e *z*.

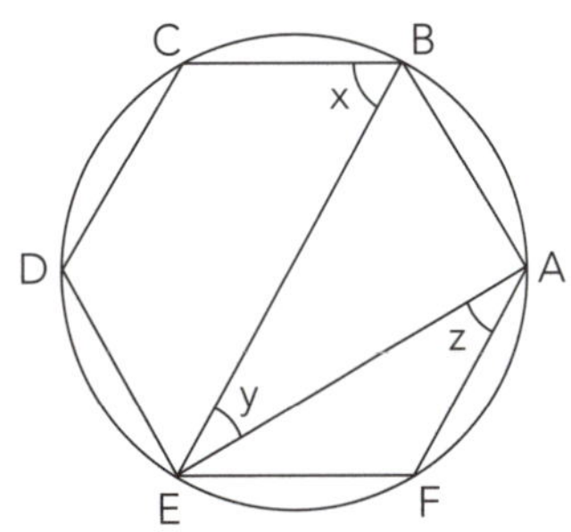

515. Calcule a medida do ângulo interno dos seguintes polígonos regulares:

a) quadrado

b) hexágono

c) eneágono

d) dodecágono

516. Determine o número de lados de um polígono regular cujos ângulos internos medem 170°.

517. Calcule a medida do ângulo externo de cada um dos polígonos regulares abaixo.

a) triângulo

b) pentágono

c) octógono

518. Cada ângulo externo de um polígono regular mede 40°. Quantos lados tem o polígono?

519. A medida do ângulo central de um polígono regular é 24°. Determine as medidas:

a) do ângulo externo;

b) do ângulo interno.

520. Determine qual é o polígono regular em que o ângulo interno é o triplo do ângulo externo.

521. O ângulo $A\hat{D}C$ de um polígono regular ABCDEF... mede 30°. Determine a soma dos ângulos internos desse polígono.

522. Para cada polígono regular abaixo, determine a quantidade de medidas diferentes que obtemos ao medir suas diagonais.

a) quadrado

b) hexágono

c) octógono

523. Calcule a área de um polígono regular que tem perímetro $12\sqrt{3}$ cm e apótema de 2 cm.

524. Calcule o perímetro de um polígono regular, conhecendo o apótema, 8 cm, e a área, 256 cm^2.

525. Calcule a área de um hexágono regular de lado 4 cm.

526. Lembrando que no hexágono regular as diagonais maiores passam pelo centro e determinam nele 6 triângulos equiláteros, sendo 6 m o lado do hexágono, determine:

a) a diagonal maior;

b) o raio *R* da circunscrita;

c) o raio *r* da inscrita;

d) a diagonal menor;

e) o apótema do hexágono.

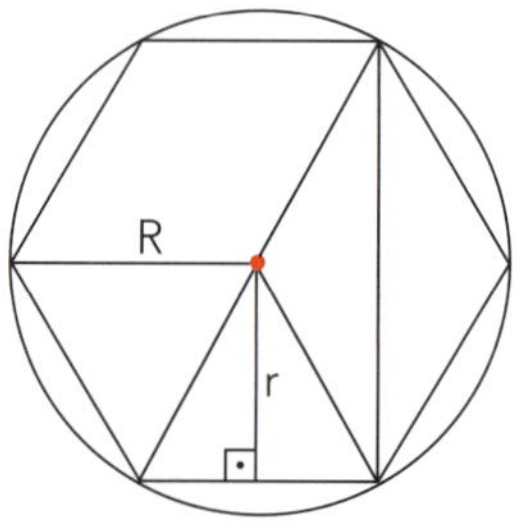

527. Sabendo que ABCDE é um polígono regular, determine *x*, *y* e *z*.

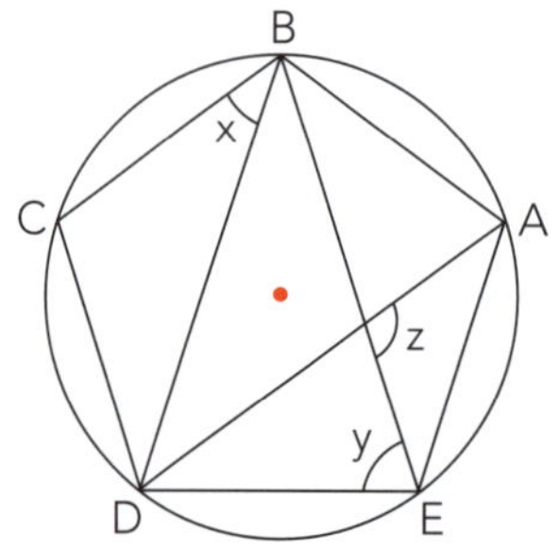

528. Determine qual é o polígono regular em que o ângulo central é $\frac{1}{4}$ do ângulo interno.

529. Para cada polígono regular abaixo, determine a quantidade de medidas diferentes que obtemos ao medir suas diagonais.

a) pentágono

b) heptágono

c) eneágono

530. As mediatrizes dos lados $\overline{AB}$ e $\overline{CD}$ de um polígono regular ABCDEF... formam um ângulo, que contém *B* e *C*, de 20°. Quantas diagonais desse polígono passam pelo centro?

531. Um polígono regular tem perímetro igual a 40 cm e apótema igual a 5 cm. Qual é a sua área?

capítulo 28

Lado e apótema de polígonos regulares

Lado e apótema do quadrado inscrito

Vamos calcular o lado (ℓ_4) e o apótema (a_4) de um quadrado inscrito numa circunferência de raio r conhecido.

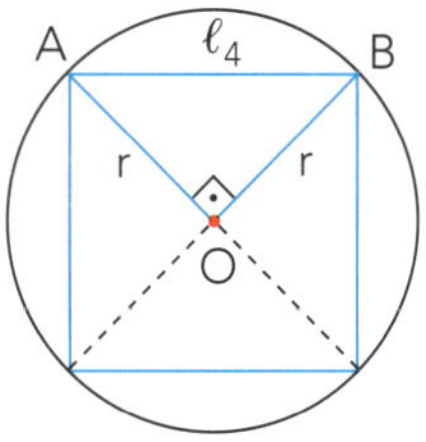

- Cálculo do lado: ℓ_4

  Aplicando a relação de Pitágoras no △OAB, temos:

$$\ell_4^2 = r^2 + r^2 \Rightarrow \ell_4^2 = 2r^2 \Rightarrow \boxed{\ell_4 = r\sqrt{2}}$$

- Cálculo do apótema: a_4

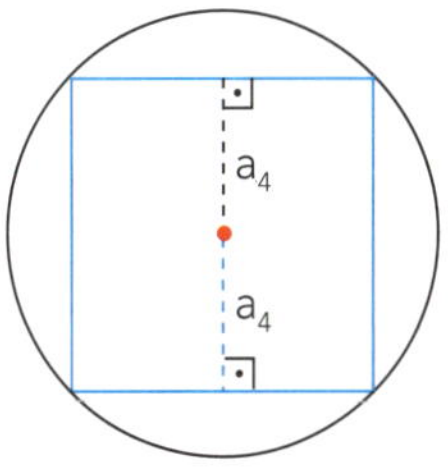

$$a_4 + a_4 = \ell_4 \Rightarrow 2a_4 = \ell_4 \Rightarrow a_4 = \frac{\ell_4}{2}$$

  Substituindo o ℓ_4, vem: $\boxed{a_4 = \dfrac{r\sqrt{2}}{2}}$

Lado e apótema do hexágono regular inscrito

Vamos calcular o lado (ℓ_6) e o apótema (a_6) de um hexágono regular inscrito numa circunferência de raio r conhecido.

- Cálculo do lado: ℓ_6

  No △OAB, temos:

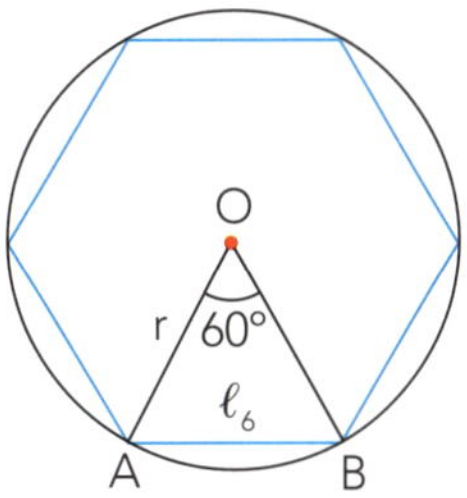

$$A\hat{O}B = \frac{360^\circ}{6} = 60^\circ$$

$$\overline{OA} \equiv \overline{OB} \Rightarrow \hat{A} \equiv \hat{B}$$

  Logo, $\hat{A} = \hat{B} = \hat{O} = 60^\circ$ e o △OAB é equilátero.

  Então, o lado é igual ao raio: $\boxed{\ell_6 = r}$

- Cálculo do apótema: a_6

  O apótema do hexágono é a altura do triângulo equilátero OAB de lado r.

  Portanto: $\boxed{a_6 = \dfrac{r\sqrt{3}}{2}}$

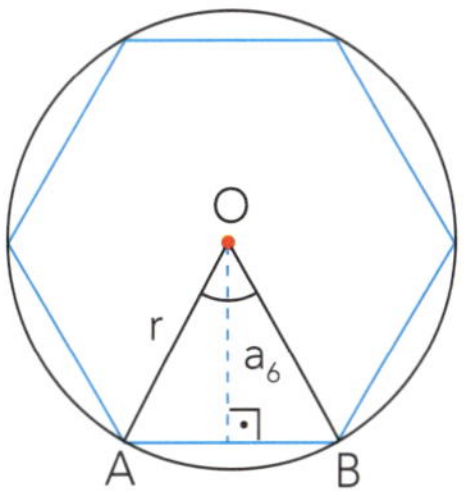

Lado e apótema do triângulo equilátero inscrito

Vamos calcular o lado (ℓ_3) e o apótema (a_3) de um triângulo equilátero inscrito numa circunferência de raio r conhecido.

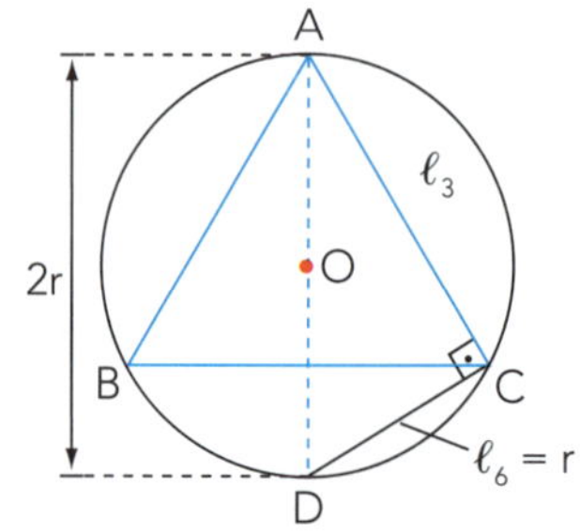

- Cálculo do lado: ℓ_3

  Traçamos o diâmetro $\overline{AD}$.

  Se $\overline{BC}$ é o ℓ_3, então $\overline{CD}$ é o ℓ_6 e, como $\ell_6 = r$, vem CD = r.

  Por estar inscrito numa semicircunferência, o $\triangle ACD$ é retângulo em C. Aplicando a relação de Pitágoras no $\triangle ACD$, vem:

$$\ell_3^2 = (2r)^2 - r^2 \Rightarrow \ell_3^2 = 3r^2 \Rightarrow \boxed{\ell_3 = r\sqrt{3}}$$

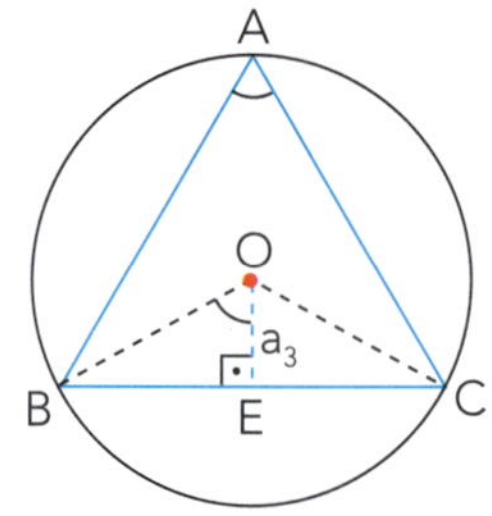

- Cálculo do apótema: a_3

$$B\hat{A}C = 60° \Rightarrow B\hat{O}C = 120° \Rightarrow B\hat{O}E = 60°$$

$$\frac{OE}{OB} = \cos 60° \Rightarrow \frac{a_3}{r} = \frac{1}{2} \Rightarrow \boxed{a_3 = \frac{r}{2}}$$

Exercícios

532. Calcule o lado e o apótema de um quadrado inscrito numa circunferência de $5\sqrt{2}$ cm de raio.

533. Uma mesa tem forma quadrada com 2 m de lado. A que distância da borda da mesa fica um paliteiro colocado bem no centro?

534. Calcule a área de um quadrado inscrito numa circunferência de raio 5 cm.

535. Determine o raio de uma circunferência, sabendo que o perímetro do quadrado inscrito é 80 cm.

536. Calcule o comprimento de uma pista de *cooper* que tem a forma de um hexágono regular cujos lados tangenciam um jardim circular com 253 m de raio.

537. Calcule o apótema de um hexágono regular que tem perímetro de 18 cm.

538. Calcule quantos metros quadrados de grama são necessários para gramar uma praça em forma de hexágono regular de modo que a distância do centro da praça a cada vértice do hexágono seja 20 m.

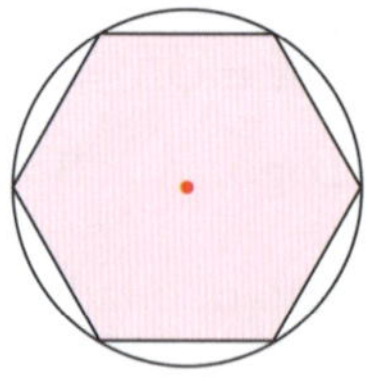

539. O lado de um hexágono regular inscrito numa circunferência mede $8\sqrt{2}$ cm. Determine o apótema do quadrado inscrito na mesma circunferência.

540. O lado de um triângulo equilátero mede 10 cm. Determine o raio do círculo circunscrito e o apótema.

541. Dado um triângulo equilátero de 6 cm de altura, calcule:

a) o raio do círculo inscrito;

b) o lado;

c) o apótema;

d) o raio do círculo circunscrito.

542. Calcule a área do triângulo equilátero da figura, sabendo que o raio da circunferência mede 8 cm.

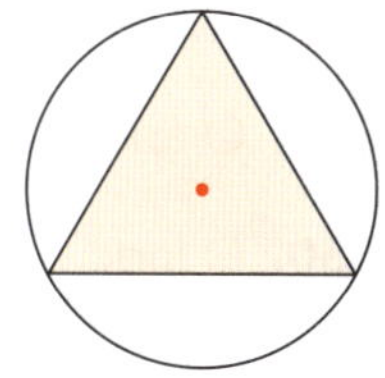

543. Determine o raio do círculo e o apótema do polígono regular inscrito nele, sendo 6 m o lado do polígono, nos seguintes casos:

a) quadrado

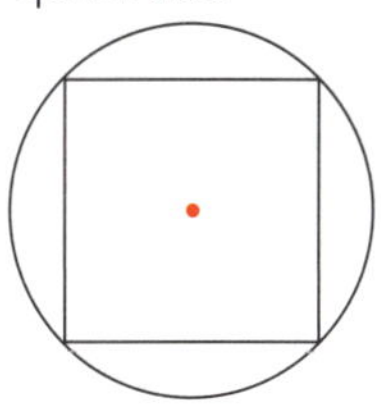

b) hexágono

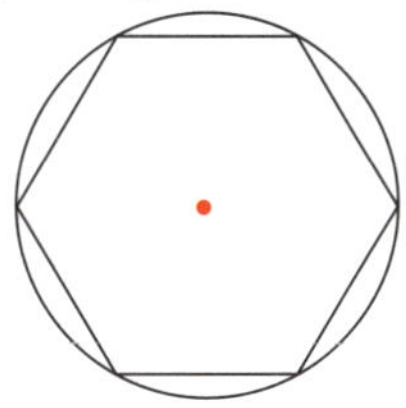

c) triângulo

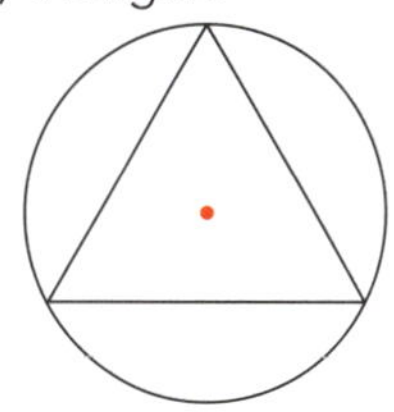

544. Determine a área dos seguintes polígonos:

a) quadrado circunscrito a um círculo de 5 m de raio;

b) hexágono regular circunscrito a um círculo de 4 m de raio;

c) triângulo equilátero circunscrito a um círculo de 6 m de raio.

545. Calcule a área do quadrado da figura, sabendo que o raio da circunferência mede 6 cm.

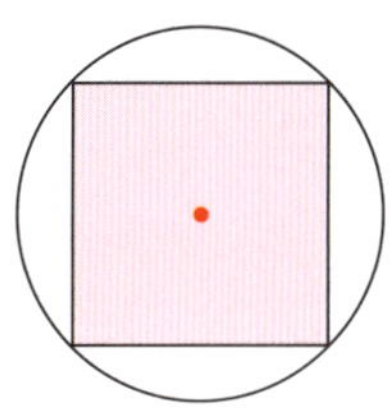

546. Calcule a área do quadrado da figura, sabendo que o raio da circunferência mede 5 cm.

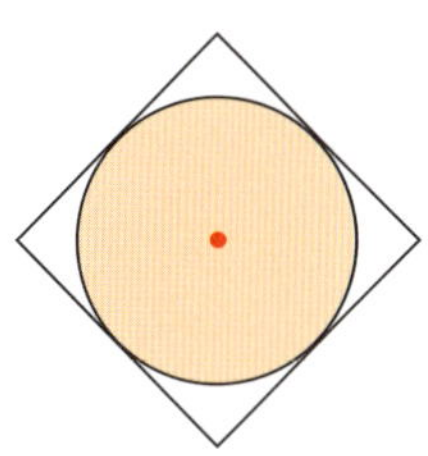

547. No hexágono regular ABCDEF da figura, o lado mede 5 cm. Calcule:

a) o apótema;

b) o raio do círculo inscrito;

c) a diagonal $\overline{AC}$.

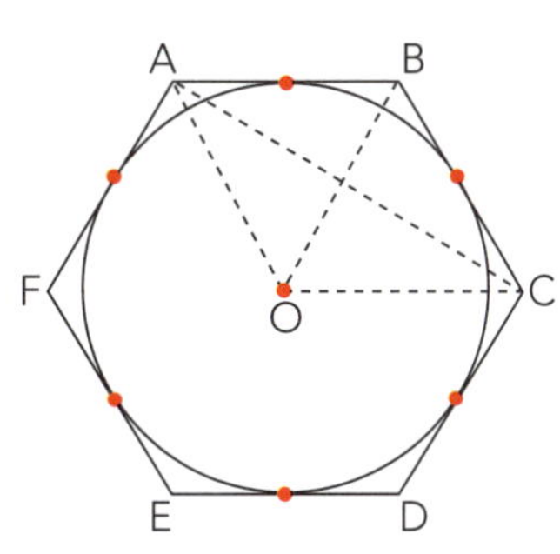

548. O apótema de um hexágono regular mede $7\sqrt{3}$ cm. Determine o perímetro do hexágono.

549. O apótema de um triângulo equilátero mede 3 cm. Determine o lado do triângulo.

550. O lado de um triângulo equilátero inscrito numa circunferência mede $8\sqrt{3}$ cm. Determine o perímetro do hexágono regular inscrito na mesma circunferência.

551. Determine, em cada caso, o raio da circunferência inscrita no polígono regular, sabendo que o lado do polígono mede 6 cm.

a)

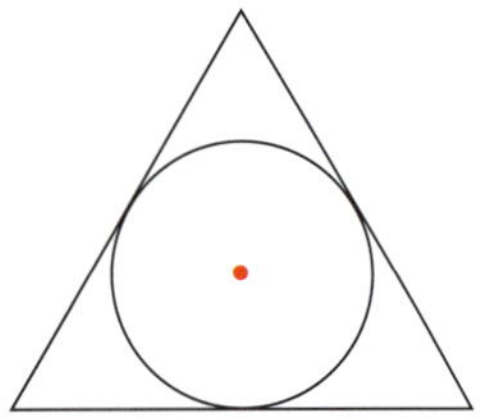

b)

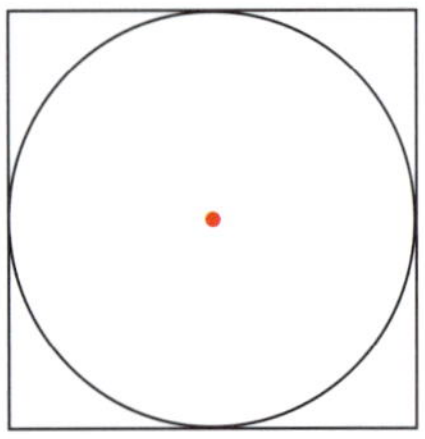

c)

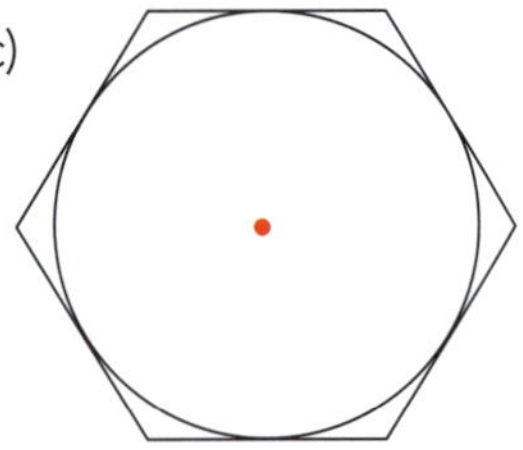

552. Determine a área dos seguintes polígonos:

a) quadrado inscrito num círculo de 5 m de raio

b) hexágono regular inscrito num círculo de 4 m de raio

c) triângulo equilátero inscrito num círculo de 6 m de raio

553. Um triângulo equilátero, um quadrado e um hexágono regular têm o mesmo perímetro, que é 48 cm. Qual deles tem a maior área? E a menor?

capítulo 29

Comprimento da circunferência e do arco

A circunferência e o seu diâmetro

Vamos tomar um pedaço de arame de 10 cm de comprimento e colocá-lo na forma de uma circunferência:

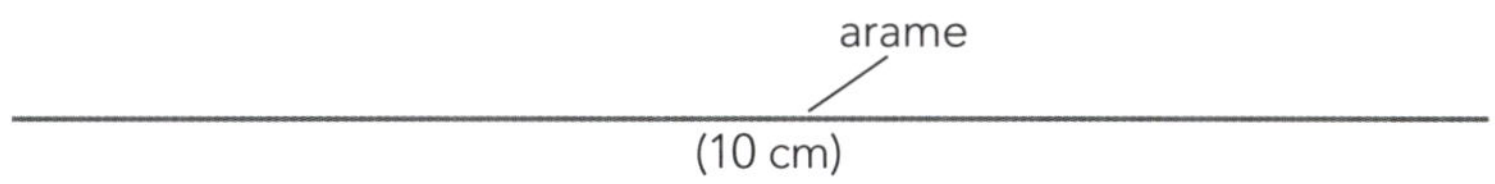

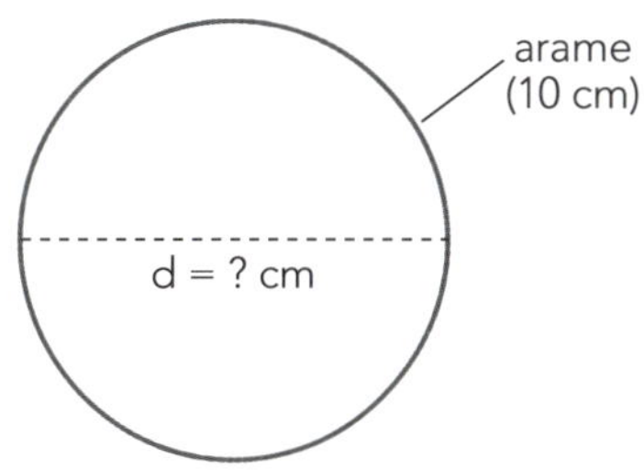

Qual é a medida do diâmetro? E do raio?

Se desejássemos obter uma circunferência de 50 cm de diâmetro, qual deveria ser o comprimento do arame?

Em outras palavras, estamos querendo saber o seguinte: *se o diâmetro é 50 cm, qual é o comprimento da circunferência?*

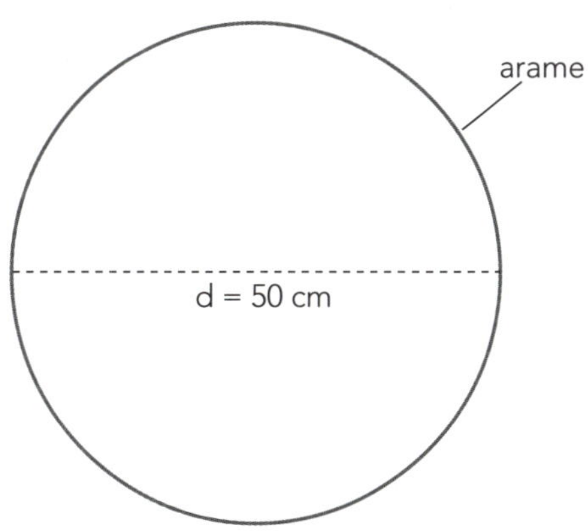

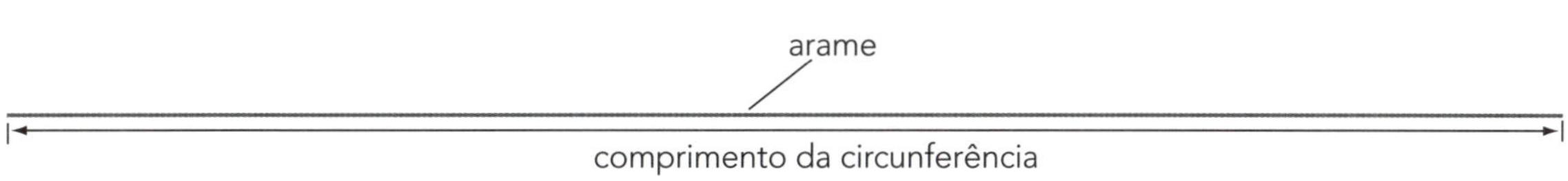

Antes de responder a essa pergunta, vamos procurar compreender a noção matemática de comprimento de uma circunferência.

Perímetros de polígonos regulares

Com ajuda de uma calculadora, vamos calcular os perímetros de alguns polígonos regulares inscritos (têm lado ℓ) e circunscritos (têm lado ℓ') numa circunferência de diâmetro 50 cm (raio r = 25 cm). Os resultados estão na tabela a seguir:

Polígono	Perímetro do polígono inscrito	Perímetro do polígono circunscrito
triângulo equilátero	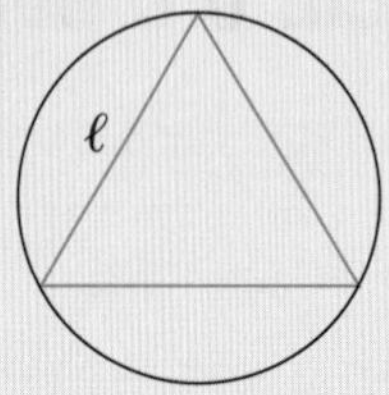 $\ell = r\sqrt{3} \cong 43{,}3$ cm $2p = 3\ell \cong 129{,}9$ cm	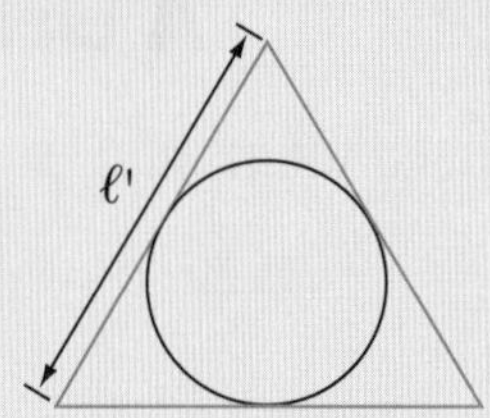 $\ell' = 2r\sqrt{3} \cong 86{,}6$ cm $2p' = 3\ell' \cong 259{,}8$ cm
quadrado	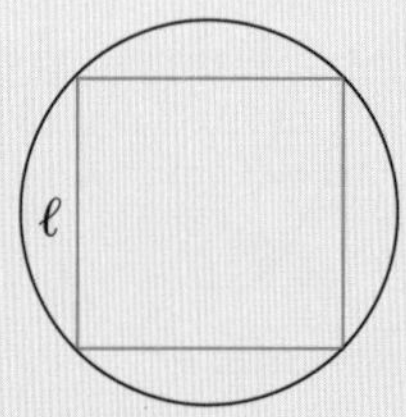 $\ell = r\sqrt{2} \cong 35{,}3$ cm $2p = 4\ell \cong 141{,}2$ cm	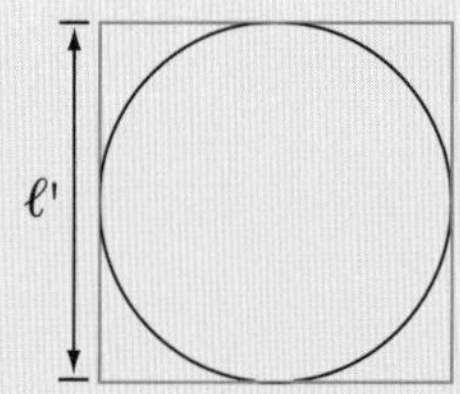 $\ell' = 2r = 50$ cm $2p' = 4\ell' \cong 200$ cm
hexágono regular	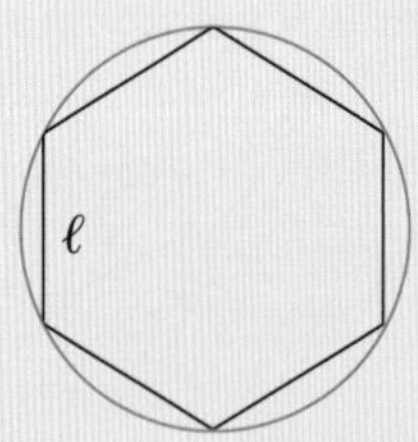 $\ell = r = 25$ cm $2p = 6\ell = 150$ cm	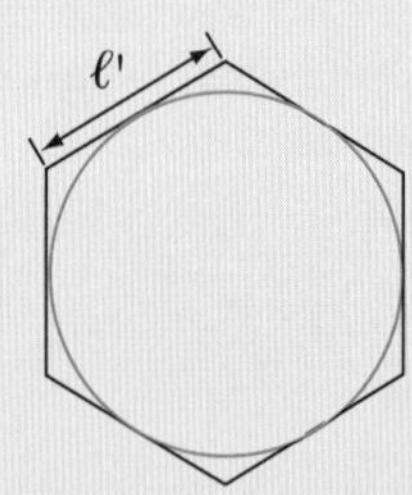 $\ell' = \frac{2r\sqrt{3}}{3} \cong 28{,}8$ cm $2p' = 6\ell' \cong 172{,}8$ cm
octógono regular	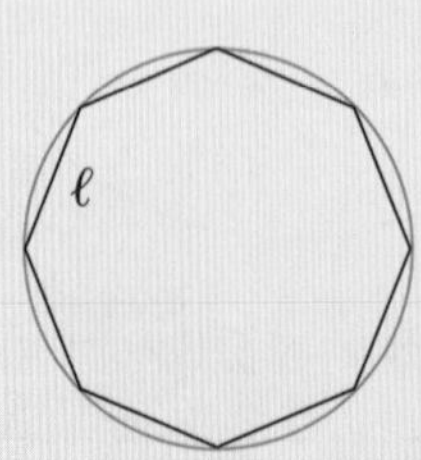 $\ell = r\sqrt{2 - \sqrt{2}} \cong 19{,}1$ cm $2p = 8\ell \cong 152{,}8$ cm	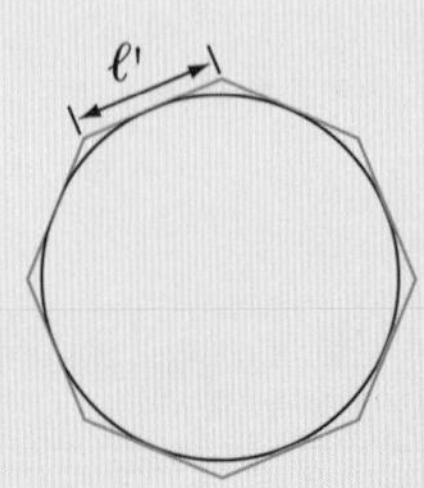 $\ell' = 2r(\sqrt{2} - 1) \cong 20{,}7$ cm $2p' = 8\ell' \cong 165{,}6$ cm
Aumenta o nº de lados	Aumenta o perímetro	Diminui o perímetro

Podemos notar que o perímetro de um polígono inscrito numa determinada circunferência (2p) é menor do que o perímetro de um polígono circunscrito (2p') a essa mesma circunferência:

$$2p < 2p'$$

Além disso, quando o número de lados aumenta, o perímetro do polígono inscrito aumenta e o perímetro do polígono circunscrito diminui:

$$2p < 2p'$$

vai aumentando (2p) — vai diminuindo (2p')

Se tomássemos polígonos regulares com número de lados muito grande, os perímetros seriam aproximadamente iguais a um valor *C*, que é chamado *comprimento da circunferência*.

$$2p \cong C \cong 2p'$$

(para polígonos com grande número de lados)
($\cong$ leia "aproximadamente igual a")

Comprimento da circunferência

Vamos considerar uma circunferência de raio *r* e calcular as razões $\frac{2p}{2r}$ e $\frac{2p'}{2r}$ $\frac{(\text{perímetro})}{(\text{diâmetro})}$.

Nº de lados do polígono	$\frac{2p}{2r}$	$\frac{2p'}{2r}$
3	$\frac{3r\sqrt{3}}{2r} \cong 2,6$	$\frac{6r\sqrt{3}}{2r} \cong 5,20$
4	$\frac{4r\sqrt{2}}{2r} \cong 2,83$	$\frac{8r}{2r} = 4,00$
6	$\frac{6r}{2r} = 3,00$	$\frac{4r\sqrt{3}}{2r} \cong 3,46$
8 ↓ aumenta	$4\sqrt{2-\sqrt{2}} \cong 3,06$ ↓ aumenta	$8(\sqrt{2}-1) \cong 3,31$ ↓ diminui
Grande número de lados	$\frac{2p}{2r} \cong 3,14$	$\frac{2p'}{2r} \cong 3,14$

Notamos que:

$$\frac{2p}{2r} < \frac{2p'}{2r}$$

vai aumentando ($\frac{2p}{2r}$) — vai diminuindo ($\frac{2p'}{2r}$)

Tomando polígonos regulares com número de lados muito grande, essas razões serão aproximadamente iguais ao número irracional 3,141592... denominado número π (leia: "pi").

$$\frac{2p}{2r} \cong \pi \cong \frac{2p'}{2r} \quad ①$$

(para polígonos com número muito grande de lados)

Quando o número de lados é grande, vimos que:

$$2p \cong C \cong 2p'$$

Então:

$$\frac{2p}{2r} \cong \frac{C}{2r} \cong \frac{2p'}{2r} \quad ②$$

De ① e ②, concluímos que:

$$\frac{C}{2r} = \pi$$

Logo:

$$C = 2\pi r$$

Traduzindo em palavras:

O comprimento da circunferência é igual a 2π vezes o raio, sendo $\pi = 3{,}141592...$

Respondendo às perguntas do início do capítulo, temos:

- O comprimento da circunferência de diâmetro 50 cm, portanto, de raio r = 25 cm, é:

$$C = 2\pi r = 2\pi \cdot 25 \text{ cm} = 50\pi \text{ cm}$$

Logo, $C \cong 50 \text{ cm} \cdot 3{,}14 = 157$ cm.

- Uma circunferência tem comprimento 10 cm. Vamos calcular o raio:

$$C = 2\pi r \Rightarrow 2\pi r = 10 \text{ cm} \Rightarrow r = \frac{10 \text{ cm}}{2\pi} \Rightarrow r = \frac{5}{\pi} \text{ cm}$$

Logo, $r \cong \frac{5 \text{ cm}}{3{,}14} = 1{,}59$ cm.

O diâmetro é aproximadamente igual a 3,18 cm.

Exercícios

554. Calcule o comprimento de uma circunferência de raio r = 10 cm.

555. Calcule o comprimento de uma circunferência cujo diâmetro mede 12 cm.

556. Determine o comprimento das circunferências nos seguintes casos:

a)

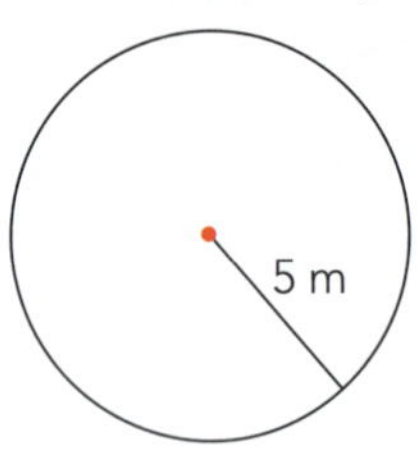

b)

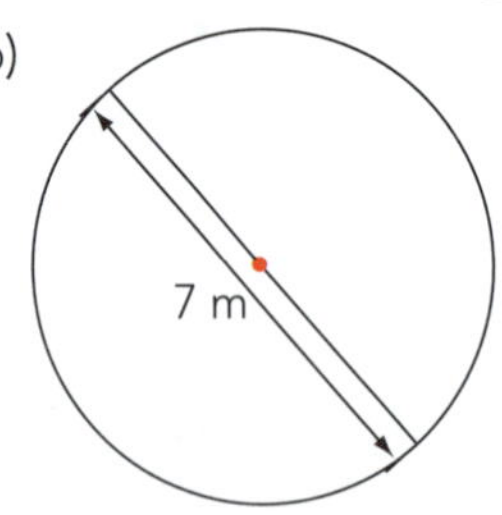

c)

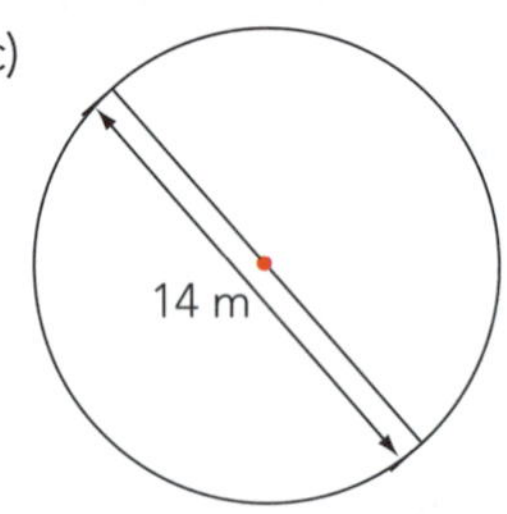

557. Calcule o raio de uma circunferência cujo comprimento é 120 cm.

558. Quanto aumenta o raio de uma circunferência quando seu comprimento aumenta 5 metros?

559. Em quanto aumenta o comprimento de uma circunferência cujo raio sofreu um aumento de 50%?

560. Com um fio de arame deseja-se construir uma circunferência de diâmetro 10 cm. Qual deve ser o comprimento do fio?

561. Uma praça circular tem raio de 40 m. Quantos metros uma pessoa anda quando dá três voltas na praça?

562. Um marceneiro recebeu uma encomenda de uma mesa redonda que deve acomodar oito pessoas com um espaço de 60 cm para cada pessoa. Calcule o diâmetro que a mesa deve ter.

563. Quantas voltas dá uma das rodas de um carro num percurso de 60 km, se o diâmetro dessa roda é igual a 0,60 m?

564. Uma pista circular está limitada por duas circunferências concêntricas cujos comprimentos são, respectivamente, 3 000 m e 2 400 m. Determine a largura da pista.

565. Calcule o comprimento da pista de atletismo esboçada na figura, sabendo que r = 30 m.

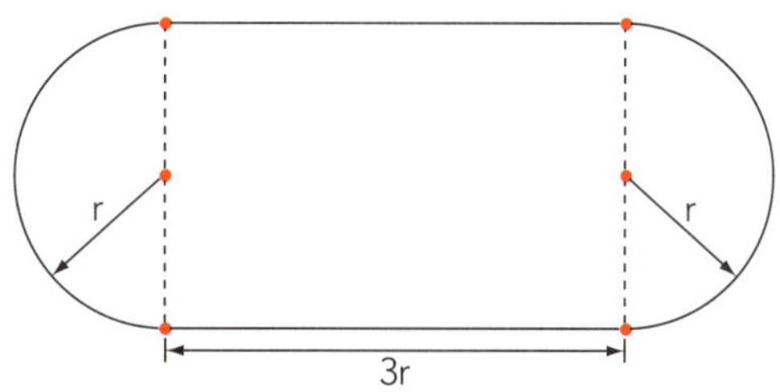

566. Calcule os comprimentos das circunferências inscrita e circunscrita num quadrado de lado 2 cm.

567. Calcule os comprimentos das circunferências inscrita e circunscrita a um hexágono regular cujo lado mede 3 cm.

568. Se o raio de uma circunferência aumenta 1 m, quanto aumenta o comprimento?

569. Duplicando o raio de uma circunferência, o que ocorre com seu comprimento?

570. Os ponteiros de um relógio medem 1 cm e 1,5 cm, respectivamente. A circunferência descrita pelo ponteiro maior tem comprimento maior que a circunferência descrita pelo ponteiro menor. Determine essa diferença.

571. Um menino brinca com um aro de 1 m de diâmetro. Que distância percorreu o menino ao dar 100 voltas com o aro?

572. As rodas de um automóvel têm 32 cm de raio. Que distância percorreu o automóvel depois que cada roda deu 8 000 voltas?

573. Dando-se as mãos, algumas pessoas pretendem formar uma "corrente" (circunferência) para "abraçar" (cercar) um ginásio de esportes que tem forma circular com 60 m de raio. Se cada pessoa ocupar 1 m nessa "corrente", quantas pessoas, no mínimo, são necessárias para dar o "abraço"?

574. Um ciclista percorreu 26 km em 1 hora e 50 minutos. Se as rodas da bicicleta têm 40 cm de raio, quantas voltas aproximadamente deu cada roda e quantas por minuto?

575. As rodas dianteiras de um caminhão têm 50 cm de raio e dão 25 voltas no mesmo tempo em que as rodas traseiras dão 20 voltas. Determine o diâmetro das rodas traseiras.

576. Um cilindro reto de base circular tem raio da base *R* e altura *H*. Quando planificamos sua superfície, obtemos a figura abaixo.

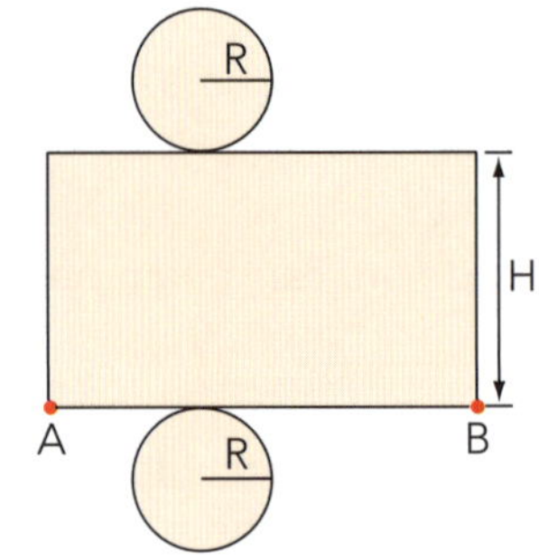

Calcule a medida de $\overline{AB}$.

Comprimento de um arco

Como já sabemos, um arco de 60° é um arco definido na circunferência por um ângulo central de 60°.

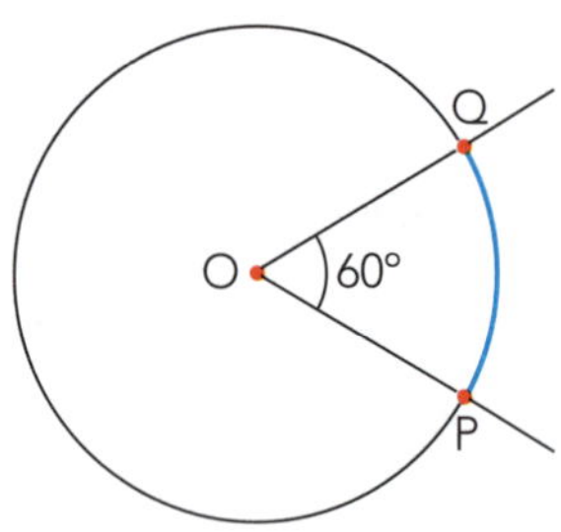

ângulo central $P\hat{O}Q$ de 60°
arco $\widehat{PQ}$ de 60°

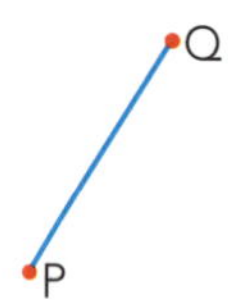

arco $\widehat{PQ}$
"desentortado" (retificado)

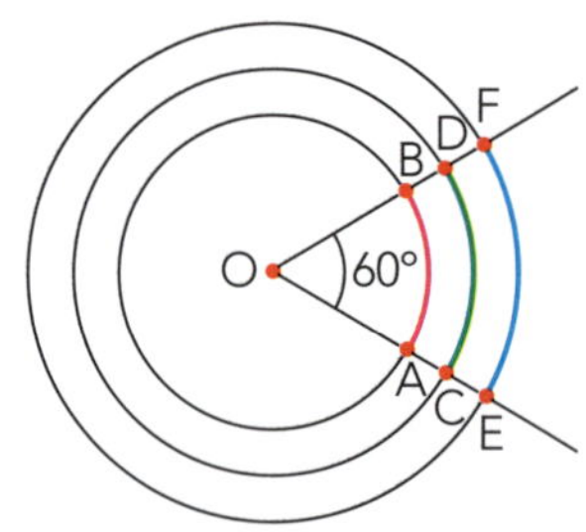

ângulo central de 60°
arcos de 60°: $\widehat{AB}$, $\widehat{CD}$, $\widehat{EF}$

Vamos retificar os arcos das figuras e medir seus comprimentos. Embora os arcos $\widehat{AB}$, $\widehat{CD}$ e $\widehat{EF}$ tenham todos 60°, os seus comprimentos são diferentes:

$\widehat{EF}$ tem comprimento maior que $\widehat{CD}$
$\widehat{CD}$ tem comprimento maior que $\widehat{AB}$

O que os arcos têm em comum é a mesma "abertura" (60°). O comprimento de cada um deles depende do raio da circunferência que o contém, como veremos a seguir.

Cálculo do comprimento do arco

Notemos que numa mesma circunferência:

- um arco de 120° ($\widehat{AC}$) tem o dobro do comprimento de um arco de 60° ($\widehat{AB}$);
- um arco de 180° ($\widehat{AC}$) tem o triplo do comprimento de um arco de 60° ($\widehat{AB}$).

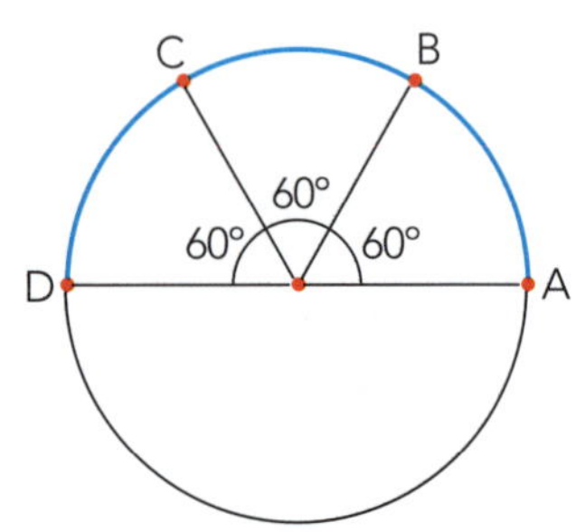

Isso significa que o comprimento do arco é diretamente proporcional à sua medida em graus.

Daí, para calcular o comprimento *x* de um arco de α graus, basta estabelecer uma regra de três simples:

	comprimento		graus
arco:	x	————	α
circunferência:	$2\pi \cdot r$	————	360

Daí, vem:

$$\frac{x}{2\pi r} = \frac{\alpha}{360} \Rightarrow x = \frac{2\pi r\alpha}{360} \Rightarrow \boxed{x = \frac{\pi r\alpha}{180}}$$

Veja dois exemplos:

- Vamos calcular o comprimento de um arco de 60° de uma circunferência de raio 2 cm:

	comprimento (cm)		graus
arco:	x	————	60
circunferência:	$2\pi \cdot 2$	————	360

$$\frac{x}{4\pi} = \frac{60}{360} \Rightarrow x = \frac{4\pi \cdot 60}{360} \Rightarrow x = \frac{2\pi}{3}$$

Então:

$$x \cong \frac{2 \cdot 3{,}14}{3} \cong 2{,}09 \Rightarrow x = 2{,}09 \text{ cm}$$

- Vamos calcular o comprimento de um arco de 60° de uma circunferência de raio 3 cm:

	comprimento (cm)		graus
arco:	x	————	60
circunferência:	$2\pi \cdot 3$	————	360

$$\frac{x}{6\pi} = \frac{60}{360} \Rightarrow x = \frac{6\pi \cdot 60}{360} \Rightarrow x = \pi$$

Então, $x \cong 3{,}14$ cm.

Exercícios

577. Calcule o comprimento de um arco de 75° de uma circunferência de raio 5 cm.

578. Determine o comprimento do arco menor $\widehat{AB}$, dados o raio de 90 cm e o ângulo central correspondente, nos casos:

a)

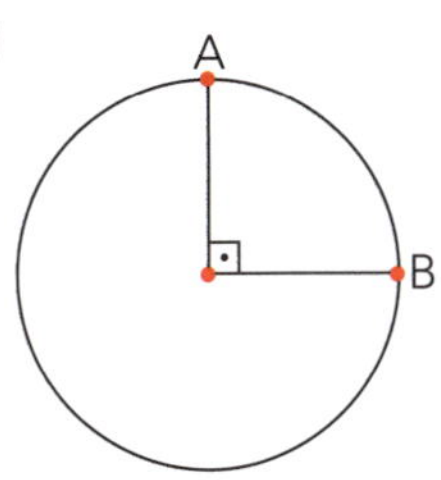

b)

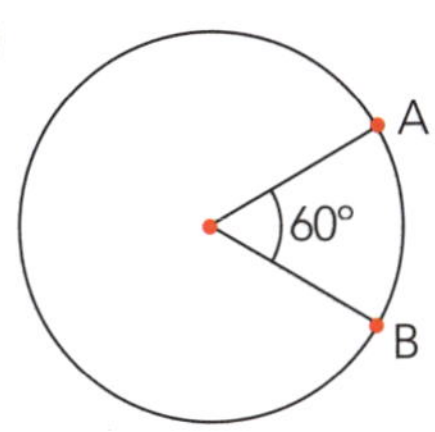

c)

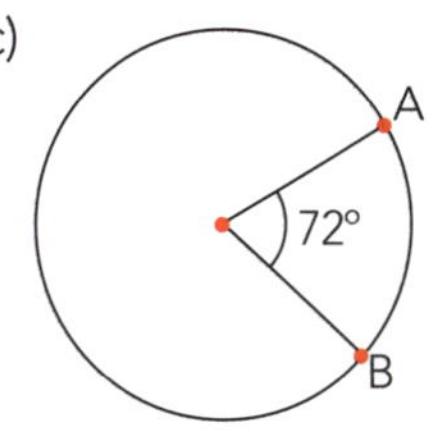

579. Calcule os comprimentos dos arcos $\widehat{AB}$ e $\widehat{CD}$ da figura, sabendo que OA = 6 cm e OC = 9 cm.

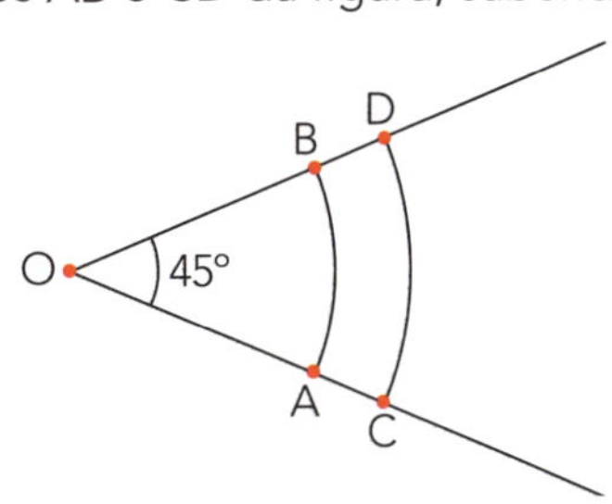

580. Calcule o comprimento dos arcos $\overset{\frown}{AB}$, $\overset{\frown}{BC}$, $\overset{\frown}{CD}$ e $\overset{\frown}{DA}$ da figura, sabendo que o raio é 5 cm.

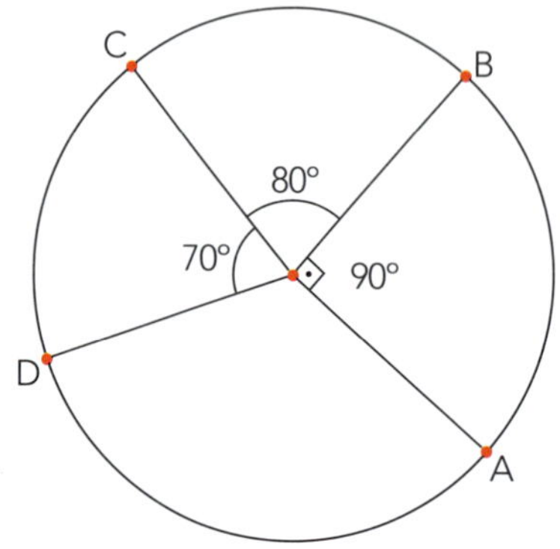

581. Calcule a medida em graus de um arco de 2π cm de uma circunferência de raio 1,5 cm.

582. O ponteiro dos minutos de um relógio tem o comprimento de 12 cm. Qual a distância que a ponta do ponteiro percorre num intervalo de tempo de:

a) 20 minutos? b) 75 minutos?

583. Um arco de comprimento $2\pi R$ de uma circunferência de raio $2R$ subentende um arco de quantos graus?

584. Uma corda $\overline{AB}$, distando 3 cm do centro de um círculo de diâmetro 12 cm, determina nesse círculo dois arcos. Qual a razão entre a medida do maior e a do menor arco desse círculo?

585. Na figura abaixo, os três círculos têm mesmo raio *r* igual a 10 cm. Determine o comprimento da correia que envolve os três círculos.

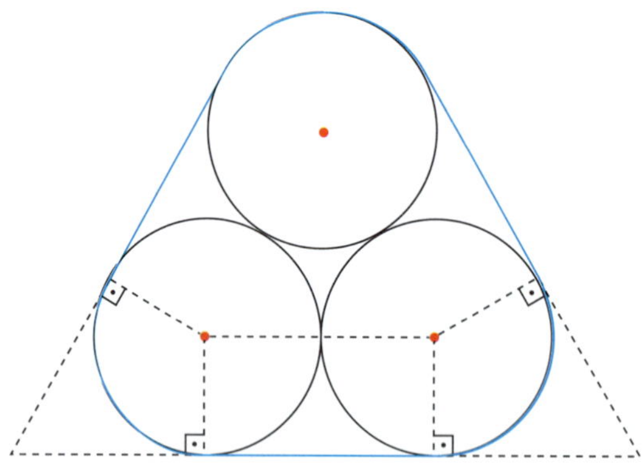

586. Determine o comprimento da linha cheia sabendo que os arcos são centrados em O_1, O_2 e O_3.

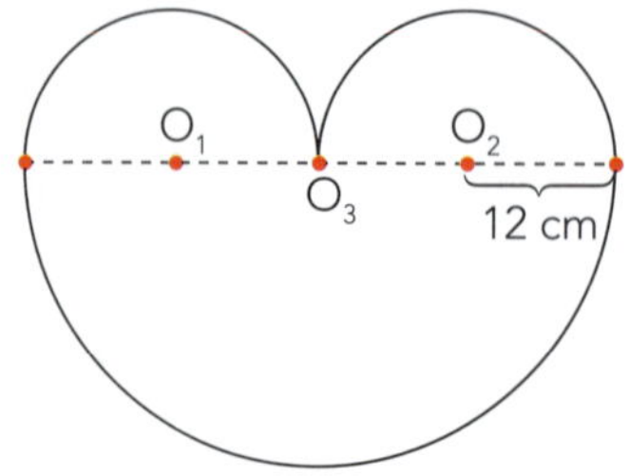

587. Caminhando 50 metros numa praça circular uma pessoa descreve um arco de 72°. Qual é o raio da praça?

588. Um cone reto de base circular tem raio da base R e geratriz G. Quando planificamos sua superfície lateral, obtemos um setor circular. Calcule a medida x do ângulo central.

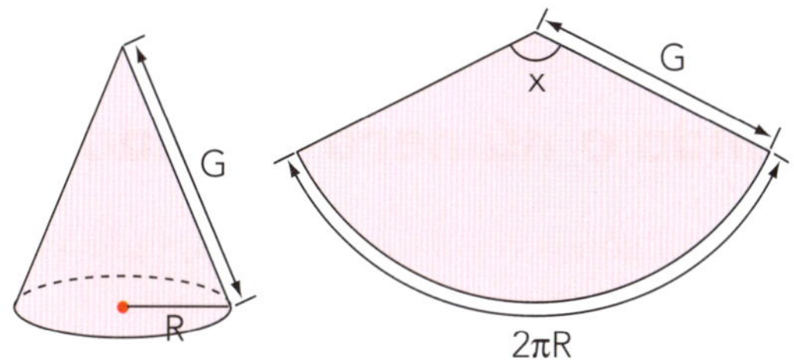

589. Uma corda determina em um círculo um arco que mede 80°. Sendo 20 cm o comprimento desse arco, determine a medida do raio desse círculo.

590. Na figura abaixo, determine o comprimento da corrente que envolve as duas rodas, sabendo que o raio da roda menor mede 2 cm e o raio da roda maior, 4 cm, e a distância entre os centros das duas rodas mede 12 cm.

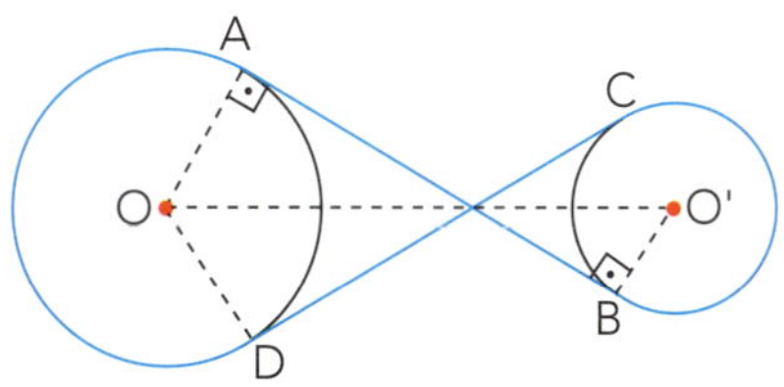

591. Determine o comprimento da linha cheia, sabendo que os arcos são centrados em O_1, O_2 e O_3 e $\triangle AO_1B$ é equilátero com 12 cm de lado.

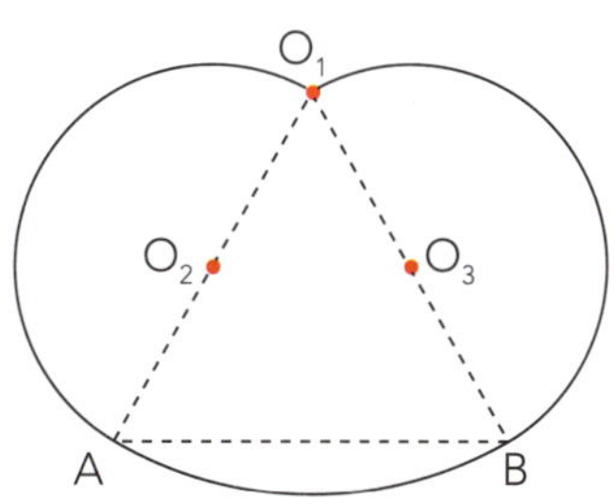

592. Se os ângulos de vértices O_1, O_2, O_3, O_4 e O_5 medem, respectivamente, 90°, 72°, 135°, 120° e 105° e os raios das circunferências de centros nesses vértices medem, respectivamente, 18 cm, 35 cm, 24 cm, 36 cm e 48 cm, determine o comprimento da linha cheia AB.

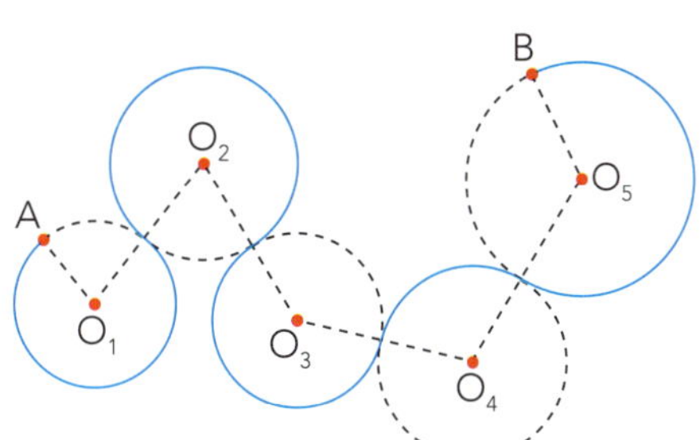

capítulo 30

Área do círculo e de suas partes

Aumentando o número de lados do polígono

Observe, nas figuras, alguns polígonos regulares inscritos numa circunferência de raio *r*.

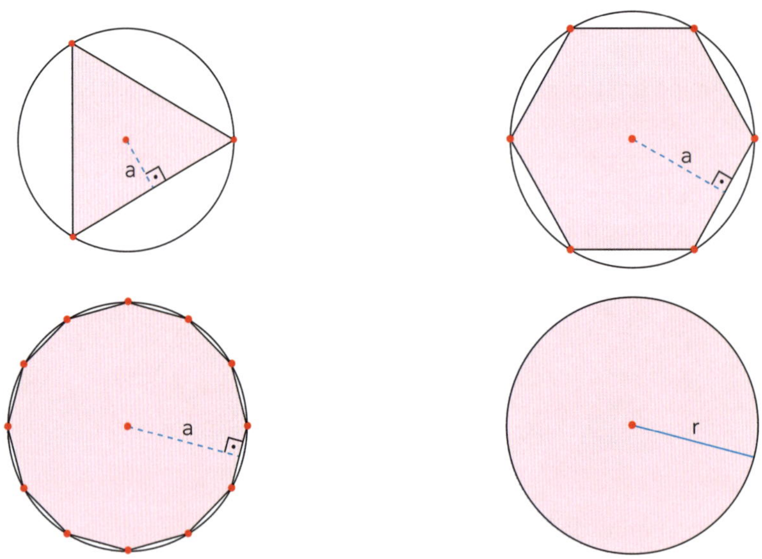

À medida que o número de lados dos polígonos regulares inscritos aumenta, ocorre o seguinte:

- As formas dos polígonos regulares vão se aproximando da forma circular.
- As áreas dos polígonos regulares inscritos vão crescendo e se aproximando da área do círculo.
- Os perímetros (2p) dos polígonos regulares inscritos vão se aproximando do comprimento da circunferência ($2\pi r$) e os apótemas (*a*) vão se aproximando do raio (*r*). Logo, as áreas dos polígonos vão se aproximando de A = (semiperímetro) · (apótema) = $p \cdot a = \frac{2\pi r}{2} \cdot r = \pi r^2$.

Área do círculo

Diremos, por isso, que esse número (πr^2), do qual as áreas dos polígonos se aproximam, é a área do círculo.

$$A = \pi \cdot r^2$$

Por exemplo, a área do círculo de raio 3 cm é dada por:

$$A = \pi \cdot r^2 = \pi \cdot 3^2 = 9\pi$$

A área é 9π cm² (aproximadamente 28,3 cm²).

Exercícios

593. Calcule a área de um círculo que tem:

a) raio de 5 cm;

b) diâmetro de 4 cm.

594. Determine a área do círculo nos seguintes casos:

a)

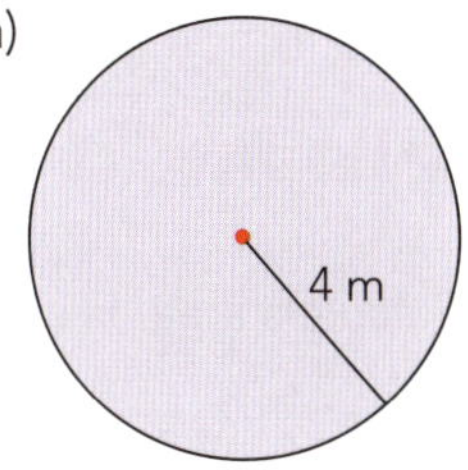

b)

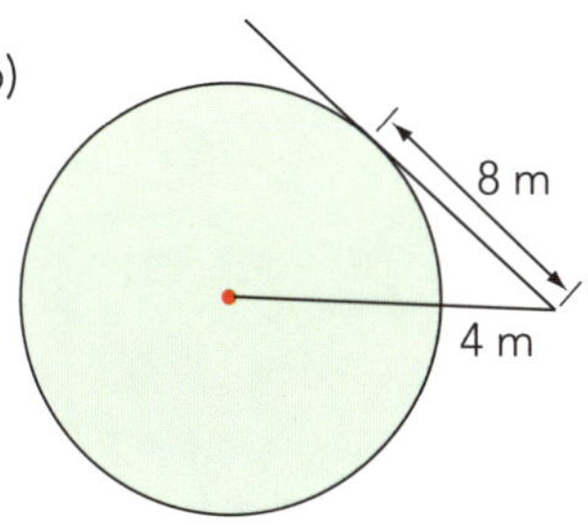

c)

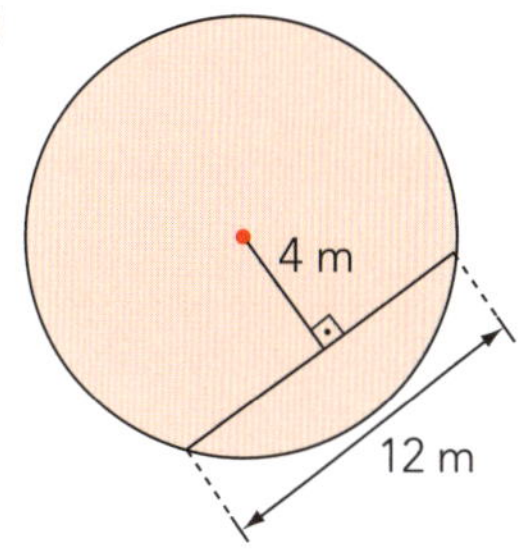

d)

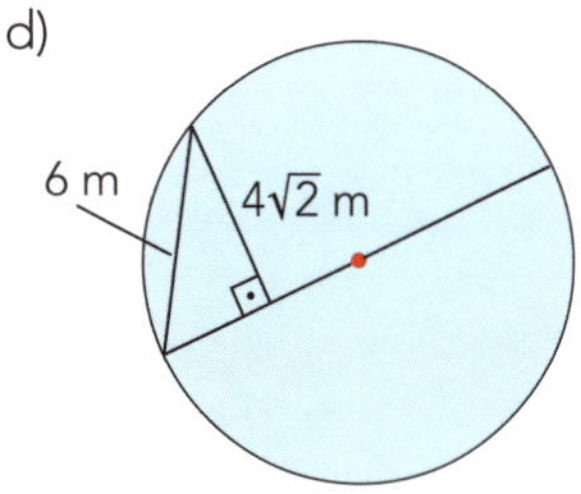

595. Calcule a área do círculo cuja circunferência tem comprimento 6π cm.

596. Calcule o perímetro e a área do semicírculo da figura abaixo.

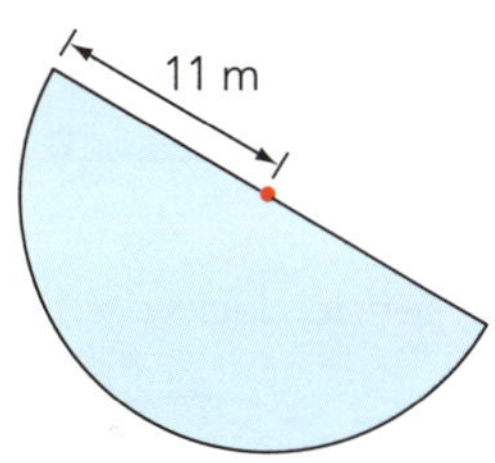

597. Calcule a área da superfície colorida, sendo dado r = 1 cm:

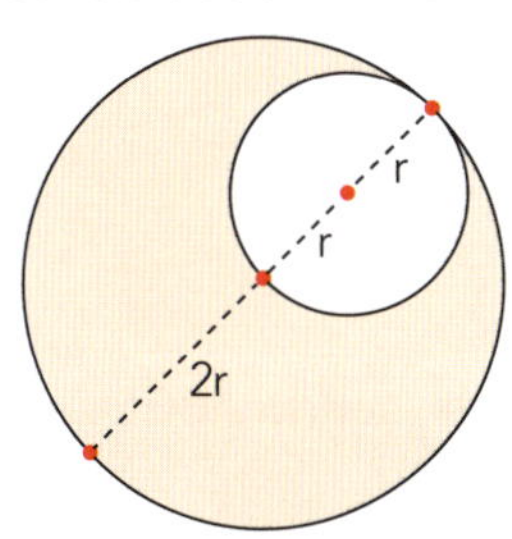

598. Calcule a área da região colorida.

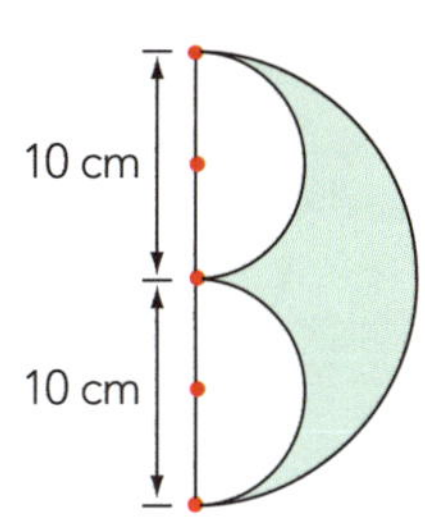

599. Calcule a área da figura colorida, sabendo que ABCDEF é um hexágono regular de lado 6 m.

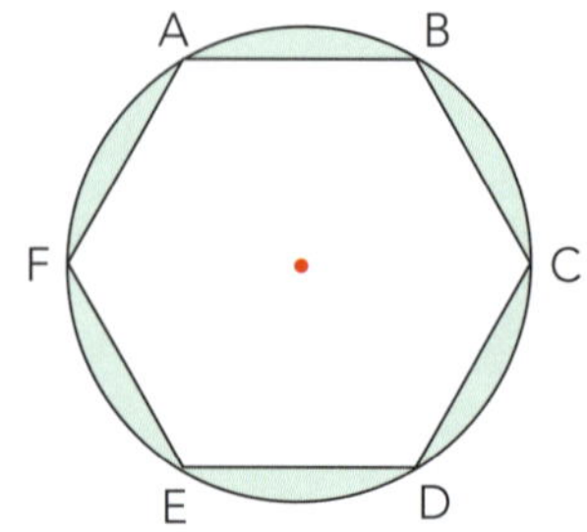

600. O apótema do triângulo equilátero ABC inscrito no círculo mede 3 cm. Calcule a área da superfície colorida.

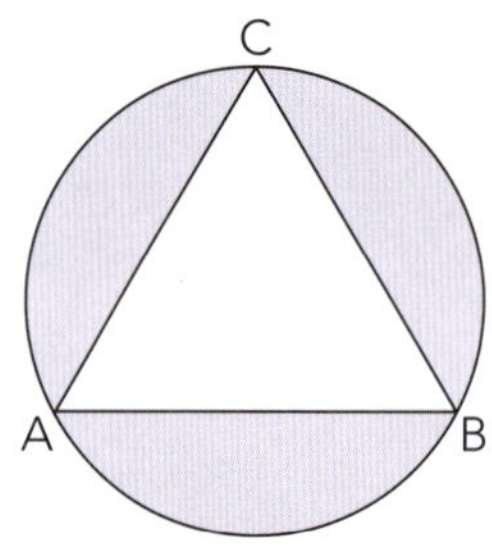

601. Calcule a área da parte colorida, sabendo que o quadrilátero dado é um quadrado.

a)

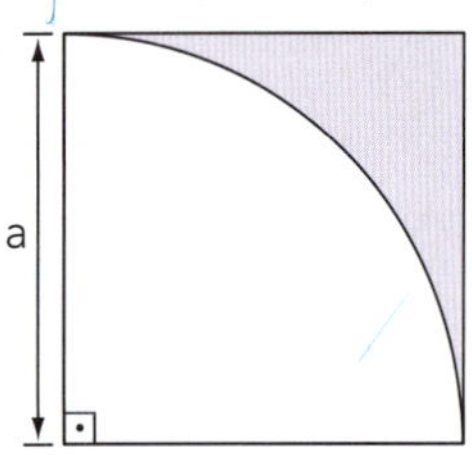

b)

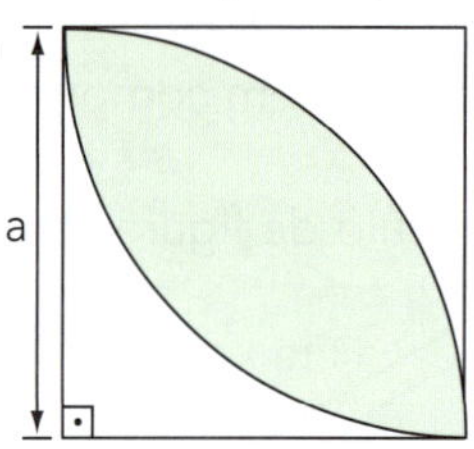

c)

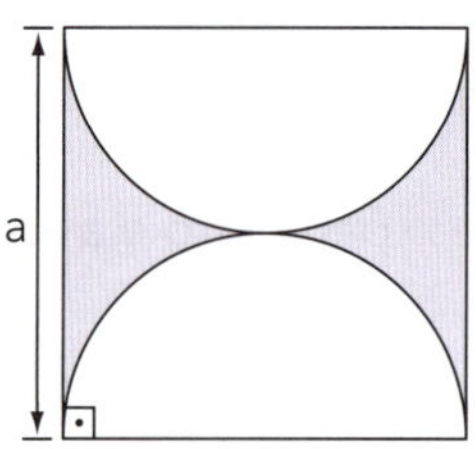

602. Calcule a área da superfície colorida, sendo dado r = 1 cm.

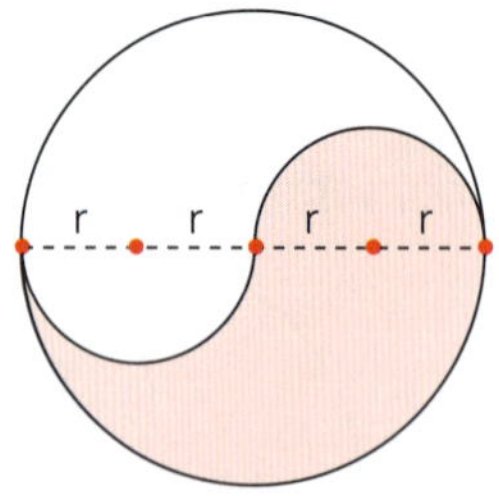

603. Calcule a área da superfície colorida, sendo ABCD um quadrado.

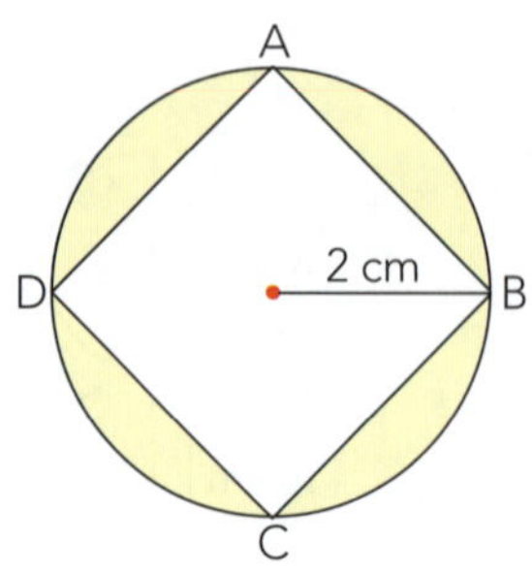

604. Determine a área do círculo nos casos:

a)

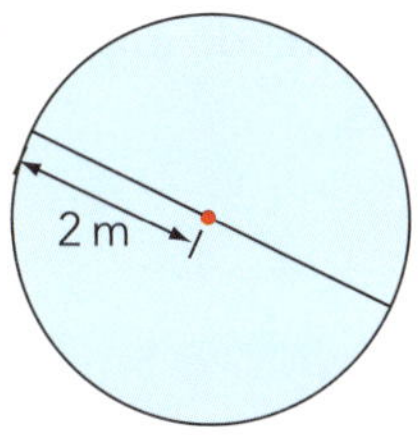

b)

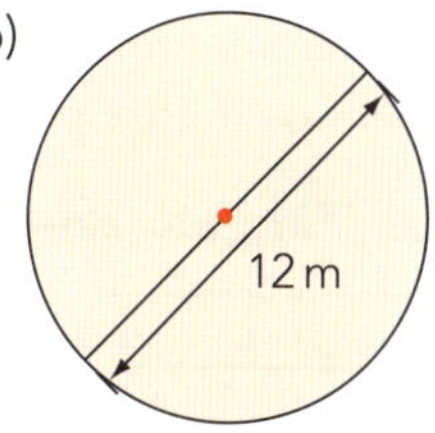

c)

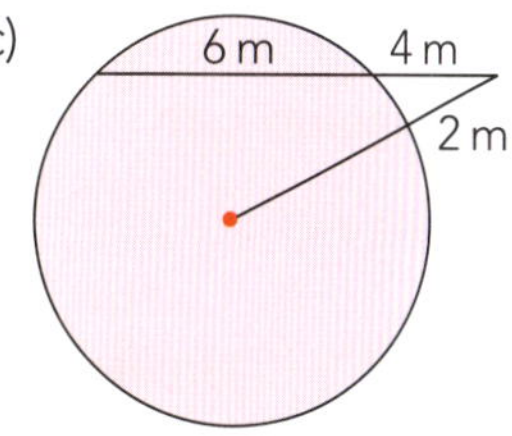

605. Calcule a área de um semicírculo que tem perímetro $(\pi + 2) \cdot 3$ cm.

606. Determine a área da superfície colorida abaixo, em função do raio *r* do círculo inscrito no triângulo equilátero ABC.

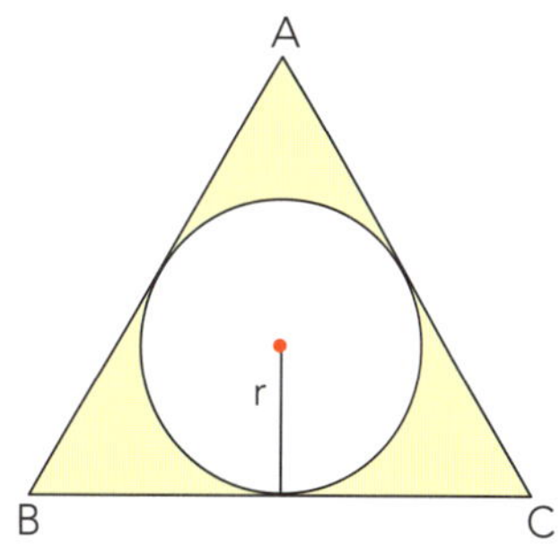

607. ABCD, nas figuras abaixo, é um quadrado de perímetro 16 cm. Determine as áreas das regiões coloridas.

a)

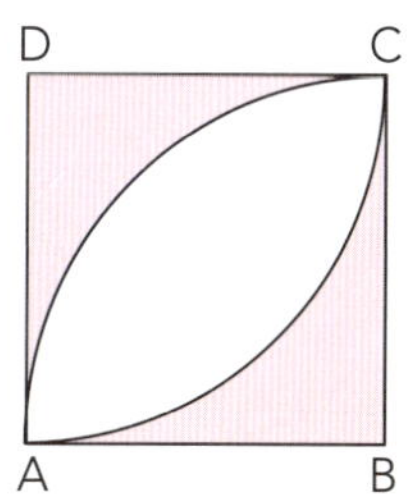

b)

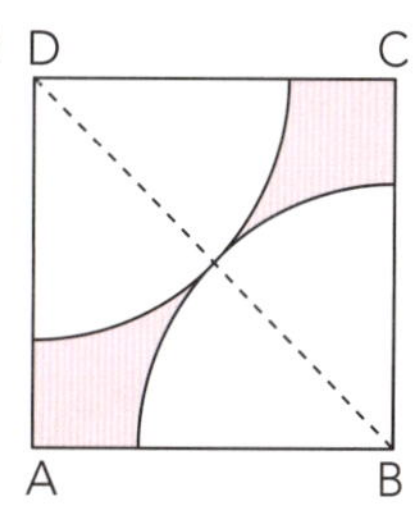

Área do setor circular

Em uma circunferência de centro *O* está destacado um ângulo central de medida *x*, que determina um arco $\overset{\frown}{PQ}$ na circunferência. Chama-se *setor circular* o conjunto dos pontos que são interiores à circunferência e ao ângulo *x*, reunidos com os pontos de $\overline{OP}$, $\overline{OQ}$ e $\overset{\frown}{PQ}$.

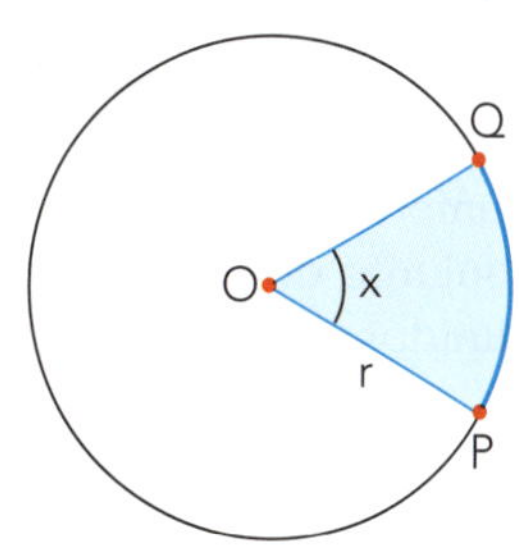

Vamos comparar as áreas de alguns setores circulares de um mesmo círculo, tomando os ângulos centrais *x*, 2x, 3x, 4x.

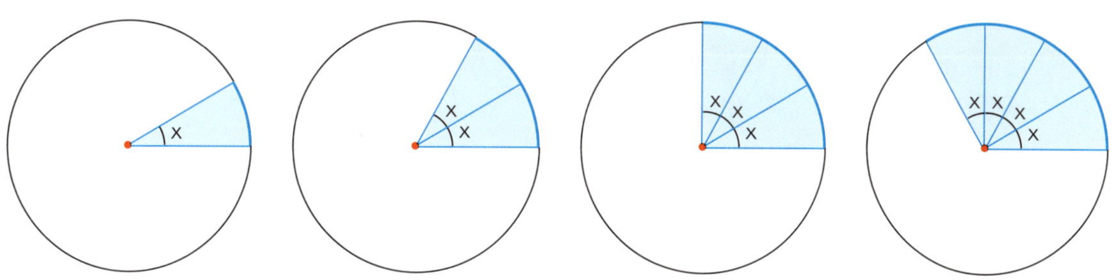

Podemos observar que se a medida do ângulo central dobra (de x para $2x$), a área do setor dobra; se a medida do ângulo central triplica (de x para $3x$), a área do setor triplica; etc.

Num círculo de raio r fixado, a área do setor é diretamente proporcional à medida do ângulo central.

Se a medida do ângulo estiver em graus, calculamos a área pela regra de três.

	área		**ângulo central (graus)**
setor:	A	———	x
círculo:	$\pi \cdot r^2$	———	360

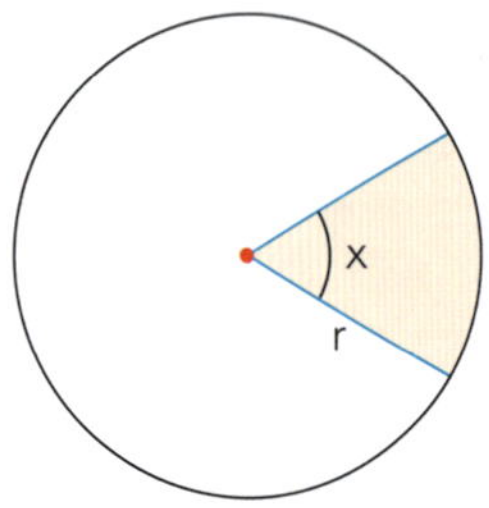

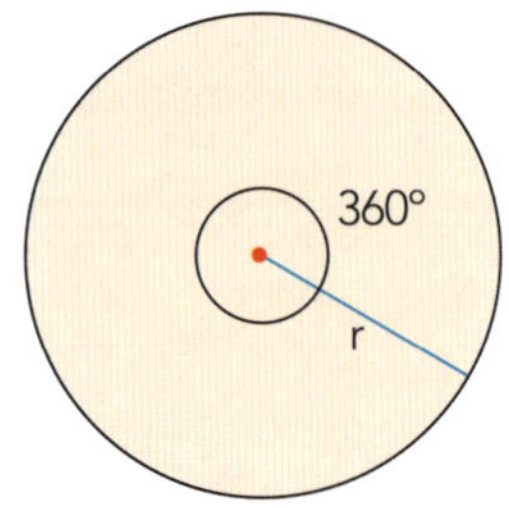

E daí vem:

$$\frac{A}{\pi r^2} = \frac{x}{360}$$

Portanto, a área do setor circular é:

$$A = \frac{x}{360} \cdot \pi r^2$$

Observe o exemplo:

Vamos calcular a área de um setor circular de 60° num círculo de raio 2 cm.

	área (cm^2)		**ângulo central (graus)**
setor:	A	———	60
círculo:	$\pi \cdot 2^2$	———	360

$$\frac{A}{4\pi} = \frac{60}{360} \Rightarrow A = \frac{4\pi \times 60}{360} = \frac{2\pi}{3}$$

A área é $\frac{2\pi}{3}$ cm^2 (aproximadamente 2,10 cm^2).

Área da coroa circular

Dadas duas circunferências concêntricas com raios R e r, sendo $R > r$, chama-se *coroa circular* o conjunto dos pontos internos à circunferência de raio R e externos à de raio r, reunidos com os pontos das duas circunferências.

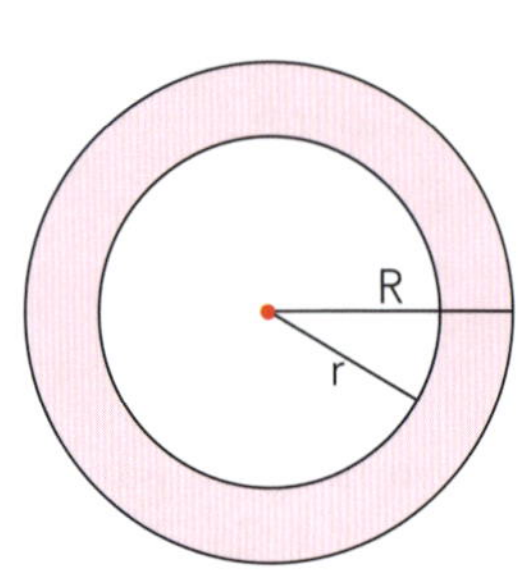

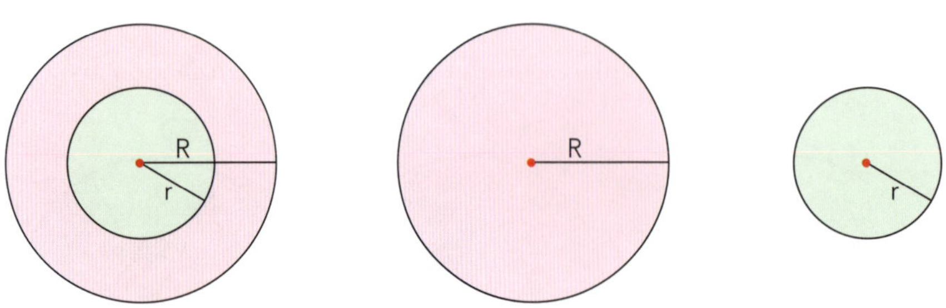

A área da coroa é igual à diferença entre as áreas dos círculos de raios R e r.

$$A = \pi R^2 - \pi r^2$$

Observe um exemplo:
A área da coroa circular de raios 5 cm e 3 cm é:

$$A = \pi R^2 - \pi r^2 = \pi \cdot 5^2 - \pi \cdot 3^2 = 25\pi - 9\pi = 16\pi$$

Portanto, 16π cm² (aproximadamente 50 cm²).

Exercícios

608. Calcule a área de um setor circular de 108° e raio 4 cm.

609. Determine a área de cada superfície colorida nos casos abaixo, sendo 6 m o raio.

a)
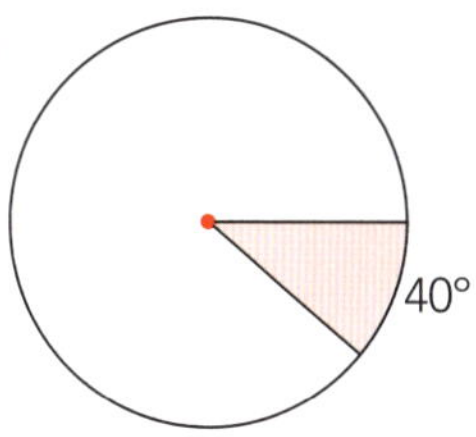

b)
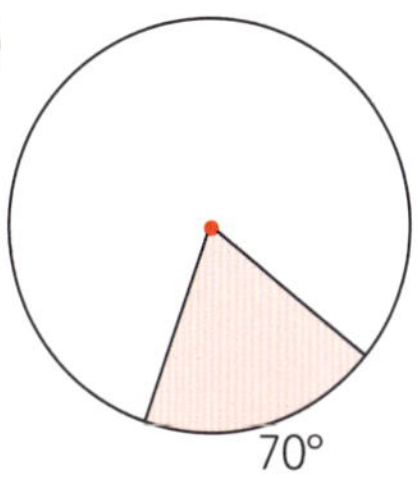

c)
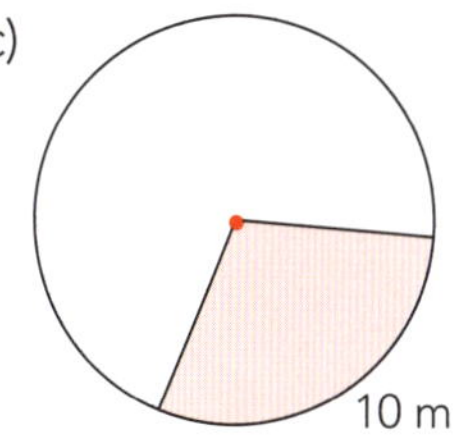

d)
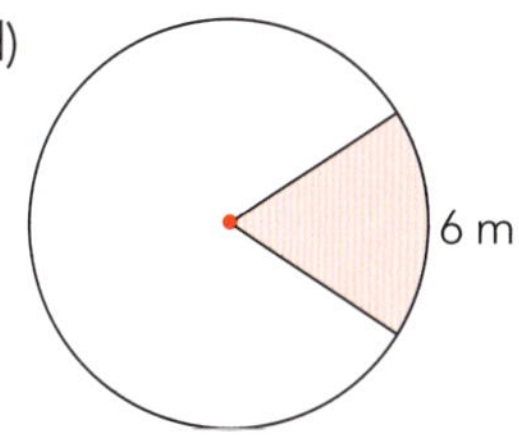

610. Calcule a área da região colorida das figuras abaixo.

a)
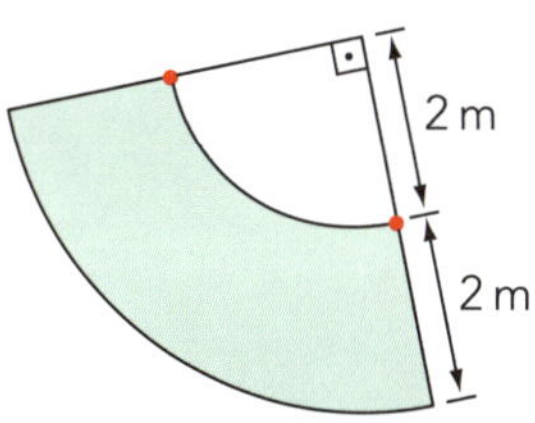

b)
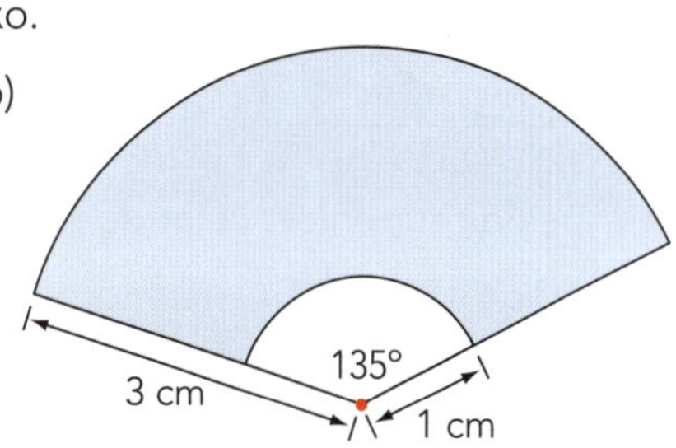

611. Calcule a área da coroa circular da figura ao lado.

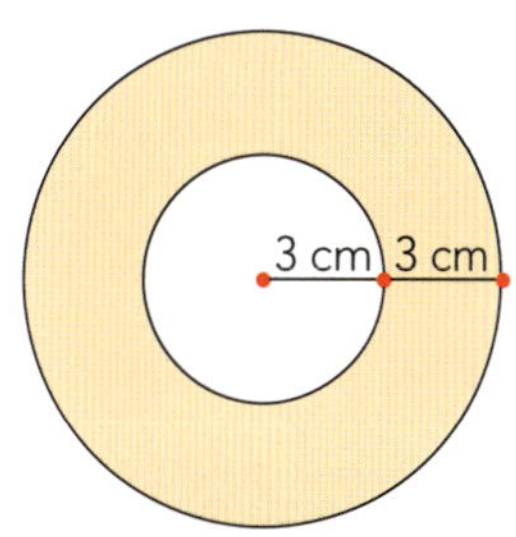

612. Uma piscina tem a forma indicada na figura, com $r = 2,4$ m. Calcule a área da sua superfície.

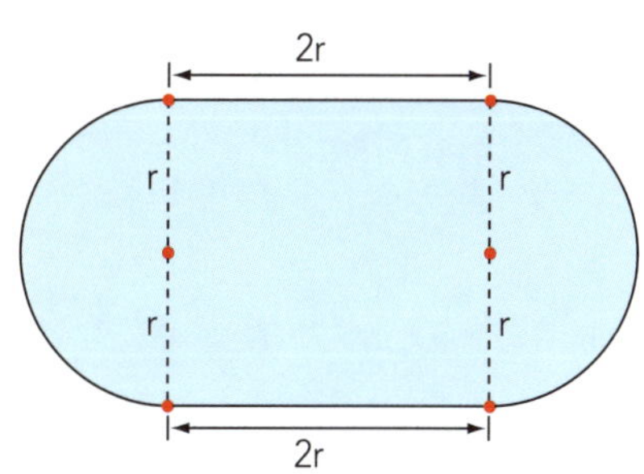

613. Calcule, em cada item, a área da superfície colorida.

a)

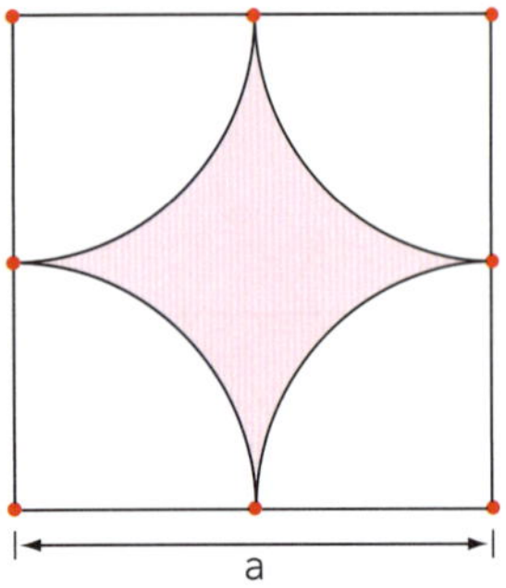

b)

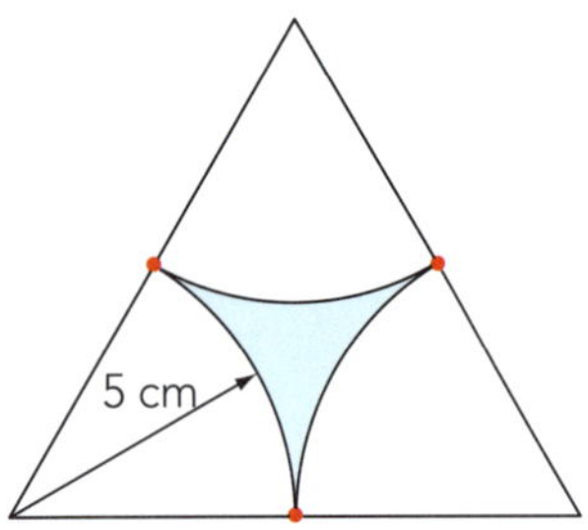

c)

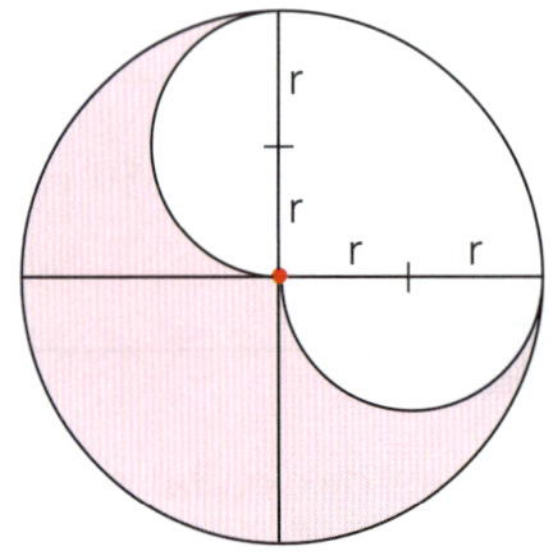

d)

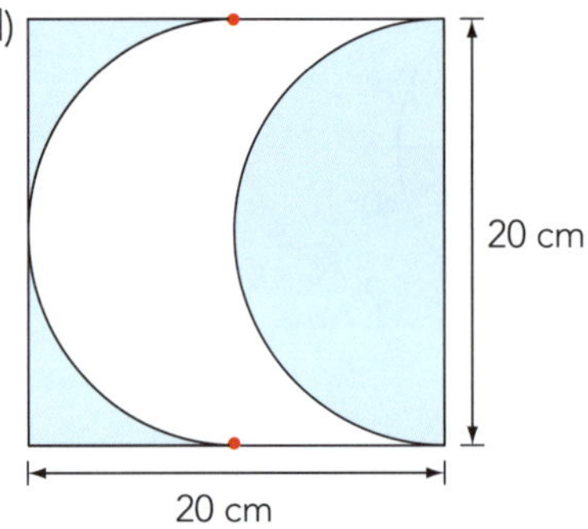

614. Calcule a área da superfície colorida:

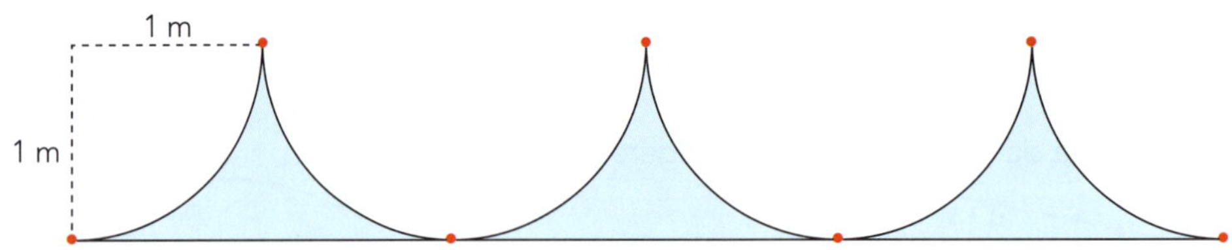

615. Calcule a área da superfície colorida nas figuras abaixo:

a)

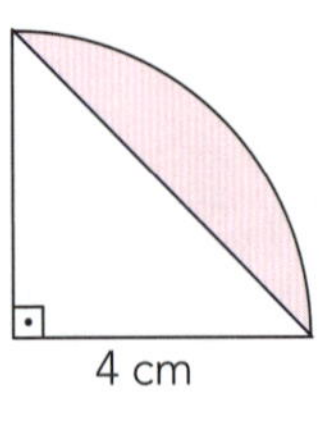

b)

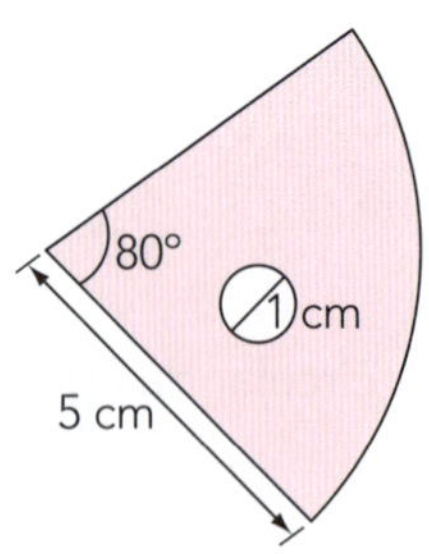

616. Calcule a área de um setor circular de 210° e raio 3 cm.

617. Determine a área da coroa circular:

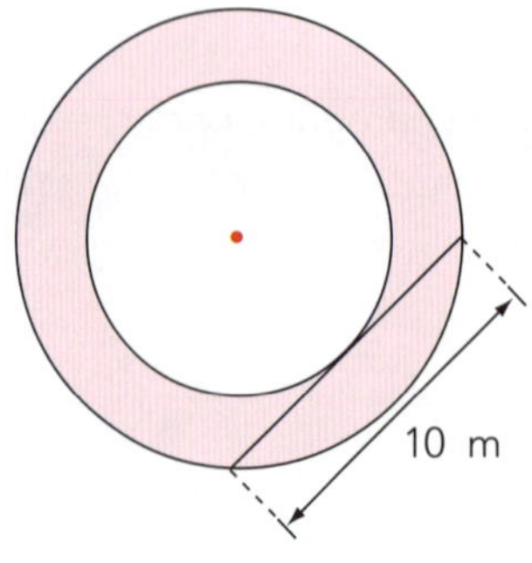

618. Uma toalha redonda de diâmetro 1,40 m está estendida numa mesa redonda de diâmetro 1,00 m. Qual é a área da parte da toalha que fica caída fora da mesa?

619. As duas superfícies abaixo são equivalentes. Calcule *r*.

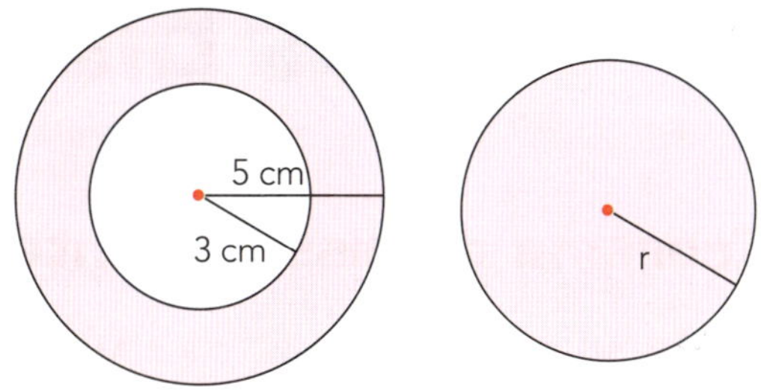

620. As duas superfícies coloridas têm a mesma área. Calcule a medida do ângulo *x*.

621. Calcule, em cada item, a área da superfície colorida:

a)

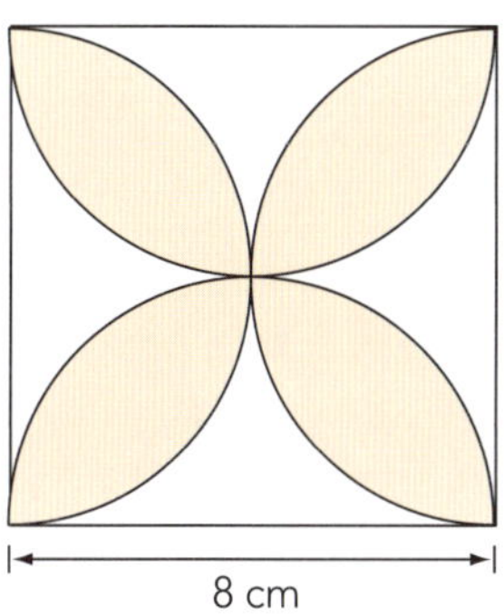

d)

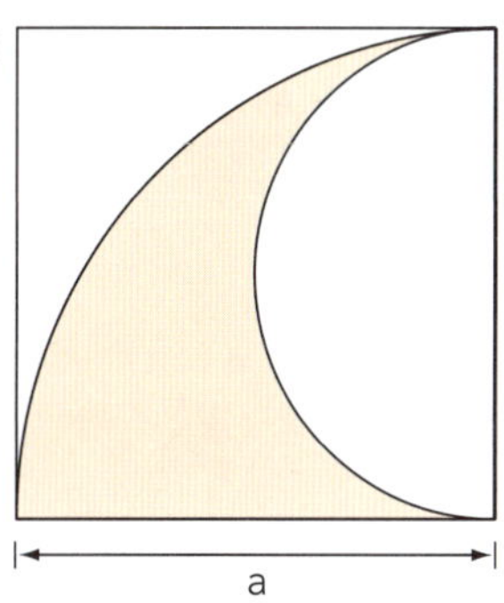

g)

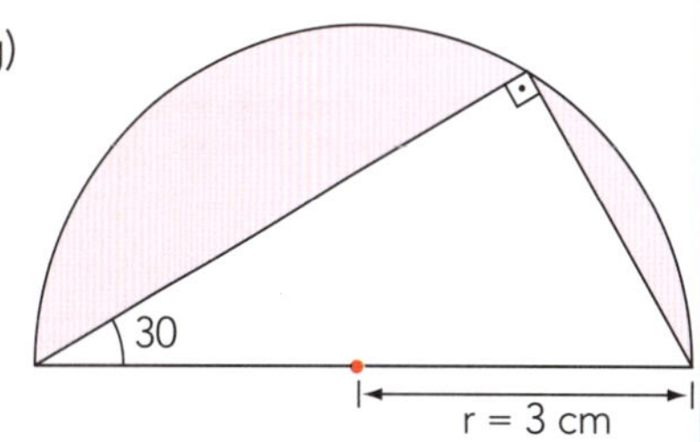

b)

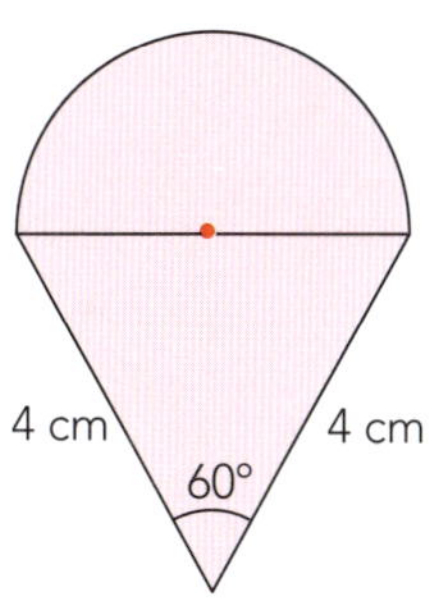

e)

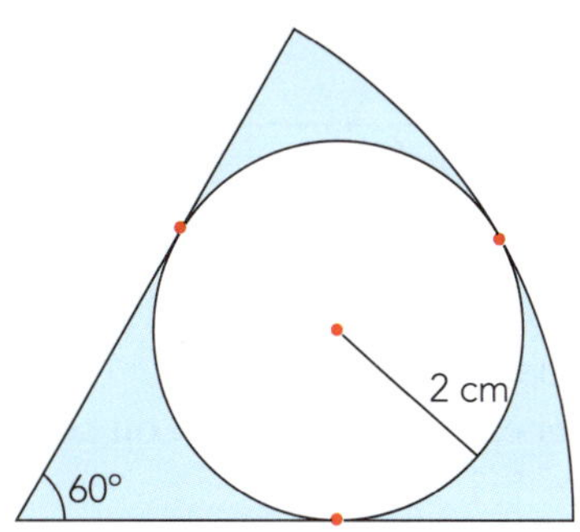

c)

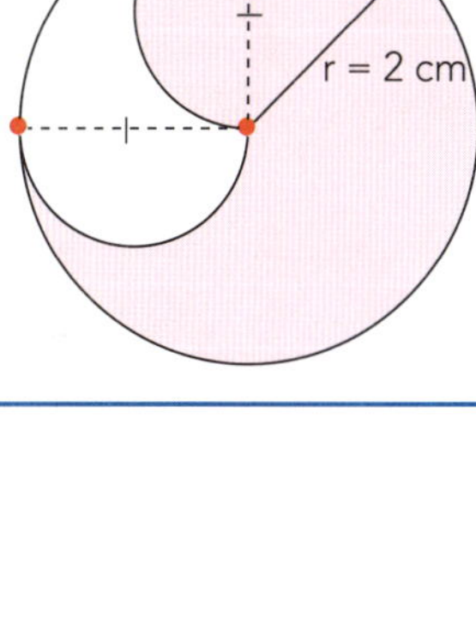

f)

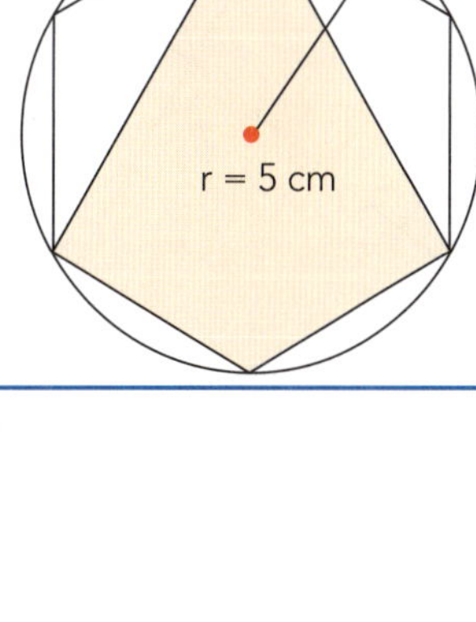

capítulo 31

Teoremas das bissetrizes

Teorema da bissetriz interna

Seja ABC um triângulo de lados AB = c, AC = b e BC = a e $\overline{AD}$ uma bissetriz interna do triângulo.

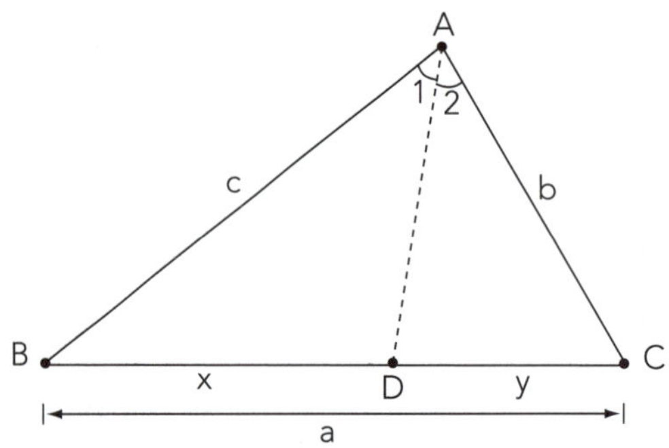

$\hat{1} \equiv \hat{2}$

Vamos chamar de x o segmento $\overline{DB}$ e de y o segmento $\overline{DC}$.

Pelo ponto *C*, tracemos uma paralela à bissetriz $\overline{AD}$, determinando um ponto *E* na reta $\overleftrightarrow{AB}$.

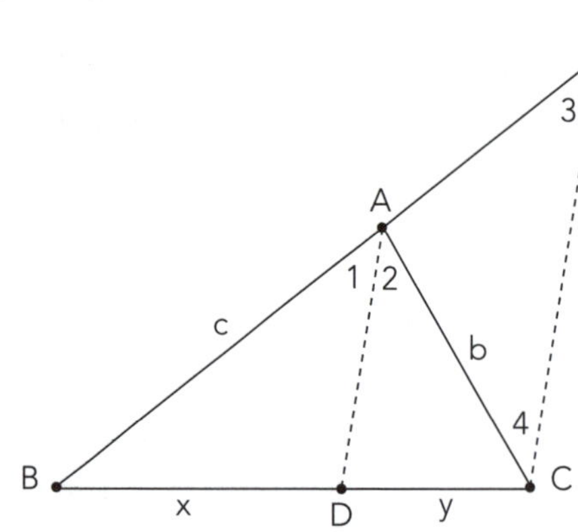

- Do paralelismo das retas $\overleftrightarrow{AD}$ e $\overleftrightarrow{CE}$, usando a transversal $\overleftrightarrow{AB}$, vem: $\hat{1} \equiv \hat{3}$.
- Do paralelismo das retas $\overleftrightarrow{AD}$ e $\overleftrightarrow{CE}$, usando a transversal $\overleftrightarrow{AC}$, vem: $\hat{2} \equiv \hat{4}$.

Como $\hat{1} \equiv \hat{2}$, pois $\overline{AD}$ é bissetriz, vem: $\hat{3} \equiv \hat{4}$.
De $\hat{3} \equiv \hat{4}$, segue $\triangle ACE$ é isósceles e, então, $\overline{AE} \equiv \overline{AC}$, ou seja, AE = b.

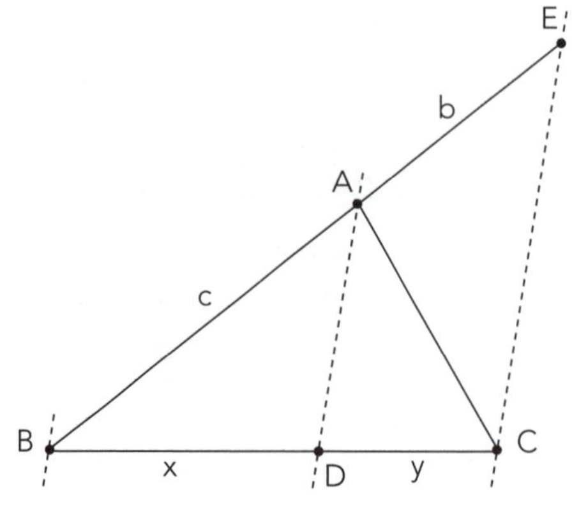

Considerando as retas $\overleftrightarrow{BC}$ e $\overleftrightarrow{BA}$ como transversais de um feixe de paralelas (identificado por $\overleftrightarrow{AD}$ // $\overleftrightarrow{CE}$) e aplicando o teorema de Tales, vem:

$$\frac{x}{y} = \frac{c}{b} \text{ ou, ainda, } \boxed{\frac{x}{c} = \frac{y}{b}}$$

Esse resultado é resumido no seguinte enunciado:

Uma bissetriz interna de um triângulo divide o lado oposto em dois segmentos proporcionais aos lados adjacentes.

Observação: Sendo $\overline{AD}$ uma bissetriz interna do triângulo, então:

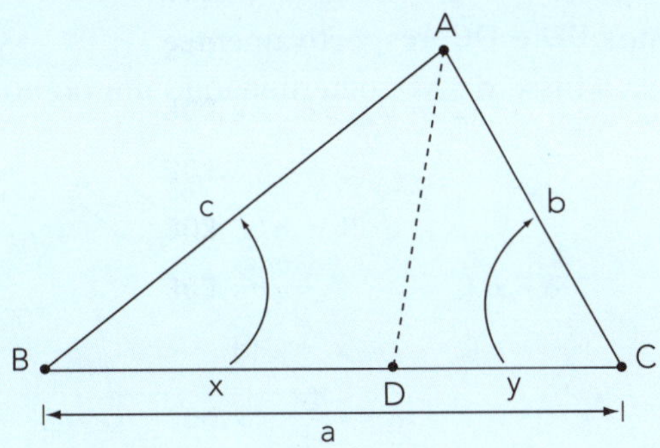

$$\begin{cases} \frac{x}{c} = \frac{y}{b} \\ x + y = a \end{cases}$$

Vejamos, por exemplo, o triângulo da figura. Sendo $\overline{AD}$ bissetriz, determinemos x e y.

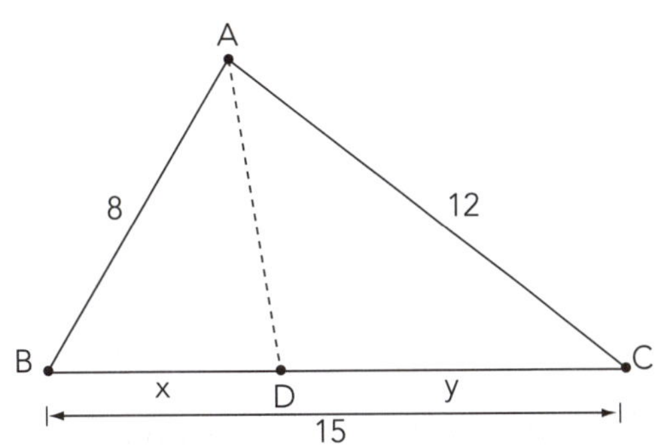

Temos:

$$x + y = 15$$

Pelo teorema da bissetriz interna, vem:

$$\frac{x}{8} = \frac{y}{12}$$

Então:

$$\frac{x}{8} = \frac{y}{12} \Rightarrow \frac{x}{8} = \frac{y}{12} = \frac{x+y}{8+12} \Rightarrow \frac{x}{8} = \frac{y}{12} = \frac{15}{20} \Rightarrow \begin{cases} x = 6 \\ y = 9 \end{cases}$$

Teorema da bissetriz externa

Seja ABC um triângulo de lados AB = c, AC = b e BC = a e *D* o ponto onde a bissetriz do ângulo externo encontra a reta $\overleftrightarrow{BC}$.

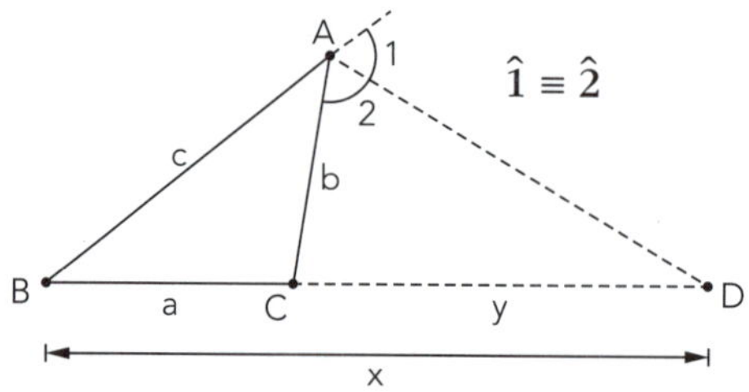

$\hat{1} \equiv \hat{2}$

$\overline{AD}$ é uma bissetriz externa do triângulo.

Vamos chamar de *x* e *y* os segmentos $\overline{BD}$ e $\overline{DC}$, respectivamente.

Pelo ponto *C*, tracemos uma paralela à bissetriz $\overline{AD}$, determinando um ponto *E* no lado $\overline{AB}$.

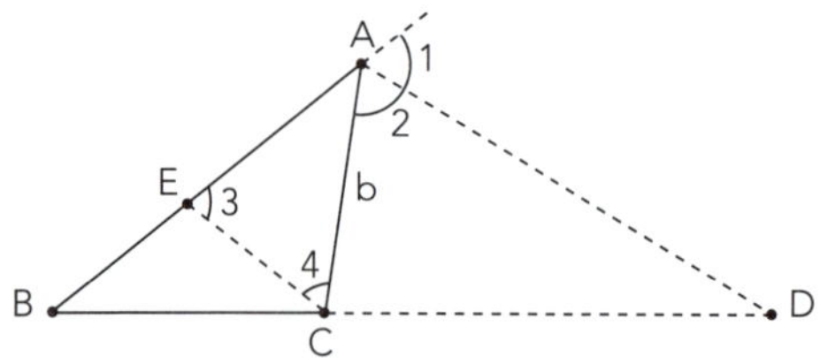

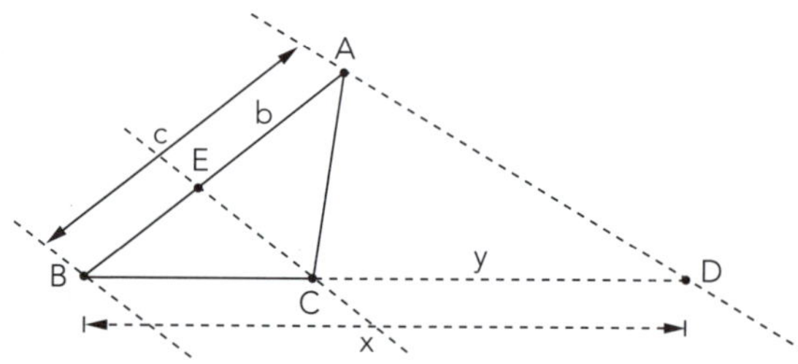

- Do paralelismo das retas $\overleftrightarrow{AD}$ e $\overleftrightarrow{CE}$, usando a transversal $\overleftrightarrow{AB}$, vem: $\hat{1} \equiv \hat{3}$.
- Do paralelismo das retas $\overleftrightarrow{AD}$ e $\overleftrightarrow{CE}$, usando a transversal $\overleftrightarrow{AC}$, vem: $\hat{2} \equiv \hat{4}$.

Como $\hat{1} \equiv \hat{2}$, pois $\overline{AD}$ é bissetriz, vem: $\hat{3} \equiv \hat{4}$.

De $\hat{3} \equiv \hat{4}$ segue que o △ACE é isósceles e, então, $\overline{AE} \equiv \overline{AC}$, ou seja, AE = b.

Considerando as retas $\overleftrightarrow{BC}$ e $\overleftrightarrow{BA}$ como transversais de um feixe de paralelas (identificadas por $\overleftrightarrow{AD}$ // $\overleftrightarrow{CE}$) e aplicando o teorema de Tales, vem:

$$\frac{x}{y} = \frac{c}{b} \text{ ou, ainda, } \boxed{\frac{x}{c} = \frac{y}{b}}$$

Esse resultado é resumido no enunciado abaixo.

> Se a bissetriz de um ângulo externo de um triângulo intercepta a reta suporte do lado oposto, então ela determina nessa reta dois segmentos proporcionais aos lados adjacentes.
>
> Observação: Sendo $\overline{AD}$ uma bissetriz externa do triângulo, então:

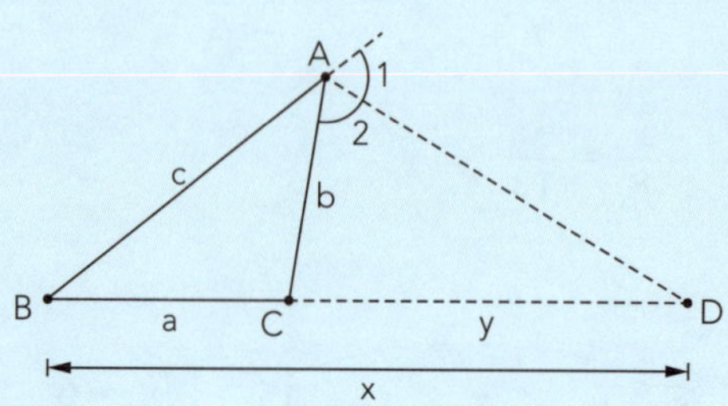

$$\begin{cases} \dfrac{x}{c} = \dfrac{y}{b} \\ x - y = a \end{cases}$$

Vejamos, por exemplo, o triângulo da figura, sendo $\overline{AD}$ bissetriz, determinemos *x* e *y*.
Temos: $x - y = 6$.

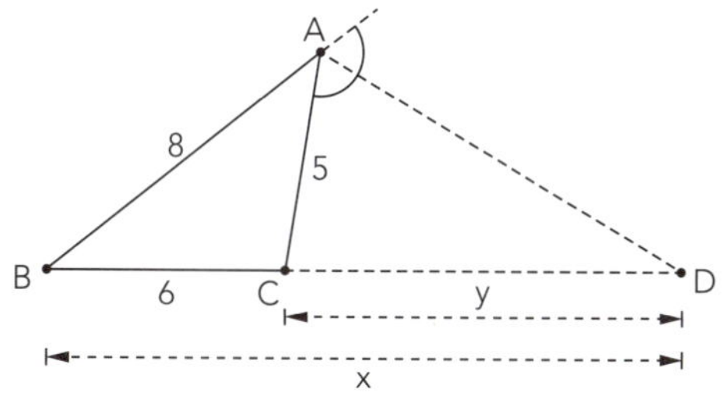

Pelo teorema da bissetriz externa, vem:

$$\frac{x}{8} = \frac{y}{5}$$

Então:

$$\frac{x}{8} = \frac{y}{5} \Rightarrow \frac{x}{8} = \frac{y}{5} = \frac{\overbrace{x - y}}{8 - 5} \Rightarrow \frac{x}{8} = \frac{y}{5} = \frac{6}{3} \Rightarrow \begin{cases} x = 16 \\ y = 10 \end{cases}$$

Exercícios

622. Na figura, $\overline{AD}$ é bissetriz do triângulo ABC. AC =12 cm, AB = 10 cm e BD = 5 cm. Determine CD e BC.

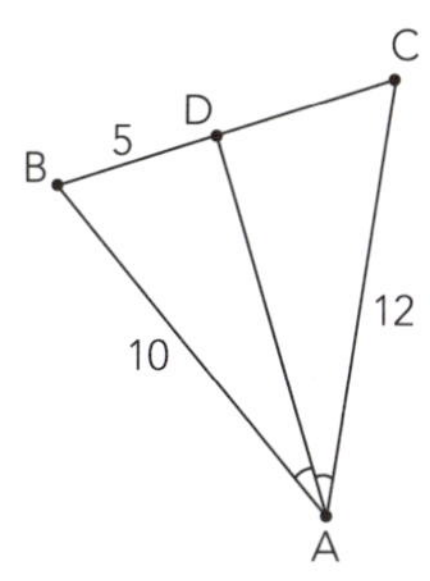

623. Seja $\overline{AD}$ uma bissetriz interna do $\triangle ABC$. Sendo $AB = x + 9$, $AC = 2x$, $BD = 12$ e $CD = 15$, determine x.

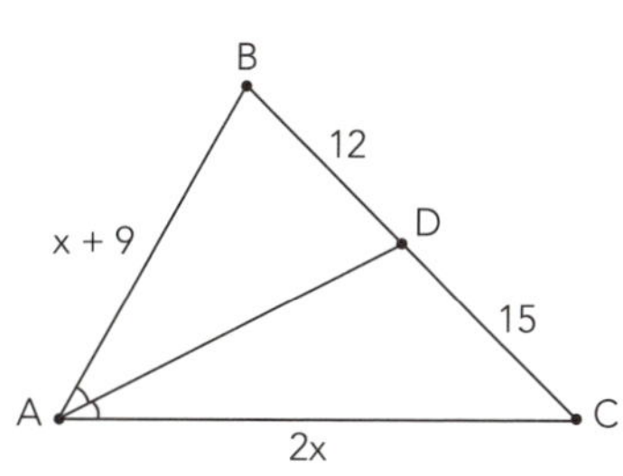

624. Um triângulo ABC tem os lados medindo AB = 18 cm, AC = 15 cm e BC = 12 cm. Calcule os segmentos determinados sobre o lado maior pela bissetriz do ângulo oposto.

625. Um triângulo ABC tem lados medindo AB = 24 cm, AC = 15 cm e BC = 12 cm. Calcule os segmentos determinados em $\overline{AC}$ pela bissetriz interna de $\hat{B}$.

626. Na figura, $\overline{AD}$ é bissetriz externa do △ABC. AB = 10 cm, AC = 5 cm e BC = 6 cm. Determine CD = x.

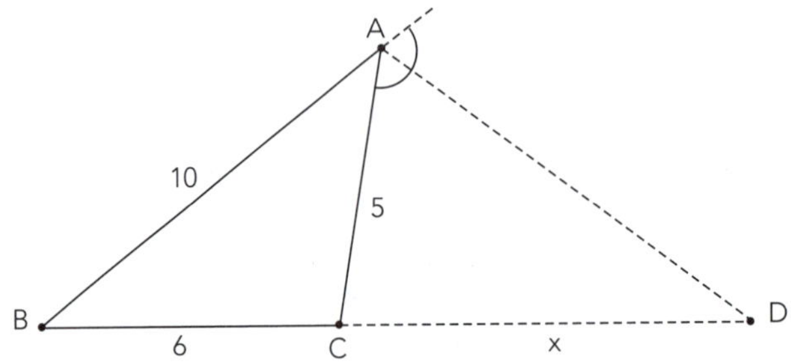

627. Na figura, $\overline{AD}$ é bissetriz externa do triângulo ABC. Sendo AC = 5 cm, BC = 6 cm e CD = 10 cm, determine o lado AB = x.

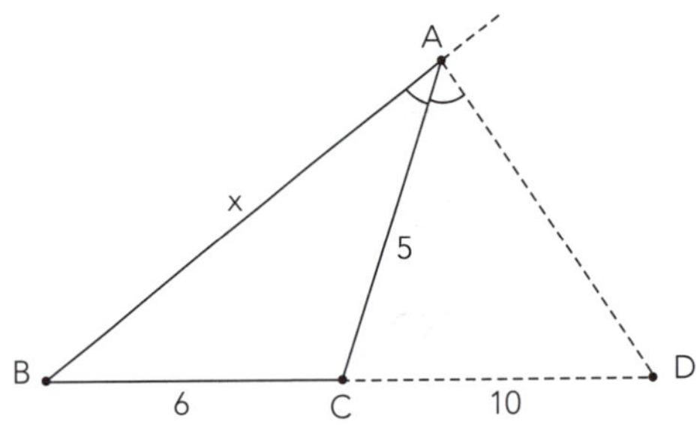

628. Os lados de um triângulo medem 8 cm, 10 cm e 12 cm. Quanto devemos prolongar o menor lado para encontrar a bissetriz do ângulo externo oposto a ele?

629. Na figura, sabemos que $\overline{AP}$ é bissetriz interna e $\overline{AQ}$ é bissetriz externa. Determine CQ, sendo BP = 8 cm e CP = 6 cm.

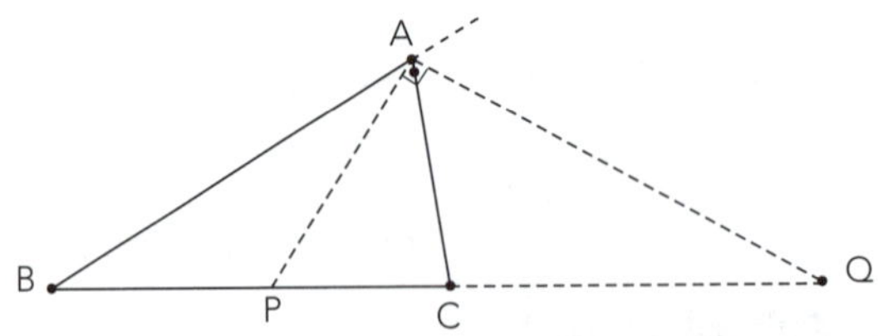

630. Na figura, $\overline{AD}$ é bissetriz interna do △ABC, AC = 20 cm, BD = 4 cm e CD = 8 cm. Determine o lado AB = x.

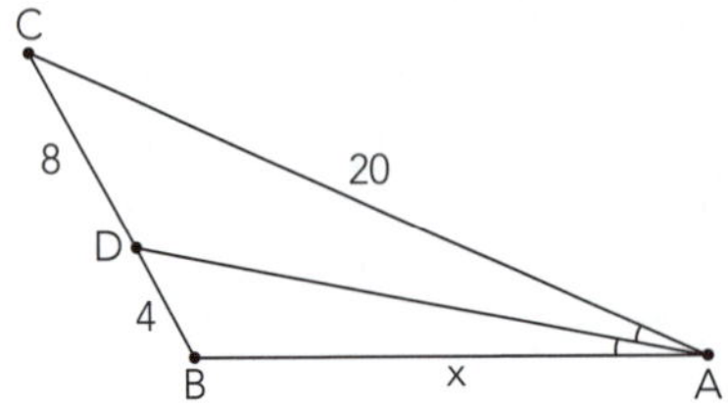

631. Na figura, BD é bissetriz, AD = 8 cm, CD = 10 cm. Sendo AB = 3x e BC = 4x − 3, determine os lados do triângulo.

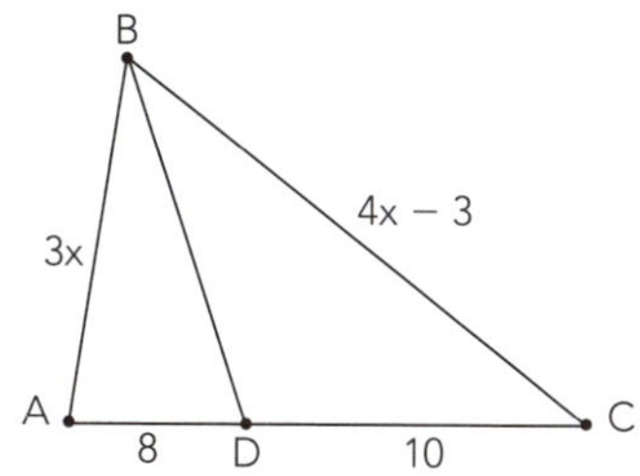

632. Um triângulo tem os lados medindo 15 cm, 12 cm e 9 cm. Calcule os segmentos determinados no menor lado pela bissetriz do ângulo oposto.

633. A bissetriz interna do ângulo $\hat{A}$ de um triângulo ABC divide o lado oposto em dois segmentos de 9 cm e 16 cm. Sabendo que $\overline{AB}$ mede 18 cm, determine a medida do lado $\overline{AC}$.

634. Sendo $\overline{AD}$ a bissetriz interna do triângulo ABC, em que AB = 4 cm, AC = 2 cm e BC = 3 cm, determine CD = x.

635. Os lados de um triângulo medem 5 cm, 6 cm e 7 cm. Quanto é preciso prolongar o lado menor para encontrar a bissetriz do ângulo externo oposto?

636. O perímetro de um triângulo ABC é 100 cm. A bissetriz interna do ângulo $\hat{A}$ divide o lado oposto $\overline{BC}$ em dois segmentos de 16 cm e 24 cm. Determine os lados desse triângulo.

Respostas dos exercícios

Capítulo 1 — Segmentos

1. 3: $\overline{AB}$, $\overline{BC}$ e $\overline{AC}$.

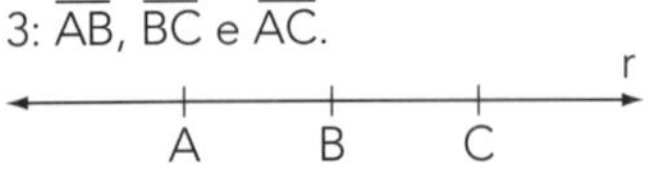

2. $\overline{RS} \equiv \overline{EF}$; $\overline{AB} \equiv \overline{MN}$; $\overline{CD} \equiv \overline{XY}$

3. 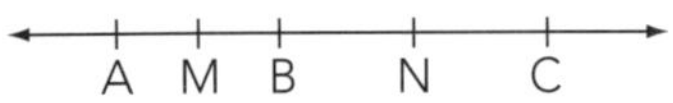

a) 16 cm b) 8 cm

4. a) x = 7 cm b) x = 11 cm

5. AB = 24

6. a) 10 cm b) 5 cm c) 8 cm

Capítulo 2 — Ângulos

7. 3: $a\hat{O}b$, $b\hat{O}c$ e $a\hat{O}c$

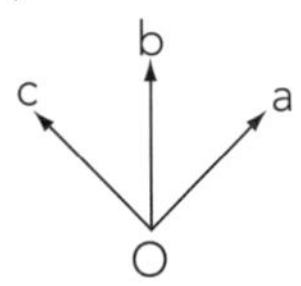

8. $A\hat{O}B \equiv M\hat{L}N$; $C\hat{P}D \equiv X\hat{U}Y$

9. a) sim
b) 25°
c) 25°
d) congruência
e) bissetriz

10. x = 30°; y = 50°

11. a) 110° b) 55°

12. 70° ou 110°

13. a) 100° b) 50° c) 70°

14. a) 45° b) 75°

Capítulo 3 — Retas coplanares

15. a) 120° b) 35° c) 80°

16. a) x = 150°; y = 30°
b) x = 30°; y = 80°; z = 100°

17. 20°

18. a) x = 45°; y = 85° b) x = 60°

19. x = 15°; y = 110°

20. x = 65°; y = 115°; z = 65°

21. x = 120°; y = z = 60°; a = c = 120°; b = d = 60°; t = v = g = 30°; u = s = f = h = 150°; i = 80°

22. a) 120° b) 120°

23. a) x = 70°; y = 100°; z = 30°
b) x = 12°; y = 144°; z = 36°

24. a) 80° b) 150°

25. a) x = 80°; y = 85°
b) x = 110°; y = 60°

26. x = 50°; y = 130°; z = 50°

27. 152°44'30"

28. 106°15' e 73°45'

29. 25°

Capítulo 4 — Triângulos

30. a) 3: *R*, *S* e *T*
b) 3: $\overline{RS}$, $\overline{RT}$ e $\overline{ST}$
c) 3: $\hat{R}$, $\hat{S}$ e $\hat{T}$

31. a) sim: $7 < 5 + 3$
b) não: $7 > 2 + 3$
c) sim: $3 < 3 + 2$
d) não: $10 = 5 + 5$
e) sim: $4 < 4 + 4$
f) não: $3 = 1 + 2$

32. a) escalenos b) isósceles

33. 6 cm ou 4 cm

34. 45 cm

35. 14 cm

36. 16 cm

37. x = 12 cm

38. x = 4; y = 3; lado = 7

39. $2 < x < 8$

40. 6 cm, 7 cm, 8 cm, 9 cm, 10 cm, 11 cm ou 12 cm

41. x = 8; y = 6

42. 15 cm, 20 cm e 25 cm

43. 18 cm ou 24 cm

Capítulo 5 — Soma dos ângulos de um triângulo

44. a) 20°; obtusângulo
b) 110°; obtusângulo
c) 50°; retângulo

45. acutângulo

46. não, não

47. a) complementares
b) 45°
c) 30° e 60°

48. a) 30° e 60°
b) 52°40' e 37°20'

49. 80°, 66° e 34°

50. $\hat{A} = 20°$; $\hat{B} = 60°$; $\hat{C} = 100°$

51. a) 50° b) 150°

52. a) x = 30°; y = 110°
b) x = 70°; y = 125°

53. x = 60°

54. a) 360° b) 900°

55. 85°

56. 250°

57. x = 90°

58. 74°45'6"

59. x = 60°; y = 70°; z = 50°

60. x = 100°

61. x = 15°; y = 135°

62. 80°

63. 50°, 60° e 70°

Capítulo 6 — Congruência de triângulos

64. $\overline{XY} \equiv \overline{RS}$; $\hat{X} \equiv \hat{R}$; $\overline{YZ} \equiv \overline{ST}$; $\hat{Y} \equiv \hat{S}$; $\overline{ZX} \equiv \overline{TR}$; $\hat{Z} \equiv \hat{T}$

65. $\overline{AC} \equiv \overline{CE}$; $\overline{BC} \equiv \overline{DE}$; $\overline{AB} \equiv \overline{CD}$; $\hat{B} \equiv \hat{D}$; $\hat{A} \equiv \hat{2}$; $\hat{1} \equiv \hat{E}$

66. x = 10°; y = 12°

67. x = 16; y = 8

68. a) ① ≡ ⑥; ② ≡ ④; ③ ≡ ⑤; todos caso LAL
b) ① ≡ ④; ② ≡ ⑥; ③ ≡ ⑤; todos caso ALA
c) ① ≡ ⑤; ② ≡ ④; ③ ≡ ⑥; todos caso LLL
d) ① ≡ ⑤; ② ≡ ④; ③ ≡ ⑥; todos caso LAA_o

69. x = 60°; y = 9°

70. a) LLL; x = 40°
b) LAL; x = 5 cm
c) LAL; x = 20 mm

71. x = 14; y = 10

72. x = 10; y = 19

73. x = 5; y = 3

Capítulo 7 — Pontos notáveis do triângulo

74. a) III b) I c) IV d) II

75. a) $\overline{BM}$ b) $\overline{CD}$ c) $\overline{AE}$ d) r

76. AB = 15, AC = 19 e BC = 22

77. $x = 20°$

78. $x = 60°$; $y = 30°$; $z = 60°$

79. $V\hat{R}S = 50°$; $V\hat{R}T = 40°$

80. $\hat{B} = 40°$

81. $x = 12°$

82. $x = 45°$; $y = 25°$; $z = 20°$

83. $x = 5°$

84. $\hat{B} = 100°$

85. $A\hat{A}S = 50°$

86. $x = 105°$

87. $\hat{A} = 80°$ e $\hat{C} = 40°$ ou $\hat{A} = 40°$ e $\hat{C} = 80°$

88. 70°

Capítulo 8 — Triângulos isósceles e triângulos equiláteros

89. a) $x = 3$ b) $x = 12$

90. 25 cm

91. $x = 120°$ b) $x = 40°$

92. a) $x = 40°$ b) $x = 45°$ c) $x = 120°$ d) $x = 115°$

93. $\hat{B} = \hat{C} = 64°$

94. 50°, 50° e 80°

95. $x = 120°$ b) $x = 105°$

96. 25°

97. $x = 5$ cm; $A\hat{S}B = 90°$

98. $x = 50°$; $y = 90°$

99. 120° ou 60°

101. a) $x = 50°$; $y = 80°$
b) $x = 70°$; $y = 40°$

102. $x = 60°$ **103.** $x = 50°$

104. $x = 85°$; $y = 50°$

105. a) $x = 50°$ b) $x = 36°$

106. $x = 130°$

107. $x = 80°$; $y = 20°$; $z = 60°$

108. 140°

Capítulo 9 — Quadriláteros: noções gerais

109. a) 8 cm b) 14 cm; 15 cm

110. a) convexo; côncavo; convexo; côncavo

111. Ficou fora do quadrilátero.

112. a) $x = 110°$ b) $x = 70°$

113. a) 36°, 72°, 108° e 144°
b) 40°, 60°, 100° e 160°

114. a) $x = 70°$ b) $x = 100°$

115. a) $x = 60°$ b) $x = 60°$

116. a) $\hat{A} = 30°$; $\hat{B} = 150°$; $\hat{C} = 120°$; $\hat{D} = 60°$
b) $\hat{R} = 30°$; $\hat{S} = 150°$; $\hat{T} = 30°$; $\hat{U} = 150°$

117. a) $x = 35°$ b) $x = 70°$

118. a) 220° b) $\hat{C} = 125°$; $\hat{D} = 115°$

119. $x = 110°$

120. $x = 25°$

121. a) $x = 100°$; $y = 130°$
b) $x = 120°$; $y = 60°$

122. $\hat{C} = 130°$; $\hat{D} = 100°$

123. suplementares

124. a) $x = 120°$; $y = 60°$
b) $x = 50°$; $y = 130°$

125. a) 45°, 135°, 45° e 135°
b) 90°, 90°, 80° e 100°

126. a) V b) V c) V d) F e) F f) F

127. a) $x = 45°$ b) $x = 80°$

128. $\hat{A} = 91°$; $\hat{B} = 170°$; $\hat{C} = 18°$ e $\hat{D} = 81°$

129. a) $x = 40°$ b) $x = 30°$

130. $\hat{A} = 60°$; $\hat{B} = 45°$; $\hat{C} = 135°$ e $\hat{D} = 120°$

131. a) certo b) certo c) certo d) errado e) errado f) errado

Capítulo 10 — Propriedades dos quadriláteros notáveis

132. 45°, 135° e 45°

133. 36°, 144°, 36° e 144°

134. 38 cm

135. a) $x = 25$ cm b) $x = 10$ cm

136. a) 8 cm, 16 cm, 8 cm e 16 cm
b) 4 cm, 12 cm, 4 cm e 12 cm
c) 21 cm, 7 cm, 21 cm e 7 cm

137. a) AC = 10 cm; BD = 6 cm
b) AC = 4 cm; BC = 6 cm

138. 8 cm e 10 cm

139. 90°

140. 34 cm

141. a) errado b) certo c) errado d) certo

142. 56 cm

143. 75°, 105°, 75° e 105°

144. $x = 40°$; $y = 140°$

145. a) 5 cm, 7 cm, 5 cm e 7 cm
b) 10 cm, 11 cm, 10 cm e 11 cm

146. 18 cm e 10 cm

147. a) errado b) errado c) errado d) certo

148. a) $x = 55°$; $y = 55°$
b) $x = 25°$; $y = 65°$

149. 35° e 55°

151. 60° e 30°

152. a) 20 cm
b) ambos isósceles

153. 25°

154. a) certo b) errado c) errado d) certo

155. a) $x = 150°$; $y = 15°$
b) $x = 32°$; $y = 116°$

157. 104°; 76°, 104° e 76°

158. 60°

159. 60°, 120°, 60° e 120°

160. a) errado b) certo c) errado d) certo

161. a) $x = y = 45°$
b) $x = 90°$; $y = 45°$

162. a) certo b) errado c) errado d) certo

163. $\frac{4}{3}$

164. $x = 75°$

165. a) errado b) errado c) certo d) certo

166. $x = 15°$

167. $\hat{A} = 45°$; $\hat{B} = 36°$; $\hat{C} = 144°$; $\hat{D} = 135°$

168. a) $\hat{A} = \hat{B} = 20°$ e $\hat{C} = \hat{D} = 160°$
b) $\hat{A} = \hat{B} = 55°$ e $\hat{C} = \hat{D} = 125°$

169. 40°, 40°, 140° e 140°

170. a) 130° b) 100°

172. 33 cm

173. AB = 20 cm, BC = 7 cm, CD = 6 cm e AD = 6 cm

174. 10 cm

175. 16 cm, 16 cm, 16 cm e 32 cm

176. 50°, 50°, 130° e 130°

177. BD = 15 cm

178. 80° e 100°

179. a) x = 4; perímetro = 20
b) x = 5; perímetro = 20

180. 17 cm

181. 38 cm

182. x = 70°; y = 80°; z = 24 cm

183. 24 cm e 36 cm

184. a) x = 4 b) x = 3; y = 2

Capítulo 11 — Circunferência e círculo

185. a) 1,5 cm d) do ponto *O*
b) 1,5 cm e) o ponto *O*; 1,5 cm
c) 1,5 cm

186. a) *O*, *B* e *C* c) *X*, *Y* e *Z*
b) *A*, *R* e *S* d) *A*, *R* e *S*

187. a) $\overline{OA}$, $\overline{OB}$ e $\overline{OC}$ c) $\overline{AC}$
b) $\overline{CD}$ e $\overline{AC}$

188. 12

189. a) 3 cm b) 5 cm

190. x = 10 cm

Capítulo 12 — Posições relativas de reta e circunferência

191. a) externa d) tangente
b) secante e) externa
c) externa f) secante

192. x = 6

194. x = 30°

195. $x = \frac{4}{9}$

196. a) F d) V g) V
b) F e) V h) V
c) V f) V i) F

197. a) quatro ângulos retos
b) OA = OB e OM < OA

198. a) maior c) menor
b) igual

199. x = 18°

200. a) $x = \frac{1}{5}$ c) $x > \frac{1}{5}$
b) $-\frac{6}{5} \leqslant x < \frac{1}{5}$

201. a) $\overline{O_1R}$; $\overline{O_2S}$ b) $\overline{O_1T}$; $\overline{O_2U}$

Capítulo 13 — Posições relativas de duas circunferências

202. a) secantes c) concêntricas
b) tangentes

203. 18 cm e 10 cm

204. 12 cm, 18 cm, 24 cm ou 30 cm

205. 18 cm e 12 cm

206. É tangente a ambas.

207. a) externas
b) C_1 tangente interna a C_2
c) secantes
d) tangentes externas
e) C_1 é interna a C_2
f) secantes

208. a) 0 b) 1 c) 2 d) 1

209. 12 cm

210. a) 0 c) 2 e) 1
b) 4 d) 3

211. 8 cm e 3 cm

212. 24 cm e 42 cm

213. 2 cm, 3 cm e 4 cm

214. 4 m, 8 m e 21 m

Capítulo 14 — Segmentos tangentes

215. a) x = 15 cm c) x = 15
b) x = 4

216. perímetro: 26 cm; lados: 7 cm, 9 cm e 10 cm

217. BD = 2 cm

218. 36 cm

219. $AP = \frac{9}{2}$

220. 1 cm

221. 20 cm

222. a) x = 13 cm b) x = 3 cm

223. 140°

224. $\overline{AP}$ = 6 cm

225. 18 cm

226. 2 cm

227. 12r

228. p – r

229. a) x = 11 cm b) x = 7

230. 20

231. 40 cm

232. 6

233. 2 cm

234. 12 cm

235. Não, porque a soma de dois lados opostos (AB + CD = 10) não é igual à soma dos outros dois (AD + BC = 8).

236. 56 cm

237. 23 cm

238. 32 m

239. a) errado c) certo e) errado
b) errado d) certo

Capítulo 15 — Arcos de circunferência

240. $A\hat{O}B = 60°$; $\widehat{AB} = 60°$; $\widehat{AXB} = 300°$

241. $A\hat{O}B = 45°$; $\widehat{AB} = 45°$; $\widehat{CD} = 45°$;
$\widehat{BC} = 135°$

242. x = 120°

243. 90°

244. a) x = 100° b) x = 80°

245. $\widehat{AB} = 50°$; $\widehat{CD} = 50°$; $\widehat{EF} = 50°$;

246. 60°

247. a) x = 280° b) x = 30°

248. 45°

249. a) $r\hat{O}t = 80°$; $r\hat{O}s = 130°$
b) $\widehat{AB} = 130°$; $\widehat{EF} = 150°$
c) $\widehat{DE} = 130°$; $\widehat{HI} = 150°$

Capítulo 16 — Ângulos inscritos em circunferências

250. a) x = 32° c) $\widehat{AB} = 80°$
b) x = 120°; y = 60°

251. a) $\widehat{AB} = 40°$; $\widehat{BC} = 100°$
b) x = 40°; y = 30°
c) x = 35°; $\widehat{CD} = 130°$

252. a) x = 50°; y = 50°
b) $\widehat{AB} = 80°$; $\widehat{BC} = 100°$; $\widehat{CD} = 80°$

253. a) x = 65° b) x = 40°

254. 70°, 60° e 50°

255. $C\hat{O}B = 50°$

256. a) $\widehat{AB} = 30°$; x = 15°
b) $\widehat{AB} = 110°$; x = 110°
c) $\widehat{AB} = 130°$; x = 65°

257. a) x = 10° c) x = 44°
b) x = 25°

258. a) x = 40°; y = 80°
b) x = 90°; y = 90°

259. a) $\widehat{AB} = 40°$; $x = 40°$
b) $\widehat{AB} = 180°$; $x = 90°$

260. a) $x = 50°$; $y = 35°$
b) $x = 90°$; $\widehat{AD} = 60°$; $\widehat{CD} = 120°$

261. a) $x = 25°$ c) $x = 50°$
b) $x = 65°$

262. $x = y = z = t = 60°$

263. $x = 80°$

264. 40°

265. $x = 35°$

266. a) $x = 80°$ b) $x = 52°$

267. 45° e 95°

268. a) $x = 45°$ b) $x = 90°$

269. $x = 110°$; $y = 50°$

270. a) $x = 90°$; $y = 90°$
b) $x = 90°$; $y = 90°$; $z = 90°$

271. a) $x = 85°$ b) $x = 20°$

272. a) $x = 40°$ b) $x = 120°$

273. $P\hat{O}R = 76°$

274. 60°

275. 30°

276. a) 60° b) 25°

277. 108°

279. $x = 130°$

280. $x = 35°$

281. $\hat{A} = 65°$; $\hat{B} = 70°$; $\hat{C} = 45°$

Capítulo 17 — Quadriláteros inscritíveis

282. a) $x = 70°$
b) $x = 120°$; $y = 80°$
c) $x = 110°$; $y = 70°$

283. a) $x = 55°$ b) $x = 43°$

284. Não, porque os ângulos opostos não são suplementares.

285. a) errado b) certo c) errado

286. a) $x = 80°$ b) $x = 150°$

287. 110°

288. $\hat{A} = 100°$; $\hat{B} = 85°$; $\hat{C} = 80°$ e $\hat{D} = 95°$

289. Sim. Sendo ABCD um trapézio isósceles com $\hat{A} = \hat{B} = x$ e $\hat{C} = \hat{D} = y$, temos $x + y = 180°$, ou seja, $\hat{A} + \hat{C} = \hat{B} + \hat{D} = 180°$.

290. a) certo b) errado c) certo

291. os retângulos

Capítulo 18 — Teorema de Tales

292. $\frac{1}{2}$

293. a) $\frac{5}{8}$ b) $\frac{8}{5}$ c) $\frac{8}{15}$ d) 3

294. a) 1 c) 1 e) $\frac{1}{4}$
b) $\frac{1}{3}$ d) 3

295. 4 cm

296. AB = 14 cm; BC = 21 cm

297. 42 cm

298. $\frac{1}{2}$

299. 1

300. $x = 28$ cm; $y = 12$ cm

301. AB = 8 cm; CD = 20 cm

302. 30 m e 45 m

303. a) $x = 6$ c) $x = 6$
b) $x = 7$ d) $x = \frac{21}{2}$

304. $x = \frac{10}{3}$; $y = 6$

305. a) $x = \frac{8}{3}$; $y = \frac{15}{4}$; $z = \frac{24}{5}$
b) $x = 4$; $y = 8$; $z = 12$

306. a) $x = 12$ b) $x = 12$

307. B'C' = 21 cm

308. a) $x = \frac{25}{6}$ b) $x = 2$ c) $x = 3$

309. 15 cm, 18 cm e 27 cm

310. $\frac{45}{4}$

311. $x = 15$; $y = 16$

312. 42 cm

313. 21 m e 35 m

Capítulo 19 — Semelhança

314. a) 8 e 13 c) 14
b) 7, 9, 11 e 12

Capítulo 20 — Semelhança de triângulos

319. a) $x = 12$ c) $x = 4$; $y = 3$
b) $x = \frac{5}{2}$; $y = 105°$

320. a) 2, 3, 7 e 10 c) 6 e) 12
b) nenhum d) 9

321. 21 cm, 15 cm e 12 cm

322. a) $a = 21$; $b = 18$; $c = 15$
b) $\frac{3}{2}$

324. 12 cm, 27 cm e 24 cm

325. 15 cm

326. 36 m

327. $x = 3$ cm; $y = 4$ cm

328. 10 cm

329. $x = 6$

330. a) 6 b) $\frac{24}{5}$

331. 8 m; 10 m

332. 10 m, 12 m e 14 m

333. 22 cm

Capítulo 21 — Casos de semelhança

334. 1 ~ 8 (LAL); 2 ~ 5 (LLL); 3 ~ 6 (LLL); 4 ~ 7 (AA)

335. a) $x = 2$; $y = 3$ b) $x = 8$; $y = 10$

336. 45 m

337. a) $x = 9$; $y = \frac{32}{3}$ b) $x = 7$; $y = 10$

338. $\frac{63}{5}$

339. $\frac{45}{4}$

340. 14 cm; 8 cm

341. $x = 6$; $y = 10$

342. 16 cm

343. 16

344. $\frac{12}{5}$

345. 4,8 cm

346. $\frac{15}{2}$; $\frac{17}{2}$

Capítulo 22 — Relações métricas no triângulo retângulo

347. a) m; a; $m \cdot n$; $a \cdot h$; a^2
b) n^2; m^2; a^2; $m \cdot n$; h^2; m^2; n^2
c) t^2; n^2; $(r + s) \cdot t$; m^2; m^2; n^2; $(r + s)^2$

348. a) 6 b) 3 c) 2 d) 8

349. a) 5 b) 12 c) 17 d) $\sqrt{7}$

350. 2 m

351. a) $x = 2\sqrt{29}$ c) $x = \frac{52}{5}$
b) $x = 9$ d) $x = 6$

352. 17 cm; $\frac{225}{17}$ cm; $\frac{64}{17}$ cm; $\frac{120}{17}$ cm

353. 20 m e 15 m

354. 25 cm; 15 cm e 20 cm; 12 cm

355. PT = $2\sqrt{3}$ cm

356. 28 cm

357. 2 cm

358. a) x = 6 b) x = 2

359. a) x = 6; y = 3,6; z = 6,4; t = 4,8
b) x = 6,5; $y = \frac{25}{13}$; $z = \frac{144}{13}$; $t = \frac{60}{13}$

360. x = 8; $y = \frac{120}{17}$; $z = \frac{225}{17}$; $t = \frac{64}{17}$

361. $30\sqrt{13}$ km

362. 3478 m ou 1421 m

363. a) x = 12 b) x = 5

364. $3\sqrt{34}$

365. $3\sqrt{2}$

366. PA = $(\sqrt{5} - 1)r$

367. $2(1 + \sqrt{2})$

368. 2,4 cm

369. a) 12 b) 12

370. 12 cm

371. $8\sqrt{15}$ cm

372. a) $\sqrt{21}$ b) 12,30

373. x = 15

374. a) x = 6 b) x = $\sqrt{21}$

375. 6 cm

376. 8 cm

377. $9\sqrt{2}$ cm

378. a) 13 b) $6\sqrt{2}$ c) $4\sqrt{2}$

379. 20 cm

380. 13 cm

381. $3\sqrt{3}$ cm

382. a) x = $5\sqrt{3}$ b) x = $4\sqrt{3}$

383. 24 cm

384. 36 cm

385. a) x = 5; y = 5; z = 13
b) x = 5; y = $5\sqrt{10}$

386. $\frac{5\sqrt{7}}{4}$ m

387. a) 5 b) 10

388. 52 cm

389. 17 cm

390. $4\sqrt{3}$

391. 8 cm

392. 30 cm

393. 6 m

394. $\frac{(3 - 2\sqrt{2}) \cdot \ell}{2}$

395. $\frac{r}{4}$

396. 10,39 mm

397. 83,24 cm

398. $\frac{48}{5}$ m

399. 12

400. $2\sqrt{Rr}$

401. 5 cm

402. 2 m

403. $\frac{r}{3}$

Capítulo 23 — Razões trigonométricas no triângulo retângulo

404. a) $\frac{1}{2}$ b) $\frac{3}{5}$ c) $\frac{3}{5}$

405. a) $\frac{3}{4}$ b) $\frac{1}{5}$ c) $\frac{\sqrt{11}}{6}$

406. a) $\frac{4}{5}$ b) $\sqrt{3}$ c) $\frac{4}{3}$

407. $\frac{5}{13}$, $\frac{12}{13}$ e $\frac{5}{12}$

408. $\frac{12}{13}$, $\frac{5}{13}$ e $\frac{12}{5}$

409. RS = 20; sen $\hat{R} = \frac{3}{5}$; cos $\hat{R} = \frac{4}{5}$;
tg $\hat{S} = \frac{4}{3}$

410. a) 12 cm c) $\frac{3}{5}$; $\frac{4}{3}$
b) 9 cm d) $\frac{3}{5}$; $\frac{4}{5}$; $\frac{3}{4}$

411. 25 cm

412. a) 15 cm c) $\frac{4}{5}$; $\frac{3}{4}$
b) 20 cm d) $\frac{4}{5}$; $\frac{3}{5}$; $\frac{4}{3}$

413. a) 5 c) $3\sqrt{2}$ e) 30°
b) $8\sqrt{3}$ d) 60° f) 45°

414. a) x = $6\sqrt{2}$ b) x = $2\sqrt{3}$

415. 60°; 30°

416. $20\sqrt{3}$ cm e 240 cm

417. a) x = 6; y = $6\sqrt{3}$
b) x = 8; y = $4\sqrt{3}$
c) x = $6\sqrt{2}$; y = 6

418. $15(3 + \sqrt{3})$ m

419. $\frac{100\sqrt{3}}{3}$ m

420. 66,6 km; 66,97 km

421. 20 m

422. a) x = 30; y = $3\sqrt{3}$
b) x = 18; y = $6\sqrt{5}$
c) x = 12; y = 10

423. $40\sqrt{2}$ m

424. $36\sqrt{3}$ m

425. 5

426. $100\sqrt{2}$ m

427. 25,5 m

Capítulo 24 — Área do retângulo, do quadrado e do paralelogramo

428. a) 17,64 m^2 c) 32 m^2
b) 15,3 m^2 d) 120 m^2

429. a) 153 cm^2 d) 225 m^2
b) 195 cm^2 e) 400 cm^2
c) 121 cm^2 f) 50 cm^2

430. a) 120 m^2 c) $81\sqrt{3}$ m^2
b) $48\sqrt{3}$ m^2

431. 94 m^2

432. 50 m

433. 6 cm e 8 cm

434. a) 25 cm^2 b) 74 cm^2

435. 100 m^2

436. 576 m^2

437. a) 375 cm^2 b) 4800 cm^2

438. 108 m^2

439. 4 cm

440. 12 cm e 6 cm

441. 104 cm^2

442. 37 cm

443. 82%

444. 1, 2, 3, 4 e 6

445. 1, 2, 3, 4 e 6 = 16 u; 5 = 20 u

447. a) 18 cm^2 c) $90\sqrt{3}$ m^2
b) 28 cm^2 d) 24 m^2

448. a) 18 cm^2 b) 112 cm^2

449. áreas = 28 m^2

450. $2\sqrt{7}$ m

451. áreas = 36 m^2

452. 6 m

Capítulo 25 — Relações métricas em um triângulo qualquer

453. $\sqrt{149 - 70\sqrt{2}} \cong 7{,}0714$ m

454. 2,311 cm

455. a) 3 b) $\sqrt{129}$

456. 1,5 e 7,5

457. $b^2 = a^2 + c^2 + 2ac \cdot \cos(180° - \hat{B})$ (se $\hat{B} > 90°$) ou
$b^2 = a^2 + c^2 - 2ac \cdot \cos \hat{B}$ (se $\hat{B} < 90°$)

458. $2\sqrt{5}$ cm $\cong$ 4,47 cm

459. $3\sqrt{3}$ cm e $3\sqrt{7}$ cm

460. 507,04 m

461. a) 1,2 b) 3 c) 7 d) 5

462. $c = \dfrac{1 + \sqrt{3}}{6}$ cm

463. $\sqrt{3}$ cm^2

464. $2\sqrt{3}$ cm

465. a) acutângulo b) obtusângulo c) retângulo d) acutângulo e) retângulo

466. $\frac{1}{8}$

467. $\frac{3}{4}$

468. $\cos \hat{B} = \frac{1}{2}$; logo, $\hat{B} = 60°$

469. $\cos(180° - \hat{A}) = \frac{1}{2}$. Logo, $180° - \hat{A} = 60°$ e $A = 120°$

470. b = 6,527 m e c = 8,794 m

471. 38°

472. 17,954 cm

473. 46°

Capítulo 26 — Área do triângulo, do losango e do trapézio

474. a) 9 cm^2 b) 56 cm^2 c) $9\sqrt{2}$ cm^2 d) 48 cm^2 e) 40 cm^2 f) 216 cm^2

475. 54 m^2

476. $50\sqrt{3}$ cm^2

477. $25\sqrt{3}$ m^2

478. $12\sqrt{3}$ m^2

479. 48 cm^2

480. 60 m^2

481. 50 m^2

482. 15 cm^2

484. área: $10\sqrt{3}$ m^2; altura: $4\sqrt{3}$ m

485. a) 54 cm^2 b) 12 cm^2 c) $\dfrac{25\sqrt{3}}{36}$ cm^2

486. $2\sqrt{3}$ cm

487. $(8 + 4\sqrt{2})$ cm

488. a) $\frac{bh}{8}$; $\frac{bh}{4}$; $\frac{3bh}{8}$; $\frac{bh}{2}$
b) $\frac{1}{4}$

489. a) $\frac{1}{3}$ s b) $\frac{2}{5}$ s

490. a) 24 m^2 b) 40 m^2 c) 40 m^2 d) 18 m^2 e) 30 m^2 f) 180 m^2

491. 24 cm^2

492. 12 cm^2

493. 80 m^2

494. 162 m^2

495. a) 24 b) 21,5 c) 320 cm^2

496. 96 cm^2

497. 84 m^2

498. $33\sqrt{3}$ m^2

499. 116 m^2

500. a) $16\sqrt{3}$ m^2 b) $46\sqrt{3}$ m^2

Capítulo 27 — Polígonos regulares

501. 7; 35

502. 27

503. 275

504. 11

505. 1 800°

506. 1 260°

507. heptágono

508. 720°

509. 110°

510. a) $3\sqrt{3}$ m b) $2\sqrt{3}$ m c) $\sqrt{3}$ m d) $\sqrt{3}$ m

511. a) $8\sqrt{2}$ m b) $4\sqrt{2}$ m c) 4 m d) 4 m

512. a) 120° b) 72° c) 45° d) 36°

513. icoságono

514. x = 60°; y = 30°; z = 30°

515. a) 90° b) 120° c) 140° d) 150°

516. 36 lados

517. a) 120° b) 72° c) 45°

518. 9

519. a) 24° b) 156°

520. octógono

521. 1 800°

522. a) 1 b) 2 c) 3

523. $12\sqrt{3}$ cm^2

524. 64 cm

525. $24\sqrt{3}$ cm^2

526. a) 12 m b) 6 m c) $3\sqrt{3}$ m d) $6\sqrt{3}$ m e) $3\sqrt{3}$ m

527. x = 36°; y = 72°; z = 108°

528. decágono

529. a) 1 b) 2 c) 3

530. 18

531. 100 cm^2

Capítulo 28 — Lado e apótema de polígonos regulares

532. 10 cm; 5 cm

533. 1 m

534. 50 cm^2

535. $10\sqrt{2}$ cm

536. $\cong$ 1752 m

537. $\dfrac{3\sqrt{3}}{2}$ cm

538. $\cong$ 1039 m^2

539. 8 cm

540. $\dfrac{10\sqrt{3}}{3}$ cm; $\dfrac{5\sqrt{3}}{3}$ cm

541. a) 2 cm b) $4\sqrt{3}$ cm c) 2 cm d) 4 cm

542. $48\sqrt{3}$ cm²

543. a) $3\sqrt{2}$ m e 3 m
b) 6 m e $3\sqrt{3}$ m
c) $2\sqrt{3}$ m e $\sqrt{3}$ m

544. a) 100 m² c) $108\sqrt{3}$ m²
b) $32\sqrt{3}$ m²

545. 72 cm²

546. 100 cm²

547. a) $\frac{5\sqrt{3}}{2}$ cm c) $5\sqrt{3}$ cm
b) $\frac{5\sqrt{3}}{2}$ cm

548. 84 cm

549. $6\sqrt{3}$ cm

550. 48 cm

551. a) $\sqrt{3}$ cm c) $3\sqrt{3}$ cm
b) 3 cm

552. a) 50 m² c) $27\sqrt{3}$ m²
b) $24\sqrt{3}$ m²

553. hexágono; triângulo

Capítulo 29 — Comprimento da circunferência e do arco

554. 62,8 cm

555 37,7 cm

556. a) 31,4 m b) 22 m c) 44 m

557. 19,1 cm

558. $\frac{5}{2\pi}$ m $\cong$ 1,59 m

559. 50%

560. 10π cm $\cong$ 31,42 cm

561. 240π m $\cong$ 753,8 m

562. 152,8 cm

563. 31 831 voltas

564. $\cong$ 95 m

565. $(180 + 60\pi)$ m $\cong$ 368,4 m

566. 2π cm $\cong$ 6,28 cm; $2\pi\sqrt{2}$ cm $\cong$
$\cong 6{,}28\sqrt{2}$ cm = 8,85 cm

567. inscrita: $3\pi\sqrt{3}$ cm; circunscrita: 6π cm

568. 2π m $\cong$ 6,283 m

569. duplica

570. π cm $\cong$ 3,14 cm

571. $\cong$ 3,14 m

572. 16085 m

573. 377

574. 10350; 94

575. 125 cm

576. $2\pi R$

577. $\frac{25\pi}{12}$ cm $\cong$ 6,5 cm

578. a) 45π cm c) 36π cm
b) 30π cm

579. $\widehat{AB} = \frac{3\pi}{2}$ cm $\cong$ 4,71 cm
$\widehat{CD} = \frac{9\pi}{4}$ cm $\cong$ 7,06 cm

580. $\widehat{AB} = \frac{5\pi}{2}$ cm $\cong$ 7,85 cm
$\widehat{BC} = \frac{20\pi}{9}$ cm $\cong$ 6,97 cm
$\widehat{CD} = \frac{35\pi}{18}$ cm $\cong$ 6,09 cm
$\widehat{DA} = \frac{10\pi}{3}$ cm $\cong$ 10,45 cm

581. 240°

582. a) 8π cm $\cong$ 25,12 cm
b) 30π cm $\cong$ 94,2 cm

583. 180°

584. 2

585. $20(3 + \pi)$ cm

586. 48π cm $\cong$ 150,8 cm

587. $\frac{125}{\pi}$ m $\cong$ 39,80 cm

588. $\frac{R \cdot 360°}{G}$

589. $\frac{45}{\pi}$ cm

590. $4(3\sqrt{3} + 2\pi)$ cm

591. 16π cm $\cong$ 50,3 cm

592. 205π cm $\cong$ 644 cm

Capítulo 30 — Área do círculo e de suas partes

593. a) 25π cm² $\cong$ 78,54 cm²
b) 4π cm² $\cong$ 12,57 cm²

594. a) 16π m² $\cong$ 50,27 m²
b) 36π m² $\cong$ 113,10 m²
c) 52π m² $\cong$ 163,36 m²
d) 81π m² $\cong$ 254,47 m²

595. 9π cm² $\cong$ 28,27 cm²

596. $11(\pi + 2)$ m = 56,56 m;
$\frac{121\pi}{2}$ m² = 190,07 m²

597. 3π cm²

598. 75π cm² $\cong$ 235,5 cm²

599. $18(2\pi - 3\sqrt{3})$ m²

600. $3(4\pi - 3\sqrt{3})$ cm²

601. a) $\frac{4-\pi}{4}a^2$ c) $\frac{4-\pi}{4}a^2$
b) $\frac{\pi - 2}{2}a^2$

602. 2π cm²

603. $4(\pi - 2)$ cm²

604. a) 4π m² $\cong$ 12,57 m²
b) 36π m² $\cong$ 113,10 m²
c) 81π m² $\cong$ 254,47 m²

605. $\frac{9\pi}{2}$ cm² $\cong$ 14,14 cm²

606. $(3\sqrt{3} - \pi)r^2$

607. a) $8(4 - r)$ cm² b) $4(4 - \pi)$ cm²

608. $\frac{24\pi}{5}$ cm² $\cong$ 15,072 cm²

609. a) 4π m² c) 30 m²
b) 7π m² d) 18 m²

610. a) 3π m² $\cong$ 9,42 m²
b) 6π cm²

611. 27π cm² $\cong$ 84,78 cm²

612. $(23{,}04 + 5{,}76\pi)$ m² $\cong$ 41,1264 m²

613. a) $\frac{a^2}{4}(4 - \pi)$
b) $\frac{25}{2}(2\sqrt{3} - \pi)$ cm²
c) $2\pi r^2$
d) 200 cm²

614. $6 \cdot \left(1 - \frac{\pi}{4}\right)$ m² $\cong$ 1,29 m²

615. a) $4(\pi - 2)$ cm² $\cong$ 4,56 m²
b) $\frac{41\pi}{9}$ cm²

616. $\frac{21\pi}{4}$ cm² $\cong$ 16,485 cm²

617. 25π m²

618. $0{,}24\pi$ m² $\cong$ 0,7536 m²

619. 4 m

620. 120°

621. a) $32(\pi - 2)$ cm²
b) $2(2\sqrt{3} + \pi)$ cm²
c) 3π cm²
d) $\frac{\pi a^2}{8}$
e) 2π cm²
f) $25\sqrt{3}$ cm²
g) $\frac{9}{2}(\pi - \sqrt{3})$ cm²

Capítulo 31 — Teoremas das bissetrizes

622. CD = 6 cm; BC = 11 cm

623. $x = 15$

624. 10 cm e 8 cm

625. 5 cm e 10 cm

626. $x = 6$ cm

627. $x = 8$ cm

628. 40 cm

629. 42 cm

630. 10 cm

631. 18 cm, 36 cm e 45 cm

632. 4 cm e 5 cm

633. 32 cm ou $\frac{81}{8}$ cm

634. $x = 1$ cm

635. 30 cm

636. 40 cm, 24 cm e 36 cm

Resoluções

Capítulo 8 — Triângulos isósceles e triângulos equiláteros

91. a)

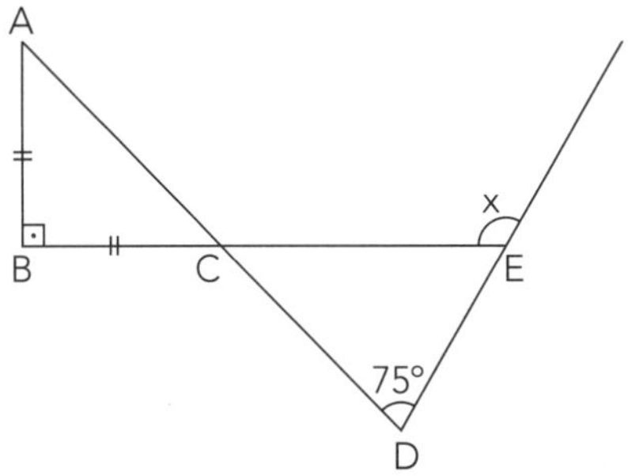

O triângulo ABC é isósceles retângulo.

$\hat{A} = \hat{C} = 45°$

Em *C* temos ângulos o. p. v. Então, no triângulo CDE, $\hat{C} = 45°$ e $\hat{D} = 75°$. Portanto $\hat{E} = 60°$.

Em *E*, os ângulos são suplementares. Portanto, $x = 120°$.

b)

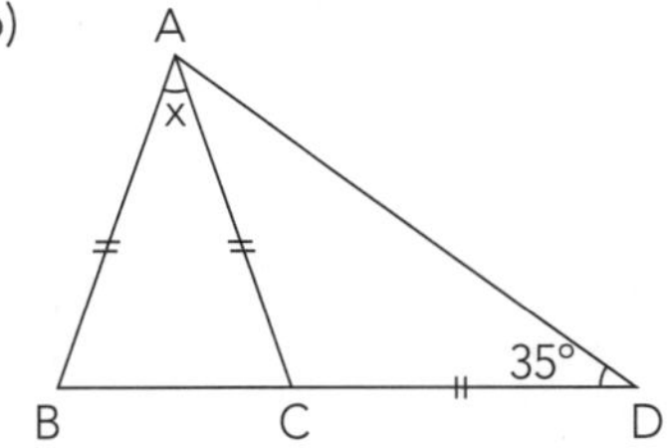

O triângulo ACD é isósceles.

Então, $\hat{A} = 35°$ e $\hat{C} = 110°$.

Em *C*, os ângulos são suplementares.

No triângulo ABC, $\hat{C} = 70°$.

Como o triângulo ABC é isósceles, $\hat{B} = \hat{C} = 70°$ e $\hat{B} + \hat{C} = 140°$.

Então $x = 40°$.

100.
- O triângulo ABC é isósceles de base $\overline{BC}$; portanto $\hat{B} \equiv \hat{C}$.
- $\overline{BD}$ é bissetriz de $\hat{B}$; então $\hat{B} = 2x$.
- $\overline{CE}$ é bissetriz de $\hat{C}$; então $\hat{C} = 2y$.
- Como $\hat{B} \equiv \hat{C}$, $2x = 2y$ e $x = y$.

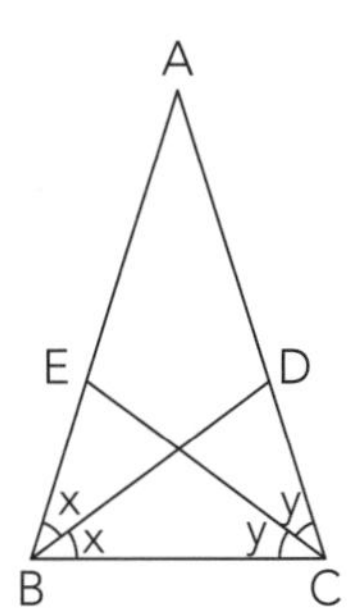

- Comparemos os triângulos abaixo:

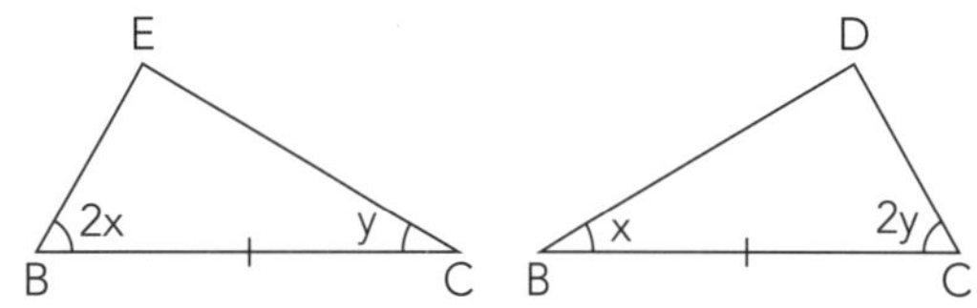

$$\left.\begin{array}{r} 2x = 2y \\ \overline{BC} \equiv \overline{BC} \\ y = x \end{array}\right\} \overset{LAL}{\Rightarrow} \triangle BCE \equiv \triangle CBD \Rightarrow \overline{CE} \equiv \overline{BD}$$

102.

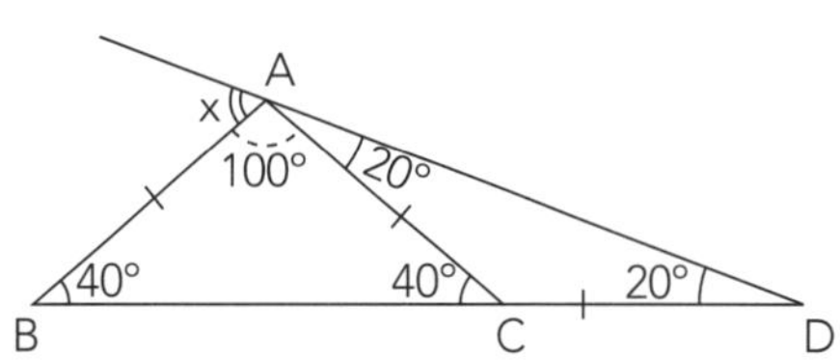

- $\triangle ACD$ é isósceles de base $\overline{AD}$. Então:

$$C\hat{A}D \equiv A\hat{D}C = 20°$$

- $A\hat{C}B$ é ângulo externo do $\triangle ACD$. Então:

$$A\hat{C}B = 20° + 20° = 40°$$

- $\triangle ABC$ é isósceles de base $\overline{BC}$. Então:

$$A\hat{B}C \equiv A\hat{C}B = 40°. \text{ Logo:}$$
$$B\hat{A}C = 180° - 40° - 40° = 100°$$

- Em torno do ponto *A*, temos:

$$x + 100° + 20° = 180° \Rightarrow x = 60°$$

Capítulo 9 — Quadriláteros: noções gerais

114. a)
- No $\triangle ABP$, $x + 35°$ é ângulo externo. Então:

$$x + 35° = 65° + \frac{\hat{B}}{2}$$

Logo, $\hat{B} = 2x - 60°$.

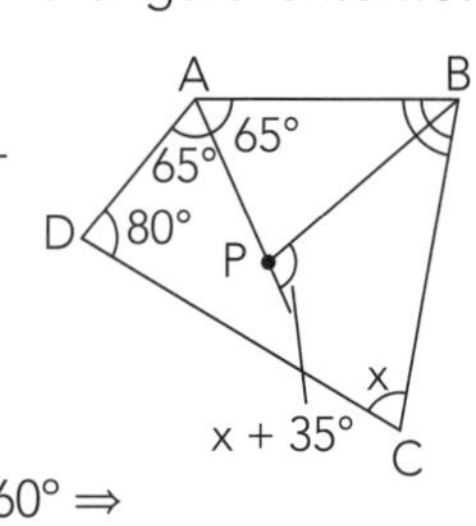

- No quadrilátero ABCD, temos:

$\hat{A} + \hat{B} + \hat{C} + \hat{D} = 360° \Rightarrow$

$\Rightarrow 130° + 80° + x + (2x - 60°) = 360° \Rightarrow$

$\Rightarrow x = 70°$

b)

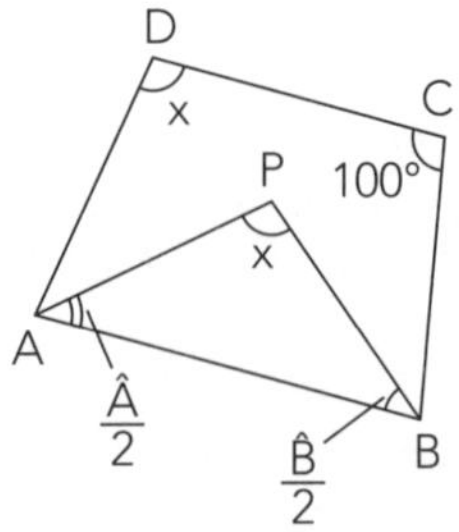

- No △ABP, temos $\frac{\hat{A}}{2} + \frac{\hat{B}}{2} + x = 180°$. Então:

$$\hat{A} + \hat{B} = 360° - 2x$$

- No quadrilátero ABCD, temos:

$$\hat{A} + \hat{B} + \hat{C} + \hat{D} = 360° \Rightarrow$$
$$\Rightarrow (360° - 2x) + 100° + x = 360° \Rightarrow$$
$$\Rightarrow x = 100°$$

Capítulo 10 — Propriedades dos quadriáteros notáveis

140.

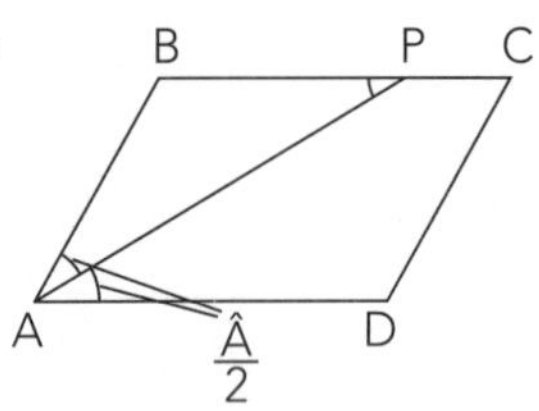

- $B\hat{P}A \equiv P\hat{A}D$ (por serem alternos internos)

  Então $B\hat{P}A = \frac{\hat{A}}{2}$.
- △BAP é isósceles de base $\overline{AP}$ (porque tem dois ângulos congruentes). Então $\overline{AB} \equiv \overline{PB}$. Portanto, AP = 7 cm.
- BC = BP + PC = 7 cm + 3 cm = 10 cm
- perímetro = 2(7 + 10) = 34 cm

142.

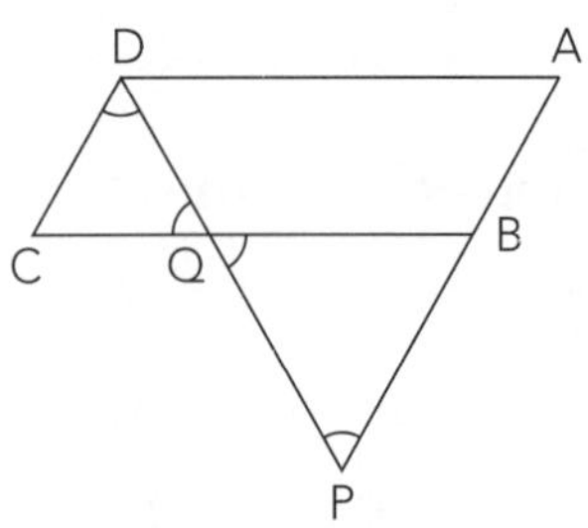

- △BPQ é isósceles de base $\overline{PQ}$. Portanto:

$$B\hat{P}Q \equiv B\hat{Q}P \quad ①$$

- Por serem o. p. v.: $B\hat{Q}P \equiv D\hat{Q}C$ ②
- Por serem alternos internos: $B\hat{P}Q \equiv C\hat{D}Q$ ③
- Das congruências ①, ② e ③, $D\hat{Q}C \equiv C\hat{D}Q$. Daí o △CDQ é isósceles de base $\overline{DQ}$; portanto: CD = CQ = CB − QB = 20 − 12 = 8 cm
- perímetro = 2(20 + 8) = 56 cm

150. No retângulo ABCD, as diagonais $\overline{AC}$ e $\overline{BD}$ são congruentes e se interceptam no ponto *M*, que é médio de ambas. Então:

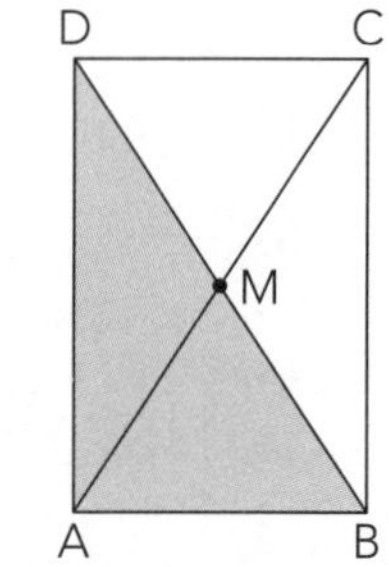

$$AM = MD = MB$$

Isso prova que, no triângulo retângulo ABD (sombreado), a medida da mediana $\overline{AM}$ é igual à medida da metade da hipotenusa $\overline{BD}$.

153.

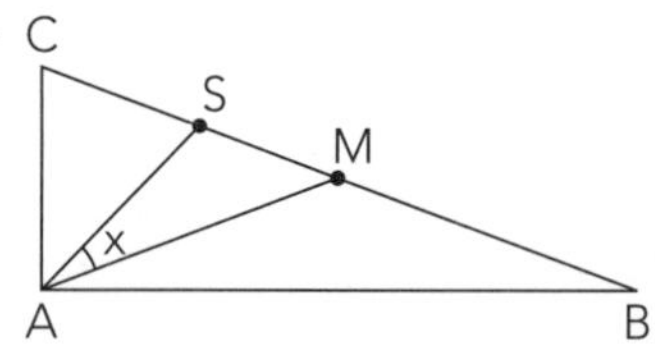

- De acordo com o exercício 150, temos AM = BM = CM, então △ABM é isósceles de base $\overline{AB}$.
- No △ABM, temos: $M\hat{A}B = M\hat{B}A = 20°$
- Como $\overline{AS}$ é bissetriz, temos $S\hat{A}B = 45°$. Então: x = 45° − 20° = 25°

156.
- No losango ABCD, as diagonais $\overline{AC}$ e $\overline{BD}$ são perpendiculares entre si e se interceptam no ponto *M*, que as divide ao meio.
- Comparemos os triângulos MAB e MCB:

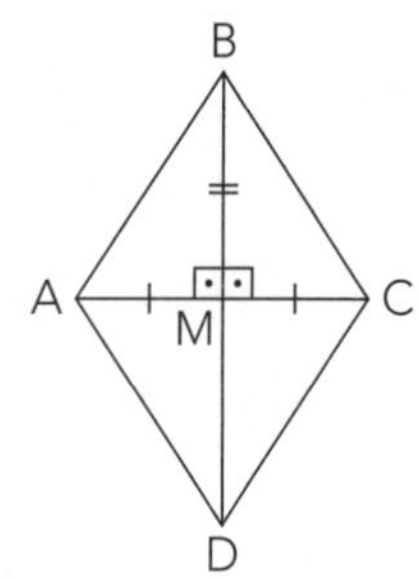

$$\left.\begin{array}{l} AM = MC \\ AMB = CMB = 90° \\ MB = MB \end{array}\right\} \overset{LAL}{\Rightarrow} \triangle MAB \equiv \triangle MCB \Rightarrow$$

$$\Rightarrow A\hat{B}M \equiv C\hat{B}M$$

164.

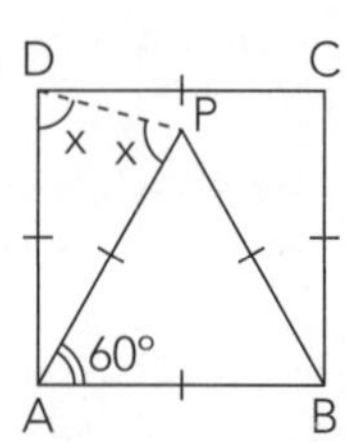

- Segmentos com marcas iguais são congruentes. Então, △ADP é isósceles de base $\overline{DP}$. Portanto:

$$A\hat{P}D = A\hat{D}P = x \text{ e } D\hat{A}P = 180° - 2x$$

- No △ABP equilátero, temos $P\hat{A}B = 60°$. Portanto $D\hat{A}P = 90° - 60° = 30°$. Daí vem:

$$180° - 2x = 30° \Rightarrow x = 75°$$

166.

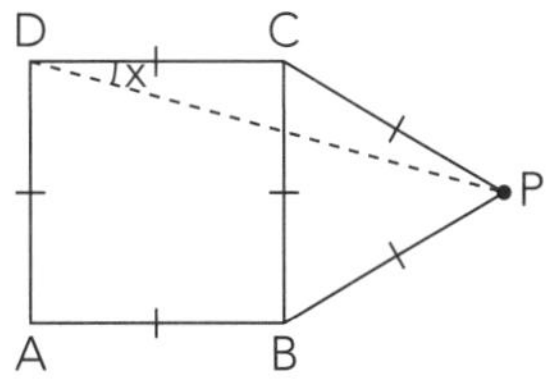

- Segmentos com marcas iguais são congruentes. Então, $\triangle CDP$ é isósceles de base $\overline{DP}$. Portanto:

  $C\hat{P}D = C\hat{D}P = x$ e $D\hat{C}P = 180° - 2x$
- No $\triangle BCP$ equilátero, temos $P\hat{C}B = 60°$. Portanto $D\hat{C}P = 90° + 60° = 150°$. Daí vem:

$$180° - 2x = 150° \Rightarrow x = 15°$$

171.

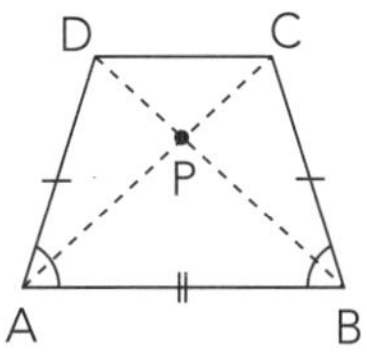

- Comparemos $\triangle ABD$ e $\triangle BAC$:

$$\left.\begin{array}{l}\overline{AB} \equiv \overline{AB} \\ D\hat{A}B \equiv C\hat{B}A \\ \overline{AD} \equiv \overline{BC}\end{array}\right\} \overset{LAA_o}{\Rightarrow} \triangle ABD \equiv \triangle BAC \Rightarrow$$

$$\Rightarrow \overline{AC} \equiv \overline{BD}$$

Capítulo 12 — Posições relativas de reta e circunferência

193.

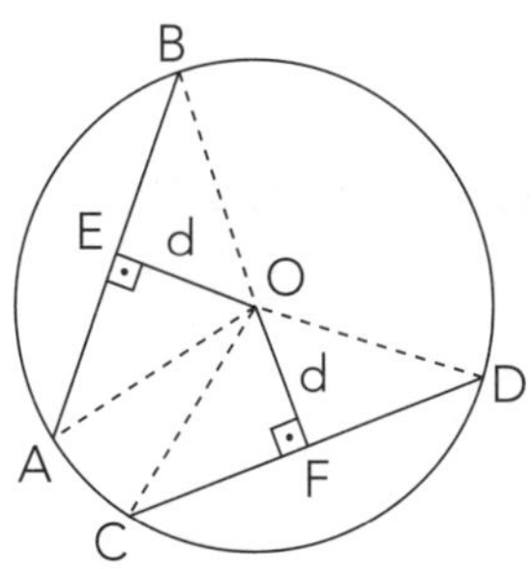

- Considerando os triângulos AEO e CFO, temos:

$$\left.\begin{array}{l}OE = OF = d \\ \hat{E} = \hat{F} = 90° \\ AO = CO = \text{raio}\end{array}\right\}$$

"Se dois triângulos retângulos têm ordenadamente congruentes um cateto e a hipotenusa, então esses triângulos são congruentes."

- Portanto, $\triangle AEO \equiv \triangle CFO$.
- Da mesma forma prova-se que:

$$\triangle BEO \equiv \triangle DFO$$
- Portanto, $\triangle ABO \equiv \triangle CDO$, no que resulta:

$$AB \equiv CD$$

Capítulo 14 — Segmentos tangentes

219.

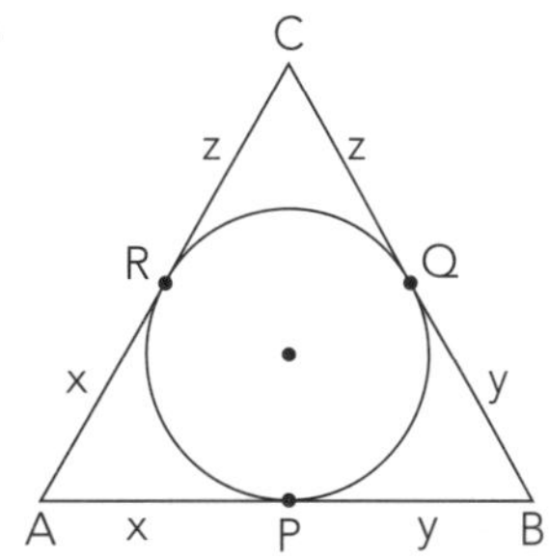

- Fazendo AP = AR = x, BP = BQ = y e CQ = CR = z, temos:

$$x + y = 7 \quad ①$$
$$y + z = 6 \quad ②$$
$$z + x = 8 \quad ③$$

- Somando, membro a membro, essas três equações, temos:

  $2x + 2y + 2z = 21$, isto é, $x + y + z = \frac{21}{2}$ ④
- Subtraindo ④ – ②, temos:

$$(x + y + z) - (y + z) = \frac{21}{2} - 6 \Rightarrow x = \frac{9}{2}$$

221.

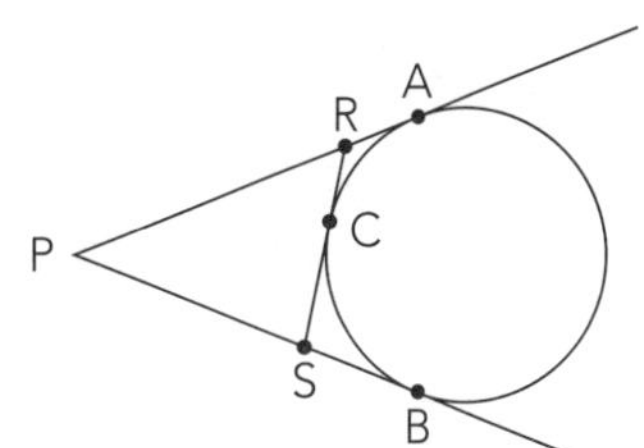

- Inicialmente, temos:

  PA = PB, RA = RC e SC = SB
- O perímetro do $\triangle PRS$ é PR + RS + SP. Logo, PR + (RC + CS) + SP, ou seja, PR + (RA + SB) + SP. Portanto:

  (PR + RA) + (SB + SP) = 10 + 10 = 20 cm

Capítulo 21 — Casos de semelhança

338.

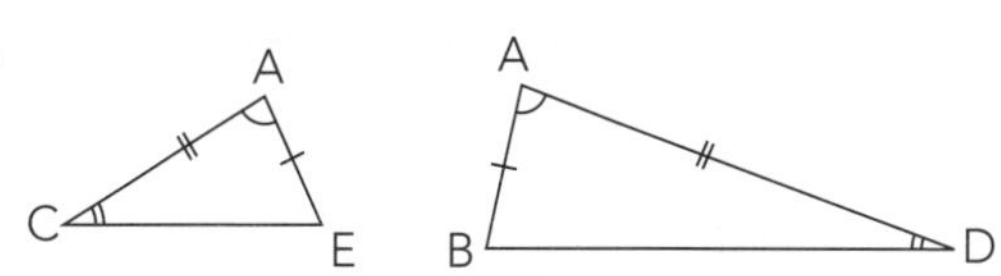

- $\triangle ACE \sim \triangle ADB$ por terem dois ângulos respectivamente congruentes.

- Temos:

$$\frac{AE}{AB} = \frac{AC}{AD} \Rightarrow \frac{5}{8} = \frac{8+3}{AD} \Rightarrow AD = \frac{88}{5}\text{ cm}$$

- $DE = AD - AE = \frac{88}{5} - 5 = \frac{63}{5}$ cm

339.

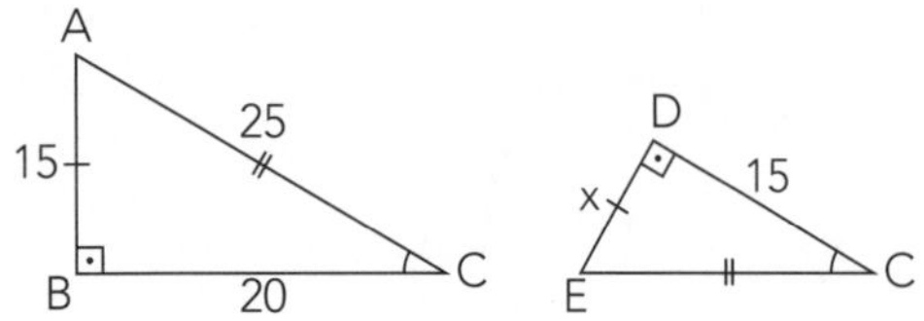

- $\triangle ABC \sim \triangle EDC$ por terem dois ângulos respectivamente congruentes.
- Temos:

$$\frac{AB}{DE} = \frac{BC}{DC} \Rightarrow \frac{15}{x} = \frac{20}{15} \Rightarrow x = \frac{225}{20} = \frac{45}{4}$$

340. • $\triangle ASR \sim \triangle ABC$. Então:

$$\frac{AS}{AB} = \frac{SR}{BC} = \frac{AR}{AC} \Rightarrow \frac{5}{10} = \frac{4}{y} = \frac{7}{x} \Rightarrow$$

$$\Rightarrow \left(\frac{5}{10} = \frac{4}{y} \text{ e } \frac{5}{10} = \frac{7}{x}\right) \Rightarrow y = 8 \text{ cm e } x = 14 \text{ cm}$$

341.

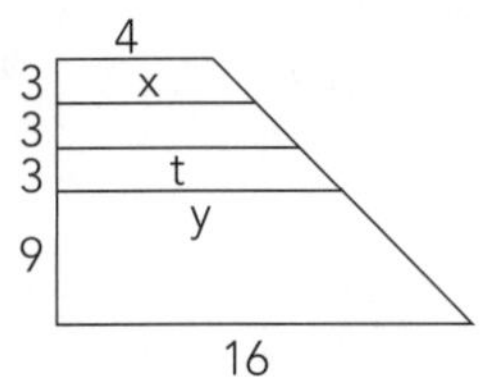

$$y = \frac{4+16}{2} = 10$$

$$x = \frac{4+t}{2} \Rightarrow t = 2x - 4$$

$$t = \frac{x+y}{2} = \frac{x+10}{2} \Rightarrow$$

$$\Rightarrow 2x - 4 = \frac{x+10}{2} \Rightarrow$$

$$\Rightarrow x = 6$$

342. $\triangle BDG \sim \triangle FEC$. Então:

$$\frac{DG}{BD} = \frac{EC}{FE} \Rightarrow \frac{\ell}{8} = \frac{2}{\ell} \Rightarrow \ell = 4 \text{ cm}$$

perímetro = 4ℓ = 16 cm

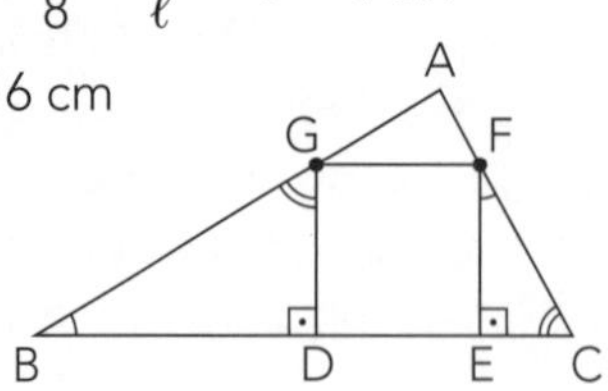

343.

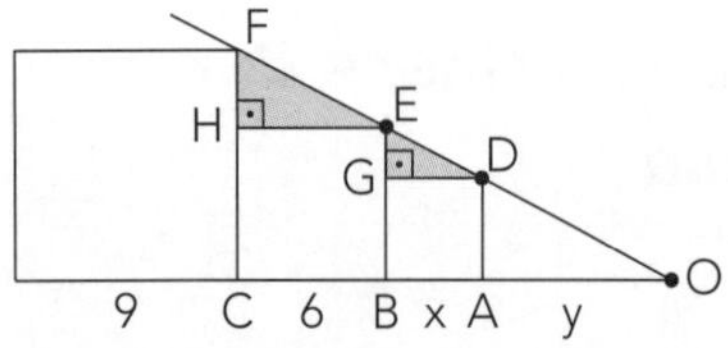

$\triangle DGE \sim \triangle EHF$

$$\frac{DG}{EH} = \frac{GE}{HF} \Rightarrow \frac{x}{6} = \frac{6-x}{3} \Rightarrow$$

$$\Rightarrow x = 4$$

perímetro = 16

344.

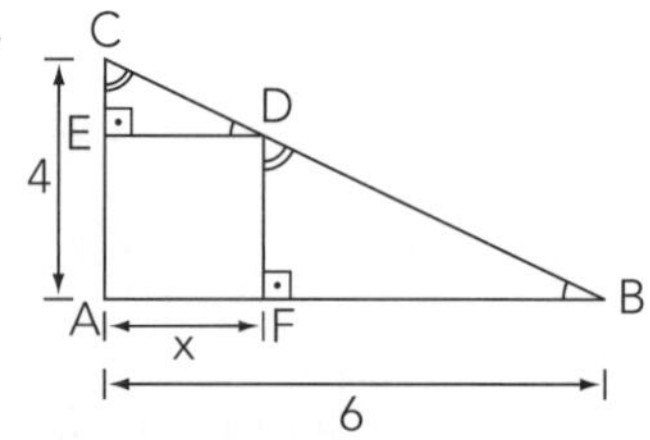

$\triangle BFD \sim \triangle DEC$

$$\frac{BF}{FD} = \frac{DE}{EC} \Rightarrow \frac{6-x}{x} = \frac{x}{4-x} \Rightarrow$$

$$\Rightarrow (4-x)(6-x) = x^2 \Rightarrow x = \frac{12}{5}$$

345.

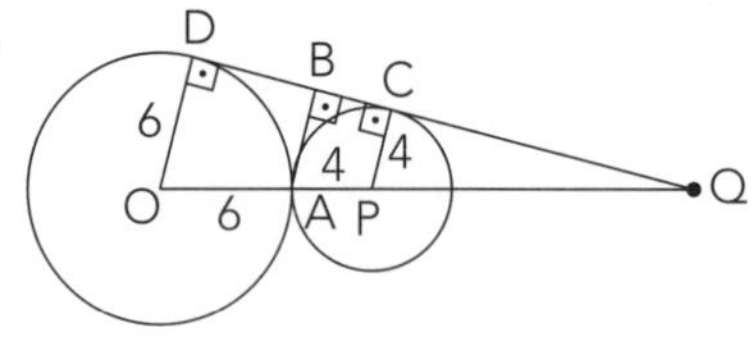

- $\triangle QDO \sim \triangle QCP$

$$\frac{QO}{QP} = \frac{DO}{CP} \Rightarrow \frac{x+6+4}{x} = \frac{6}{4} \Rightarrow$$

$$\Rightarrow 4(x+10) = 6x \Rightarrow x = 20 \text{ cm}$$

- $\triangle QBA \sim \triangle QCP$

$$\frac{QA}{QP} = \frac{BA}{CP} \Rightarrow \frac{20+4}{20} = \frac{h}{4} \Rightarrow h = 4{,}8 \text{ cm}$$

346.

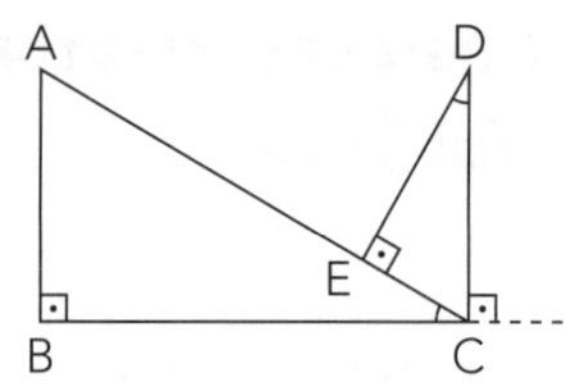

- $(\overline{DE} \perp \overline{AC} \text{ e } \overline{DC} \perp \overline{BC}) \Rightarrow \hat{D} \equiv \hat{C}$
- $\triangle DEC \sim \triangle CBA$

$$\frac{DE}{CB} = \frac{EC}{BA} = \frac{DC}{CA} \Rightarrow \frac{x}{15} = \frac{4}{8} = \frac{y}{17}$$

$$\frac{x}{15} = \frac{4}{8} \Rightarrow x = \frac{15}{2}$$

$$\frac{4}{8} = \frac{y}{17} \Rightarrow y = \frac{17}{2}$$

Capítulo 22 — Relações métricas no triângulo retângulo

357. No $\triangle CO_1O_2$, temos:

$$(O_1O_2)^2 = (CO_1)^2 + (CO_2)^2$$

$$(4{,}5 + r)^2 = (4{,}5 - r)^2 + 6^2$$

$$r = 2 \text{ cm}$$

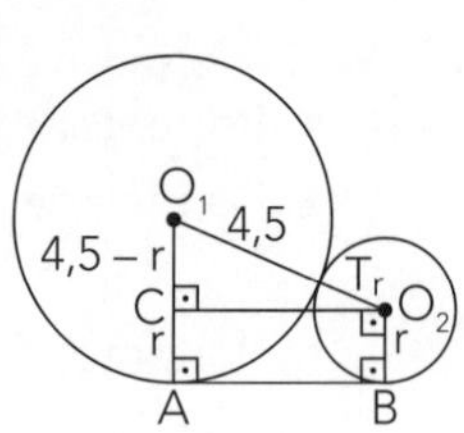

367.

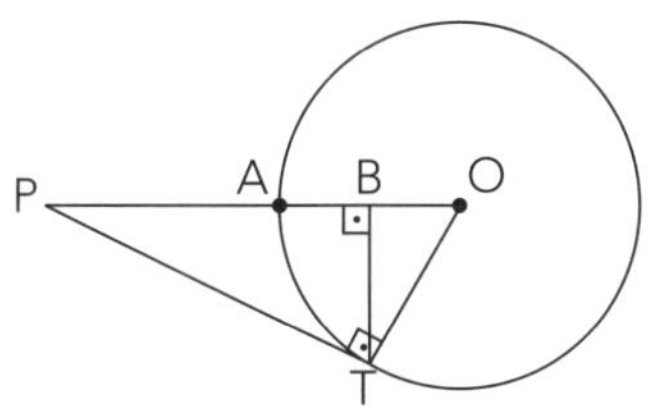

- $PO = PA + AO = 12 + 3 = 15$ cm
- $\triangle OPT$ é retângulo. Então:

$$(PT)^2 = (PO)^2 - (OT)^2 = 225 - 9 = 216$$

$$(PT)^2 = (PB) \cdot (PO) \Rightarrow PB = \frac{216}{15}$$

- $AB = PB - PA = \frac{216}{15} - 12 = \frac{36}{15} \Rightarrow AB = 2{,}4$ cm

386. Em qualquer triângulo, as medidas dos lados *a*, *b* e *c* e as medidas das respectivas alturas h_a, h_b e h_c são inversamente proporcionais, pois $ah_a = bh_b = ch_c = 2S$, em que *S* é a área do triângulo.

Assim, a menor altura é a que corresponde ao maior lado. No triângulo de lados 4 m, 5 m e 6 m, a menor altura corresponde ao lado de medida 6 m:

$$6h = 2S$$

Calculemos *S* pela fórmula de Heron:

$$S = \sqrt{p(p-a)(p-b)(p-c)} =$$

$$= \sqrt{\frac{15}{2}\left(\frac{15}{2} - 4\right)\left(\frac{15}{2} - 5\right)\left(\frac{15}{2} - 6\right)} =$$

$$= \sqrt{\frac{15}{2} \cdot \frac{7}{2} \cdot \frac{5}{2} \cdot \frac{3}{2}} = \frac{15\sqrt{7}}{2}\ m^2$$

$$h = \frac{2S}{6} = \frac{S}{3} \Rightarrow h = \frac{5\sqrt{7}}{4}\ m$$

394.

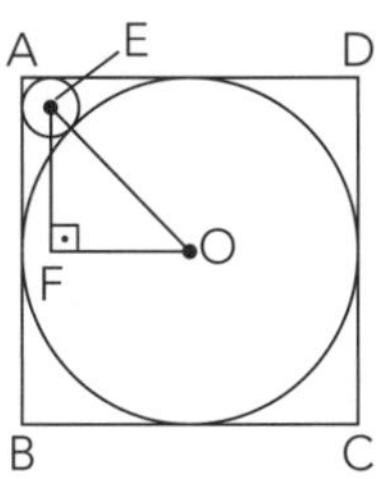

- A distância $\overline{OE}$ é igual à soma dos raios; portanto:

$$OE = r + \frac{\ell}{2}$$

- $\overline{OE}$ é a hipotenusa do $\triangle OEF$, que é isósceles e retângulo, com medida dos catetos igual à diferença dos raios. Portanto:

$$(OE)^2 = (OF)^2 + (EF)^2 = 2\left(\frac{\ell}{2} - r\right)^2$$

- Temos, então:

$$\left(r + \frac{\ell}{2}\right)^2 = 2\left(\frac{\ell}{2} - r\right)^2 \Rightarrow r = \left(\frac{3 - 2\sqrt{2}}{2}\right)\ell$$

395.

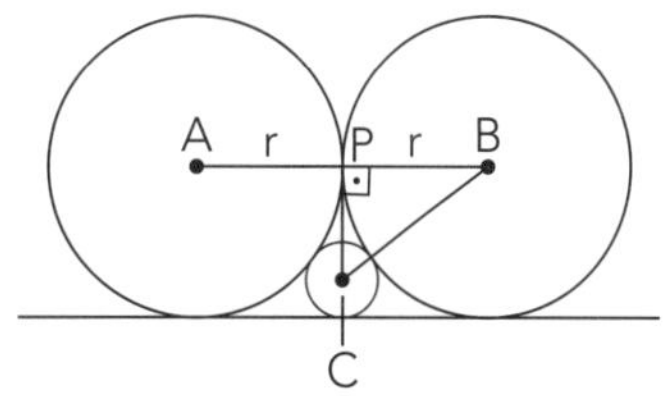

- Chamemos de *R* o raio do círculo menor.
- $\triangle BPC$ é retângulo; então:

$$(BC)^2 = (BP)^2 + (PC)^2 \Rightarrow (R + r)^2 = r^2 + (R - r)^2$$

$$R = \frac{r}{4}$$

402.

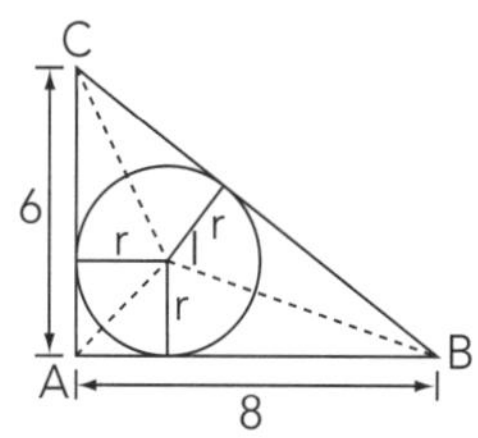

- O triângulo ABC tem hipotenusa BC = 10 m e área $S = \frac{6 \cdot 8}{2} = 24\ m^2$.
- A área *S* é igual à soma das áreas dos triângulos ABI, BCI e ACI; então:

$$S = S_{ABI} + S_{BCI} + S_{ACI} \Rightarrow 24 = \frac{8 \cdot r}{2} + \frac{10 \cdot r}{2} + \frac{6r}{2} \Rightarrow$$

$$\Rightarrow 24 = 12r \Rightarrow r = 2\ m$$

403.

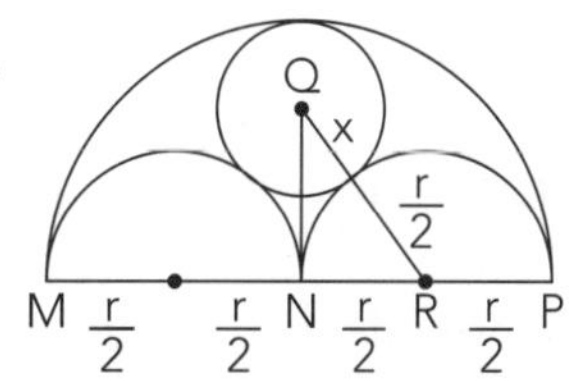

- Chamemos de *x* o raio da circunferência de centro *Q*.
- No triângulo retângulo NQR, temos:

$$(QR)^2 = (NQ)^2 + (NR)^2$$

$$\left(x + \frac{r}{2}\right)^2 = (r - x)^2 + \left(\frac{r}{2}\right) \Rightarrow x = \frac{r}{3}$$

Capítulo 23 — Razões trigonométricas no triângulo retângulo

418.

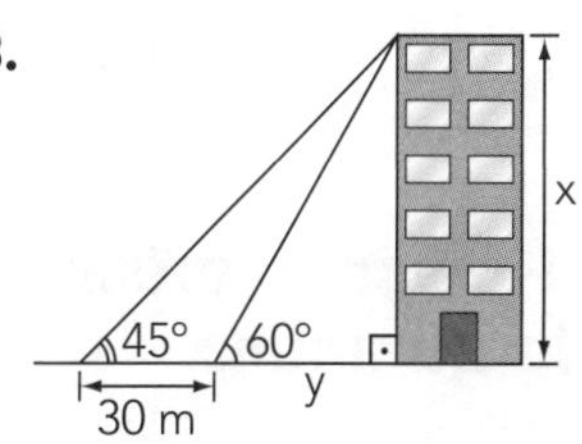

- $tg\ 60° = \frac{x}{y} \Rightarrow \sqrt{3} = \frac{x}{y} \Rightarrow y = \frac{x}{\sqrt{3}}$
- $tg\ 45° = \frac{x}{y + 30} \Rightarrow 1 = \frac{x}{y + 30} \Rightarrow y + 30 = x$
- Então: $\frac{x}{\sqrt{3}} + 30 = x \Rightarrow x = \frac{30\sqrt{3}}{1 + \sqrt{3}} \Rightarrow$

$$\Rightarrow x = 15(3 - \sqrt{3})\ m$$

423. $\text{sen } 45° = \frac{x}{80} \Rightarrow x = 80 \cdot \frac{\sqrt{2}}{2} = 40\sqrt{2} \Rightarrow x \cong 56{,}4 \text{ m}$

424. $\text{sen } 60° = \frac{54}{x} \Rightarrow x = \frac{54}{\frac{\sqrt{3}}{2}} \Rightarrow x = 36\sqrt{3} \text{ m}$

426. $\text{sen } 45° = \frac{100}{x} \Rightarrow x = \frac{100}{\frac{\sqrt{2}}{2}} = 100\sqrt{2} \Rightarrow x \cong 141{,}4 \text{ m}$

427.
- $\frac{AB}{AC} = \text{sen } 70° \Rightarrow AB = 25 \cdot (0{,}940) \Rightarrow$
  $\Rightarrow AB = 23{,}5 \text{ m}$
- $AD = AB + BD = 25{,}5 \text{ m}$

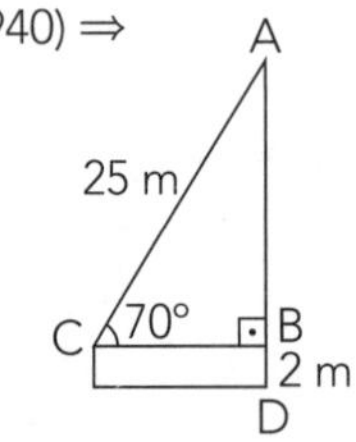

Capítulo 24 — Área do retângulo, do quadrado e do paralelogramo

435.
- $\triangle ABC \sim \triangle CEF$. Então:
  $\frac{AB}{CE} = \frac{BC}{EF} \Rightarrow \frac{9}{6} = \frac{6}{EF} \Rightarrow$
  $\Rightarrow EF = 4 \text{ m}$
- área DFHG = $(DF)^2 = (6 + 4)^2 = 100 \text{ m}^2$

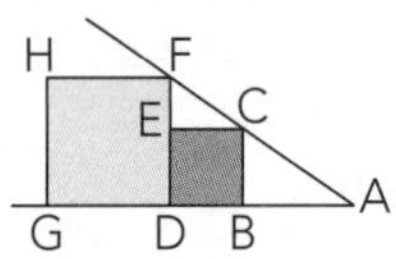

450. Chamando de *x* a medida do lado do quadrado, temos:

$$x^2 = 7 \cdot 4 \Rightarrow x = 2\sqrt{7}$$

Este exercício permite dois comentários para a classe:

1º) Todo paralelogramo é equivalente a um retângulo de base e altura iguais às do paralelogramo.

2º) Todo paralelogramo é equivalente a um quadrado cujo lado é a *média geométrica* entre a base e a altura do paralelogramo.

Em outros termos, para medir diretamente a área de um paralelogramo com base *b* e altura *h*, basta construir um quadrado equivalente, com lado $x = \sqrt{b \cdot h}$.

Capítulo 25 — Relações métricas em um triângulo qualquer

453. $\sqrt{149 - 70\sqrt{2}} \cong 7{,}0714 \text{ m}$

454. 2,311 cm

455. a) 3 b) $\sqrt{129}$

456. 1,5 e 7,5

457. $b^2 = a^2 + c^2 + 2ac \cdot \cos(180° - \hat{B})$(se $\hat{B} > 90°$) ou
$b^2 = a^2 + c^2 - 2ac \cdot \cos \hat{B}$ (se $\hat{B} < 90°$)

458. $2\sqrt{5} \text{ cm} \cong 4{,}47 \text{ cm}$

459. $3\sqrt{3}$ cm e $3\sqrt{7}$ cm

460. 507,04 m

461. a) 1,2 b) 3 c) 7 d) 5

462. $c = \frac{1 + \sqrt{3}}{6} \text{ cm}$

463. $\sqrt{3} \text{ cm}^2$

464. $2\sqrt{3}$ cm

465. a) acutângulo d) acutângulo
b) obtusângulo e) retângulo
c) retângulo

466. $\frac{1}{8}$

467. $\frac{3}{4}$

468. $\cos \hat{B} = \frac{1}{2}$; logo, $\hat{B} = 60°$

469. $\cos(180° - \hat{A}) = \frac{1}{2}$. Logo, $180° - \hat{A} = 60°$ e $A = 120°$

470. b = 6,527 m e c = 8,794 m

471. 38°

472. 17,954 cm

473. 46°

Capítulo 26 — Área do triângulo, do losango e do trapézio

500. a)

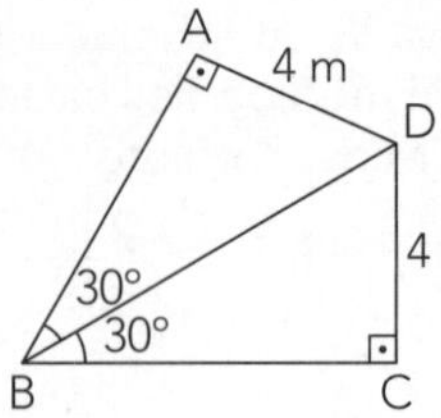

Como DA = DC, a reta $\overleftrightarrow{BD}$ é bisssetriz de $A\hat{B}C$.

No $\triangle BCD$, temos:

$$tg\ 30° = \frac{CD}{BC} = \frac{4}{BC} \Rightarrow BC = 4\sqrt{3}$$

A área do $\triangle BCD$ é: $\frac{(BC)(CD)}{2} = \frac{(4\sqrt{3})(4)}{2} = 8\sqrt{3}$

A área do quadrilátero é o dobro: $16\sqrt{3}\ m^2$

b)

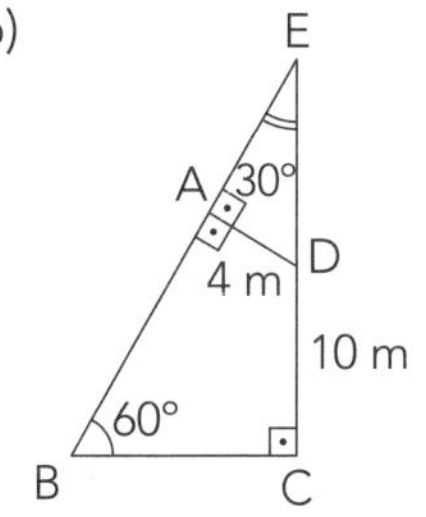

As retas $\overleftrightarrow{AB}$ e $\overleftrightarrow{CD}$ se cortam em *E*. Como $\hat{B} = 60°$ e $\hat{C} = 90°$, $\hat{E} = 30°$. No $\triangle AED$:

$$sen\ 30° = \frac{AD}{DE} = \frac{4}{DE} \Rightarrow DE = 8\ m$$

$$tg\ 30° = \frac{AD}{AE} = \frac{4}{AE} \Rightarrow AE = 4\sqrt{3}$$

No $\triangle EBC$:

$$tg\ 60° = \frac{CE}{BC} = \frac{18}{BC} \Rightarrow BC = 6\sqrt{3}\ m$$

A área de ABCD é a diferença entre as áreas de $\triangle BCE$ e $\triangle EAD$:

$$S_{ABCD} = S_{BCE} - S_{EAD} = \frac{(BC)(CE)}{2} - \frac{(AD)(AE)}{2} =$$

$$= \frac{(6\sqrt{3})(18)}{2} - \frac{(4)(4\sqrt{3})}{2} \Rightarrow S = 46\sqrt{3}\ m^2$$

Capítulo 27 — Polígonos regulares

527. • ABCDE é pentágono regular. Então o ângulo central correspondente a cada lado é $\frac{360°}{5} = 72°$.

• Um ângulo inscrito, cujo ângulo central correspondente mede 72°, mede:

$$\frac{72°}{2} = 36° \Rightarrow x = 36°$$

• Já o ângulo inscrito *y* determina uma corda $\overline{BD}$ cujo ângulo central correspondente mede 144°. Portanto:

$$y = \frac{144°}{2} = 72°$$

z é ângulo excêntrico interior. Então:

$$z = \frac{\widehat{AE} + \widehat{BD}}{2} = \frac{72° + 144°}{2} = 108°$$

530.

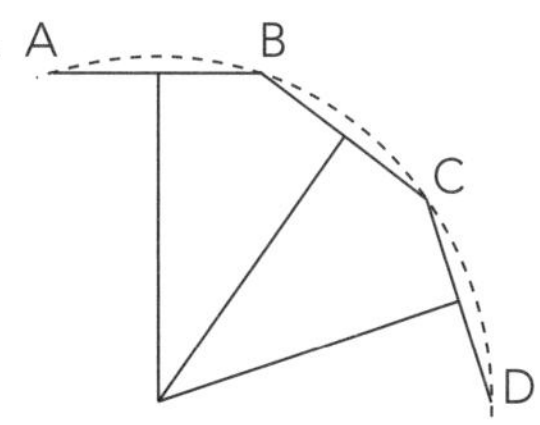

• As mediatrizes dos lados $\overline{AB}$, $\overline{BC}$ e $\overline{CD}$ se cortam no centro *O* do polígono. Como esses lados são consecutivos, o ângulo formado pelas mediatrizes é igual ao dobro do ângulo central do polígono. Então:

$$2 \cdot \frac{360°}{n} = 20° \Rightarrow n = \frac{720°}{20°} = 36$$

• O número de diagonais que passam pelo centro é:

$$\frac{36}{2} = 18$$

Capítulo 29 — Comprimento da circunferência e do arco

563. • Observe o que ocorre se a roda dá uma volta completa. Inicialmente a roda se apoia em *A*. À medida que a roda gira, cada um de seus pontos entra em contato com o solo. Finalmente, ao completar uma volta, *A* volta a ser o ponto de apoio. A distância percorrida ℓ é igual ao perímetro da roda. Portanto:

$$\ell = \pi d = \pi(0,6) \cong 1,88496\ m$$

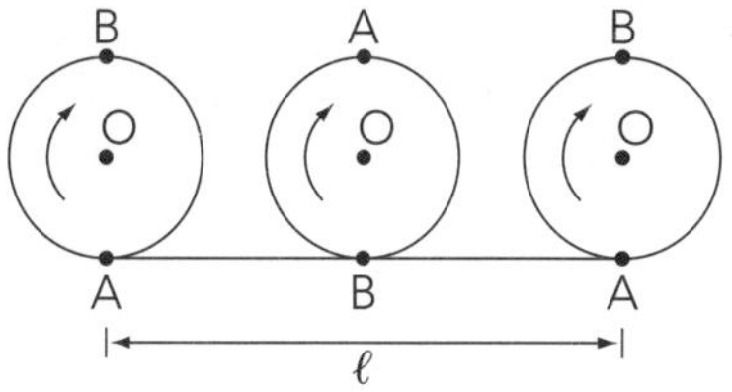

• O número de voltas que a roda deve dar para que o carro percorra 60 km é:

$$\frac{60\,000}{1,88496} \cong 31\,831$$

580. Quando o caminhão anda, as rodas dianteiras e as traseiras percorrem a mesma distância. A distância percorrida pelas rodas dianteiras em 25 voltas é $25 \cdot \pi \cdot 2(50) = 2\,500 \cdot \pi$ cm. Enquanto isso, as rodas traseiras percorrem a mesma distância dando apenas 20 voltas. Então:

$$2\,500\pi = 20 \cdot \pi \cdot d \text{ (}d\text{ é seu diâmetro)}$$

$$d = 125\ cm$$

585.

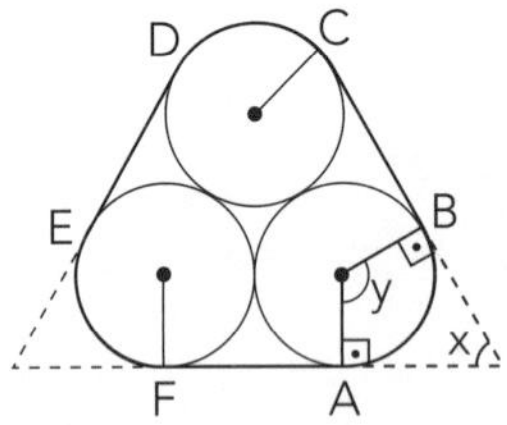

- Os arcos $\widehat{AB}$, $\widehat{CD}$ e $\widehat{EF}$ têm a mesma medida. Como x = 60°, temos y = 120°. Portanto:

$$\widehat{AB} = \widehat{CD} = \widehat{EF} = \frac{120°}{360°} \cdot 2\pi \cdot 10 \text{ cm} = \frac{20\pi}{3} \text{ cm}$$

- Os segmentos $\overline{BC}$, $\overline{DE}$ e $\overline{FA}$ têm a mesma medida, que é igual à distância entre os centros de duas circunferências vizinhas. Portanto:

$$BC = DE = FA = 2 \cdot 10 \text{ cm} = 20 \text{ cm}$$

- O comprimento da correia é a soma das medidas dos três arcos e dos três segmentos, isto é:

$$3 \cdot \frac{20\pi}{3} \text{ cm} + 3 \cdot 20 \text{ cm} = 20\pi + 60 =$$
$$= 20(\pi + 3) \text{ cm}$$

592.

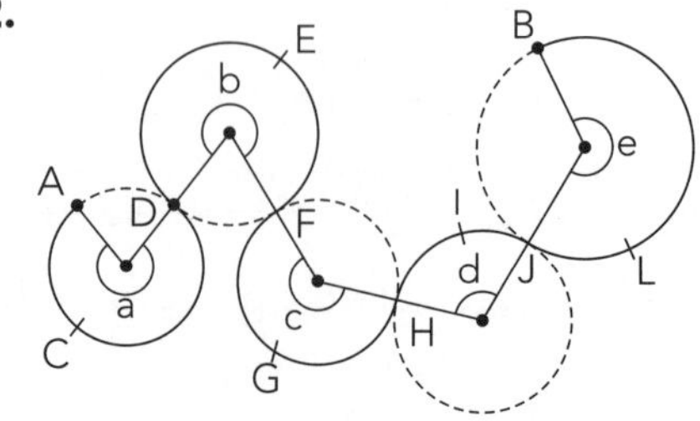

- Medidas dos ângulos centrais: $\hat{a} = 270°$; $\hat{b} = 288°$; $\hat{c} = 225°$; $\hat{d} = 120°$ e $\hat{e} = 255°$.
- Medidas dos arcos:

$$\widehat{ACD} = \frac{270°}{360°} \cdot 2\pi \cdot 18 = 27\pi \text{ cm}$$

$$\widehat{DEF} = \frac{288°}{360°} \cdot 2\pi \cdot 35 = 56\pi \text{ cm}$$

$$\widehat{FGH} = \frac{225°}{360°} \cdot 2\pi \cdot 24 = 30\pi \text{ cm}$$

$$\widehat{HIJ} = \frac{120°}{360°} \cdot 2\pi \cdot 36 = 24\pi \text{ cm}$$

$$\widehat{JLB} = \frac{225°}{360°} \cdot 2\pi \cdot 48 = 68\pi \text{ cm}$$

- A soma dessas medidas é 205π cm.